Xilinx FPGA数字信号处理设计

基础版

· 杜勇 编著 ·

電子工業出版社
Publishing House of Electronics Industry
北京•BEIJING

内 容 简 介

本书以 Xilinx 公司的 FPGA 为开发平台，以 Verilog HDL 及 MATLAB 为开发工具，详细阐述数字信号处理技术 FPGA 实现的原理、结构、方法及仿真测试过程，并通过大量的实例分析 FPGA 实现过程中的具体技术细节。本书主要包括 FPGA 概述、设计语言及开发工具、FPGA 设计流程、常用接口程序的设计、FPGA 中的数字运算、典型 IP 核的应用、FIR 滤波器设计、IIR 滤波器设计、快速傅里叶变换的设计等内容。本书思路清晰、语言流畅、分析透彻，在简明阐述设计原理的基础上，重点追求对工程实践的指导性，力求使读者在较短的时间内掌握数字信号处理技术 FPGA 实现的知识和技能。

本书适合从事 FPGA 技术及数字信号处理领域的工程师、科研人员，以及相关专业的本科生、研究生使用。

作者精心设计了与本书配套的 FPGA 开发板，详细讲解了实例的板载测试步骤及方法，形成了从理论到实践的完整学习过程，可以有效读者加深对理论知识的理解，提高学习效率。

本书的配套资源包含完整的 Verilog HDL 和 MATLAB 实例工程代码，读者可以登录华信教育资源网（www.hxedu.com.cn）免费注册后下载。

图书在版编目（CIP）数据

Xilinx FPGA 数字信号处理设计：基础版 / 杜勇编著. —北京：电子工业出版社，2021.2
ISBN 978-7-121-40607-2

Ⅰ. ①X… Ⅱ. ①杜… Ⅲ. ①可编程序逻辑阵列－应用－数字信号处理 Ⅳ. ①TN911.72

中国版本图书馆 CIP 数据核字（2021）第 032919 号

责任编辑：田宏峰
印　　刷：北京盛通商印快线网络科技有限公司
装　　订：北京盛通商印快线网络科技有限公司
出版发行：电子工业出版社
　　　　　北京市海淀区万寿路 173 信箱　邮编：100036
开　　本：787×1 092　1/16　印张：19.75　字数：502 千字
版　　次：2021 年 2 月第 1 版
印　　次：2023 年 7 月第 6 次印刷
定　　价：79.00 元

凡所购买电子工业出版社图书有缺损问题，请向购买书店调换。若书店售缺，请与本社发行部联系，联系及邮购电话：（010）88254888，88258888。

质量投诉请发邮件至 zlts@phei.com.cn，盗版侵权举报请发邮件至 dbqq@phei.com.cn。

本书咨询联系方式：tianhf@phei.com.cn。

作者简介

杜勇，四川省广安市人，高级工程师、副教授，现任教于四川工商学院，居住于成都。1999年于湖南大学获电子工程专业学士学位，2005年于国防科技大学获信息与通信工程专业硕士学位。发表学术论文十余篇，出版《数字滤波器的MATLAB与FPGA实现》《数字通信同步技术的MATLAB与FPGA实现》《数字调制解调技术的MATLAB与FPGA实现》《锁相环技术原理及FPGA实现》等多部著作。

大学毕业后在酒泉卫星发射中心从事航天测控工作，参与和见证了祖国航天事业的飞速发展，近距离体会到“大漠孤烟直、长河落日圆”的壮观景色。金秋灿烂绚丽的胡杨，初夏潺潺流淌的河水，永远印刻在脑海里。

退伍回到成都后，先后在多家企业从事FPGA技术相关的研发工作。2018年回到大学校园，主要讲授“数字信号处理”“FPGA 技术及应用”“FPGA 高级设计及应用”“FPGA数字信号处理设计”“FPGA综合实训”等课程，专注于教学及FPGA技术的推广应用。

人生四十余载，大学毕业已二十余年。常自豪于自己退伍军人、电子工程师、高校教师的身份，且电子工程师的身份伴随了整个工作经历。或许热爱不需要理由，从读研时初次接触到FPGA技术起，就被其深深吸引，长期揣摩研习，乐此不疲。

FOREWORD 前言

为什么要写这本书

记得上中学时，每周五下午是作文课，老师通常会要求大家在两节课内完成一篇命题作文。写作文最难的是不知如何开头，无论写什么题目，感觉不以“弹指一挥间，匆匆近十年”开头就引不出后面的内容。

弹指一挥间，匆匆近十年。从2011年开始编写《数字滤波器的MATLAB与FPGA实现》（“数字通信技术的FPGA实现系列”图书的第一本），至今已近十年！

在这十年间，先后完成《数字滤波器的MATLAB与FPGA实现》《数字通信同步技术的MATLAB与FPGA实现》《数字调制解调技术的MATLAB与FPGA实现》这三本图书的编写，这三本图书是基于Xilinx公司的FPGA和VHDL编写的（简称Xilinx/VHDL版），后来又基于Intel公司（原Altera公司）的FPGA和Verilog HDL改写了上面三本图书（简称Altera/Verilog版）。

“数字通信技术的FPGA实现系列”图书出版后，得到了广大读者的支持与厚爱，为了与读者进行更加有效的交流，作者先后在CSDN开设了个人博客、在微信上开设了个人微信公众号“杜勇FPGA”，用于发布与图书相关的信息，同时与读者就图书中的一些技术问题进行探讨。在编写“数字通信技术的FPGA实现系列”图书时，作者是从工程应用的角度来阐述数字信号处理、数字通信技术的MATLAB与FPGA实现的，主要面向高年级本科生、研究生，以及工程技术人员。对初学者，尤其是自学者来说，图书内容有一定的难度。不少读者感觉这一系列的图书起点较高，内容比较专业和复杂，需要有较好的理论基础和FPGA设计基础，因此希望作者能够编写基于FPGA的数字信号处理设计的入门图书，以便初学者和自学者学习，在掌握数字信号处理FPGA实现的基础知识之后，再深入学习多速率滤波、自适应滤波、通信同步、数字调制解调等知识，就会变得容易得多。

为此，经过一年多的准备，总算完成了《Xilinx FPGA数字信号处理设计——基础版》的编写，并计划后续陆续推出《Xilinx FPGA数字信号处理设计——综合版》《Intel FPGA数字信号处理设计——基础版》《Intel FPGA数字信号处理设计——综合版》等图书，以满足初学者的需求。同时，为了便于读者对书中的实例进行板载测试，本书与Xilinx/VHDL版图书中的实例都采用CXD301进行板载测试。

本书的内容安排

本书分为上、下两篇，共 9 章。上篇共 4 章，主要包括 FPGA 概述、设计语言及开发工具、FPGA 设计流程、常用接口程序的设计等内容。通过上篇的学习，读者可以初步建立 FPGA 设计的概念和基本方法，了解数字信号处理 FPGA 设计的常用知识。下篇共 5 章，主要包括 FPGA 中的数字运算、典型 IP 核的应用、FIR 滤波器设计、IIR 滤波器设计、快速傅里叶变换的设计等内容。数字信号处理设计的基石是滤波器设计和频谱分析，掌握数字信号处理的原理是完成 FPGA 设计的基础。本书在编写过程中对数字信号处理的原理进行了大幅简化，着重从概念和基本运算规则入手，以简单的实例逐步讲解数字信号处理 FPGA 设计的原理、方法、步骤及仿真测试过程。通过下篇的学习，读者可以掌握数字信号处理 FPGA 设计的核心基础知识，从而为学习数字信号处理的综合设计打下坚实的基础。

第 1 章主要介绍 FPGA 技术的基本概念及特点。常用的数字信号处理平台有 FPGA、ARM、DSP、ASIC 等，每个平台都有各自的特点，在详细了解 FPGA 的结构特点之后，才能明白 FPGA 在数字信号处理中的独特优势。只有通过对比，才能对平台有更精准的把握和理解。

第 2 章主要介绍 Verilog HDL 及 ISE14.7。工欲善其事，必先利其器。全面了解 FPGA 设计环境，熟悉要利用的工具，加上独特的思想，才能实现完美的 FPGA 设计。

第 3 章通过一个完整的流水灯 FPGA 设计实例，详细地讲解设计准备、设计输入、设计综合、功能仿真、设计实现、布局布线后仿真和程序下载，这一既复杂又充满挑战和乐趣的 FPGA 设计流程。

第 4 章详细讨论常用接口程序的设计。FPGA 产品不是一个“孤岛”，而是要与外界实现无缝对接。接口是与外界对接的窗口，掌握了串口、A/D 接口、D/A 接口等，才有机会向外界展示设计的美妙之处。

第 5 章讨论 FPGA 中的数字运算。数字运算主要包括加、减、乘、除等运算。FPGA 只能对二进制数进行运算，虽然在日常生活中我们习惯用十进制数进行运算，但运算的本质和规律是相同的。只有掌握 FPGA 中的有符号数、小数、数据位扩展等设计方法，才能实现更为复杂的数字信号处理算法。

第 6 章主要介绍典型 IP（Intellectual Property）核的应用。IP 核，就是知识产权核，是指功能完备、性能优良、使用简单的功能模块。我们所要做的主要工作是理解 IP 核的用法，在设计中直接使用 IP 核。

第 7 章详细讨论 FIR（Finite Impulse Response，有限脉冲响应）滤波器设计。滤波器设计和频谱分析是数字信号处理中最为基础的专业设计。所谓专业，因它们涉及信号处理的专业知识；所谓基础，是指它们的应用非常广泛。由于 FIR 滤波器具有结构简单、严格的线性相位特性等优势，已成为信号处理中的必备电路之一。

第 8 章详细讨论 IIR（Infinite Impulse Response，无限脉冲响应）滤波器设计。滤波器中的“无限”两个字，听起来有点高深，其实 IIR 滤波器与 FIR 滤波器的结构没有太大的差别。虽然 IIR 滤波器的应用没有 FIR 滤波器广泛，但有其自身的特点，具有 FIR 滤波器无法比拟的优势。IIR 滤波器具有反馈结构，使得其中的数字运算更具有挑战性，也更有趣味性。掌握了 FIR 滤波器和 IIR 滤波器的设计，才能对经典滤波器的设计有比较全面的了解。

第 9 章讨论了 FFT 设计。频谱分析和滤波器设计是数字信号处理的两大基石。离散傅里叶变换（Discrete Fourier Transform，DFT）的理论很早就非常成熟了，后期出现的快速傅里叶变换（Fast Fourier Transform，FFT）算法使得 DFT 理论在工程中得以应用。虽然 FFT 算法及其 FPGA 实现结构相当复杂，但幸运的是可以使用现成的 IP 核，设计者在理解信号频谱分析原理的基础上，调用 FFT 核即可完成 FFT 的 FPGA 实现。

关于 FPGA 开发工具的说明

众所周知，目前 Xilinx 公司和 Intel 公司的 FPGA 产品占据全球 90%以上的 FPGA 市场。可以说，在一定程度上正是由于两家公司的相互竞争，才有力地推动了 FPGA 技术的不断发展。虽然硬件描述语言（HDL）的编译及综合环境可以采用第三方公司所开发的产品，如 ModelSim、Synplify 等，但 FPGA 的物理实现必须采用各自公司开发的软件平台，无法通用。例如，Xilinx 公司的 FPGA 使用 Vivado 和 ISE 系列开发工具，Intel 公司的 FPGA 使用 Quartus 系列开发工具。与 FPGA 的开发工具类似，HDL 也存在两种难以取舍的选择：VHDL 和 Verilog HDL。

学习 FPGA 开发技术的难点之一在于开发工具的使用，无论 Xilinx 公司还是 Intel 公司，为了适应不断更新的开发需求，主要是适应不断推出的新型 FPGA，开发工具的版本更新速度很快。

自 Xilinx 公司推出 ISE3.x 版以来，历经十余年，已形成庞大的用户群。虽然 Xilinx 公司自 2013 年 10 月 2 日发布 ISE14.7 后，宣布不再对 ISE 进行更新，但由于 ISE14.7 仍然支持 Xilinx 公司的 Spartan-6、Virtex-6、Artix-7、Kintex-7、Virtex-7 等系列中高端 FPGA，因此仍然是广大 FPGA 工程师首选的开发工具。Vivado 是 Xilinx 公司于 2012 年开始推出的开发工具，与 ISE 相比，Vivado 在架构及界面方面都有很大的变化，版本的更新主要是为了解决开发工具本身的功能性问题。Xilinx 公司几乎每年都会推出 3～4 个版本的 Vivado，截至目前已陆续推出了 20 多个版本的 Vivado，但过多的版本不可避免地会增加开发 FPGA 的难度。

应当如何选择 HDL 呢？其实，对于有志于从事 FPGA 开发的技术人员，选择哪种 HDL 并不重要，因为两种 HDL 具有很多相似之处，精通一种 HDL 后，再学习另一种 HDL 也不是一件困难的事。通常来讲，可以根据周围同事、朋友、同学或公司的使用情况来选择 HDL，这样在学习过程中，可以很方便地找到能够给你指点迷津的专业人士，从而加快学习进度。

本书采用 Xilinx 公司的 FPGA 作为开发平台，采用 ISE14.7 作为开发工具，采用 Verilog HDL 作为实现语言，使用 ModelSim 进行仿真测试。由于 Verilog HDL 并不依赖于具体的的 FPGA，因此本书中的 Verilog HDL 程序可以很方便地移植到 Intel 公司的 FPGA 上。如果 Verilog HDL 程序中使用了 IP 核，由于两家公司的 IP 核不能通用，因此就需要根据 IP 核的参数，在另外一个平台上重新生成 IP 核，或重新编写 Verilog HDL 程序。

有人曾经说过，技术只是一个工具，关键在于思想。将这句话套用过来，对于本书来讲，具体的开发平台和 HDL 只是实现技术的工具，关键在于设计的思路和方法。读者完全没有必要过于在意开发平台的差别，只要掌握了设计思路和方法，加上读者已经具备的 FPGA 开发经验，采用任何一种 FPGA 都可以很快地设计出满足用户需求的产品。

本书的目标

数字信号处理 FPGA 设计知识的学习难度较大，读者不仅需要具备较扎实的理论知识，还要具备一定的 FPGA 设计经验。本书的目的正是架起理论知识与工程实践之间的桥梁，通过具体的实例，详细讲解工程实现的方法、步骤和过程，以便读者尽快掌握采用 FPGA 平台实现数字信号处理技术的基本方法，提高学习效率，为后续学习数字信号处理、数字通信技术的 FPGA 设计等综合设计打下坚实的基础。

通常，对于电子通信行业的技术人员来说，在从业之初都会遇到类似的困惑：如何将从教材中所学的理论知识与实际中的工程实践结合起来呢？如何能够将教材中的理论转换成实际的工程项目呢？绝大多数电子信息类教材对原理的讲解都十分透彻，但理论知识与工程实践之间显然需要一座可以顺利通过的桥梁。一个常用的方法是通过 MATLAB 等工具进行软件仿真来加深读者对理论知识的理解，但更好的方法是直接参与工程的设计与实现。

然而，工科院校的学生极少有机会参与实际的工程设计与实现，在工作后往往会感到所学的理论知识很难与实际的工程实践联系起来。教材讲解的大多是原理性内容，即使读者可以很好地解答教材后面的思考题与练习题，或者能够熟练地推导教材中的公式，但在进行工程设计与实现时，如何将这些理论知识和公式用具体的电路或硬件平台实现出来，仍然是摆在广大读者面前的一个巨大难关。尤其是数字信号处理专业，由于涉及的理论知识比较复杂，在真正进行工程设计与实现时会发现无从下手。采用 MATLAB、ModelSim 等软件对理论进行仿真，虽然可以直观地验证算法的正确性，并查看仿真结果，但这类软件仿真毕竟只停留在算法或模型的仿真上，与真正的工程设计与实现完全是两个不同的概念。FPGA 很好地解决了这一问题。FPGA 本来就是基于工程应用的平台，其仿真技术可以很好地仿真实际的工作情况，尤其是时序仿真技术，在计算机上通过了时序仿真的程序设计，几乎不需要修改就可以直接应用到工程实践中。这种设计、验证、仿真的一体化方式可以极好地将理论知识与工程实践结合起来，从而提高读者学习的兴趣。

目前，市场上已有很多介绍 ISE、Vivado、Quartus 等 FPGA 开发工具，以及 VHDL、Verilog HDL 等的图书。如果仅仅使用 FPGA 来实现一些数字逻辑电路，或者理论性不强的控制电路，掌握 FPGA 开发工具及 Verilog HDL 的语法就可以开始工作了。数字信号处理的理论性要强得多，采用 FPGA 实现数字信号技术的前提条件是要对理论知识有深刻的理解。在理解理论知识的基础上，关键的问题是根据这些理论知识，结合 FPGA 的特点，找到合适的算法实现结构，厘清工程实现的思路，并采用 Verilg HDL 进行正确的实现。

本书在编写过程中，兼顾了数字信号处理的理论知识，以及工程设计的完整性，重点突出了 FPGA 设计的方法、结构、实现细节，以及仿真测试方法。在讲解理论知识时，重点突出工程实践，主要介绍工程实践中必须掌握和理解的理论知识，并且结合 FPGA 的特点进行讨论，以便读者能尽快找到理论知识与工程实践之间的结合点。在讲解实例的 FPGA 实现时，绝大多数的实例均给出了完整的 Verilog HDL 程序代码，并且从思路和结构上对代码进行了详细的分析和说明。根据作者的工作经验，本书针对一些似是而非的概念，结合实例的仿真测试加以阐述，希望能为读者提供更多有用的参考。相信读者按照书中讲解的步骤完成一个个实例时，会逐步感觉到理论知识与工程实践的完美结合。随着读者掌握的工程实践技能的提高，对数字信号处理理论知识的理解也必将越来越深刻。重新阅读数字信号处理的理论知识，就会构建起理论知识与工程实践之间的桥梁。

如何使用本书

在学习数字信号处理 FPGA 设计之前，需要读者具备一定的 FPGA 设计知识和数字信号处理的理论知识。为了便于读者快速掌握 FPGA 设计知识，本书前 4 章对 Verilog HDL、ISE14.7 等内容进行了精心编排，并通过一个完整的流水灯设计实例来详细介绍 FPGA 的设计流程，为读者学习后续章节打下基础。

与普通的逻辑电路不同，数字信号处理的专业性强，掌握理论知识是完成 FPGA 设计的前提。MATLAB 是完成数字信号处理 FPGA 设计的不可或缺的工具，由于 MATLAB 的易用性和强大的功能，使其在工程设计中得到了广泛的应用。为了准确理解数字信号处理的相关理论知识，本书中的部分实例采用 MATLAB 完成理论仿真，并对代码进行了注释和说明，即使读者完全没有 MATLAB 的编程基础，也可以很容易理解 MATLAB 程序的设计思路。

完整的数字信号处理 FPGA 设计过程是：先采用 MATLAB 对需要设计的工程进行仿真，一方面可以仿真算法过程及结果，另一方面还可以生成 FPGA 测试仿真所需的测试数据；然后在 ISE14.7 中编写 Verilog HDL 程序，对实例进行设计实现；接着编写测试激励文件，采用 ModelSim 软件对 Verilog HDL 程序进行仿真，查看 ModelSim 仿真波形，验证程序功能的正确性；最后完成 FPGA 程序综合及布线，将程序下载到开发板中来验证 FPGA 设计的正确性。

验证工程实例程序是否正确的最直观的方法是：采用示波器测试开发板（如 CXD301）的 A/D 接口和 D/A 接口中的信号，观察信号处理前后波形的变化是否满足要求。例如，在验证低通 FIR 滤波器时，用示波器通道 1 测试低通 FIR 滤波器前端信号的波形，用示波器通道 2 测试低通 FIR 滤波器处理后信号的波形，对比分析滤波前后信号的波形就可以验证低通 FIR 滤波器功能是否正确。

如果读者没有示波器，即使 ModelSim 仿真正确，但毕竟不是真实的电路工作波形，在这种情况下应如何验证 FPGA 设计的正确性呢？ISE14.7 提供了功能强大的在线逻辑分仪软件工具 ChipScope。将 FPGA 程序下载到开发板中之后，使用 ChipScope 可以实时读取 FPGA 内部的信号，以及指定引脚的信号波形。也就是说，采用 ChipScope 观察到的波形是实际的工作波形，而不是仿真波形。因此，读者可以采用 ChipScope 来验证 FPGA 设计的实际工作情况。本书在第 4 章介绍 A/D 接口和 D/A 接口的设计时，详细讨论了 ChipScope 的使用方法和步骤，读者在掌握 ChipScope 的使用方法之后，就可以在板载测试程序中添加 ChipScope 核，从而实现 FPGA 设计实际工作波形的在线测试。

致谢

有人说，每个人都有他存在的使命，如果迷失了使命，就失去了存在的价值。不只是每个人，每件物品也都有其存在的使命。对于一本图书来讲，其存在的使命就是被阅读，并给读者带来收获。如果本书能对读者的工作和学习有所帮助，是作者莫大的欣慰。

在本书的编写过程中，作者查阅了大量的资料，在此对资料的作者及提供者表示衷心的感谢。

时间过得很快，在本书写作时，大女儿正在全力准备中考。本书与读者见面时，她已经踏入了高中阶段的学习和生活。小女儿正在牙牙学语，每天都在以她独特的语言和行为与这个世界进行友好的交流。祝愿她们快乐成长！

FPGA 技术博大精深，数字信号处理技术理论难度大。虽然本书尽可能详细地讨论数字信号处理 FPGA 设计的相关内容，但仍感觉难以详尽叙述工程实现中的所有细节。相信读者在实际的工程中经过不断的实践、思考及总结，一定可以快速掌握数字信号处理 FPGA 设计的方法，提高使用 FPGA 进行工程设计的能力。

由于作者水平有限，书中难免会存在不足和疏漏之处，敬请广大读者批评指正。欢迎读者就相关技术问题与作者进行交流，或对本书提出改进意见及建议。建议读者关注作者的微信公众号以获得与本书相关的资料和信息。

杜　勇

2020 年 11 月

CONTENTS 目录

上篇 基 础 篇

下篇 设 计 篇

上篇

基　础　篇

第1章 FPGA概述

有对比，才能对设计平台有更精准的把握和理解。FPGA、ARM、DSP 等常用数字信号处理平台各有特点，在详细了解 FPGA 结构的特点后，才能理解 FPGA 在数字信号处理领域中的独特优势。

1.1 FPGA 的发展趋势

自 1985 年 Xilinx 公司推出第一片现场可编程逻辑器件（FPGA）至今，FPGA 已经历了 30 多年的历史。在这 30 多年的发展过程中，以 FPGA 为代表的数字系统现场集成技术取得了惊人的发展。FPGA 从最初的 1200 个可利用门，发展到 20 世纪 90 年代的 25 万个可利用门。在 21 世纪之初，著名的 FPGA 厂商 Altera 公司、Xilinx 公司又陆续推出了数百万门的单片 FPGA，将 FPGA 的集成度提高到一个新的水平。FPGA 技术正处于高速发展时期，新型芯片的规模越来越大，成本也越来越低，低端的 FPGA 已逐步取代了传统的数字元器件，高端的 FPGA 不断在争夺专用集成电路（Application Specific Integrated Circuit，ASIC）、数字信号处理器（Digital Signal Processor，DSP）的市场份额。特别是随着 ARM、FPGA、DSP 技术的相互融合，在 FPGA 中集成专用的 ARM 核与 DSP 核的方式已将 FPGA 技术的应用推到了一个前所未有的高度。

纵观 FPGA 的发展历史，其之所以具有巨大的市场吸引力，根本在于 FPGA 不仅可以解决电子系统小型化、低功耗、高可靠性等问题，而且其开发周期短、开发软件投入少、芯片价格不断降低，促使 FPGA 越来越多地取代了 ASIC 和 DSP 的市场，特别是对于小批量、多品种的产品需求，使 FPGA 成为首选。

目前，FPGA 的主要发展动向是：随着大规模 FPGA 的发展，系统设计进入片上可编程系统（System-On-a-Programmable-Chip，SOPC）的新纪元；芯片朝着高密度、低电压、低功耗方向发展；国际各大公司都在积极扩充其 IP 核库，以便优化资源，更好地满足用户的需求，扩大市场；特别引人注目的是 FPGA 与 ARM、DSP 等技术的相互融合，推动了多种芯片的融合式发展，从而极大地扩展了 FPGA 的性能和应用范围。

1. 大容量、低电压、低功耗 FPGA

大容量 FPGA 是市场发展的焦点。FPGA 产业中的两大霸主——Altera 公司和 Xilinx 公司在超大容量 FPGA 上展开了激烈的竞争。2011 年，Altera 公司率先推出了包括三大系列的 28 nm FPGA 系列芯片——Stratix V、Arria V 与 Cyclone V 系列芯片。Xilinx 公司随即也推出了自己的 28 nm FPGA，也包括三大系列芯片——Artix-7、Kintex-7 与 Virtex-7。其中 Xilinx 公司向客户推出了当时世界上最大容量 FPGA——Virtex-7000T，这款包含 68 亿个晶体管的 FPGA 具有 1954560 个逻辑单元。这是 Xilinx 公司采用台积电（TSMC）28 nm 的 HPL 工艺推出的第三款 FPGA，也是世界上第一个采用堆叠硅片互联（SSI）技术的商用 FPGA。目前，Xilinx 公司宣称已打造出 16 nm 的 All Programmable 产品系列，专门用于满足下一代更加智能、更高集成度、更高带宽需求的系统。

采用深亚微米（DSM）的半导体工艺后，FPGA 在性能提高的同时，其价格也在逐步降低。由于便携式应用产品的发展，对 FPGA 的低电压、低功耗的要求日益迫切。因此，无论哪个厂家、哪种类型的 FPGA，都在朝这个方向努力。

2. 系统级高密度 FPGA

随着生产规模的提高，产品应用成本的下降，FPGA 的应用已经不再是仅适用于系统接口部件的现场集成，而是灵活地应用于系统级设计中（包括其核心功能芯片）。在这样的背景下，国际主要的 FPGA 厂商在系统级高密度 FPGA 的技术发展上，主要强调了两个方面：FPGA 的硬 IP 核和软 IP 核。当前具有 IP 核的系统级 FPGA 的开发主要体现在两个方面：一方面是 FPGA 厂商将硬 IP 核（指完成版图设计的功能单元模块）嵌入 FPGA 中；另一方面是大力扩充优化的软 IP 核（指利用 HDL 设计并经过综合验证的功能单元模块），用户可以直接使用这些预定义的、经过测试和验证的 IP 核资源，从而有效地完成复杂片上系统的设计。

3. 硅片融合的趋势

2011 年以后，芯片融合的趋势越来越明显。例如，以 DSP 见长的 TI 公司和 ADI 公司相继推出了将 DSP 核与 MCU 核（Micro Control Unit，微控制单元）集成在一起的芯片；而以生产 MCU 为主的厂商也推出了在 MCU 上集成 DSP 核的芯片。在 FPGA 业界，这个趋势更加明显，除了 DSP 核和 MCU 核早已集成在 FPGA 上，FPGA 厂商开始积极与 MCU 厂商合作推出集成了 FPGA 的处理器平台。

这种融合趋势出现的根本原因是什么呢？这还要从 MCU、DSP、FPGA 和 ASIC 各自的优缺点说起。通用 MCU 和 DSP 是软件可编程的，灵活性强，但功耗较高；FPGA 具有硬件可编程的特点，灵活性强，功耗较低；ASIC 是针对特定应用的，不可编程、不灵活，但功耗很低。这就产生了一个矛盾，即灵活性和功耗之间的矛盾。随着电子产品推陈出新速度的不断加快，对产品设计的灵活性和功耗要求也越来越高，怎样才能兼顾灵活性和功效是一个巨大的挑战。半导体业内最终共同认可了一点——芯片的融合，即把不同优点的芯片集成在一起，让集成后的芯片具备每种芯片的优点、避免它们的缺点。因此，“MCU+DSP+专用 IP 核+可编程”成为芯片融合的主要架构。

Altera 公司的资深副总裁、首席技术官 Misha Burich 指出，在芯片融合的方向上，FPGA 具有天然的优势。这是因为 FPGA 本身架构非常清晰，其生态系统经过多年的培育发展，非常完善，软硬件和第三方合作伙伴都非常成熟。此外，由于 FPGA 在发展过程中已经进行了很多 MCU 核、DSP 核和硬 IP 核的集成，因此在与其他芯片进行融合时，FPGA 具有成熟的环境和丰富的经验。Altera 公司已经和业内多个 MCU 厂商展开了合作，如 MIPS、Freescale、

ARM和Intel等公司，推出了混合系统架构的产品。Xilinx公司和ARM公司联合发布了基于28 nm工艺的全新的可扩展式处理平台（Extensible Processing Platform）架构。这款基于双核（ARM Cortex-A9 MPCore）的处理器同时具有串行和并行的处理能力，可为各种嵌入式系统的开发人员提供强大的系统性能、灵活性和集成度。

1.2 FPGA的结构

目前主流的FPGA仍是基于查找表技术（Look-Up-Table，LUT）的，但已经远远超出了先前版本的基本性能，并且整合了常用功能（如RAM、时钟管理和DSP）的硬IP核模块。FPGA内部结构如图1-1所示（图1-1只是一个示意图，实际上每个系列的FPGA都有相应的内部结构）。FPGA主要由6个部分组成，分别为可编程输入/输出单元（Input/Output Block，IOB）、可配置逻辑块（Configurable Logic Block，CLB）、数字时钟管理模块（Digital Clock Manager，DCM）、内嵌的块RAM（Block RAM，BRAM）、丰富的布线资源和内嵌的专用硬IP核。

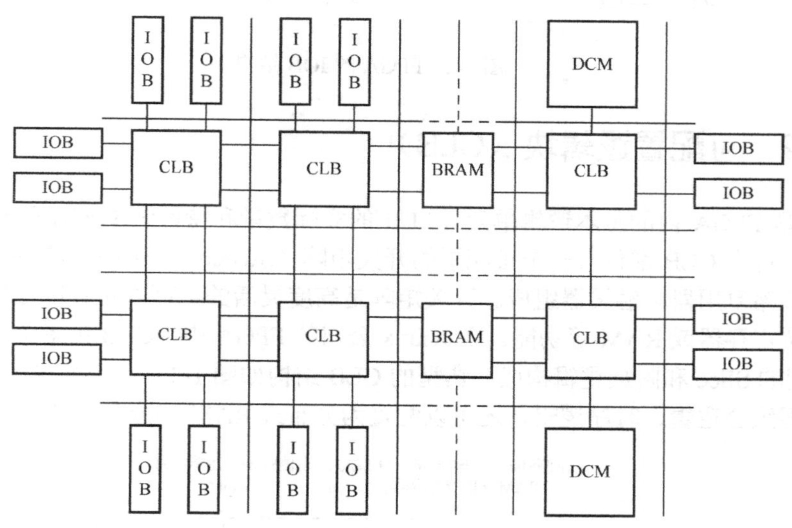

图1-1 FPGA内部结构

1.2.1 可编程输入/输出单元（IOB）

可编程输入/输出单元是FPGA与外界电路的接口，用于在不同的电气特性下完成对输入/输出信号的驱动与匹配要求，其结构如图1-2所示。

FPGA内的IOB是按组分类的，每组IOB都能够独立地支持不同的I/O标准。通过软件的灵活设置，既可以适应不同的电气标准与I/O引脚物理特性，也可以调整驱动电流的大小，还可以改变上、下拉电阻的阻值。目前，I/O引脚的工作频率越来越高，一些高端的FPGA通过DDR技术可以支持高达2 Gbps的数据传输速率。外部输入信号既可以通过IOB的存储单元输入FPGA内部，也可以直接输入FPGA内部。为了便于管理和适应多种电气标准，FPGA的IOB被划分为若干个组（Bank），每个Bank的接口标准由其接口电压V_{CCO}决定，一个Bank

只能有一种 V_{CCO}，不同 Bank 的 V_{CCO} 可以不同。只有相同电气标准的接口才能连接在一起，V_{CCO} 电压相同是接口标准化的基本条件。

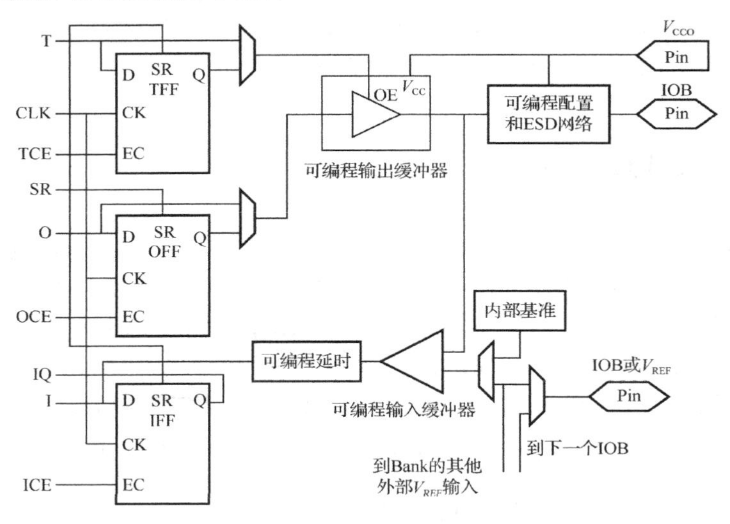

图 1-2　FPGA 的 IOB 结构

1.2.2　可配置逻辑块（CLB）

CLB 是 FPGA 内的基本逻辑单元。CLB 的实际数量和特性因 FPGA 规模与类型的不同而不同，但每个 CLB 都包含一个可配置的开关矩阵（Switch Matrix），该矩阵由 4 或 6 个输入模块、多路复用器和触发器组成。开关矩阵是高度灵活的，可以对其进行配置以实现组合逻辑、移位寄存器或 RAM 等功能。在 Xilinx 公司的 FPGA 中，CLB 由多个（一般为 4 个或 2 个）相同的 Slice 和附加逻辑构成。典型的 CLB 结构如图 1-3 所示。每个 CLB 模块不仅可以用于实现组合逻辑、时序逻辑，还可以配置为分布式 RAM 和分布式 ROM。

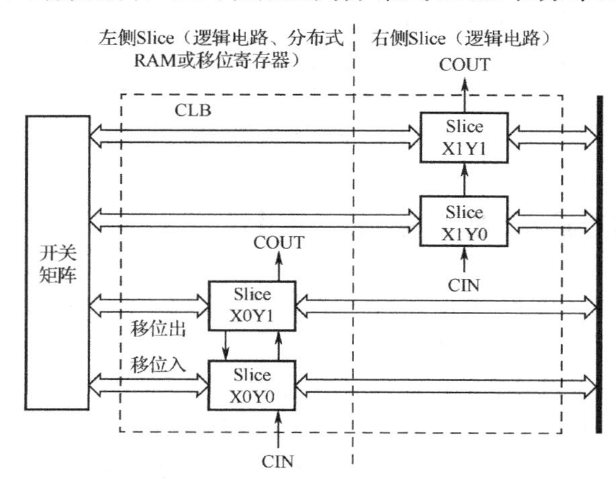

图 1-3　典型的 CLB 结构

Slice 是 Xilinx 公司定义的基本逻辑单位，1 个 Slice 一般由 2 个 4 输入函数、进位逻辑、算术逻辑、存储逻辑和函数复用器组成。典型的 4 输入 Slice 结构如图 1-4 所示。Slice 中的 4 输入函数也称为 LUT（Look-Up-Table，查找表）结构。在 Xilinx 公司的 FPGA 中，不同系列 FPGA 的 Slice 结构不完全相同，一些 FPGA 的 Slice 中 LUT 的输入个数为 6 个，这样可以实现更强的逻辑运算能力。算术逻辑包括一个异或门（XORG）和一个专用与门（MULTAND）。一个异或门可以使一个 Slice 实现 2 bit 的全加操作，专用与门用于提高乘法器的效率。进位控制逻辑由专用进位信号和函数复用器（MUXC）组成，用于实现快速的算术加减法操作。4 输入函数发生器用于实现 4 输入 LUT、分布式 RAM 或 16 bit 的移位寄存器；进位控制逻辑包括两条快速进位链，用于提高 CLB 的处理速度。

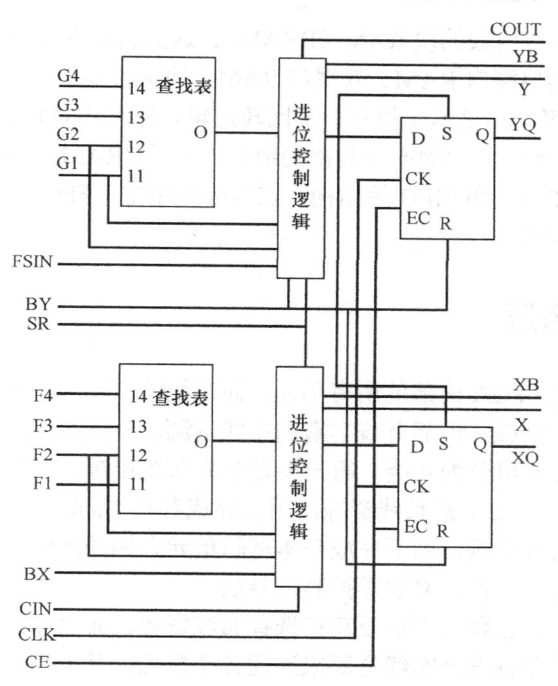

图 1-4　典型的 4 输入 Slice 结构

1.2.3　数字时钟管理模块（DCM）

业内大多数 FPGA 均提供数字时钟管理模块，用于生成用户所要求的稳定时钟信号，主要由锁相环完成。锁相环能够提供精确的时钟综合，且能够降低抖动，并实现过滤功能。内嵌 DCM 主要指延时锁定环（Delay Locked Loop，DLL）、锁相环（Phase Locked Loop，PLL）、DSP 等处理核。现在，越来越丰富的内嵌功能单元使得单片 FPGA 成为系统级的设计工具，使其具备了软硬件联合设计的能力，并逐步向 SOC 过渡。DLL 和 PLL 具有类似的功能，可以完成时钟高精度、低抖动的倍频和分频，以及占空比可调整和移相等功能。Xilinx 公司的 FPGA 集成了 DCM 和 DLL，Altera 公司的 FPGA 集成了 PLL，Lattice 公司的 FPGA 同时集成了 PLL 和 DLL。PLL 和 DLL 可以通过 IP 核生成工具来进行管理和设置。DLL 的结构如图 1-5 所示。

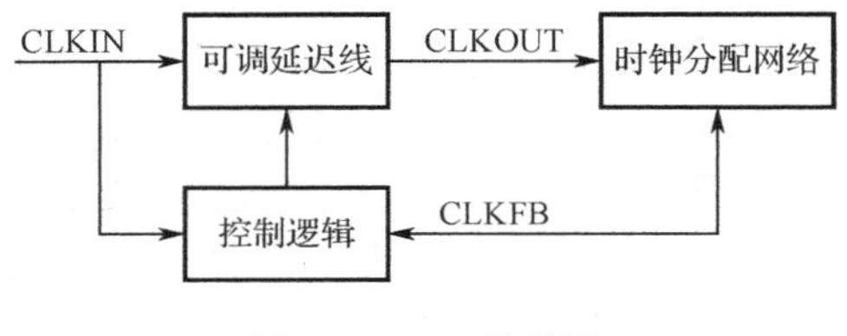

图 1-5　DLL 的结构

1.2.4　块 RAM（BRAM）

大多数 FPGA 都具有内嵌的块 RAM（BRAM），这大大拓展了 FPGA 的应用范围和灵活性。BRAM 可被配置为单端口 RAM、双端口 RAM、地址存储器（CAM）和 FIFO 等常用存储结构。CAM 内部的每个存储单元都有一个比较逻辑，写入 CAM 的数据会和内部的数据进行比较，并返回与端口数据相同的所有数据的地址。除了 BRAM，还可以将 FPGA 中的 LUT 灵活地配置成 RAM、ROM 和 FIFO 等结构。在实际应用中，FPGA 内部的 BRAM 数量是选择 FPGA 的一个重要因素。

1.2.5　布线资源

布线资源可以连通 FPGA 内部的所有单元，而布线的长度和工艺决定着信号在布线上的驱动能力和传输速率。FPGA 内部有着丰富的布线资源，根据布线的工艺、长度、宽度和分布位置的不同，布线资源可分为 4 类：第一类是全局布线资源，用于 FPGA 内部全局时钟和全局复位/置位的布线；第二类是长线资源，用以完成芯片 Bank 间的高速信号和全局时钟信号的布线；第三类是短线资源，用于完成基本逻辑单元之间的逻辑互连和布线；第四类是分布式布线资源，用于专有时钟、复位等控制信号线。

在实际工程设计中，工程师不需要直接选择布线资源，布局布线器可自动根据输入逻辑网表的拓扑结构和约束条件选择布线资源来连通各个单元。从本质上来讲，布线资源的使用方法和设计的结果有密切的关系。

1.2.6　专用硬 IP 核

专用硬 IP 核是相对于底层嵌入的软 IP 核而言的，FPGA 内嵌了功能强大的硬 IP 核（Hard Core）。为了提高 FPGA 的性能，FPGA 内部集成了一些专用的硬 IP 核。例如，为了提高 FPGA 的乘法速度，主流的 FPGA 中都集成了专用乘法器；为了适应通信总线与接口标准，很多高端的 FPGA 内部都集成了串/并收发器（SERDES）核与 PCIe 核，可以达到数 10 Gbps 的收发速率；为了简化与模拟信号之间的接口，Xilinx 公司的 7 系列高端 FPGA 集成了 A/D 转换硬 IP 核——XADC。不仅如此，Xilinx 公司和 Altera 公司的高端 FPGA 还集成了大量的 BRAM，以及多个 ARM Cortex-A9 等具有实时处理功能的嵌入式微处理器核，再加上配套的开发工具，可实现 SOPC（System-on-a-Programmable-Chip，片上可编程系统）的开发。

1.3　FPGA 的工作原理

众所周知，诸如 PROM（Programmable Read Only Memory，可编程只读存储器）、EPROM（Erasable Programmable Read Only Memory，可擦可编程只读存储器）、EEPROM（Electrically Erasable Programmable Read Only Memory，电可擦可编程只读存储器）等可编程器件，是通过加高压或紫外线导致晶体管或 MOS 管内部的载流子密度发生变化来实现可编程的。这些器件大多只能实现单次可编程，或者编程状态不稳定。FPGA 则不同，它采用了 LCA（Logic Cell Array，逻辑单元阵列），LCA 内部包括 CLB、IOB 和内部连线（Interconnect）。FPGA 的可编程实际上是改变了 CLB 和 IOB 的触发器状态，这样可以实现多次重复的编程。由于 FPGA 需要被反复烧写，它实现组合逻辑的基本结构不可能像 ASIC 那样通过固定的与非门来完成，而只能采用一种易于反复配置的结构。LUT 可以很好地满足这一要求，目前主流的 FPGA 都采用了基于 SRAM 工艺的 LUT 结构，也有一些军品和宇航级 FPGA 采用 Flash 或者熔丝与反熔丝工艺的 LUT 结构。

根据数字电路的基本知识可以知道，对于一个 n 输入的逻辑运算，不论与、或运算，还是其他逻辑运算，最多只可能存在 2^n 种结果。如果事先将相应的结果存放于一个存储单元中，就相当于实现了与非门的功能。FPGA 的原理也是如此，它通过程序文件来配置 LUT 的内容，从而在相同电路结构中实现了不同的逻辑功能。LUT 的本质上就是一个 RAM。目前 FPGA 中多使用 4～6 输入的 LUT，所以每个 LUT 都可以看成一个具有 4～6 位地址线的 RAM。当用户通过原理图或 HDL 描述一个逻辑电路时，FPGA 的开发工具会自动计算逻辑电路的所有可能结果，并把真值表（即结果）事先写入 RAM 中，这样每输入一个信号进行逻辑运算就等于输入一个地址进行查表，找出地址对应的内容，然后输出即可。LUT 与门的真值表如表 1-1 所示。

表 1-1　LUT 与门的真值表

实际逻辑电路		LUT 的实现方式	
a、b、c、d → 与门 → out		地址线 a、b、c、d → 16×1 RAM (LUT) → 输出	
输入	逻辑输出	地　址	RAM 中存储的内容
0000	0	0000	0
0001	0	0001	0
…	0	…	0
1111	1	1111	1

从表 1-1 中可以看到，LUT 具有和逻辑电路相同的功能。实际上，LUT 具有更快的执行速度和更大的规模。基于 LUT 的 FPGA 具有很高的集成度，其器件密度从数万个到数千万个不等，可以完成极其复杂的时序逻辑电路与组合逻辑电路功能，所以适用于高速、高密度的数字逻辑电路。

FPGA 是由存放在片内 RAM 中的程序来设置其工作状态的，因此在工作时需要对片内 RAM 进行编程。用户可以根据不同的设置模式，采用不同的编程方式来编程。在加电时，FPGA 将 EPROM 中的数据读入片内 RAM 中，完成设置后 FPGA 进入工作状态。在掉电时，FPGA 恢复成白片，内部的逻辑关系消失，因此 FPGA 能够反复使用。FPGA 的编程无须专用的 FPGA 编程器，只需要使用通用的 EPROM、PROM 编程器即可。Actel、QuickLogic 等公司还提供反熔丝技术的 FPGA，具有抗辐射、耐高/低温、低功耗和速度快等优点，在军品和航空航天领域中应用较多，但这种 FPGA 不能重复擦写，开发初期比较麻烦，费用也比较昂贵。

1.4 FPGA 与其他处理平台的比较

目前，用于数字信号处理的平台主要有 ASIC、DSP、ARM 和 FPGA。随着半导体芯片生产工艺的不断发展，这几种平台的应用领域出现了相互融合的趋势，但因各自侧重点的不同，依然有各自的优势及鲜明的特点。关于这几种平台的性能、特点、应用领域等方面的比较分析，一直都是广大技术人员讨论的热点之一。相对而言，ASIC 只提供可以接受的可编程性和集成水平，通常可为指定的功能提供最佳解决方案；DSP 可为涉及复杂分析或决策分析的功能提供最佳可编程解决方案；ARM 在需要嵌入式操作系统、可视化显示等的领域得到广泛的应用；FPGA 可为高度并行或涉及线性处理的高速信号处理功能提供最佳的可编程解决方案。

1.4.1 ASIC、DSP、ARM 的特点

ASIC 是 Application Specific Integrated Circuit 的英文缩写，是一种为专门目的而设计的集成电路。ASIC 设计主要有全定制（Full-Custom）设计和半定制（Semi-Custom）设计。半定制设计又可分为门阵列设计、标准单元设计、可编程逻辑设计等。全定制设计完全由工程师根据工艺，以尽可能高的速度和尽可能小的面积，独立地进行芯片设计。全定制设计虽然灵活性不高，但可以达到最优的设计性能，缺点是需要花费大量的时间与人力来进行人工布局布线，而且一旦需要修改内部设计，将会影响到其他部分的布局，所以这种设计方式的成本相对较高，适合大批量的 ASIC 芯片设计，如存储芯片的设计等。相比之下，半定制设计是一种基于库元件的约束性设计，约束的主要目的是简化设计、缩短设计周期，并提高芯片的成品率。半定制设计更多地利用 EDA（Electronics Design Automation，电子设计自动化）系统来完成布局布线等工作，可以大大减少工作量，因此半定制设计比较适合小规模的生产和实验。

DSP（Digital Signal Processor，数字信号处理器）是一种独特的微处理器，有自己完整的指令系统，是以数字信号来处理大量信息的器件。DSP 内包括控制单元、运算单元、各种寄存器，以及一定数量的存储单元等，在其外围还可以连接若干存储器，并可以与一定数量的外部设备互相通信，有软、硬件的功能，本身就是一个微型计算机系统。DSP 采用的是哈佛结构，即数据总线和地址总线分开，将程序和数据分别存储在两个独立的空间，允许取指令和执行指令完全重叠。也就是说，在执行上一条指令的同时就可取出下一条指令，并进行

译码，这就大大提高了DSP的速度。另外，DSP还允许在程序存储空间和数据存储空间之间进行数据传输，从而增加了其灵活性。DSP的工作原理是将接收到的模拟信号转换为数字信号（0或1），再对数字信号进行修改、删除、强化，并在其他系统芯片中把数字信号转换成模拟信号。DSP不仅具有可编程性，还能以每秒数千万条复杂指令来运行程序，其速率远远超过了通用微处理器，是数字信号处理领域中重要的芯片。DSP具有强大的数据处理能力和较高的运算速度，是其两大特色。DSP具有运算能力强、速度快、体积小、灵活性高（采用软件编程）等特点，适合各种复杂的应用。当然，与通用微处理器相比，DSP的其他通用功能相对较弱。

ARM（Advanced RISC Machines，高级精简指令集计算机）是一种32位高性能、低功耗的精简指令集（Reduced Instruction Set Computing，RISC）芯片，它由ARM公司设计，几乎所有的半导体厂商都在生产基于ARM体系结构的通用芯片，或在其专用芯片中嵌入ARM的相关技术。ARM只是一个微处理器核，ARM公司自己不生产芯片，半导体厂商向ARM公司购买各种微处理器核，通过配置不同的控制器（如LCD控制器、SDRAM控制器、DMA控制器等）和外设，生产各种基于ARM核的微处理器。目前，基于ARM体系结构微处理器的型号有数百种，在国内市场上，常见的有ST、TI、NXP、Atmel、Samsung、OKI、Sharp、Hynix、Crystal等半导体厂商的芯片。用户可以根据各自的需求，从性能和功能等方面选择最合适的微处理器来设计自己的应用系统。由于ARM采用向上兼容的指令系统，用户开发的软件可以非常方便地移植到更高版本的ARM平台。基于ARM体系结构的微处理器通常都具有体积小、功耗低、成本低、性能高、速度快等特点，广泛应用于工业控制、无线通信、网络产品、消费类电子产品、安全产品等领域。

1.4.2 FPGA的特点及优势

作为专用集成电路领域中的一种半定制电路，FPGA既解决了定制电路的不足，又克服了原有PLD门电路数量有限的缺点。可以毫不夸张地讲，FPGA可以完成任何数字器件的功能，上至高性能CPU，下至简单的74电路，都可以用FPGA来实现。FPGA如同一张白纸或一堆积木，工程师可以通过传统的原理图输入法或硬件描述语言设计一个数字系统。通过软件仿真，可以验证设计的正确性。在完成PCB设计后，还可以利用FPGA的在线修改能力，随时修改设计而不必改动硬件电路。使用FPGA来开发数字电路，可以大大缩短设计的时间、减少PCB的面积、提高系统的可靠性。当需要修改FPGA的功能时，只需修改EPROM中的程序即可。同一片FPGA，通过不同的程序就可以实现不同的电路功能，因此，FPGA的使用非常灵活。可以说，FPGA是小批量系统提高系统集成度、可靠性的最佳选择之一。目前，FPGA的品种很多，如Xilinx的XC系列、TI公司的TPC系列、Altera公司的FIEX系列等。

FPGA和DSP、ARM的区别是什么呢？DSP主要是用来“计算”的，如进行加/解密、调制/解调等，其优势是具有强大的数据处理能力和较高的运算速度。ARM具有比较强的事务管理功能，可以用来运行界面和应用程序等，其优势主要在控制方面。FPGA可以通过VHDL或Verilog HDL来编程，灵活性强，可以充分地进行设计、开发和验证。当电路有少量改动时，更能凸显FPGA的优势，其现场编程能力既可以延长产品的寿命，也可以用来进行系统升级或除错。

在评估信号处理器件的性能时，必须考虑该器件是否能在规定的时间内实现所需的功能。

在这类评估中，最基本的方法就是测量多个乘、加运算的处理时间。例如，一个具有 16 个抽头的 FIR 滤波器，该滤波器要求在每次采样中完成 16 次乘积和累加（MAC）运算。TMS320C6203 的时钟信号频率为 300 MHz，在合理的优化设计中，每秒可完成 4 亿至 5 亿次的 MAC 运算。这意味着基于 TMS320C6203 的 FIR 滤波器具有每秒 3100 万次的采样输入速率。但使用 FPGA 时，所有的 16 次 MAC 运算均可并行执行，对于 Xilinx 公司的 Virtex 系列 FPGA 来说，16 次的 MAC 操作大约需要 160 个 CLB，因此并行执行的 16 次 MAC 运算大约需要 2560 个 CLB。在 XCV300E 上可以轻松地实现上述设置，并允许 FIR 滤波器在每秒 1 亿次的采样输入速率下工作。

目前，无线通信技术的发展十分迅速。无线通信技术的理论基础之一是软件无线电技术，而数字信号处理技术无疑是实现软件无线电技术的基础。无线通信一方面向语音和数据综合的方向发展；另一方面，在手持 PDA 产品中越来越多地需要无线通信技术。这一要求对应用于无线通信中的 FPGA 提出了严峻的挑战，其中最重要的三个要求是功耗、性能和成本。为了适应无线通信的发展需要，系统芯片（System on a Chip，SoC）的概念、技术和芯片应运而生。利用系统芯片可以将尽可能多的功能集成在一片 FPGA 上，使其具有高速率、低功耗的特点，不仅价格低廉，还可以降低复杂性，易于使用。

实际上，FPGA 的功能早已超越了传统意义上的胶合逻辑功能。随着各种技术的相互融合，为了同时满足运算速度、复杂度，以及降低开发难度的需求，在数字信号处理领域及嵌入式系统领域，“FPGA+DSP+ARM”的配置模式已浮出水面，并逐渐成为标准的配置模式。

1.5 FPGA 的主要厂商

除了大家耳熟能详的 Xilinx 和 Altera 两家 FPGA 厂商，世界上还有其他一些 FPGA 厂商，这些厂商的产品虽然不如 Xilinx 和 Altera 产品那样得到了广泛的应用，但也各具特点。本节将简单介绍一下世界上的主要 FPGA 厂商。

1.5.1 Xilinx 公司

Xilinx（赛灵思）公司成立于 1984 年，首创了现场可编程逻辑阵列这一创新性的技术，并于 1985 年首次推出商业化产品。Xilinx 公司是全球领先的现场可编程逻辑完整解决方案的供应商。Xilinx 公司主要研发、制造并销售集成电路、软件设计工具，以及作为预定义系统级功能的 IP（Intellectual Property）核。客户使用 Xilinx 公司及其合作伙伴的自动化软件工具和 IP 核对 FPGA 进行编程，可以完成特定的逻辑操作。目前 Xilinx 公司满足了全世界对 FPGA 一半以上的需求。Xilinx 公司的产品线还包括复杂可编程逻辑器件（CPLD），在控制应用方面，CPLD 通常比 FPGA 的速度快，但其提供的逻辑资源较少。Xilinx 公司的可编程逻辑解决方案缩短了电子设备制造商开发产品的时间，并加快了产品面市的速度，从而减小了制造商的风险。与采用固定逻辑门阵列相比，采用 Xilinx 公司的 FPGA，客户可以更快地设计和验证设计的电路，而且由于 Xilinx 公司的 FPGA 是只需要进行编程的标准部件，客户不需要像采用固定逻辑门阵列那样等待样品或者付出巨大的成本。

图 1-6 是 Xilinx 公司的商标和典型的芯片实物。

图 1-6 Xilinx 公司的商标和典型的芯片实物

1.5.2 Altera 公司

总部位于硅谷的 Altera 公司自从 1983 年发明世界上第一款可编程逻辑器件（PLD）以来，一直是定制逻辑解决方案的领先者。Altera 公司秉承了创新的传统，是世界上可编程芯片系统（SOPC）解决方案倡导者。Altera 公司在世界范围内为 14000 多个客户提供高质量的可编程解决方案，其产品将可编程逻辑的内在优势（灵活性）、产品面市时间、性能和集成化结合在一起，可满足大范围的系统开发需求。Altera 公司的产品不但有器件，还包括全集成软件开发工具、通用嵌入式处理器、经过优化的知识产权内核、参考设计实例和各种开发工具等，其产品广泛应用在汽车、计算机、医疗、军事、测试测量、网络等领域。

图 1-7 是 Altera 公司的商标和典型的芯片实物。

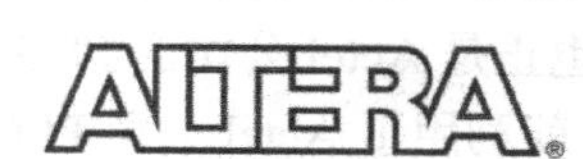

图 1-7 Altera 公司的商标和典型的芯片实物

1.5.3 Lattice 公司

Lattice（莱迪思）公司成立于 1983 年，提供在业界得到广泛应用的 FPGA、PLD 及相关软件，如现场可编程系统芯片（FPSC）、CPLD、可编程混合信号产品和可编程数字互连器件。Lattice 公司还提供业界领先的 SERDES 产品。相对于其他 FPGA 厂商的产品而言，Lattice 公司的产品能提供瞬时上电操作、安全性和节省空间的单芯片解决方案，以及一系列非易失可编程器件。

图 1-8 是 Lattice 公司的商标和典型的芯片实物。

图 1-8 Lattice 公司的商标和典型的芯片实物

1.5.4 Actel 公司

Actel（爱特）公司成立于 1985 年，在成立的最初 20 多年里，Actel 公司一直效力于美国军工和航空领域，并禁止对外出售其产品。后来 Actel 公司开始逐渐转向民用和商用，除了反熔丝系列 FPGA，还推出可重复擦除的 ProASIC3 系列 FPGA（主要针对汽车、工业控制、军事航空行业）。与其他公司的 FPGA（如 Altera、Xilinx、Lattice 等公司）相比，Actel 公司的 FPGA 具有以下优点：

（1）本质结构不一样。Actel 公司的 FPGA 采用 Flash 结构，Altera、Xilinx 和 Lattice 等公司的 FPGA 采用 SRAM 结构，掉电后数据会丢失，所以需要一块配置芯片，而 Actel 公司的 FPGA 无须配置芯片。

（2）安全性。Actel 公司的 FPGA 内部具有两重保密功能：一重是 128 位 Flashlock 加密，另一重是 128 位的 AES 加密（全部在软件中设置），真正达到保护知识产权的目的。Flashlock 密钥用于保护芯片，防止他人进行校验、编程和擦除。只有使用正确的 128 位 Flashlock 密钥才能进行对芯片擦除。要想破解 Flashlock 密钥以及 128 位的 AES 密钥，即使使用世界上最快的计算机也需要 100 亿年。因此，Actel 公司的代码可以在网上传输，即使被截获了也无法破解。也许有人会说可以使用反向工程的方法，采取打磨芯片来获取开关状态，但 Actel 公司 FPGA 中的晶体管在 7 层金属铜之下，如果把前 7 层的金属铜打磨掉，不破坏布线结构和内部的晶体管是不可能的。这也是在军事和航空领域中使用 Actel 公司 FPGA 的原因。

（3）上电即运行。与其他公司的 FPGA 相比，Actel 公司 FPGA 的另一个优点是上电即运行。这个特性有助于系统组件的初始化、处理器唤醒紧急任务的执行。Altera 和 Xilinx 公司的 FPGA 从上电到正常工作需要 0.2 s。这也正是 Actel 公司的 FPGA 广泛用于航空或者军事领域的原因。例如，在不停车收费系统中，就利用了 Actel 公司 FPGA 上电即运行的功能。当汽车在高速公路上行驶时，其速度特别快，当汽车离收费区域较远时，FPGA 处于掉电状态。当汽车接近收费区域时，FPGA 启动工作，这就要求 FPGA 必须具有上电即工作的功能。采用 SRAM 结构的 FPGA，上电配置需要 0.2 s，可能导致的后果是当 FPGA 开始工作时，汽车已经离开了射频识别区，收费系统主站无法接收到汽车发送的数据。

（4）无可挑剔的稳定性。Actel 公司的 FPGA 具有固件免疫能力，任何高能量的中子和 α 粒子撞击器件都不会对 Actel 公司的 FPGA 产生影响。但采用 SRAM 结构的 FPGA 不能承受高能量粒子的撞击，无法在恶劣的环境中工作。上海中科院物理研究所承担的“嫦娥 1 号”项目中，就是使用的 Actel 公司的反熔丝 FPGA，这也是 Actel 公司 FPGA 在军事、汽车行业中的优势所在。

图 1-9 是 Actel 公司的商标和典型的芯片实物。

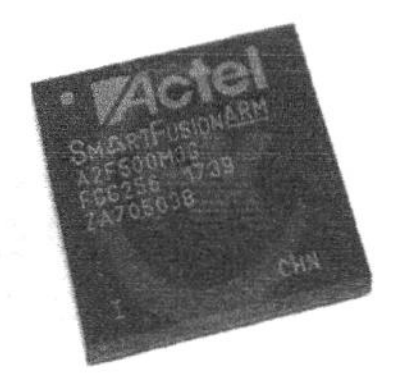

图 1-9　Actel 公司的商标和典型的芯片实物

1.5.5 Atmel 公司

Atmel 在系统级集成方面拥有世界级的专业知识和丰富的经验，其产品可以在现有模块的基础上进行开发，保证最小的开发周期和风险。凭借业界知识产权的组合，Atmel 公司是提供电子系统完整解决方案的厂商。Atmel 公司的集成电路主要应用在消费、工业、安全、通信和汽车等领域。

Atmel 公司是高级半导体产品设计、制造的行业领先者，产品包括微处理器、可编程逻辑器件、非易失性存储器、安全芯片、混合信号及射频信号识别技术集成电路。通过这些核心技术的组合，Atmel 公司生产出了各种通用目的及特定应用的系统级芯片，可满足电子系统工程师不断增长和演进的需求。

图 1-10 是 Atmel 公司的商标和典型的芯片实物。

图 1-10 Atmel 公司的商标和典型的芯片实物

1.6 如何选择 FPGA

由于 FPGA 具备设计灵活、可重复编程的优点，因此在电子产品设计领域得到了越来越广泛的应用。在工程项目或产品设计中，可以参考以下的策略和原则来选择 FPGA。

（1）尽可能选择成熟的产品。FPGA 的工艺一直走在芯片设计领域的前沿，产品更新换代的速度非常快。稳定性和可靠性是产品设计需要考虑的关键因素，最新推出的 FPGA 通常都没有经过大批量应用的验证，选择这样的 FPGA 会增加设计的风险。另外，最新推出的 FPGA 产量比较小，一般供货情况都不会很理想，价格也会偏高。如果成熟的 FPGA 能满足设计要求，那么最好选择成熟的 FPGA。

（2）尽量选择兼容性好的封装。在工程项目或产品设计中，一般采用硬件描述语言（HDL）来设计 FPGA。这与基于 CPU 的软件开发有很大不同。特别是在实现算法时，在设计之前，很难估计这个算法需要占多少 FPGA 的逻辑资源。作为代码设计者，希望算法实现之后再选择 FPGA 的型号。但是，现在的设计一般都采用软件和硬件协同的方式，也就是说，在设计 HDL 代码之前，就开始设计硬件板卡了。这就要求硬件板卡具备一定的兼容性，可以兼容不同规模的 FPGA。幸运的是，FPGA 厂家考虑到了这一点。目前，同系列的 FPGA 一般采用相同的物理封装，可兼容不同规模的 FPGA。正是因为这一点，产品就具备非常好的扩展性，可以不断地增加新的功能或者提高性能，而不需要修改硬件板卡的设计。

（3）尽量选择同一个公司的产品。如果在电子系统中需要多个 FPGA，那么尽量选择同一个公司的 FPGA，这样不仅可以降低采购成本，而且可以降低开发难度。因为同一公司的 FPGA，其开发工具是相同的，FPGA 的接口电平和特性也一致，便于互连互通。

Xilinx 公司和 Altera 公司的 FPGA，哪个会更好一些呢？很多第一次接触 FPGA 的工程师在选择 FPGA 时都有这样的疑问。其实这两家公司的人员和技术交流都很频繁，产品各具一定的优势和特色，很难说谁好谁坏。在不同的地区，这两家公司的 FPGA 的市场表现有所差别。在我国，这两家公司的 FPGA 可以说平分秋色，在高校中 Altera 公司的用户会略多一些。针对特定的应用，在两家公司的 FPGA 产品目录中都可以找到适合的系列或型号。例如：针对低成本应用，Altera 公司的 Cyclone 系列和 Xilinx 公司的 Spartan 系列是对应的；针对高性能应用，Altera 公司的 Stratix 系列和 Xilinx 公司的 Virtex 系列是对应的。可以根据开发者的使用习惯来选择具体公司的 FPGA。

1.7 小结

虽然 FPGA 的市场份额相比 CPU、ASIC 仍有一定差距，但按其迅猛发展的势头来看，与其他传统半导体产品分庭抗礼的时代或许已为时不远。稍加夸张地讲，学习 FPGA，就是学习电子技术的现在和未来。

本章的大部分内容是概念性知识，对于 FPGA 工程师来讲，无须花费过多的时间来阅读，只需知其然即可。如果你属于追求简单直接的读者，将本章的内容当成小说来阅读也未尝不可。本章的学习要点可归纳为：

（1）FPGA 的功能已远远超出了胶合逻辑，随着 FPGA、ARM、CPU 等技术的融合，FPGA 已迎来了片上系统（SOPC）的发展时期。

（2）熟悉 FPGA 的基本组成单元，熟悉 LUT 的基本工作原理。

（3）了解 ASIC、DSP、ARM 和 FPGA 的优势，FPGA 的主要特点是灵活性高、并行运算能力强。

（4）除了 Xilinx 公司和 Altera 公司，还有 Lattice、Actel、Atmel 等公司，这些公司的 FPGA 各具特点。

（5）通常可按照成熟和兼容的原则来选择 FPGA 作为工程项目或产品设计的目标器件。

1.8 思考与练习

1-1 查阅 Xilinx 公司与 Altera 公司的官方网站，了解全球最大的两家 FPGA 厂商的最新器件及开发工具信息。

1-2 简述 FPGA 的主要组成部分。

1-3 查阅资料，说明 FPGA 与 CPLD 的主要区别。

1-4 设某逻辑运算的输入为 a、b、c、d，采用 4 输入的 LUT 实现 $F=(ab)+(cd)$的逻辑运算，写出 LUT 中每个地址空间的存储值。

1-5 常用的数字信号处理硬件平台有哪些？与这些平台相比，FPGA 有哪些优势？

1-6 简述主要的 FPGA 厂商，并说明各厂商 FPGA 的特点及应用领域。

1-7 如何在工程项目或产品设计中选择合适的 FPGA？

第 2 章 设计语言及开发工具

工欲善其事，必先利其器。Verilog HDL 是描述硬件的语言，我们使用 Verilog HDL 编写的代码，实际是在绘制电路。相比 C 语言等其他编程语言，Verilog HDL 的常用语法不过十余条。全面了解 ISE、ModelSim、MATLAB 等 FPGA 数字信号处理设计环境，熟悉我们要利用的工具，用最简单的招式加上独特的思想，即可完成最完美的 FPGA 工程设计。

2.1 Verilog HDL 简介

2.1.1 HDL 的特点及优势

PLD（可编程逻辑器件）出现后，需要有一个设计切入点（Design Entry）将设计者的意图表现出来，并最终在具体的器件上实现。早期主要有两种设计方式：一种是采取画原理图的方式，就像 PLD 出现之前将分散的 TTL（Transistor-Transistor Logic）芯片组合成电路板一样进行设计，这种方式只是将电路板变成了一颗芯片而已；另一种设计方式是用逻辑方程式来表现设计者的意图，将多条方程式语句组成的文件经过编译器编译后生成相应的文件，再由专用工具写到 PLD 中，从而实现各种逻辑功能。

随着 PLD 技术的发展，其开发工具的功能已十分强大。目前，设计方式在形式上虽然仍有原理图输入方式、状态机输入方式和 HDL 输入方式，但由于 HDL 输入方式具有其他两种方式无法比拟的优点，因此其他两种方式已很少使用。HDL 输入方式，即采用编程语言的设计方式，主要有以下几方面的优点。

（1）通过使用 HDL 输入方式，设计者可以在非常抽象的层次上对电路进行描述。设计者可以在寄存器传输级（Register Transfer Level，RTL）对电路进行描述，而不必选择特定的制造工艺，逻辑综合工具可以自动将设计转换为任意一种制造工艺版图。如果出现新的制造工艺，设计者不必重新设计电路，只需将在 RTL 对电路进行的描述输入逻辑综合工具，即可形成针对新工艺的门级网表。逻辑综合工具将根据新的工艺对电路的时序和面积进行优化。

（2）由于 HDL 输入方式不必选择特定的制造工艺，因此也就没有固定的目标器件，在设计时基本上不需要考虑目标器件的具体结构。由于不同厂商生产的 PLD 以及相同厂商的不同系列 PLD，虽然功能相似，但 PLD 的内部结构有不同之处，如采用原理图输入方式，则需要对 PLD 的结构、功能部件有一定的了解，从而会增加设计的难度。

（3）通过使用 HDL 输入方式，设计者可以在设计初期对电路的功能进行验证。设计者可以很容易优化和修改在 RTL 对电路的描述，实现电路的功能。由于能够在设计初期发现和排除绝大多数的设计错误，因此可以大大降低设计后期门级网表或物理版图上出现错误的可能性，避免设计过程的反复，明显缩短设计的周期。

（4）使用 HDL 输入方式进行设计，类似于编写计算机程序，带有注释的 HDL 程序非常便于开发和修改。与门级电路原理图相比，这种设计方式能够对电路进行更加简明扼要的描述。如果采用门级电路原理图来进行一些复杂度较高的设计，用户几乎是无法理解的。

（5）HDL 输入方式的通用性和兼容性好，便于移植。采用 HDL 输入方式时，在大多数情况下几乎不需要做任何修改就可以在各种设计环境、PLD 之间实现编译，这给项目的升级开发，程序的复用、交流和维护带来了很大的便利。

随着数字电路复杂性的不断增加，以及 EDA 工具的日益成熟，HDL 输入方式已经成为大型数字电路设计的主流方式。HDL 的种类较多，主要有 VHDL（VHSIC Hardware Description Language，甚高速集成电路硬件描述语言，VHSIC 是 Very High Speed Integrated Circuit 的缩写）、Verilog HDL、AHDL、SystemC、HandelC、System Verilog、System VHDL 等，其中主流的语言为 VHDL 和 Verilog HDL，其他 HDL 仍处在发展阶段、本身不够成熟，或者是某个公司专为自己产品开发的工具，应用范围不够广泛。

VHDL 和 Verilog HDL 各具优势。选择 VHDL 还是 Verilog HDL，这是一个初学者最常见的问题。大量的事实告诉我们，有时候“选择”并不是一件容易的事。要做出正确的选择，首先要对被选择的对象有一定的了解。接下来我们简单介绍一下这两种硬件设计语言的特点。

2.1.2 选择 VHDL 还是 Verilog

Verilog HDL 和 VHDL 都是用于逻辑设计的硬件描述语言，两者各有优劣，也各有相当多的拥护者，并且都已成为 IEEE 标准。VHDL 于 1987 年成为 IEEE 标准，Verilog HDL 则在 1995 年才成为 IEEE 标准。之所以 VHDL 比 Verilog HDL 早成为 IEEE 标准，这是因为 VHDL 是美国军方组织开发的，而 Verilog HDL 是从一个普通民间公司的“私有财产”转化而来的。

VHDL 由美国军方推出，最早成为 IEEE 标准，在北美及欧洲的应用非常普遍。Verilog HDL 由 GDA 公司提出，这家公司后来被美国益华科技（Cadence）并购，并得到美国新思科技（Synopsys）的支持。在得到这两大 EDA 公司的支持下成为 IEEE 标准，在美国、日本等使用非常普遍。

从语言本身的复杂性及易学性来看，Verilog HDL 看起来似乎是一种更加容易掌握的硬件描述语言，因为这种语言的语法与 C 语言有很多相似之处。但也正因为这个原因，Verilog HDL 很容易给初学者带来困惑，因为 Verilog HDL 的本质是描述硬件电路，而描述硬件电路的方法与 C 语言的设计思路几乎完全不同。相对而言，虽然 VHDL 的语法比较烦琐，但其语法更为严谨，更贴近硬件电路的设计思路，虽然刚接触 VHDL 时会觉得这种语言比较难理解，但更容易让初学者形成硬件设计的思维方式。

目前的 Verilog HDL 和 VHDL 在行为级抽象建模的覆盖范围方面也有所不同。Verilog HDL 在系统级抽象方面比 VHDL 略差一些，而在门级电路原理图描述方面比 VHDL 强得多。Verilog HDL 在门级电路原理图描述的底层，也就是晶体管开关级的描述方面更有优势，即使 VHDL 的设计环境，在底层实质上也会由 Verilog HDL 描述的器件库所支持。Verilog HDL 适合系统级、算法级、RTL、门级电路原理图的设计，而对于特大型（千万门级以上）的系统级设计，VHDL 更为适合。

对两种语言的特点进行简单比较之后，似乎仍然难以得到明确的答案，如何选择仍然是一个颇为复杂的问题。在遇到这种情况时，如果一定要选择的话，也只好采用古老的占卜方法：向空中扔一个硬币，正面代表 VHDL，反面代表 Verilog HDL。记得上学的时候，一位风趣的老师曾经教给我们这种做选择题的方法。

Verilog HDL 和 VHDL 的差别并不大，它们的功能也是类似的。掌握其中一种语言后，通过短期的学习就可以较快地掌握另一种语言。选择哪种语言主要还应当考虑周围人群的使用习惯，这样可以方便后续的学习交流。对于 ASIC 设计者，必须掌握 Verilog HDL，因为在 ASIC 设计领域，90%以上的公司都采用 Verilog HDL；对于 PLD 和 FPGA 设计者，可以自由选择两种语言；对有志于成为 PLD 和 FPGA 的设计高手，熟练掌握这两种语言是必须打好的基本功。

2.1.3 Verilog HDL 的特点

Verilog HDL 是在 1983 年由 GDA（GateWay Design Automation）公司的 Phil Moorby 首创的。Phil Moorby 后来成为 Verilog-XL 的主要设计者和 Cadence 公司的第一个合伙人。Phil Moorby 在 1984 至 1985 年设计出了第一个关于 Verilog-XL 的仿真器；又在 1986 年 Verilog HDL 的发展做出了另一个巨大的贡献，即提出了用于快速仿真门级电路原理图的 Verilog-XL 算法。

随着 Verilog-XL 算法的成功，Verilog HDL 得到了迅速的发展。Cadence 公司于 1989 年收购了 GDA 公司，Verilog HDL 成为 Cadence 公司的“私有财产”。Cadence 公司于 1990 年公开了 Verilog HDL，成立了 OVI（Open Verilog International）组织来负责 Verilog HDL 的发展。基于 Verilog HDL 的优越性，IEEE 于 1995 年制定了 Verilog HDL 的 IEEE 标准，即 Verilog HDL 1364：1995。随着 Verilog HDL 的不断完善和发展，后来又先后制定了 IEEE 1364：2001、IEEE 1364：2005。

Verilog HDL 是一种用于数字逻辑电路设计的语言，采用 Verilog HDL 描述的电路设计就是该电路的 Verilog HDL 模型。Verilog HDL 既是一种行为描述语言，也是一种结构描述语言。也就是说，Verilog HDL 既可以用于电路的功能描述，也可以通过元器件及其之间连接来建立设计电路的 Verilog HDL 模型。Verilog HDL 模型可以是实际电路的不同级别抽象，这些抽象的级别和它们对应的模型类型如下：

（1）系统级（System）：用高级语言实现设计模块外部性能的模型。

（2）算法级（Algorithm）：用高级语言实现设计算法的模型。

（3）RTL（Register Transfer Level）：描述数据在寄存器之间的流动，以及如何处理这些数据的模型。

（4）开关级（Switch-Level）：描述器件中的晶体管和存储节点，以及它们之间连接的模型。

一个复杂的电路系统的完整 Verilog HDL 模型通常是由若干个 Verilog HDL 模块构成的，每一个模块又可以由若干个子模块构成。其中有些模块需要综合成具体电路，而有些模块只是与用户所设计模块进行交互的现成电路或激励信号源。利用 Verilog HDL 模型的功能可以构造一个模块间清晰的层次结构，从而描述极其复杂的大型设计，并对所做的设计逻辑进行严格的验证。

Verilog HDL 作为行为描述语言，其语法结构非常适合算法级和 RTL 的模型设计，具有以下功能：

- 可描述顺序执行或并行执行的程序结构；
- 可用延时表达式或事件表达式来明确地控制过程的启动时间；
- 可通过命名的事件来触发其他过程中的激活行为或停止行为；
- 提供了条件、if…else、case、循环程序结构；
- 提供了带参数且非零延时的任务（Task）程序结构；
- 提供了可定义新的操作符的函数结构（Function）；
- 提供了用于建立表达式的算术运算符、逻辑运算符和位运算符。

Verilog HDL 作为结构描述语言，也非常适合开关级模型的设计，具有以下功能：

- 提供了一套完整的组合型原语（Primitive）；
- 提供了双向通路和电阻器件的原语；
- 可建立 MOS 器件的电荷分享和电荷衰减动态模型。

Verilog HDL 的构造性语句可以精确地建立信号的模型。这是因为 Verilog HDL 的延时和输出强度原语可以用来建立精确程度很高的信号模型。信号可以有不同的强度，可以通过设计宽范围的模糊值来降低不确定条件的影响。

Verilog HDL 作为一种硬件描述语言，有着与 C 语言类似的风格，其中有许多语句，如 if 语句、case 语句等，和 C 语言中的对应语句十分相似。如果读者有一定的 C 语言编程基础，只要掌握 Verilog HDL 某些语句的特殊功能，并加强上机练习就可以很好地掌握 Verilog HDL，利用 Verilog HDL 的强大功能来设计复杂的数字逻辑电路。

2.2 Verilog HDL 的基本语法

2.2.1 Verilog HDL 的程序结构

Verilog HDL 的基本设计单元是模块（module）。一个模块是由两部分组成的，一部分用于描述接口，另一部分用于描述逻辑功能，即定义输入是如何影响输出的。下面是一段完整的 Verilog HDL 程序代码示例。

```
module exam01(           //第 1 行
    input a,             //第 2 行
    input b,             //第 3 行
    output c,            //第 4 行
    output d);           //第 5 行

    assign c= a & b;     //第 7 行
    assign d= a | b;     //第 8 行

endmodule                //第 10 行
```

上面的 Verilog HDL 程序代码描述了一个 2 输入的与门电路，输入信号为 a、b，输出信

号为 c。程序的第 1 行表明模块的名称为 exam01；第 2～5 行说明了接口的信号流向；第 7 和 8 行说明了模块的逻辑功能；第 10 行是模块的结束语句。以上就是一个简单的 Verilog HDL 模块所需的全部内容。从这个例子可以看出，Verilog HDL 程序完全嵌在 module 和 endmodule 声明语句之间。每个 Verilog HDL 程序包括三个主要部分：模块及端口定义、内部信号声明和程序功能定义。

图 2-1 所示为上述 Verilog HDL 程序生成的电路原理图。

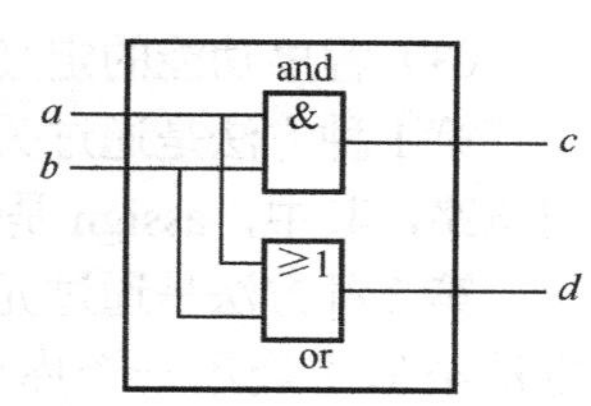

图 2-1　模块 exam01 生成的电路原理图

（1）模块及端口的定义。当使用 Verilog HDL 程序来描述电路模块时，使用关键字 module 来定义模块名字，即 module 后空一格字符，接着是模块名字，如“module exam01”表示模块名字为 exam01。模块名字要与 Verilog HDL 程序的文件名保持完全一致。

模块名字后用一对括号来说明模块的输入/输出端口信号，input 表示输入端口信号，output 表示输出端口信号。端口信号之间用“,”分隔。Verilog HDL 用“;”表示一条语句的结束，因此“);”表示完成了整个端口信号的说明。

下面的例子表示声明了一个名为 exam02 的模块，该模块包括 2 路位宽为 4 bit 的输入信号 din1 和 din2，1 路位宽为 5 bit 的输出信号 dout。

```
module exam02(
    input [3:0] din1,
    input [3:0 ] din2,
    output [4:0] dout);

    //内部信号，以及电路功能的说明语句

endmodule
```

除了可以采用上面的方法来描述模块端口，也可以采用另一种方法，即：

```
module exam02(din1,din2,dout);
    input [3:0] din1;
    input [3:0 ] din2;
    output [4:0] dout;

   //内部信号，电路功能说明语句

endmodule
```

采用这种方法描述模块端口时，首先将所有的端口名字写在一对括号中，然后对每个端口的位宽、输入/输出方向进行说明。由于每个端口信号都要书写两次，这种方法相对而言要烦琐一些。因此推荐采用第一种方法，也是本书所采用的方法。

（2）内部信号的说明。Verilog HDL 有两种最基本的信号类型，即 wire（线网）和 reg（寄存器）。在模块的端口声明中，如果对信号类型不做说明，则默认为 wire。寄存器类型的信号用 reg 表示。Verilog HDL 规定，在 always 模块内部中被赋值的信号必须为 reg 类型。关于关键字 always 的用法，下文再进行说明。

在 module 内部描述电路功能时，Verilog HDL 规定，在使用某个 reg 类型信号时，必须先进行说明，但 wire 类型的信号可以不进行说明。为了使代码更加规范，在设计程序时，无论什么类型的信号，强烈建议在使用之前都先进行说明。例如，下面的 Verilog HDL 程序说明了 1 个位宽为 1 bit 的 wire 类型信号 ce，以及 1 个位宽为 5 bit 的 reg 类型信号 data5。

```
wire ce;
reg [4:0] data5;
```

（3）程序功能的定义。在 Verilog HDL 中，描述逻辑功能的方法主要有以下三种：

第 1 种方法是通过关键字 assign 来描述电路，如"assign c=a&b;"表示一个 2 输入的与门电路，其中，assign 是关键字，表示把"="右侧的逻辑运算结果赋给"="左侧的信号。

第 2 种方法是通过元件描述电路，如"and u1(c,a,b);"表示一个 2 输入的与门电路。这种方法类似于调用一个库元件，根据元件的引脚定义，为引脚指定对应的信号即可。"and u1(c,a,b);"表示调用一个名为 and 的元件，调用时声明这个元件在文件中的名字为 u1，其输入引脚分别和信号 a、b 相连，输出引脚和信号 c 相连。由于一个文件中可以有多个相同的元件，因此每个元件的名字必须是唯一的，以避免与其他的元件相混淆。

第 3 种方法是通过 always 来描述电路，例如：

```
always @(posedge clk or posedge rst)
    begin
        else q <= d;
      if(rst) q<=0;
    end
```

上面的代码描述了一个具有异步清零的 D 触发器，清零信号为 rst，输入信号为 d，输出信号为 q，时钟信号为 clk。在 Verilog HDL 中，assign 模块主要用于描述组合逻辑电路；always 模块既可以描述组合逻辑电路，也可以描述时序逻辑电路，是最常用的电路描述语句，有多种描述逻辑关系的方式。上面的程序采用 if…else 语句来表达逻辑关系。需要说明的是，在 always 模块中描述电路时，被赋值的信号必须声明为 reg 类型。

下面再看一段采用 3 种方法描述电路功能的程序。

```
module exam03(                                              //第 1 行
    input a,
    input b,
    input rst,
    input clk,
    output c,
    output d,
    output q);
    reg f;                                                  //第 9 行
    always @(posedge clk or posedge rst)
        begin
            if(rst) f<=0;
            else f <= a;
        end
    assign q = f;                                           //第 15 行
    assign c   = !a;                                        //第 16 行
```

```
        and u1(d,a,b);                           //第17行
endmodule
```

上面这段程序描述了3个电路功能：采用always描述的带异步清零的D触发器（第9～15行）、采用assign描述的非门电路（第16行）、采用元件描述的与门电路（第17行）。

需要注意的是，如果用Verilog HDL实现一定的逻辑功能，首先要清楚哪些功能是同时执行的，哪些功能是顺序执行的。上面的程序描述的3个电路功能是同时执行的，也就是说，即使将这3个电路功能的描述程序放到一个Verilog HDL文件中，每个电路功能对应描述程序的次序并不会影响电路功能的实现，这3个电路功能是同时执行的，也就是并发的。

在always模块内，逻辑是按照指定的顺序执行的。always模块中的语句是顺序语句，因为这些语句是顺序执行的。请注意，多个always模块是同时执行的，但是模块内部的语句是顺序执行的。看一下always模块内的语句，就会明白电路功能是如何实现的。if…else…if是顺序执行的，否则其功能就没有任何意义。如果else语句在if语句之前执行，电路功能就不符合要求。为了实现电路功能，always模块内的语句将按照程序的顺序执行。

2.2.2 数据类型及基本运算符

（1）数据类型。Verilog HDL的数据类型较多，典型的有wire、reg、integer、real、realtime、memory、time、parameter、large、medium、scalared、small、supply0、supply1、tri、tri0、tri1、triand、trior、trireg、vectored、wand、wor。虽然数据类型很多，但在进行逻辑设计时常用的数据类型只有几种，其他数据类型主要用于基本逻辑单元的建库，属于门级电路原理图和开关级的Verilog HDL语法，系统级的设计不需要关心这些语法。

本书中涉及的数据类型主要有wire、reg、time、parameter等。

wire为线网，表示组合逻辑电路的信号。在Verilog HDL中，输入信号和输出信号的默认类型是wire类型。wire类型的信号可以作为任何电路的输入，也可以作为assign语句或元件的输出。

reg是寄存器数据类型，在Verilog HDL中，always模块内的信号都必须定义为reg类型。需要说明的是，虽然reg类型的信号通常是寄存器或触发器的输出，但并非reg类型的信号一定是寄存器或触发器的输出，具体由always模块的代码决定，理解这一点很重要，后面还会举例说明。

time是时间数据类型，用于定义时间信号，仅在测试激励文件中使用，具体用法将在介绍FPGA设计实例时讨论。

paramete是定义参数类型，用来定义常量，可以通过parameter定义一个标识符来表示一个常量，称为符号常量，这样可以提高程序的可读性和可维护性。

（2）常量与变量。在程序运行过程中，值不能被改变的量称为常量，常量的值为某个数字，下面是Verilog HDL中定义常量及数字的几种常用表示方法。

```
parameter data0=8'b10101100;      //定义常量data0，值为8 bit的二进制数10101100
parameter data1=8'b1010_1100;     //定义常量data1，值为8 bit的二进制数10101100
parameter data2=16'ha2b3;         //定义常量data2，值为16 bit的十六进制数a2b3
parameter data3=8'd5;             //定义常量data3，值为8 bit的十进制数5
parameter data3= -8'd15;          //定义常量data3，值为8 bit的十进制数-15
```

```
parameter data3= -8'd15;              //定义常量 data3，值为 8 bit 的十进制数-15
```

变量是一种在程序运行过程中可以改变其值的量，Verilog HDL 有多种变量，最重要的是 wire 和 reg。在定义这两种类型的变量时，均可以直接赋初值，如下所示：

```
wire [3:0] cn4=0;                     //定义位宽为 4 bit 的 wire 型变量 cn4，且赋初值为 0;
reg [4:0] cn5=10;                     //定义位宽为 5 bit 的 reg 型变量 cn5，且赋初值为 10;
```

（3）运算符与表达式。Verilog HDL 的运算符较多，按功能可分为算术运算符、条件运算符、位运算符、关系运算符、逻辑运算符、移位运算符、位拼接运算符、缩减运算符等。下面对每种运算符进行简要的介绍。

① 算术运算符。算术运算符主要有“+”(加法)、“-”(减法)、“*”(乘法)、“/”(除法)、“%”(模运算)。算术运算符都是双目运算符，带两个操作数，如“assign c = a + b;”表示将信号 a 与 b 的和赋给 c。在 Verilog HDL 中，加法和减法运算直接使用运算符“+”“-”即可。虽然乘法运算可以直接使用运算符“*”，但更常用的方法是采用开发工具提供的乘法器 IP 核进行运算，以提高运算速度，相关内容将在本书后续章节专门讨论。在 FPGA 中，除法运算比较复杂，一般仅在测试激励文件中使用运算符“/”，这是因为测试激励文件中的代码仅进行理论计算，不综合成电路。在可综合成电路的 Verilog HDL 程序中，一般不使用运算符“/”，而使用专用的触发器 IP 核。模运算符“%”仅用在测试激励文件中，用于完成两个操作数的模运算。

② 条件运算符。条件运算符是三目运算符，如“assign d =(a) ? b,c;”表示根据 a 的值（也可以是表达式）对信号 d 进行赋值，果 a 为真（逻辑 1）则将 b 的值赋给 d，否则将 c 的值赋给 d。

③ 位运算符。位运算符主要有“~”(取反)、“&”(按位与)、“|”(按位或)、“^”(按位异或)、“^~”(按位同或)。除了“~”是单目运算符，其他的位运算符均为双目运算符，且运算规则相似。例如，按位与就是对两个操作数的对应位进行与运算。假设 a=4'b1101，b=4'b0100，c=a&b 的值为 4'b0100，d=a^b 的值为 4'b1001。

④ 关系运算符。关系运算符主要有“<”(小于)、“>”(大于)、“<=”(小于或等于)、“>=”(大于或等于)、“= =”(等于)、“!=”(不等于)、“= = =”(严格等于)、“!==”(严格不等于)。关系运算都是双目运算符，用于比较两个操作数的大小。其中，使用“= = =”“!==”对操作数进行比较时，会对某些位的不定值和高阻值进行比较，这两种关系运算符在 FPGA 设计时使用得较少。

⑤ 逻辑运算符。逻辑运算符主要有“&&”(逻辑与)、“!”(逻辑非)、“||”(逻辑或)。“&&”和“||”是双目运算符，运算的结果只有真（用逻辑 1 表示）和假（用逻辑 0 表示）两种状态，如“(a>b) &&(b>c)”，“(a<b)||(b<c)”；“!”是单目运算符，如“!(a>b)”。

⑥ 移位运算符。移位运算符主要有“<<”(左移位)、“>>”(右移位)。移位运算符是双目运算符，如“a>>n”，a 代表要进行移位的操作数，n 代表要移几位。在进行这两种移位操作时，移出的空位用 0 来填补。

⑦ 位拼接运算符。位拼接运算符是“{}”，用于把两个或多个信号的某些位拼接起来进行运算操作，如 a=4'b1100、b=4'b0011，则“c={a[3:2],b}”的值为 6'b110011。

⑧ 缩减运算符。缩减运算符是单目运算符，也有与、或、非运算。其中，与、或、非运算规则类似于位运算中的与、或、非运算，但其运算过程不同。位运算是对操作数的相应位

进行与、或、非运算，操作数是几位数，其运算结果也是几位数。缩减运算规则不同，是对单个操作数进行与、或、非递推运算，最后的运算结果是 1 位的二进制数。具体运算规则为：第一步先将数的第 1 位与第 2 位进行或、或、非运算；第二步将运算的结果与第 3 位进行相应的运算，依次类推，直到最后一位为止。例如，B 为位宽为 3 bit 的信号，则&B 运算相当于“((B[0]&B[1])&B[2])&B[3])”。

2.2.3　Verilog HDL 的运算符优先级及 Verilog HDL 的关键词

Verilog HDL 的运算符有一定的优先级关系，为便于查阅参考，表 2-1 对 Verilog HDL 的运算符优选级进行了总结。

表 2-1　Verilog HDL 运算符的优先级

运　算　符	优　先　级
!、~	最高优先级
*、/、%	
+、	
<<、>>	
<、<=、>、>=	↓
==、!=、===、!==	
&	
^、^~	
|	
&&	
||	
?:	最低优先级

为提高程序的可读性，建议使用括号明确表达各运算符之间的优先关系。

在 Verilog HDL 中，所有关键词是事先定义好的，关键词采用小写字母（Verilog HDL 中语句是大小写敏感的）。Verilog HDL 的常用关键词有 always、and、assign、begin、buf、bufif0、bufif1、case、casex、casez、cmos、deassign、default、defparam、disable、edge、else、end、endcase、endmodule、endfunction、endprimitive、endspecify、endtable、endtask、event、for、force、forever、fork、function、highz0、highz1、if、initial、inout、input、integer、join、large、macromodule、medium、module、nand、negedge、nmos、nor、not、notrifo、notrif1、or、output、parameter、pmos、posedge、primitive、pullup、pulldown、rcmos、reg、repeat、release、repeat、rpmos、rtran、tri、tri0、tri1、vectored、wait、wand、weak0、weak1、while、wire、wor、xnor、xor。

在编写 Verilog HDL 程序时，变量的名称不能与这些关键词冲突。在 FPGA 开发工具中，关键词一般会自动用彩色字体显示，例如，在 ISE14.7 开发工具中，默认的关键字颜色是蓝色。

2.2.4 赋值语句与块语句

1. 赋值语句

Verilog HDL 有两种赋值方式：阻塞赋值（=）和非阻塞赋值（<=）。

对于非阻塞赋值（<=）来讲，上一条语句所赋值的变量不能立即被下一条的语句使用，块语句结束后才能完成这次赋值操作，被赋值变量的值是上一次赋值语句的结果；对于阻塞赋值（=）来讲，赋值语句执行完成后变量的值会立刻改变。

上面对两种赋值方式的描述是“教科书”中的常用描述方法，总是让人觉得一头雾水。实际上，我们可以从语句所描述的电路功能来理解。

（1）“=”可以用在 assign 语句和 always 块语句中。用在 assign 语句中描述的是组合逻辑电路，用在 always 块语句中描述的是组合逻辑电路和时序逻辑电路。

（2）“<=”只能用 always、initial 块语句中，其中 initial 只在测试激励文件中使用。

（3）为了进一步简化并规范设计，强烈建议在 always 块语句中仅使用“<=”。

assign 语句描述的组合逻辑电路比较容易理解，接下来详细讨论 always 块语句描述的组合逻辑电路和时序逻辑电路。下面举例说明。

```
always @(*)                //这是推荐的写法，括号里的*号表示语句描述提组合逻辑电路
begin
    b<=a;
    c<=b;
end

always @( a,b)             //这是另一种的写法，括号里的 a 和 b 表示块语句所有敏感信号
begin
    b<=a;
    c<=b;
end
```

上面的程序用两种方式描述了相同的电路功能，即输入信号 a 直接与 b 连接，以及输入信号 b 与 c 连接，在电路上就相当于 a、b、c 三个信号节点是短路状态，相当于一个节点。

再来看一个用 always 块语句描述时序逻辑电路的例子。

```
always @(posedge clk)              //第 1 行，注意括号里的关键词 posedge
begin
    b<=a;                          //第 3 行
    c<=b;                          //第 4 行
end
```

从语法的角度来讲，上面的程序功能是指当 clk 信号的上升沿到来时，首先将 a 的值赋给 b，然后将 b 的值赋给 c。回忆一下 D 触发器的工作原理，就可以很容易明白这段代码描述的是两个级联的触发器，其电路图如图 2-2 所示。

在上面的程序中，第 3 行描述的是图 2-2 左侧的 D 触发器，第 4 行描述的是图 2-2 右侧的 D 触发器。两个 D 触发器之间虽然由信号 b 连接，但相互之间并不存在逻辑先后关系，因

此，即使调换第 3、4 行程序的顺序，所描述的电路功能也没有任何区别。后面将会继续讨论顺序语句与并行语句的内容。

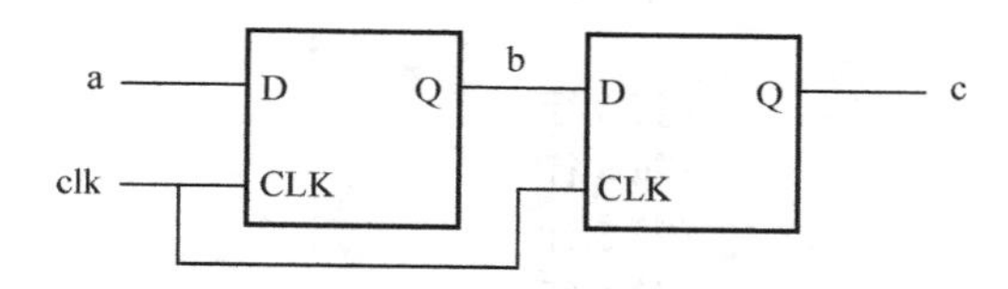

图 2-2　采用 always 块语句描述两个级联的触发器

接下来采用 always 块语句完成一个带异步复位信号和时钟允许控制信号的 D 触发器。

```
always @(posedge clk or posedge rst)          //第 1 行
begin
    if(rst)                                   //第 3 行
    q<=0;                                     //第 4 行
    else                                      //第 5 行
    if(ce)                                    //第 6 行
    q<=a;                                     //第 7 行
end
```

上面程序描述了一个 D 触发器，rst 为高电平有效的异步复位信号，en 为高电平有效的同步时钟允许信号，a 为输入信号，q 为输出信号。程序中的关键词 begin 和 end 表示在这两个关键词之间语句由 always 块语句控制。从字面上理解，第 1 行程序表示当 clk 的上升沿或 rst 的上升沿到来时才执行后续的语句。第 3 行程序表示当 rst 为高电平时执行第 4 行程序，即实现 D 触发器的复位。需要注意的是，在执行第 4 行程序时，只需要满足 rst 的上升沿到来（第 1 行程序）且 rst 为高电平（第 2 行程序）这两个条件即可，而这两个条件是不受 clk 信号控制的，因此是异步复位。当 clk 的上升沿或 rst 的上升沿到来，且 rst 不是高电平时，执行 else 的分支语句，相当于在 clk 的上升沿到来时执行后面的语句。第 6 行程序表示当 clk 的上升沿到来，且 ce 为高电平时，开始执行第 7 行程序，将 a 的值赋给 q，因此 ce 为 D 触发器的同步时钟允许信号。

上面从语法的角度分析了 D 触发器的描述方法。我们可以直接从电路功能的角度来理解上面的程序，即将每行程序与电路结构对应起来，这样更易于形成采用硬件思维编写 FPGA 程序的习惯。

2．块语句

块语句通常用来将两条或多条语句组合在一起，使其在格式上看起来更像一条语句。Verilog HDL 有两种块语句：begin…end（顺序块）和 fork…join（并行块）。其中，begin…end 用来表示顺序块语句，可用在 Verilog HDL 可综合的程序中，也可用在测试激励文件中；fork…join 用来表示并行语句，只能用在测试激励文件中。

顺序块中的语句是按顺序执行的，即只有上面一条语句执行完后，下面的语句才能执行；并行块的语句是并行执行的，即各条语句无论书写的顺序如何，均是同时执行的。

虽然从语法上来讲，顺序块中的语句是按顺序执行的，但我们从语句所描述的电路角度，更容易把握语句的执行结构。如果顺序块中用到了 if…else 语句，则由于 if…else 本身就具备严格的先后顺序，语句按顺序执行。如果顺序块中的几条语句本身没有直接的逻辑关系，则各语句的执行仍然是并行执行的。下面是一个程序实例。

```
always @(posedge clk)                  //第 1 行
begin
    b<=a;                              //第 3 行
    c<=b;                              //第 4 行
    if(ce) d <= a + b;                 //第 5 行
    else d<=a-b;                       //第 6 行
end
```

第 3～6 行均在 begin…end 中，其中第 5 行和第 6 行组成 if…else 语句，这两条语句不能交换，需要按顺序执行。第 3 行、第 4 行，以及第 5～6 行，这 3 段程序之间并没有先后关系，是并行执行的。也就是说，将上面的程序修改成下面的程序，两者综合后的电路完全相同。

```
always @(posedge clk)                  //第 1 行
begin
    if(ce) d <= a + b;                 //原程序的第 5 行
    else d<=a-b;                       //原程序的第 6 行
    b<=a;                              //原程序的第 3 行
    c<=b;                              //原程序的第 4 行
end
```

接下来介绍测试激励文件中顺序块与并行块的执行差别。下面是一段利用顺序块生成测试信号 clr 的程序代码。

```
initial
begin
    clr = 0;                           //第 3 行
    #10   clr = 1;                     //第 4 行
    # 20   clr = 0;                    //第 5 行
    #30   clr = 1;                     //第 6 行
end
```

上面的程序表示：在上电时，从起始时刻算起，clr 的初值为 0，10 个时间单位后为 1，30 个时间单位后为 0，60 个时间单位后为 1。

下面是一段利用并行块生成测试信号 clr 的程序代码。

```
initial
fork
    clr = 0;                           //第 3 行
    #10   clr = 1;                     //第 4 行
    # 20   clr = 0;                    //第 5 行
    #30   clr = 1;                     //第 6 行
join
```

由于 fork…join 内部的语句是并行执行的，因此上面的程序表示：在上电时，从起始时刻算起，clr 的初值为 0，10 个时间单位后为 1，20 个时间单位后为 0，30 个时间单位后为 1。

2.2.5　条件语句和分支语句

Verilog HDL 的主要语句有条件语句、分支语句、循环语句这几类。在实际设计过程中，应用最为广泛的是条件语句和分支语句。本书中的实例所使用的语法很少，限于篇幅的原因，下面仅介绍条件语句和分支语句，有兴趣的读者可以参阅本书列出的参考文献，详细了解完整的 Verilog HDL 语法。

1．条件语句

条件语句（if…else）用来判断所给定的条件是否能得到满足，并根据判断结果决定执行给定的两种操作之一。if 语句只能用在 always 或 initial 块语句中。if…else 语句是 Verilog HDL 中最常见的语句，下面举例说明它的三种用法。

```
//第一种用法，只有 if 语句
if(a>b)
    dout <= din;

//第二种用法，完整的 if…else 语句
if(a>b)
    dout <= din1;
else
    dout <= din2;

//第三种用法，具有嵌套结构的 if…else 语句
if(a>b)
    dout <= din1;
else
    if(cn>10)   dout <= din2;
    else   dout <= 0;
```

上面的例子很容易理解，第一种用法只有 if 语句；第二种用法是有两个分支结构的完整 if…else 语句；第三种用法表示 if…else 语句可以嵌套使用。

2．分支语句

分支语句（case）是一种多分支选择语句。条件语句可以理解为带有优先级的选择语句。分支语句可以提供多个分支，且各个分支没有优先级别的区别。同 if…else 语句一样，case 语句也只能用在 always 或 initial 块语句中。下面举例说明它的用法。

```
reg [2:0] wire;                //定义 3 bit 的信号 sel
reg [7:0] result;              //定义 8 bit 的信号 result
case(sel)
    4'd0:   result <= 8'b00000001;
    4'd1:   result <= 8'b00000011;
    4'd2:   result <= 8'b00000111;
    4'd3:   result <= 8'b00001111;
```

```
        4'd4:   result <= 8'b00011111;
        4'd5:   result <= 8'b00111111;
        default: result <= 8'b11111111;
    endcase
```

上面程序的功能是：根据信号 sel 的值，使 result 输出不同的数据。例如，当 sel 为 3 时，result 输出 8'b00001111。default 表示在 sel 为其他值时需要执行的语句。由于 result 是 always 块语句中被赋值的信号，因此必须声明为 reg 类型。sel 不是 always 块语句内被赋值的信号，可以声明为 wire 类型。

2.3 常用的 FPGA 开发工具

开发不同厂商的 FPGA，通常需要使用不同的开发工具。Xilinx 公司推出的开发工具主要有 ISE 和 Vivado 两种，目前 ISE 的最新版本为 ISE14.7，其界面友好、性能稳定，可支持 Xilinx 公司的中高端 FPGA，尤其适合初学者使用。

FPGA 厂商提供的软件一般都包含输入、综合、仿真、实现等一整套设计流程所需的各种工具。一些第三方公司专注于 FPGA 设计流程中的某一个环节，往往可以提供更有竞争力的设计工具，如 Mentor 公司推出的 ModelSim 仿真软件因其具有界面友好、仿真模型准确、仿真速度快等优势，得到了广泛的应用。

本节将对本书采用的 ISE14.7 开发工具和 ModelSim 仿真软件的特点、用户界面进行简要介绍，后续章节将会详细介绍完成的 FPGA 设计流程。

2.3.1 ISE 开发工具

作为世界上最大的 FPGA/CPLD 生产厂商之一，Xilinx 公司一直在不断地依靠技术革新来推动 FPGA/CPLD 的发展，其推出的开发工具也在不断地升级换代，从早期的 Fundation 系列逐步发展到日趋成熟的 ISE（Integrated Software Environment，集成软件环境）系列，并于 2012 年推出了具有全新架构和界面风格的 Vivado 设计套件。

Xilinx 公司宣称，考虑到客户对进一步提升生产力、缩短产品上市时间、实现可编程系统集成等需求，同时为了更好地支持 All Programmable 的设计开发，充分发挥其性能，于 2008 年开始付诸行动打造 Vivado 设计套件，并于 2012 年开始推出该设计套件。目前，Vivado 的最新版本是 2020.2。

学习 FPGA 开发技术的难点之一是开发工具的掌握，无论 Xilinx 公司还是 Altera 公司，为了适应不断更新的开发需求，以及不断推出的新型器件，开发工具版本的更新速度很快。与 ISE 开发工具相比，Vivado 设计套件在架构及界面方面都有很大的变化，版本的更新主要是为了解决设计套件本身的功能性问题。自 2012 年首次推出 Vivado 设计套件后，几乎每年都会推出 3～4 个版本，截至目前已陆续推出 20 多个版本！过多的软件版本不可避免地会增加 FPGA 工程师适应开发工具的难度。

Xilinx 公司自推出 ISE3.x 以来，现已形成了庞大的用户群。虽然 Xilinx 公司自 2013 年 10 月 2 日发布最新的 ISE14.7 后，宣布不再对 ISE 进行更新。由于 ISE14.7 仍然支持 Xilinx

公司的 Spartan-6、Virtex-6、Artix-7、Kintex-7、Virtex-7 等中高端 FPGA，且工作稳定、设计界面友好，因此仍然是广大 FPGA 工程师首选的开发工具。本书采用 ISE14.7 作为工程实例的开发工具。

ISE14.7 是 Xilinx 公司 FPGA/CPLD 的开发工具（即综合性集成设计平台），该平台集成了从输入、仿真、综合、布局布线、实现、时序分析、程序下载与配置、功耗分析等几乎所有设计流程所需的工具，仅利用 ISE14.7 即可完成整个 FPGA/CPLD 的开发过程。除了 ISE14.7，Xilinx 公司还推出了片内逻辑分析仪工具 ChipScopePro、IPCore 系列工具（IP Capture、Core Generator、Updates Installer）、SOPC 集成开发套件（Embedded Development Kit，EDK）、DSP 开发工具 SystemGenerator 等，有兴趣的读者可以查阅相关书籍了解这些工具的使用方法。

ISE14.7 对计算机的配置有一定要求，推荐的系统配置与设计所选的 FPGA 型号有关，当设计的 FPGA 规模较大、设计复杂且时序要求高时，系统配置低的计算机将无法完成完整的设计流程。为了提高综合、实现过程中的速度，除了提高系统 CPU 工作性能、主板及硬盘工作速度，最为重要的是要提高系统的内存容量。

需要说明的是，ISE 的高版本软件一般不支持早期的低端 FPGA。如果读者要开发早期的低端 FPGA，还需要到 Xilinx 公司官网下载早期版本的 ISE。

图 2-3 所示为 ISE14.7 的主界面。

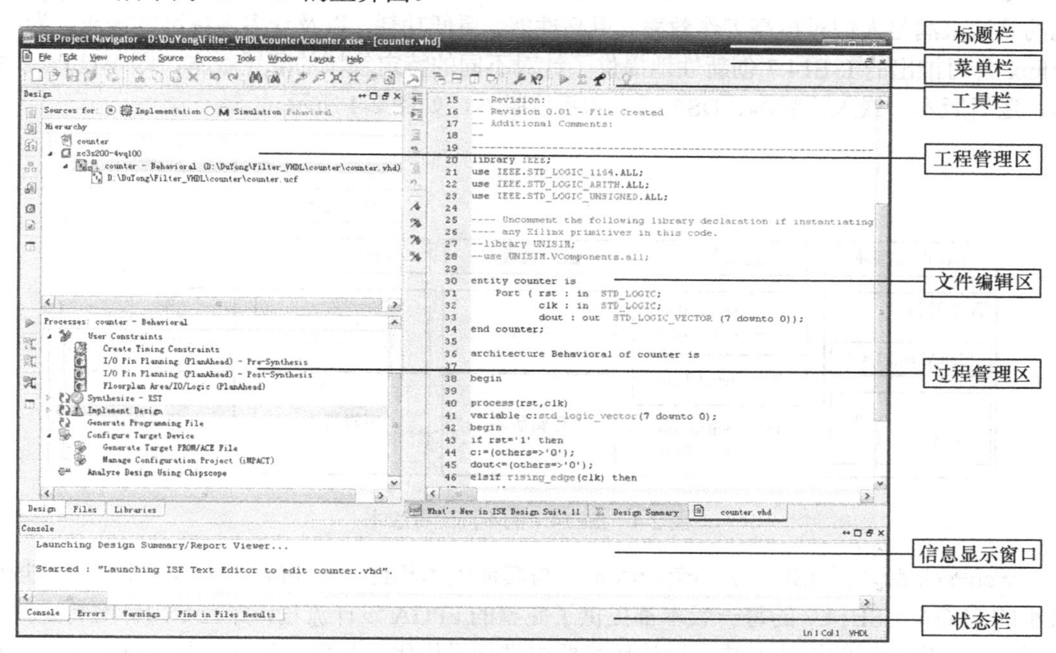

图 2-3　ISE14.7 的主界面

ISE14.7 的主界面由标题栏、菜单栏、工具栏、工程管理区、文件编辑区、过程管理区、信息显示窗口和状态栏等组成。

（1）标题栏：主要显示当前工程的名称和当前打开的文件名称。

（2）菜单栏：主要包括文件（File）、编辑（Edit）、视图（View）、工程（Project）、源文件（Source）、操作（Process）、工具（Tools）、窗口（Window）、布局（Layout）和帮助（Help）

等菜单，其使用方法和常用的 Windows 操作系统类似。

（3）工具栏：主要包含常用命令的快捷按钮，灵活运用工具栏可以极大地方便用户在 ISE 中的操作。在工程管理过程中，工具栏的使用十分频繁。

（4）工程管理区：提供工程及其相关文件的显示和管理功能，主要包括源文件视图（Source View）、快照视图（Snapshot View）和库视图（Library View），其中源文件视图比较常用，可以显示工程中生成的库文件内容。

（5）文件编辑区：提供代码的编辑功能。

（6）过程管理区：工程管理区中显示的内容取决于选定的文件类型，显示的内容多是 FPGA 设计流程中需要进行的相关操作，包括输入、综合、仿真、实现和配置等文件。在对某个文件进行相应的处理时，在处理步骤前会出现一个图标来表示该步骤的状态。

（7）状态栏：用于显示相关命令和操作信息。

Xilinx 公司的主要客户是逻辑设计人员，他们通常都是精通硬件设计和硬件描述语言的电子工程师。不过，随着 Virtex 系列和 Spartan 系列 FPGA 的推出，逻辑单元、MPU 和 DSP 等部件的数量或性能呈指数级的增长，在这种情况下，大量嵌入式软/硬件工程师、DSP 算法开发人员和系统集成人员也开始使用 FPGA 来构建高级片上系统。FPGA 已经从简单的胶合逻辑发展成为可编程系统的核心。

随着高级 FPGA 架构的不断发展及其复杂程度的不断提高，需要更高级的设计技术和优化的算法来满足人们对更高工作效率、更高性能、更低功耗，以及众多新标准的需求。为此，Xilinx 公司推出的 ISE14.7 创新性地提供了针对不同的特定领域的配置版本，即 WebPack 版本、逻辑版本、嵌入式版本、DSP 版本和系统版本，如图 2-4 所示。

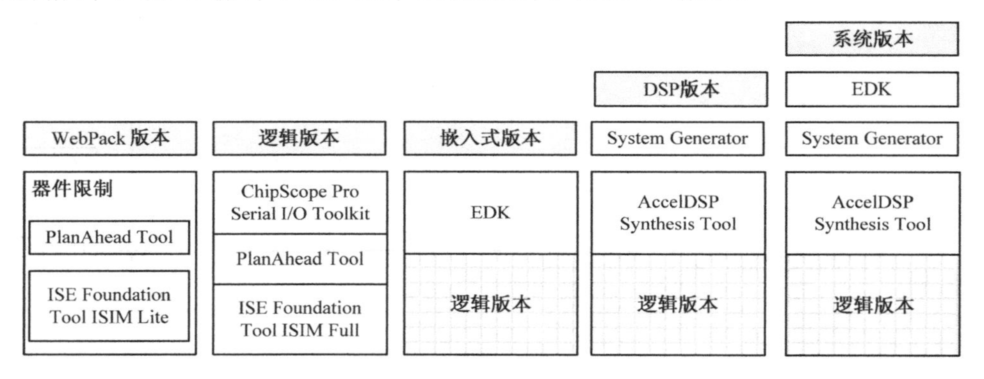

图 2-4　ISE14.7 的不同配置版本

WebPack 版本是 ISE14.7 的免费版本，与其他版本相比，WebPack 版本仅支持一些规模较小的 FPGA。ISE14.7 的每一版本都提供了完整的 FPGA 设计流程，并且专门针对特定的用户群体和特定领域的设计方法、设计环境要求进行了优化，从而使设计人员能够将更多的精力集中于差异化的产品和应用。

2.3.2　ModelSim 仿真软件

Mentor 公司的 ModelSim 是业界最优秀的 HDL 仿真软件之一，能够提供友好的仿真环境，是业界唯一的单一内核支持 VHDL 和 Verilog HDL 混合仿真的仿真软件。ModelSim 采用直接优化的编译技术和单一内核仿真技术，具有编译仿真速度快、编译的代码与平台无关、便于保护 IP 核等优势。ModelSim 提供个性化的图形界面和用户接口，可以加快调试进程，是 FPGA 首选的仿真软件，其主要特点如下：

（1）采用了 RTL 和门级优化技术，编译仿真速度快，具有跨平台、跨版本仿真功能。

（2）单一内核支持 VHDL 和 Verilog HDL 混合仿真。

（3）集成了性能分析、波形比较、代码覆盖、数据流、信号检测（Signal Spy）、虚拟对象（Virtual Object）等众多调试功能。

（4）支持 C 语言调试。

（5）全面支持系统级描述语言，支持 SystemVerilog、SystemC、PSL 等语言。

ModelSim 有 SE、PE、LE 和 OEM 等版本。SE 是最高级的版本，集成在 Actel、Atmel、Altera、Xilinx 以及 Lattice 等 FPGA 厂商设计工具中的均是 OEM 版本。SE 版本和 OEM 版本在功能和性能方面有较大的差别。例如，仿真速度，以 Xilinx 公司的 ModelSim XE（OEM 版本）为例，对于代码少于 40000 行的设计程序，SE 版本要比 ModelSim XE 快 10 倍左右；对于代码超过 40000 行的设计程序，SE 版本要比 ModelSim XE 快 40 倍左右。SE 版本支持提供全面的高性能验证功能，支持业界的大多数标准。虽然集成在 Xilinx 等 FPGA 厂商设计工具中的是 OEM 版本，但用户可独立安装 SE 版本，只需通过简单的设置即可将 SE 版本集成在 ISE14.7 等开发工具中。

这里以 ISE14.7 为例介绍继承 SE 版本 ModelSim 的方法。首先运行 ISE14.7，依次单击菜单“Edit→Preference”，在弹出的软件设置对话框中依次单击“ISE General→Integrated Tools”选项即可弹出集成工具选项设置对话框，如图 2-5 所示。

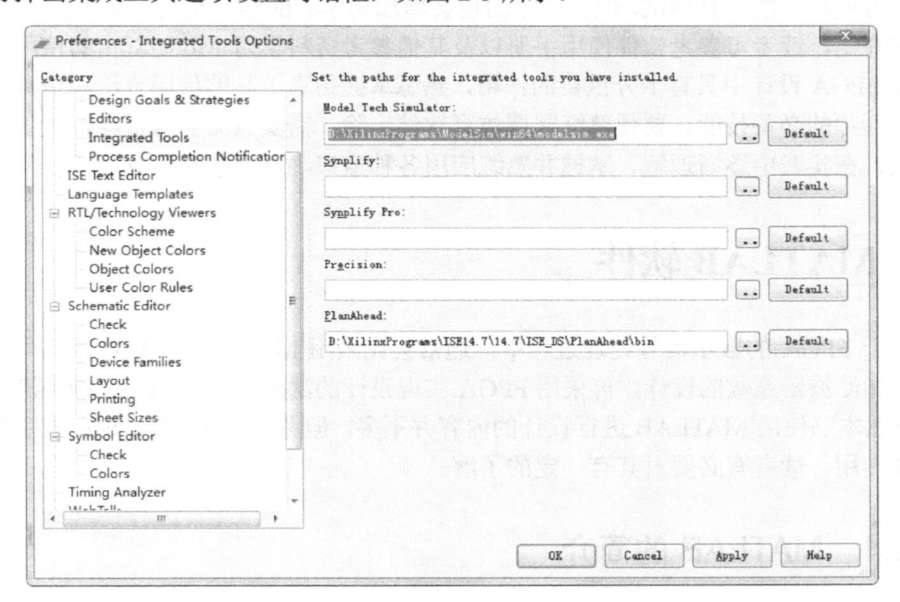

图 2-5　集成工具选项设置对话框

从集成工具选项设置对话框的选项可以看出，ISE14.7 可以集成 ModelSim、Synplify、Synplify Pro、Precision、PlanAhead 等工具。PlanAhead 工具会在安装 ISE14.7 时自动生成，无须用户设置。ModelSim、Synplify、Synplify Pro 需要用户手动设置。在路径输入框中输入相应工具的路径即可轻松地将该工具集成到 ISE14.7 中。

ModelSim 是独立的仿真软件，本身可独立完成程序的代码编辑及仿真功能。ModelSim 的工作界面如图 2-6 所示，该工作界面主要由标题栏、菜单栏、工具栏、库信息窗口、对象窗口、波形显示窗口，以及脚本信息窗口等组成。

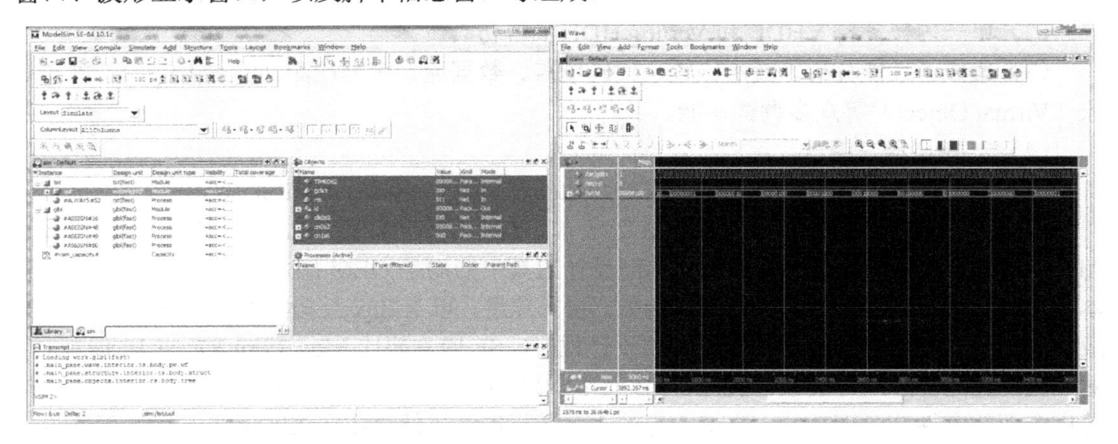

图 2-6 ModelSim 的工作界面

ModelSim 的窗口很多，共有 10 余个。在仿真过程中，除了主窗口，其他窗口均可以打开多个副本，可以通过拖曳的方式在各个窗口中添加对象，使用起来十分方便。当关闭主窗口时，所有已打开的窗口均会自动关闭。ModelSim 具有丰富的显示及调试窗口，这一方面可以极大地方便程序的仿真调试，但另一方面也会增加初学者的学习难度。本书不对 ModelSim 进行详细介绍，读者可参考软件使用手册以及其他参考资料学习 ModelSim 的使用方法。仿真技术在 FPGA 设计中具有十分重要的作用，熟练掌握仿真工具的使用方法和仿真技巧是一名优秀工程师的必备技能。要想熟练掌握仿真软件，除了需要查阅参考资料，更重要的是大量的实践，在实践中逐渐理解、掌握并熟练应用各种窗口，从而掌握仿真技巧。

2.4 MATLAB 软件

在基于 FPGA 的数字信号处理过程中，通常会先采用 MATLAB 完成数字信号处理的参数设计，如滤波器系数的设计，再采用 FPGA 实现设计的滤波器，使 FPGA 程序满足所需的功能。虽然本书使用 MATLAB 进行设计的内容并不多，但考虑到 MATLAB 在数字信号处理中的重要作用，读者有必要对其有一定的了解。

2.4.1 MATLAB 的简介

20 世纪 70 年代，美国新墨西哥大学计算机科学系主任 Cleve Moler 为了减轻学生的编程负担，使用 FORTRAN 语言编写了最早的 MATLAB。1984 年由 Jack Little、Cleve Moler、Steve Bangert 合作成立的 MathWorks 公司，正式把 MATLAB 推向市场。到 20 世纪 90 年代，MATLAB 已成为国际控制界广泛应用的软件。本书使用 MATLAB R2014a 进行相关的设计。

MATLAB 主要面对科学计算、可视化，以及交互式程序设计，它将数值分析、矩阵计算、科学数据可视化，以及非线性动态系统的建模和仿真等诸多强大功能集成在一个易于使用的视窗环境中，为科学研究、工程设计，以及必须进行有效数值计算的众多科学领域提供了一种全面的解决方案，在很大程度上摆脱了传统的非交互式程序设计语言（如 C、FORTRAN）的编辑模式，代表了当今国际科学计算软件的先进水平，在数值计算方面首屈一指。MATLAB 可以进行矩阵运算、绘制函数和数据、实现算法、创建用户界面、连接其他编程语言的程序等，主要应用于工程计算、控制设计、信号处理与通信、图像处理、信号检测、金融建模设计与分析等领域。

MATLAB 的基本数据单位是矩阵，它的指令表达式与数学、工程中常用的形式十分相似，故使用 MATLAB 要比使用 C、FORTRAN 等语言完成相同的工作简洁得多。MATLAB 吸收了 Maple 等软件的优点，使其成为一个强大的数学软件。MATLAB 还加入了对 C、FORTRAN、C++、Java 等语言的支持，用户可以将自己编写的程序导入 MATLAB 函数库中，方便以后使用。此外，众多 MATLAB 爱好者编写了一些经典的程序，用户可以直接使用。

2.4.2　MATLAB 的工作界面

MATLAB 的工作界面简单、明了，易于操作。安装好 MATLAB 后，单击菜单“开始→所有程序→MATLAB→R2014a→MATLAB R2014a”，即可打开 MATLAB R2014a，其工作界面如图 2-7 所示。

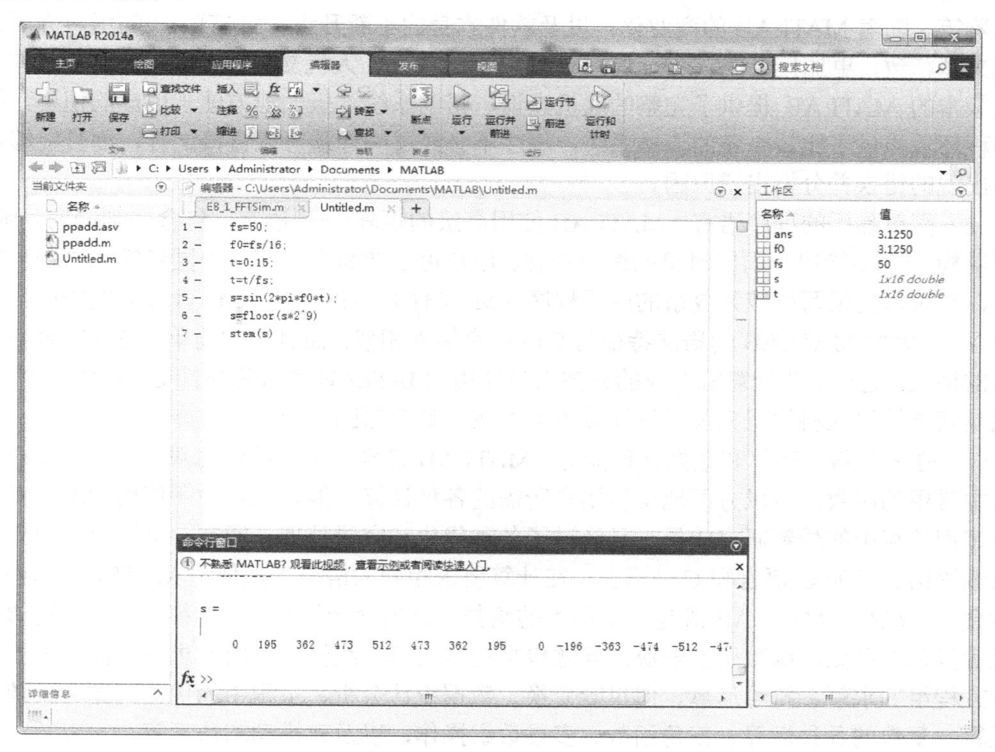

图 2-7　MATLAB R2014a 的工作界面

命令行窗口是 MATLAB 的主窗口。在命令行窗口中可以直接输入命令，MATLAB 将自动显示命令执行后的结果。如果一条命令过长，需要两行或多行才能输入完毕，则要使用“…”作为连接符号，按 Enter 键后可以转入下一行继续输入命令。另外，在命令行窗口中输入命令时，可利用快捷键十分方便地调用或修改以前输入的命令。例如，通过向上键“↑”可重复调用上一条命令，对该命令加以修改后直接按 Enter 键即可执行。在执行命令时，不需要将光标移至行尾。命令行窗口只能执行单条命令，用户可通过创建 M 文件（后缀名为“.m”的文件）来编辑多条命令。在命令行窗口中输入 M 文件的名称，即可执行 M 文件中所有命令。

命令历史窗口用于显示用户在命令行窗口中执行过的命令，用户也可直接双击命令历史窗口中的命令来执行该命令，也可以在选中某条或多条命令后，执行复制、剪切等操作。工作空间窗口用于显示当前工作环境中所有创建的变量信息，单击工作空间窗口下的“Current Directory”标签可打开当前工作路径窗口，该窗口用于显示当前工作的路径，包括 M 文件的路径等。

2.4.3 MATLAB 的特点

MATLAB 的特点主要体现在以下几个方面：

（1）友好的工作平台和编程环境。MATLAB 由一系列工具组成，这些工具极大地方便了用户使用 MATLAB 的函数和文件，其中许多工具采用的是图形用户界面，包括 MATLAB 的命令行窗口、命令历史窗口、编辑器、调试器、路径搜索、用户浏览帮助、工作空间、文件浏览器等。随着 MATLAB 的商业化，以及软件本身的不断升级，MATLAB 的用户界面也变得越来越精致，更加接近 Windows 操作系统的标准界面，人机交互性更强，操作更简单，而且新版本的 MATLAB 提供了完整的联机查询、帮助系统，极大地方便了用户的使用。简单的编程环境提供了比较完备的调试系统，程序不必经过编译就可以直接运行，而且能够及时报告出现的错误并分析出错原因。

（2）简单易用的程序语言。MATLAB 使用高级的矩阵/阵列语言，包含控制语句、函数、数据结构、输入/输出和面向对象的编程语言。用户可以在命令行窗口中同步输入语句与执行命令，也可以先编写好较为复杂的应用程序（M 文件）后再运行。MATLAB 的底层语言为 C++语言，因此 MATLAB 的语法特征与 C++语言极为相似，而且更加简单，更加符合数学表达式的格式，更利于非计算机专业的科技人员使用。MATLAB 的可移植性好、可拓展性极强，这也是其能够深入科学研究及工程计算各个领域的重要原因之一。

（3）强大的科学计算和数据处理能力。MATLAB 包含了大量的计算算法，拥有 600 多个工程中常用的函数，可以方便地实现用户所需的各种计算功能。函数中所使用的算法都是科研和工程计算中的最新研究成果，且经过了各种优化和容错处理。通常，可以用函数来代替底层编程语言，如 C 语言和 C++语言。在计算要求相同的情况下，使用 MATLAB 编程时工作量会大大减少。MATLAB 既包含最基本的函数，也包含诸如矩阵、特征向量、快速傅里叶变换等复杂的函数。函数所能解决的问题包括矩阵运算、线性方程组的求解、微分方程及偏微分方程组的求解、符号运算、傅里叶变换、数据统计分析、工程中的优化问题、稀疏矩阵的运算、复数的各种运算、三角函数、多维数组操作，以及建模动态仿真等。

（4）出色的图形处理能力。自产生之日起，MATLAB 就具有强大的数据可视化功能，可将向量和矩阵用图形表示出来，并且可以对图形进行标注和打印。高层次的作图包括二维和三维的可视化、图像处理、动画和表达式作图，可用于科学计算和工程绘图。MATLAB 的图形处理功能十分强大，它不仅具有一般数据可视化软件的功能（如二维曲线和三维曲面的绘制及处理等），而且还包括其他软件所没有的功能，如图形的光照处理、色度处理，以及四维数据的表现等。另外，对于一些特殊的可视化要求，如图形对话等，MATLAB 也有相应的功能函数，保证了不同层次用户的要求。

（5）应用广泛的模块集和工具箱。MATLAB 在许多专门的领域都开发了功能强大的模块集和工具箱（Toolbox）。模块集和工具箱通常是由特定领域的专家开发的，用户可以直接使用模块集和工具箱，不需要自己编写代码。目前，MATLAB 已经把模块集和工具箱延伸到了科学研究及工程应用的诸多领域，如数据采集、数据库接口、概率统计优化算法、偏微分方程（组）求解、神经网络、小波分析、信号处理、图像处理、系统辨识、控制系统设计、鲁棒控制、模型预测、模糊逻辑、金融分析、地图工具、非线性控制设计、实时快速原型及半物理仿真、嵌入式系统开发、定点仿真、电力系统仿真等。

（6）实用的程序接口和发布平台。用户既可以利用 MATLAB 的编译器、C/C++数学库和图形库，将用户的 MATLAB 程序自动转换为独立于 MATLAB 的 C 程序和 C++程序，也可以编写可以和 MATLAB 进行交互的 C 程序或 C++程序。另外，MATLAB 的网页服务程序还允许在 Web 应用中使用用户编写的 MATLAB 数学和图形程序。MATLAB 的一个重要特色就是具有一套程序扩展系统和一组称为工具箱的特殊应用子程序。工具箱是 MATLAB 函数的子程序库，每一个工具箱都是为某一类学科专业和应用而定制的，主要包括信号处理、控制系统、神经网络、模糊逻辑、小波分析和系统仿真等。

（7）用户界面应用软件的开发。在开发工具中，用户可方便地控制多个文件和图形窗口；在编程方面，支持函数嵌套，有条件中断等；在图形化方面，具备强大的图形标注和处理功能；在输入/输出方面，可以直接与 Excel 等文件格式进行连接。

2.5　FPGA 数字信号处理板 CXD301

为便于读者的学习和实践，作者精心设计了与本书配套的 FPGA 数字信号处理板 CXD301，如图 2-8 所示，本书绝大多数的设计实例均可在 CXD301 上进行验证。

除了本书的设计实例，作者前期出版的《数字滤波器的MATLAB与FPGA实现——Xilinx/VHDL版》《数字通信同步技术的 MATLAB 与 FPGA 实现——Xilinx/VHDL 版》《数字调制解调技术的 MATLAB 与 FPGA 实现——Xilinx/VHDL 版》图书中的所有实例均可在 CXD301 上进行验证。

图 2-8　CXD301 实物图

在完成 FPGA 代码设计及仿真测试后，就可以将 FPGA 程序下载到 CXD301 上进行最后的功能验证了，从而形成从理论到实践的过程，有效加深读者对数字信号处理的理解，从而更好地构建理论知识与工程实践之间的桥梁。

CXD301 为 130 mm × 90 mm 的 4 层 PCB 结构，其中完整的地层保证了整个 CXD301 具有很强的抗干扰能力和良好的工作稳定性。综合考虑数字信号处理算法对逻辑资源的需求，以及产品价格等因素，CXD301 采用 Spartan-6 系列的 XC6SLX16-2FTG256，该 FPGA 包含了 2278 个 Slice，576 KB 的 BRAM，32 个 DSP48A1 乘法器 IP 核，最大可用 IO 数量达 200 个，可以满足常用数字信号处理系统的设计和验证。

CXD301 的结构示意图如图 2-9 所示，主要有以下特点：

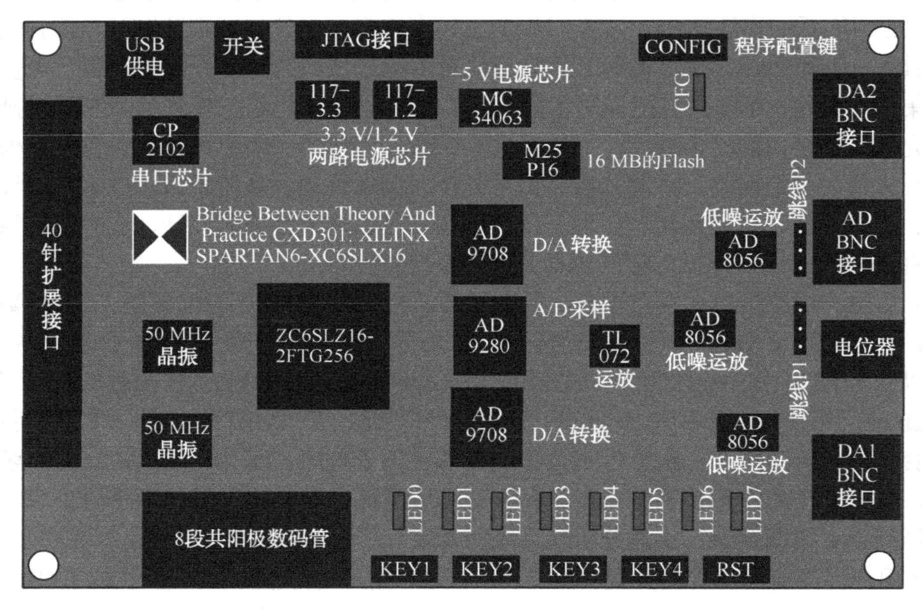

图 2-9　CXD301 结构示意图

（1）采用 4 层 PCB 结构，具有完整的地层，增加了 PCB 的稳定性和可靠性。

（2）采用 Xilinx 公司的 ZC6SLZ16-2FTG256，该 FPGA 具有丰富的资源，可满足大多数数字信号处理算法的需要；采用 BGA256 封装形式，更加稳定；提供标准 14 针 JTAG 程序下载及调试接口。

（3）CXD301 具有 16 MB 的 Flash（M25P16），为 FPGA 的配置程序提供了足够的存储空间，还可以存储外部数据。

（4）具有 2 个独立的晶振，可真实模拟信号发射端和接收端的时钟源。

（5）具有 2 路独立 8 bit 的 D/A 接口（最高采样频率达 32 MHz），1 路独立 8 bit 的 A/D 接口（最高转换速率达 125 MHz），可以完成模拟信号生成、A/D 转换、信号处理，以及信号处理后的 D/A 转换等完整的信号处理过程。

（6）具有 3 个低噪运算放大器（运放）芯片（AD8056），可有效调节 A/D 转换和 D/A 转换过程中信号的幅度。

（7）可通过 USB 接口供电，配置 CP2102 芯片。

（8）具有 4 个 8 段共阳极数码管。

（9）具有 8 个 LED。

（10）具有 5 个独立的按键。

（11）具有 40 针扩展引脚。

2.6 小结

本章首先介绍了硬件描述语言的基本概念及优势，然后对 Verilog HDL、开发工具及 MATLAB 进行了简要介绍。本章的学习要点可归纳为：

（1）相比 C、C++等传统编程语言来讲，Verilog HDL 的语法要简单得多，而常用的语法规则只有十几条。由于 Verilog HDL 是硬件描述语言，因此需要设计者从硬件电路的角度来理解 Verilog HDL 的语法。

（2）了解并掌握 Verilog HDL 中的常用语法，学会通过查看 RTL 原理图来理解 Verilog HDL 常用语法所对应的电路结构。

（3）了解 SE14.7、ModelSim 和 MATLAB 的特点，熟悉这些开发工具的使用方法。

（4）了解 CXD301 的性能特点，便于后续章节的 FPGA 实例验证。

2.7 思考与练习

2-1 HDL 输入方式与原理图输入方式的优势有哪些？

2-2 简述 Verilog HDL 的特点。

2-3 Verilog HDL 的程序结构主要包括哪几部分？

2-4 采用 Verilog HDL 描述一个名为 m0 的模块，该模块有 3 个输入信号和 2 个输出信号。输入信号分别为单比特的 clk、4 bit 的 din1、5 bit 的 din2，输出信号分别为单比特的 dout1 和 10 bit 的 dout2。

2-5 画出下面的端口程序所描述的电路接口图。

```
module m1(
    input clk,
    input rst,
    input wr,
    output [9:0] cn);
```

2-6 分别画出下面两段程序所描述的电路原理图。

```
//第 1 段程序
module m1(
    input clk,
    input d,
    output reg q);
    reg d1,d2;
    always @(posedge clk)
    begin
        d1 <= d;
        d2 <= d1;
        q <= d2;
    end
```

```
endmodule

//第 2 段程序
module m1(
    input clk,
    input d,
    output q);
    reg d1,d2;
    always @(posedge clk)
    begin
        d1 <= d;
        d2 <= d1;
    end
    assign q = d2;
endmodule
```

2-7　查找下面程序中的错误代码，并加以改正。

```
wire [3:0] cn=0;
wire ce;
reg [3:0] dout;
always @(posedge clk or posedge rst)
    if(rst) cn <= 0;
    else
    if(ce)
    begin
        if(cn < 9) cn <= cn + 1;
        else cn = 0;
    end
    assign dout <= cn;
```

2-8　采用顺序块执行语句，在测试激励文件中编写程序代码，以上电为起始时刻，初始状态为 0，20 个时间单位后为 1，40 个时间单位为 0，60 个时间单位后为 1。程序代码写在 initial 块语句中。

2-9　采用并行块执行语句，在测试激励文件中编写程序代码，以上电为起始时刻，初始状态为 0，20 个时间单位后为 1，40 个时间单位后为 0，60 个时间单位后为 1。程序代码写在 fork 块语句中。

2-10　给定下面的 initial 块语句，绘出程序执行过程中信号 b 的波形。

```
initial
begin
    b=0;
    # 15 b=1;
    #15 b=0;
    #30 b=1;
    #30 b=0;
end
```

第3章 FPGA 设计流程

本章通过一个完整的流水灯实例设计，详细介绍设计准备、设计输入、设计综合、功能仿真、设计实现、布局布线后仿真和程序下载等一系列既复杂又充满挑战和乐趣的 FPGA 设计流程。

3.1 FPGA 设计流程概述

本章首先介绍 FPGA 设计流程的主要步骤，然后通过流水灯设计实例来详细介绍完整的 FPGA 设计流程。大多数介绍 FPGA 开发的图书均会讲述 FPGA 设计流程，其内容也大同小异。FPGA 设计流程和使用 Altium Designer 设计 PCB 的流程类似，如图 3-1 所示，图中的实线框模块为 FPGA 设计的必要步骤，虚线框为可选步骤。

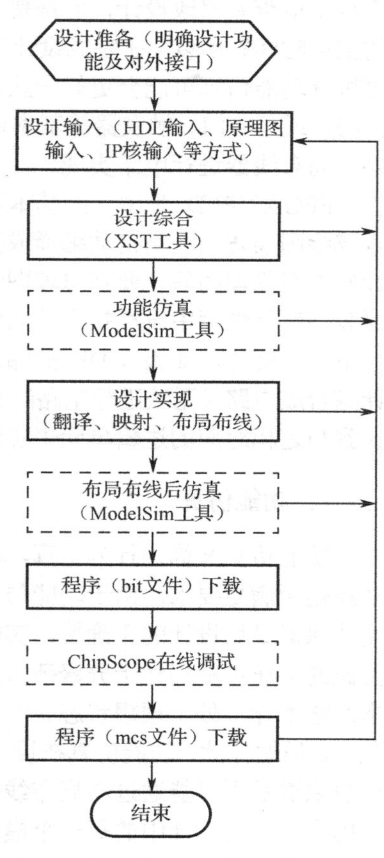

图 3-1　FPGA 设计流程图

1. 设计准备

在进行任何一个设计之前，总要进行一些准备工作。例如，进行 VC 开发前需要先进行需求分析，进行 PCB 设计前需要先明确 PCB 的功能及接口。设计 FPGA 项目和设计 PCB 类似，只是设计的对象是一块芯片的内部功能结构。从本质上讲，FPGA 的设计就是 IC 的设计，在动手进行代码输入前必须明确 IC 的功能及对外接口。PCB 的接口是一些接口插座及信号线，IC 的对外接口反映在其引脚上。FPGA 灵活性的最直接体现，就在于用户引脚均可自主定义。也就是说，在没有下载程序前，FPGA 的用户引脚均没有任何功能，用户引脚的功能是输入还是输出，是复位信号还是 LED 输出信号，这些完全由程序确定，这对于传统的专用芯片来说是无法想象的。

2. 设计输入

明确了设计功能及对外接口后就可以开始设计输入了。所谓设计输入，就是编写代码、绘制原理图、设计状态机等一系列工作。对于复杂的设计，在动手编写代码前还需进行顶层设计、模块功能设计等一系列工作；对于简单的设计来讲，一个文件就可以解决所有的问题。设计输入的方式有多种，如原理图输入方式、状态机输入方式、HDL 输入方式、IP 核输入方式，以及 DSP 输入方式等，其中 IP 核输入方式是一种高效率的输入方式，用经过测试的 IP 核，可确保设计的性能并提高设计的效率。

3. 设计综合

大多数介绍 FPGA 设计的图书在讲解设计流程时，均把设计综合放在功能仿真之后，原因是功能仿真是对设计输入的语法进行检查及仿真，不涉及电路综合及实现。换句话说，即使你写出的代码最终无法综合成具体的电路，功能仿真也可能正确无误。但作者认为，如果辛辛苦苦写出的代码最终无法综合成电路，即根本就是一个不可能实现的设计，这种情况下不尽早检查并修改设计，而是费尽心思地追求功能仿真的正确性，岂不是在进一步浪费自己的宝贵时间？所以，在完成设计输入后，先进行设计综合，看看自己的设计是否能形成电路，再进行功能仿真可能会更好一些。所谓设计综合，也就是将 HDL、原理图等设计输入翻译成由与、或、非门、触发器等基本逻辑单元组成的逻辑连接，并形成 edf 和 edn 等格式的文件，供布局布线器进行电路实现。

FPGA/CPLD 是由一些基本逻辑单元和存储器组成的，电路综合的过程也就是将通过语言或绘图描述的电路自动编译成基本逻辑单元组合的过程。这好比使用 Protel 设计 PCB，设计好电路原理图后，要将原理图转换成网表文件，如果没有为每个原理图中的元件指定元件封装，或元件库中没有指定的元件封装，在转换成网表文件并进行后期布局布线时就无法进行下去。同样，如果 HDL 的输入语句本身没有与之相对应的硬件实现，自然也就无法将设计综合成电路（无法进行电路综合），即使设计在功能、语法上是正确的，但在硬件上却无法找到与之相对应的逻辑单元来实现。

4. 功能仿真

功能仿真又称为行为仿真，顾名思义，即功能性仿真，用于检查设计输入语法是否正确，功能是否满足要求。由于功能仿真仅关注语法的正确性，因此，即使通过了功能仿真后，也无法保证最后设计的正确性。实际上，对于高速或复杂的设计来讲，在通过功能仿真后，还要做的工作可能仍然十分繁杂，原因是功能仿真没有用到实现设计的时序信息，仿真延时基本忽略不计，处于理想状态。对于高速或复杂的设计来说，基本器件的延时正是制约设计的瓶颈。虽然如此，功能仿真在设计初期仍然是十分重要的，一个功能仿真都不能通过的设计，一般来讲是不可能通过布局布线仿真的，也不可能实现设计者的设计意图。功能仿真的另一作用是可以对设计中的每一个模块单独进行仿真，这也是程序调试的基本方法，先对底层模块分别进行仿真调试，再对顶层模块进行综合调试。

5. 设计实现

设计实现是指根据选定的 FPGA/CPLD 型号，以及综合后生成的网表文件，将设计配置到具体 FPGA/CPLD。由于涉及具体的 FPGA/CPLD 型号，所以实现工具只能选用 FPGA/CPLD 厂商提供的软件。Xilinx 公司的 ISE 实现过程又可分为翻译（Translate）、映射（Map）和布局布线（Place & Route）三个步骤。虽然看起来步骤较多，但在具体设计时，可以直接单击 ISE 环境中的实现设计（Implement Design）条目，即可自动完成所有实现步骤。设计实现的过程就好比 Protel 软件根据原理图生成的网表文件绘制 PCB 的过程。绘制 PCB 可以采用自动布局布线和手动布局布线两种方式。对于 FPGA 设计来讲，ISE 工具同样提供了自动布局布线和手动布局布线两种方式，只是手动布局布线相对困难得多。对于常规或相对简单的设计，仅依靠 ISE 自动布局布线功能即可得到满意的效果。

6. 布局布线后仿真

一般说来，无论软件工程师还是硬件工程师都更愿意在设计过程中充分展示自己的创造才华，而不太愿意花过多时间去做测试或仿真工作。对一个具体的设计来讲，工程师们愿意更多地关注设计功能的实现，只要功能正确，差不多工作也就完成了。由于目前设计工具的快速发展，尤其仿真工具的功能日益强大，这种观念恐怕需要改变了。对于 FPGA 设计来说，布局布线后仿真（Post-Place & Route Model），也称为后仿真或时序仿真，具有十分精确的逻辑器件延时模型，只要约束条件设计正确合理，仿真通过了，程序下载到具体器件后基本上也就不用担心会出现什么问题。在介绍功能仿真时说过，功能仿真通过了，设计还离成功较远，但只要时序仿真通过了，则设计离成功就很近了。ModelSim 提供的仿真方式还有翻译后仿真（Post-Translate Model）和映射后仿真（Post-Map Model），在实际中用得不多或基本不使用。

7. 程序下载

时序仿真正确后就可以将设计生成的程序写入器件中进行最后的硬件调试，如果硬件电路板没有问题的话，就可以看到自己的设计已经在正确地工作了。

对于 FPGA 来说，下载文件有两种：扩展名为 bit 的下载文件（bit 文件）和扩展名为 mcs 的下载文件（mcs 文件）。bit 文件用于在电路调试时下载到 FPGA 上，但电路板断电后文件的内容会消失，FPGA 不工作；mcs 文件用于在电路调试时下载到 PROM 中，电路板断电后，文件的内容不消失，电路板上电后 PROM 中的 mcs 文件会自动下载到 FPGA 中，使 FPGA 按设计的要求工作。正因为如此，只要将不同的文件下载到 FPGA 和 PROM 中，当电路板上电后，FPGA 即可实现不同的功能。对于 CPLD 来说，下载文件是扩展名为 jed 的文件（jed 文件），由于 CPLD 与 FPGA 的内部结构不同，jed 文件下载到 CLPD 后，即使电路板断电，文件的内容也不会消失，因而 CPLD 不需要配置 PROM。

虽然程序在下载之前进行了仿真测试，即使程序本身运行正确，但在下载到器件中时，也需要进行软/硬件的联合调试，以确保系统能正常工作。因此，通常先将 bit 文件下载到 FPGA，并使用 ISE14.7 提供的 ChipScope 工具进行调试。ChipScope 可以抓取程序中的各种信号进行观察，如 FPGA 接口信号的波形，以此来分析测试软件和硬件的功能。在确保 bit 文件下载后系统能正常工作的前提下，再将 mcs 文件下载到 PROM 中，最终完成 FPGA 的设计。

3.2 流水灯实例设计

3.2.1 明确项目需求

在做任何设计之前，首先要明确项目的需求。对于简单的项目，一两句话就能说清楚项目需求；对于复杂的项目，需要反复与客户进行沟通，详细地分析项目需求，尽量弄清楚详细的技术指标及性能，为后续的项目设计打好基础。

本章的后续内容将介绍流水灯实例设计。流水灯实例的项目需求比较简单，需要使用 CXD301 上的 8 个 LED 实现流水灯效果，如图 3-2 所示。

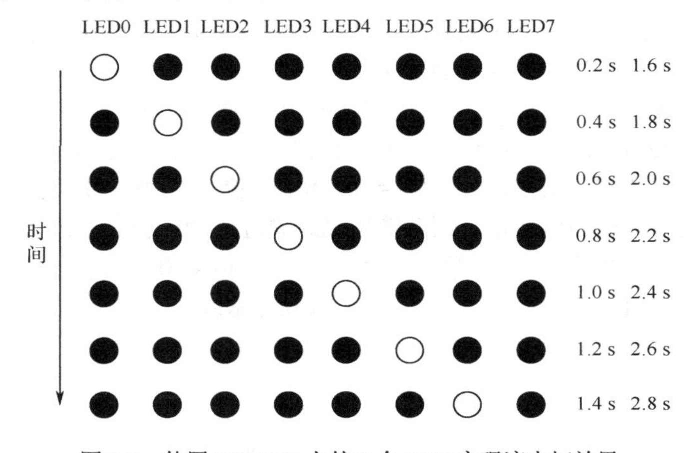

图 3-2 使用 CXD301 上的 8 个 LED 实现流水灯效果

CXD301 上的 8 个 LED（LED0～LED7）排成一行，即随着时间的推移，8 个 LED 依次循环点亮，呈现出“流水”的效果。设定每个 LED 的点亮时长为 0.2 s，从上电时刻开始，0～0.2 s 内 LED0 点亮，0.2～0.4 s 内 LED1 点亮，依次类推，在 1.2～1.4 s 内 LED7 点亮，完成一个 LED 依次点亮的完整周期，即一个周期为 1.4 s。下一个 0.2 s 的时间段，即 1.4～1.6 s 内 LED0 重新点亮，并依次循环。

3.2.2 读懂电路原理图

FPGA 设计最终要在电路板上运行，因此 FPGA 工程师需要具备一定的电路图读图知识，以便于和硬件工程师或项目总体方案设计人员进行交流沟通。对于 FPGA 设计项目来讲，必须明确知道所有输入/输出信号的硬件连接情况。对于流水灯实例来讲，输入信号有时钟信号、复位信号、8 个 LED 的输出信号。

时钟信号的电路原理图和引脚连接如图 3-3 所示，图中 X1 为 50 MHz 的晶振，由 3.3 V 供电，生成的时钟信号由 X2 的引脚 3 输出，电路原理图中时钟信号的网络标号为 GCLK1。图 3-3 下部分为 XC6SLX16-2FTG256C 的引脚连接，GCLK1 与 C10 引脚相连，因此 FPGA 的时钟信号从 FPGA 的引脚 C10 输入。

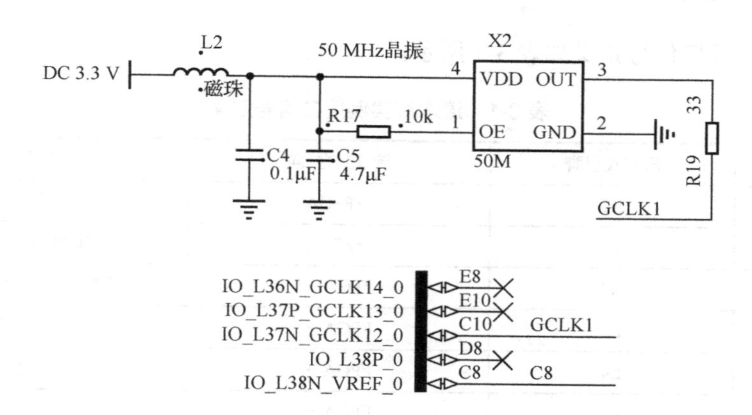

图 3-3　时钟信号的电路原理图和引脚连接

复位信号的电路原理图和引脚连接如图 3-4 所示，图中上部分为复位信号的电路原理图，当按键 RST 未按下时，左侧的 RST 信号线为低电平；当按下按键 RST 时，RST 信号线为高电平。图 3-4 下部分为 XC6SLX16-2FTG256C 引脚连接，RST 与 K3 引脚相连，RST 为高电平时有效，复位信号从 FPGA 的 K3 引脚输入。

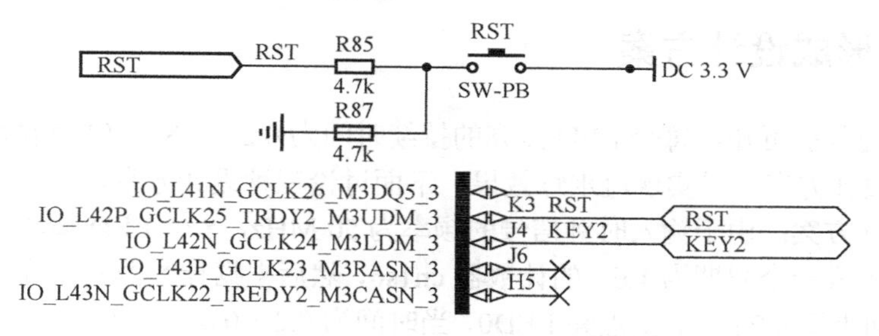

图 3-4　复位信号的电路原理图和引脚连接

LED 的电路原理图和引脚连接如图 3-5 所示，从图中可以看出，当 FPGA 相应引脚的输出为高电平时，LED0～LED7 点亮，反之 LED 熄灭。

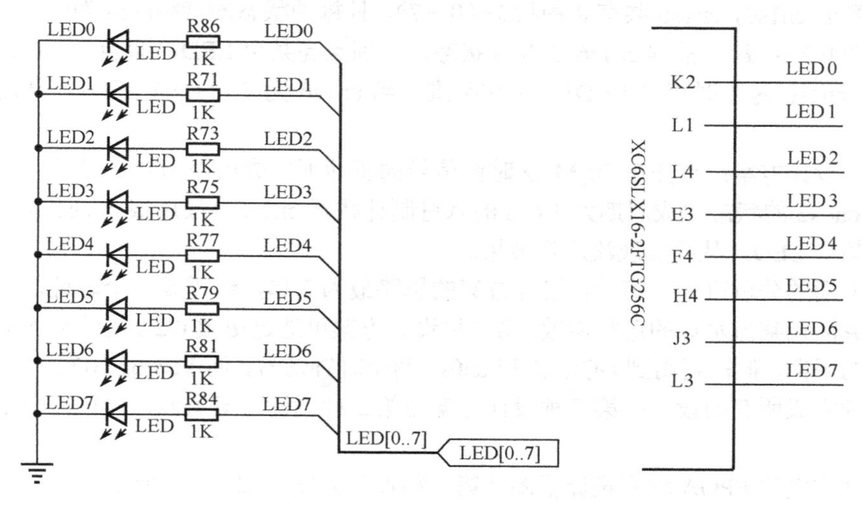

图 3-5　LED 的电路原理图和引脚连接

流水灯实例接口信号定义如表 3-1 所示。

表 3-1　流水灯实例接口信号定义

程序信号名称	FPGA 引脚	传 输 方 向	功 能 说 明
RST	K3	→FPGA	高电平有效的复位信号
GCLK1	C10	→FPGA	50 MHz 的时钟信号
Led[0]	K2	FPGA→	当输出为高电平示点亮 LED0
Led[1]	L1	FPGA→	当输出为高电平示点亮 LED1
Led[2]	L4	FPGA→	当输出为高电平示点亮 LED2
Led[3]	E3	FPGA→	当输出为高电平示点亮 LED3
Led[4]	F4	FPGA→	当输出为高电平示点亮 LED4
Led[5]	H4	FPGA→	当输出为高电平示点亮 LED5
Led[6]	J3	FPGA→	当输出为高电平示点亮 LED6
Led[7]	L3	FPGA→	当输出为高电平示点亮 LED7

3.2.3　形成设计方案

根据前文的分析可知，每个 LED 点亮的持续时间为 0.2 s，8 个 LED 循环点亮一次需要 1.6 s。有多种设计方案可以实现流水灯效果，下面讨论三种设计方案。

第一种设计方案：由于输入时钟信号的频率为 50 MHz，8 个 LED 循环一次需要 1.6 s，因此可以首先生成一个周期为 1.6 s 的计数器 cn1s6，然后根据计数器的值分别设置 8 个 LED 的状态。当时间小于 0.2 s 时，仅点亮 LED0，当时间为 0.2～0.4 s 时仅点亮 LED1，依次类推，当时间为 1.4～1.6 s 时仅点亮 LED7，从而实现流水灯效果。

第二种设计方案：由于输入时钟信号的频率为 50 MHz，LED 点亮的持续时间为 0.2 s，因此可以首先生成一个周期为 0.2 s 的时钟信号 cn0s2；然后在 cn0s2 的驱动下，生成 3 bit 的八进制计数器 cn1s6，cn1s6 共有 8 种状态（0～7），且每种状态的持续时间为一个 cn0s2 的时钟周期，即 0.2 s；最后根据 cn1s6 的 8 种状态，分别点亮某个 LED，即当 cn1s6 为 0 时，点亮 LED0，cn1s6 为 1 时点亮 LED1，依次类推，当 cn1s6 为 7 时点亮 LED7，从而实现流水灯效果。

第三种设计方案：首先在 50 MHz 时钟信号的驱动下生成周期为 0.2 s 的计数器 cn0s2，然后根据 cn0s2 的状态生成周期为 1.6 s 的八进制计数器 cn1s6，最后根据 cn1s6 的 8 种状态分别点亮某个 LED，从而实现流水灯效果。

经过上面的分析可知：第一种设计方案的思路最为简单，仅需要一个时钟信号 GCLK1，但不利于灵活调整流水灯的运行参数；第二种设计方案可通过更改 0.2 s 的计数器值来调整流水灯闪烁的周期，但需要用到 GCLK1 和 cn0s2 两个时钟信号，而 Verilog HDL 一般推荐使用同一个时钟完成所有的设计；第三种设计方案与第二种设计方案类似，但仅需一个时钟信号 GCLK1。

流水灯实例的 FPGA 程序设计框图（第三种设计方案）如图 3-6 所示。

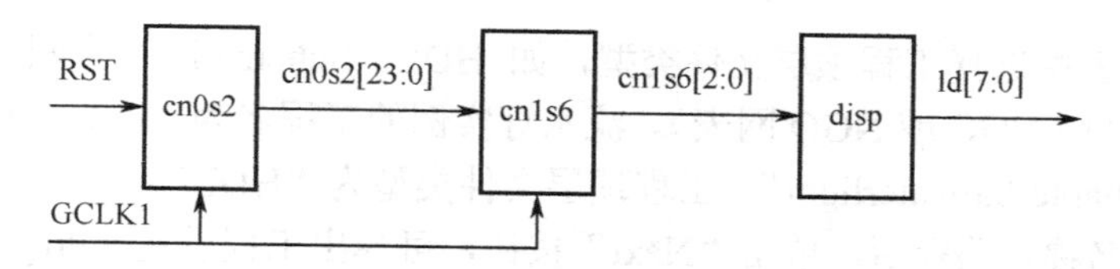

图 3-6 流水灯实例的 FPGA 程序设计框图（第三种设计方案）

为了给读者提供更多的参考，本章后续将给出第二种和第三种设计方案的 Verilog HDL 程序代码。读者在了解 Verilog HDL 的基本语法的基础上，可以采用第一种设计方案来完成流水灯实例的程序设计，并与第三种设计方案的程序进行对比分析，进一步加深读者对 Verilog HDL 语法及程序建模思想的理解和掌握。

3.3 流水灯实例的 Verilog HDL 程序设计与综合

3.3.1 建立 FPGA 工程

完成项目需求分析、电路图分析以及方案设计后，接下来可以进行 FPGA 设计了。如果用户的计算机已安装 ISE14.7，则依次单击菜单“开始→Xilinx Design Tools→ISE Design Suite 14.7→ISE Design Tools→64-bit Project Navigator”，即可打开 ISE14.7。在工作界面中依次单击菜单“File→New Project”，可打开新建 FPGA 工程（Project）界面，如图 3-7 所示。

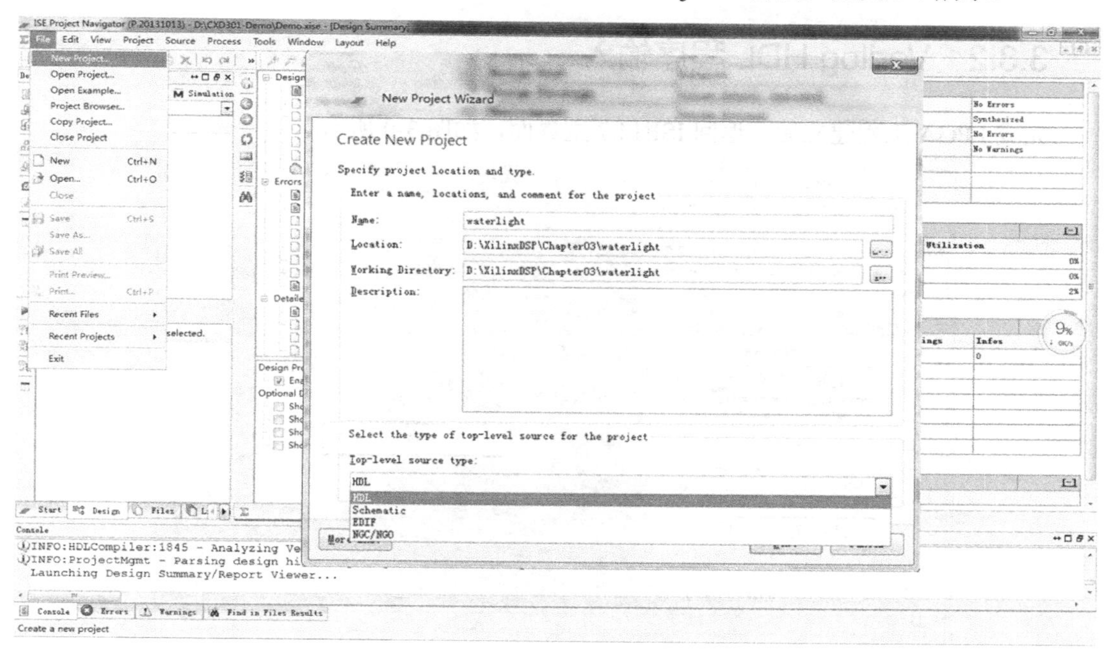

图 3-7 新建 FPGA 工程界面

在“Name”文本框中输入工程名，在“Location”文本框中设置工程存放的路径，在“Working Directory”文本框中输入工程的工作目录（工作目录一般与工程目录相同）。在“Top-level source type:”的下拉列表中选择工程顶层文件类型，如 HDL、Schematic（原理图）、EDIF（EDIF 网表）、NGC/NGO（NGC 或 NGO 网表）。流水灯实例的工程名为“waterlight”，工程路径为“D:\XilinxDSP\Chapter03\waterlight”，工程顶层文件类型为“HDL”。

设置好工程名称及路径后，单击“Next”按钮，可弹出工程设置（Project Settings）对话框，如图 3-8 所示。

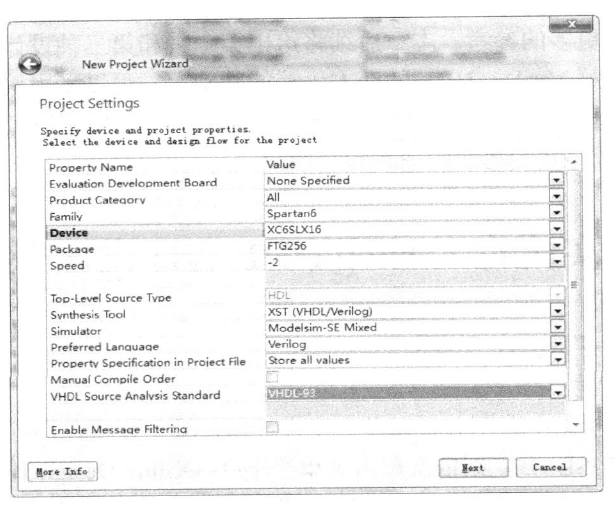

图 3-8　工程设置对话框

3.3.2　Verilog HDL 程序输入

完成 FPGA 工程建立后，返回 ISE14.7 主界面，如图 3-9 所示。

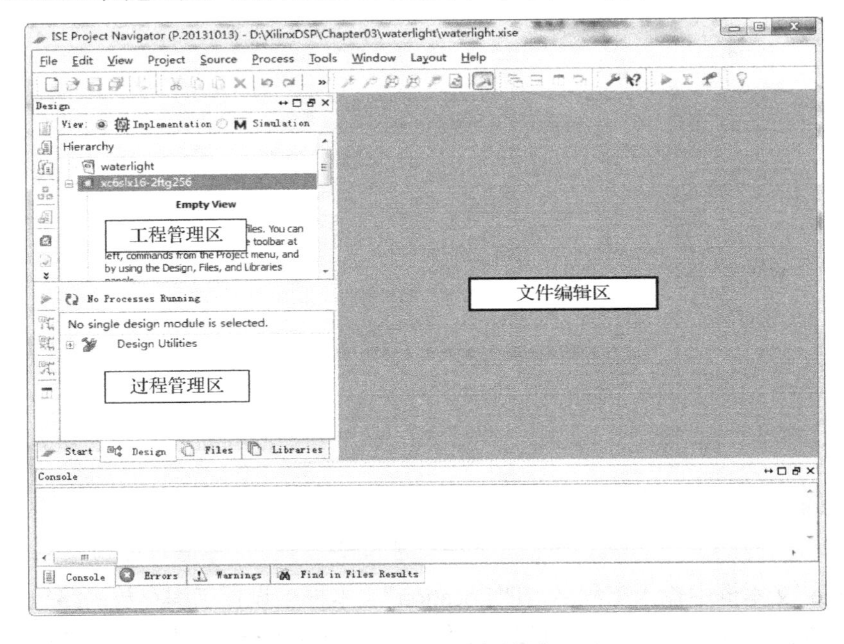

图 3-9　ISE14.7 主界面

ISE14.7 主界面与 C++、Java 等常规软件的运行界面十分相似，主要包括菜单栏、工具栏、工程管理区、过程管理区和文件编辑区。由于工程中还没有任何输入文件，所以文件编辑区内没有显示内容。工程管理区可以显示设计者的各种输入资源文件。过程管理区的内容会随着工程管理区中的选中条目而发生相应变化，如选中 HDL 设计输入文件，则显示设计工具（Design Utilities）、用户约束（User Constraints）、综合（Synthesis）、设计实现（Implement Design）以及生成程序下载文件（Generate Programming File）等条目；如选中测试激励文件，则显示仿真工具相关条目。

右键单击工程管理区中的器件名称条目，在弹出的右键菜单中选择“New Source”，即可打开新建资源对话框，如图 3-10 所示。

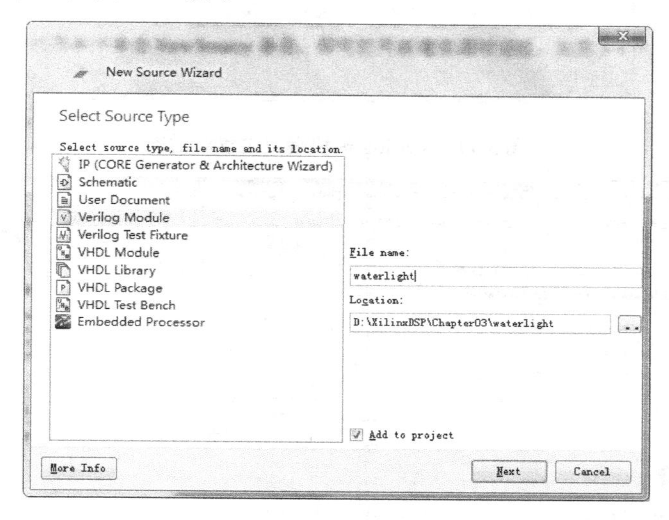

图 3-10　新建资源对话框

从新建资源对话框中可以看出，ISE14.7 可新建的资源类型有 IP（知识产权核）、Schematic（原理图）、User Document（用户文档）、Verilog Module（Verilog 模块）、Verilog Test Fixture（Verilog 测试激励文件）、VHDL Module（VHDL 模块）、VHDL Library（VHDL 库）、VHDL Package（VHDL 包）、VHDL Test Bench（VHDL 测试激励文件）、Embedded Processor（嵌入式处理器）。

选中“Verilog Module”表示要新建的资源类型为 Verilog HDL 设计文件，在“File Name”文本框中输入文件名“waterlight”，在“Location”文本框中设置文件的存放路径，默认情况下存放在工程文件所在的目录下，勾选“Add to project”复选框，将新建的文件加入当前工程中。单击“Next”按钮，可进入 Verilog 模块端口设置对话框，如图 3-11 所示。

在 Verilog 模块端口设置对话框中设置单比特输入信号 gclk1 和 rst，以及 8 bit 的输出信号 ld，单击“Next”按钮，在弹出的对话框中单击“Finish”按钮，即可完成 Verilog HDL 程序文件（文件名为 waterlight.v）的创建。返回 ISE14.7 主界面，双击工程管理区中的“waterlight(waterlight.v)”，文件编辑区将自动打开创建的 waterlight.v 文件（见图 3-12），系统在文件中自动添加了功能及版本说明语句代码，以及文件端口的说明语句。

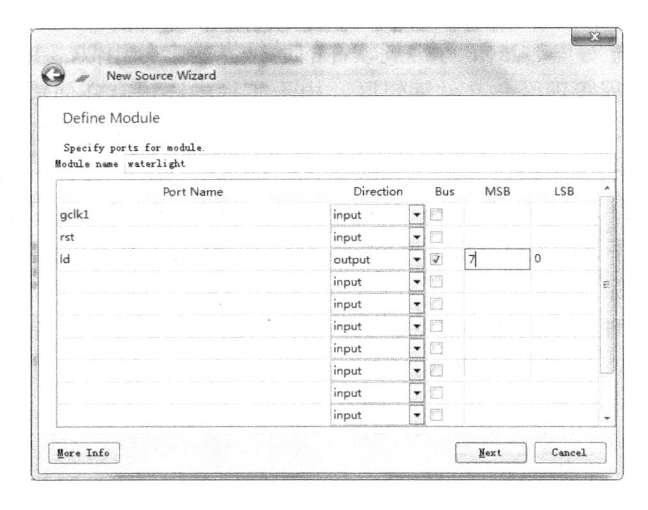

图 3-11　Verilog 模块端口设置对话框

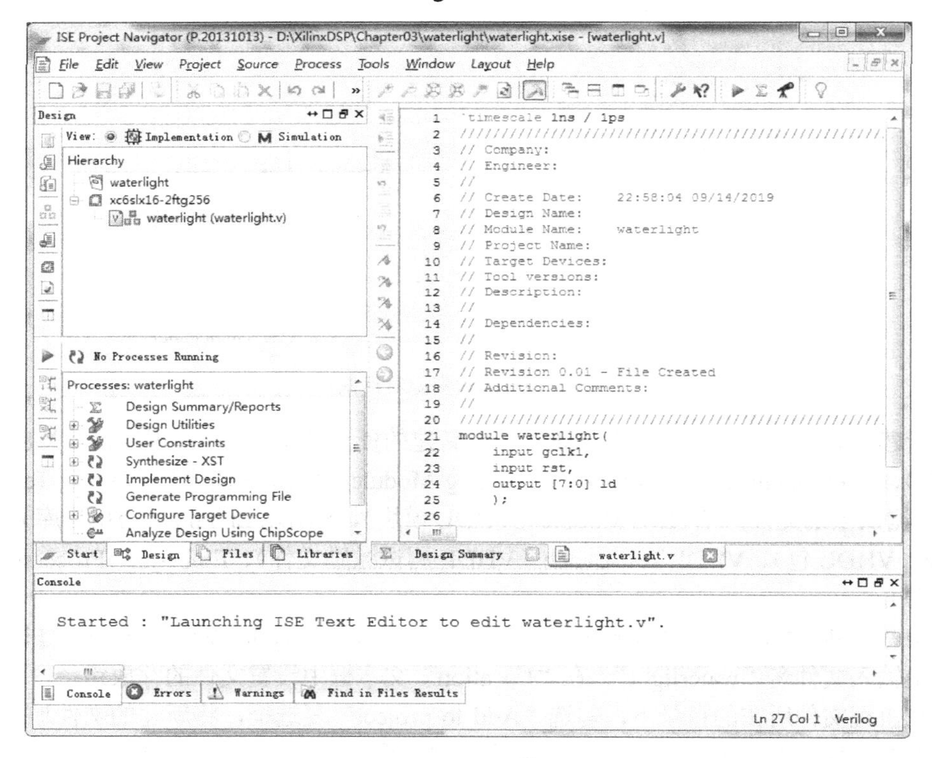

图 3-12　waterlight.v 文件

创建好 Verilog HDL 文件后，按预先的设计方案完成 Verilog HDL 代码的编写。先来看看第二种设计方案的代码。

```
//waterlight.v 文件                    //第 1 行
module waterlight(
    input gclk1,                      //时钟信号的频率为 50 MHz
    input rst,                        //复位信号：高电平有效
    output reg [7:0] ld               //LED：高电平点亮
```

```
);                                                                    //第 6 行

parameter TIME0s2=24'd10000000; //50*10^6 * 0.2 = 10000000            //第 8 行

    wire clk0s2;
    reg [23:0] cn0s2=0;
    reg [2:0] cn1s6=0;

    //生成周期为 0.2 s 的计数器 cn0s2
    always @(posedge gclk1 or posedge rst)                            //第 15 行
    if(rst) begin
        cn0s2 <= 0;
    end
    else begin
        if(cn0s2 < TIME0s2)
            cn0s2 <= cn0s2 + 1;
        else
            cn0s2 <= 0;
        end                                                           //第 24 行

    //生成周期为 0.2 s 的时钟信号 clk0s2
    assign clk0s2 =(cn0s2 > TIME0s2[23:1]) ? 1:0;                     //第 27 行

    //第二种设计方案的代码                                              //第 29 行
    //在周期为 0.2 s 的时钟信号驱动下生成周期为 1.6 s 的八进制计数器
    always @(posedge clk0s2 or posedge rst)                           //第 31 行
    if(rst)
        cn1s6 <= 0;
    else
        cn1s6 <= cn1s6 + 1;                                           //第 35 行

    //根据八进制计数器的状态，依次点亮 LED，实现流水灯效果
    always @(*)                                                       //第 38 行
    case(cn1s6)
        3'd0: ld <= 8'b00000001;
        3'd1: ld <= 8'b00000010;
        3'd2: ld <= 8'b00000100;
        3'd3: ld <= 8'b00001000;
        3'd4: ld <= 8'b00010000;
        3'd5: ld <= 8'b00100000;
        3'd6: ld <= 8'b01000000;
        default: ld <= 8'b10000000;
    endcase                                                           //第 48 行

endmodule
```

由于程序功能比较简单，这个例子只采用一个文件即可实现所有的功能。程序的设计思路与第二种设计方案的思路一致。先对频率为 50 MHz 时钟信号 gclk1 进行计数，生成周期

为 0.2 s 的计数器 cn0s2。在上面的程序中，设置了计数器的周期参数 TIME0s2，该参数用于控制计数器的周期。第 27 行程序对 cn0s2 的值进行判断，当 cn0s2 的值大于 TIME0s2[23:0] 的 1/2 时，clk0s2 为高电平，否则为低电平，从而形成周期为 TIME0s2 的时钟信号。其中 TIME0s2[23:1]为 TIME0s2[23:0]右移一位的结果，相当于 TIME0s2[23:0]的 1/2。cn1s6 为 3 bit 的寄存器，第 31～35 行程序表示在 clk0s2 的驱动下生成八进制计数器，clk0s2 的周期为 0.2 s，因此 cn1s6 的周期为 1.6 s。第 38～48 行程序采用 case 语句，根据 cn1s6 的值设置信号 ld 的状态，实现流水灯的效果。

根据 FPGA 设计原则，在一个 FPGA 程序中应当尽量采用同一个时钟信号作为驱动时钟信号，其原因一是可以更好地保证电路中所有的寄存器均可实现同步触发，增加系统的时序可控性；二是 FPGA 中的所有时钟信号都需要专用的全局时钟布线资源，而 FPGA 中的全局时钟布线资源比较少。因此，根据第二种设计方案，第 15 行程序将 gclk1 作为时钟信号，第 31 行程序将 clk0s2 作为时钟信号，因此共使用了两条全局时钟布线。

为了减少一条全局时钟信号布线，可以采用第三种设计方案来设计程序，即在生成计数器 cn1s6 时，仍然将 gclk1 作为驱动时钟信号，并对计数器 cn0s2 的值进行判断，当其为 0 时计数器 cn1s6 加 1，实现周期为 1.6 s 的八进制计数器，其他代码无须任何修改，将程序中的第 29～35 行程序替换成：

```
//第三种设计方案的程序代码
//根据计数器 cn0s2 的值生成周期为 1.6 s 的八进制计数器 cn1s6
always @(posedge gclk1 or posedge rst)
if(rst)
    cn1s6 <= 0;
else
    if(cn0s2==0)
    cn1s6 <= cn1s6 + 1;
```

至此，就完成了流水灯实例的 Verilog HDL 程序设计输入工作，接下来还需要对所设计的 Verilog HDL 程序进行综合。

3.3.3 程序综合及查看 RTL 原理图

根据 FPGA 设计流程，在完成 Verilog HDL 程序设计输入后，可以使用 ModelSim 进行功能仿真，以验证代码功能的正确性。考虑到设计的程序代码只有能综合成电路，程序才有实际意义，因此在进行功能仿真前先进行程序综合。所谓综合，是指通过 ISE14.7 的综合工具 XST，将编写的 Verilog HDL 程序编译成由逻辑门、触发器、加法器、比较器、存储器等基本逻辑单元组成的电路图。综合完成后，可以通过 XST 查看 RTL（Register Transfer Level，寄存器传输级）原理图。

只有能够综合成 RTL 原理图的 Verilog HDL 程序才有可能通过 Translate（翻译）、Map（映射）、Place&Route（布局布线）等一系列步骤，最终生成可下载到 FPGA 上的程序，从而在 FPGA 上实现程序所设计的电路功能。

在 ISE14.7 主界面的工程管理区中选中 Verilog HDL 文件 waterlight.v，在过程管理区中右键单击“Synthesize-XST”，在弹出的右键菜单中选择“Process Properties”，可打开 XST 工具设置对话框，如图 3-13 所示。

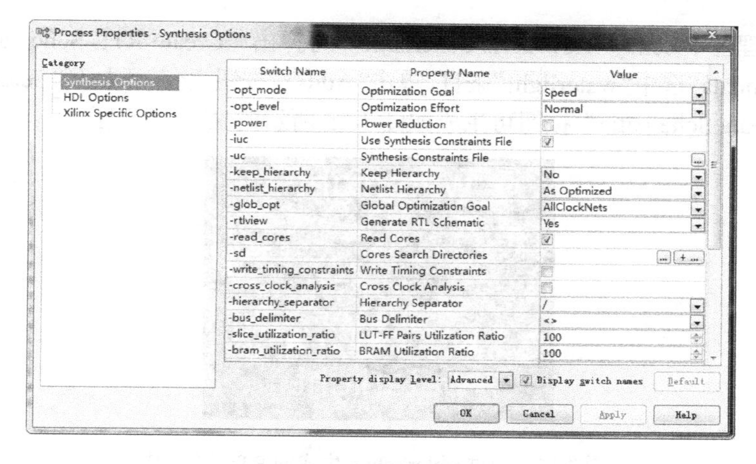

图 3-13　XST 工具设置对话框

XST 工具有很多可选项，可以用于调整综合的策略。例如，“-opt_mode”选项可以选择是以速度（Speed）有限还是以面积（Area）优先的综合策略。单击 XST 工具设置对话框左侧的“HDL Options”和“Xilinx Sepctific Options”，还可以对 HDL 相关选项和 Xilinx 器件的特殊选项参数进行设置。XST 工具综合策略的设置项较多，只有对复杂的设计，尤其是对时序要求较高的设计，需要工程师在充分理解目标器件底层结构的基础上进行有针对性的设置，以获取最佳的设计效果。对于常规设计来讲，保持默认选项即可。

设置好 XST 工具综合策略后，在工程管理区（见图 3-14）中双击“Synthesize-XST”，ISE14.7 可自动对 waterlight.v 进行电路综合。完成电路综合后在“Synthesize-XST”左侧会出现告警图标或成功图标。出现图标表示代码完全正确，出现图标并不表示电路有错误，仅表示某些代码可能存在不标准的地方，一般仍可综合成电路，可以继续后面的设计流程。如果出现，则表示有语法错误或不能综合成电路，这就需要对代码进行修改，直到能综合成电路为止。

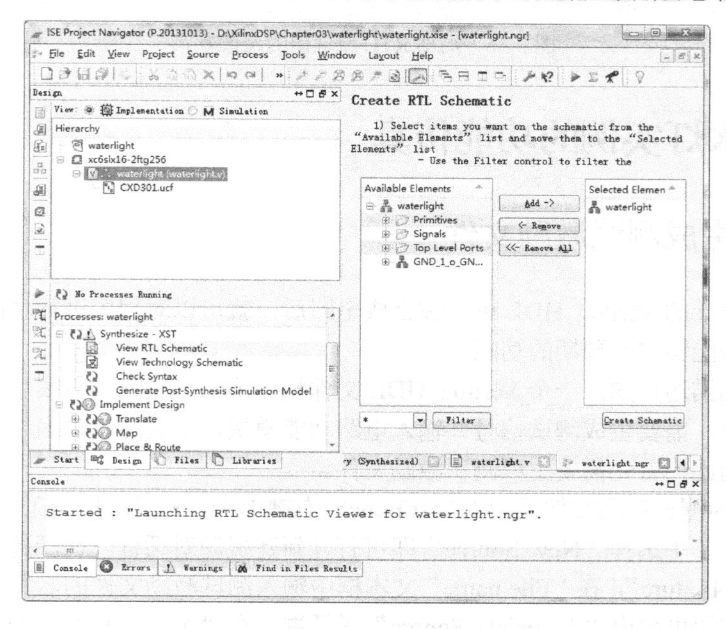

图 3-14　工程管理区

在工程管理区中双击“View RTL Schematic”可弹出“Create RTL Schematic”窗口，在“Available Elements”选中“waterlight”条目，单击“Add->”按钮，将其添加到“Selected Elements”中，单击“Create Schematic”按钮可生成如图 3-15 所示的 RTL 原理图。

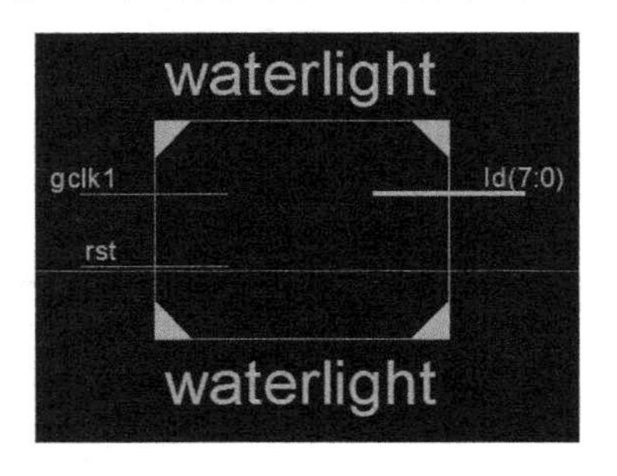

图 3-15　通过 waterlight.v 生成的 RTL 原理图

RTL 原理图与采用 Altium Designer 软件绘制的电路原理图很相似。单击工具栏上的 图标可以放大原理图，以查阅 RTL 原理图的详细连接方式，如图 3-16 所示。

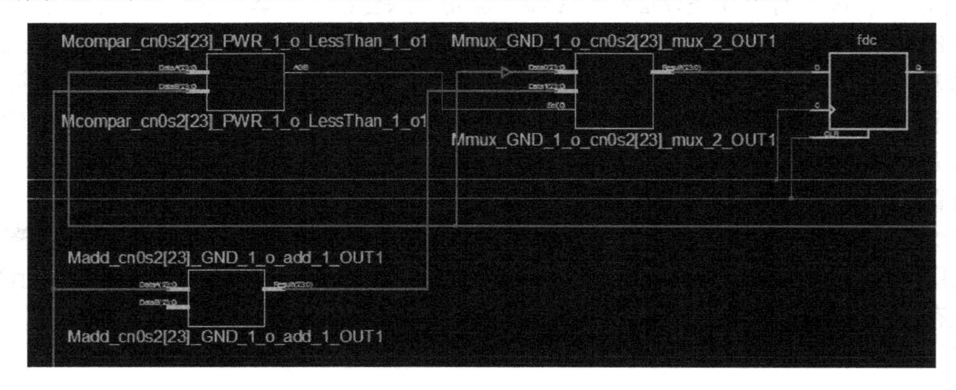

图 3-16　局部 RTL 原理图的连接方式

3.4　流水灯实例的功能仿真

3.4.1　生成测试激励文件

在确认所设计的 Verilog HDL 可以综合成电路后，就可以对程序进行功能仿真，验证所设计的程序是否能够实现预期的功能。

根据前文的描述可知，一个 Verilog HDL 文件相当于一个电路功能模块。要对该电路功能模块进行仿真，需要生成测试信号并输入电路功能模块，查看对应输出端口的信号波形是否满足要求。因此，首先需要生成测试激励文件。

ISE14.7 中的测试激励文件类型为 Test Bench。右键单击工程管理区中工程管理区的器件，在弹出的右键菜单中选择“New Source”即可打开新建资源对话框。在新建资源对话框中选中“Verilog Test Fixture”，在“File name”文本框中输入测试激励文件的名称（这里输入 tst），单击“Next”按钮可弹出“Associate Source”对话框。在“Associate Source”对话框中选择要进行测试的目标文件（waterlight.v），依次单击“Next”按钮和“Finish”按钮即可生成测试激励文件 tst.v。

选中工程管理区上面的“Simulation”选项，工程管理区会自动显示测试激励文件的信息。双击 tst.v 文件可查看该文件的代码，如下所示：

```
`timescale 1ns / 1ps                    //第 1 行
module tst;

reg gclk1;
reg rst;

wire [7:0] ld;

waterlight uut(                         //第 9 行
        .gclk1(gclk1),
        .rst(rst),
        .ld(ld));                       //第 12 行

        initial begin                   //第 14 行
        gclk1 = 0;
        rst = 0;                        //第 16 行
        #100;                           //第 17 行
        end                             //第 18 行

endmodule
```

为节约篇幅，上面的代码删除了原文件中的注释语句。

第一行程序“`timescale 1ns / 1ps”表示文件中设定的时间单位为 1 ns，仿真波形中的显示精度是 1 ps。接下来的几行程序分别是 tst 模块说明，以及端口信号 gclk1、rst、ld 的说明。与设计电路的 Verilog HDL 文件不同的是，Test Bench 文件的模块没有端口声明，且被测模块（实例中为 waterlight）的所有输出信号均被定义为 wire 类型，所有输入信号均被定义为 reg 类型。第 9～12 行程序为 waterlight 的模块说明。第 14～18 行程序为 ISE14.7 自动生成的信号初始化样例。

测试激励文件一般采用 initial 块语句对输入信号赋初值，以及生成复位信号。initial 块语句为顺序块，只能用在测试激励文件中。第 17 行程序“#100;”表示延时 100 个时间单位（时间单位为 1 ns）。因此，为了使上电立即复位且在 0 ns 后取消复位状态的信号，只需将第 16 行程序修改为“rst=1;”，在第 17 行和第 18 行之间增加“rst=0;”。

根据设计需求，输入信号 glck1 是频率为 50 MHz 的时钟信号，在 initial 块语句中对 gclk1 赋初值时，可以采用 always 块语句生成频率为 50 MHz 时钟信号。在第 18 行程序后增加一行“always #10 gclk1 <= !gclk1;”，表示 gclk1 每隔 10 ns 翻转一次，相当于周期为 20 ns、频率为 50 MHz 的时钟信号。至此，就生成了测试激励文件。

3.4.2 采用 ModelSim 进行仿真

ISE14.7 本身集成的仿真工具 ISim，可以完成 Verilog HDL 及 VHDL 程序文件的仿真测试。ModelSim 是第三方公司推出的专用仿真工具，由于其具有强大的功能和良好的用户界面，在 FPGA 设计领域得到了十分广泛的应用。本书所有实例均采用 ModelSim 进行仿真。

由于 ModelSim 与 ISE14.7 等 FPGA 开发工具均预留了集成接口，可以在 ISE14.7 进行简单设置，将 ModelSim 集成到 ISE14.7 中，具体方法可参见第 2 章。

选中工程管理区上面的“Implementation”单选选项，右键单击工程管理区中的顶层文件“waterlight”，在弹出的右键菜单中选择“Design Properties”，可打开设计属性（Design Properties）对话框，如图 3-17 所示。

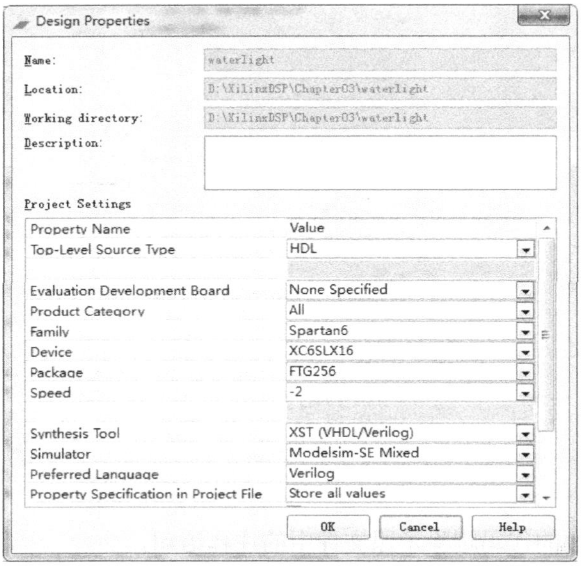

图 3-17　设计属性对话框

在图 3-17 中的“Simulator”中选择“ModelSim-SE Mixed”，单击“OK”按钮，即可完成设计属性设置并返回 ISE14.7 主界面。选中工程管理区上面的“Simulation”单选选项，工程管理区会自动切换并显示测试激励文件的信息。将“Simulation”单选选项下方列表的内容设置为“Behavioral”，选中测试激励文件“tst.v”，双击过程管理区中的“Simulate Behavioral Model”可打开 ModelSim，并自动进行仿真。ModelSim 仿真界面如图 3-18 所示。

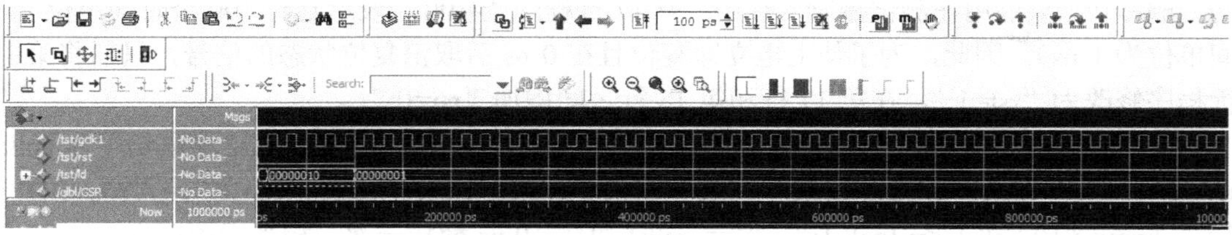

图 3-18　ModelSim 仿真界面

ModelSim 运行 1000 ns（1000000 ps）后自动停止。根据设计需求，流水灯实例运行一个周期需要 1.6 s，此时从波形上无法看出程序的整体运行情况。单击工具栏上的“ ”（Run-All）按钮，继续进行仿真过程，当仿真时间大于 1.6 s 时，可查看 ld 信号的完整波形。

由于系统时钟频率为 50 MHz，0.2 s 的时间需要计数 1 亿次，1.6 s 的时间需要计数 8 亿次，因此仿真的时间非常长。在程序仿真测试过程中，常常需要在不影响功能判断的情况下加快仿真进度，提高设计效率。接下来介绍一些 ModelSim 的仿真技巧。

3.4.3　ModelSim 的仿真应用技巧

对于流水灯实例来讲，仿真需要达到以下几个目的：缩短仿真时间；仿真时间可在启动 ModelSim 前进行设定；查看程序中信号 cn0s2 和 cn1s6 的波形。

根据流水灯实例的程序设计方案，程序中的参数 TIME0s2 决定了计数器的周期，也决定了流水灯实例的周期。为了缩短仿真时间，可以将 TIME0s2 的值修改为 10（缩小为原来的 1/1000000），则相当于将程序中的 0.2 s 缩短到 0.2 μs，将 1.6 s 缩短到 1.6 μs。当仿真结束后，再将 TIME0s2 的值修改回原来的值即可。

修改 TIME0s2 的值后，流水灯实例的周期为 1.6 μs，可以将仿真时间设置为 6 μs，即大约 4 个运行周期，以便观察信号的完整波形。

右键单击过程管理区中的“Simulate Behavioral Model”，在弹出的右键菜单中选中“Process Properties”，可弹出过程属性（Process Properties）对话框，如图 3-19 所示。

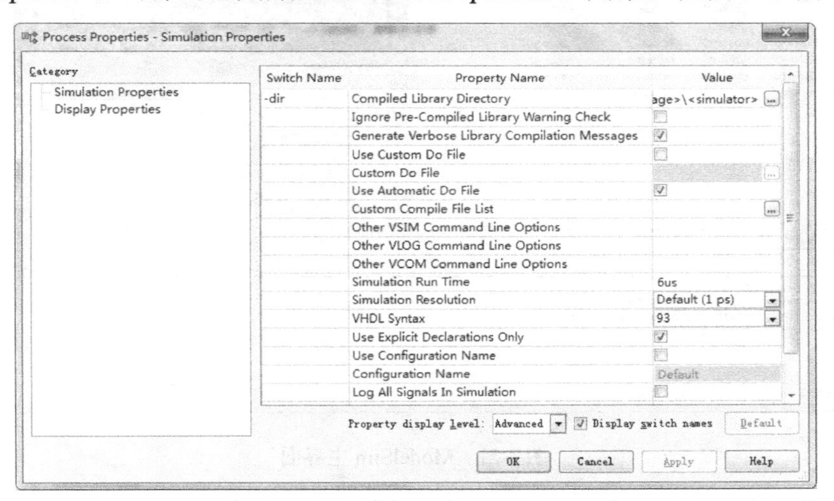

图 3-19　过程属性对话框

将“Simulation Run Time”的值修改为 6 μs，单击“OK”按钮后返回 ISE14.7 主界面。双击过程管理区中的“Simulate Behavioral Model”可打开 ModelSim 并自动进行仿真。修改仿真时间后的波形如图 3-20 所示。

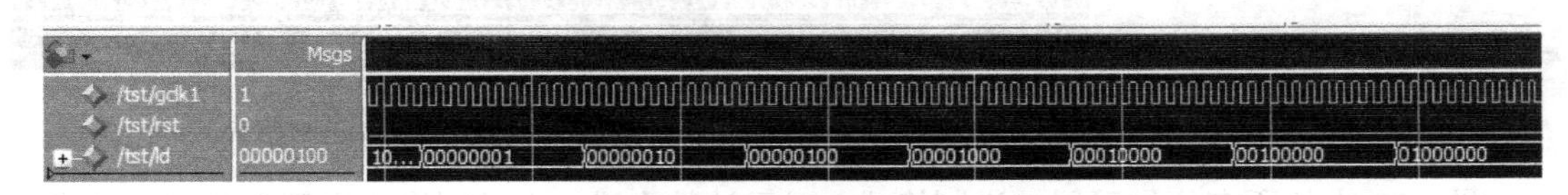

图 3-20　修改仿真时间后的波形

从图 3-20 中可以看出，ld 信号每间隔一段时间依次设置其中的 1 bit 为高电平（点亮该比特对应的 LED），从而实现流水灯效果。

在进行仿真时，通常需要查看程序中某变量的值，以便对程序进行调试。流水灯实例设计了两个计数器，即 cn02s 和 cn1s6，可以通过 ModelSim 添加需要观察的这两个计数器的值。

在 ModelSim 主界面（见图 3-21）中，选择左侧“sim-Default”窗口的“uut”（uut 是测试激励文件 tst.v 中对 waterlight 模块的例化名称），“Objects”窗口会自动显示 waterlight.v 中所有内部信号的名称。右键单击 cn0s2 和 cn1s6，在弹出的右键菜单中选择“Add Wave”，将 cn0s2 和 cn1s6 添加到波形窗口中。

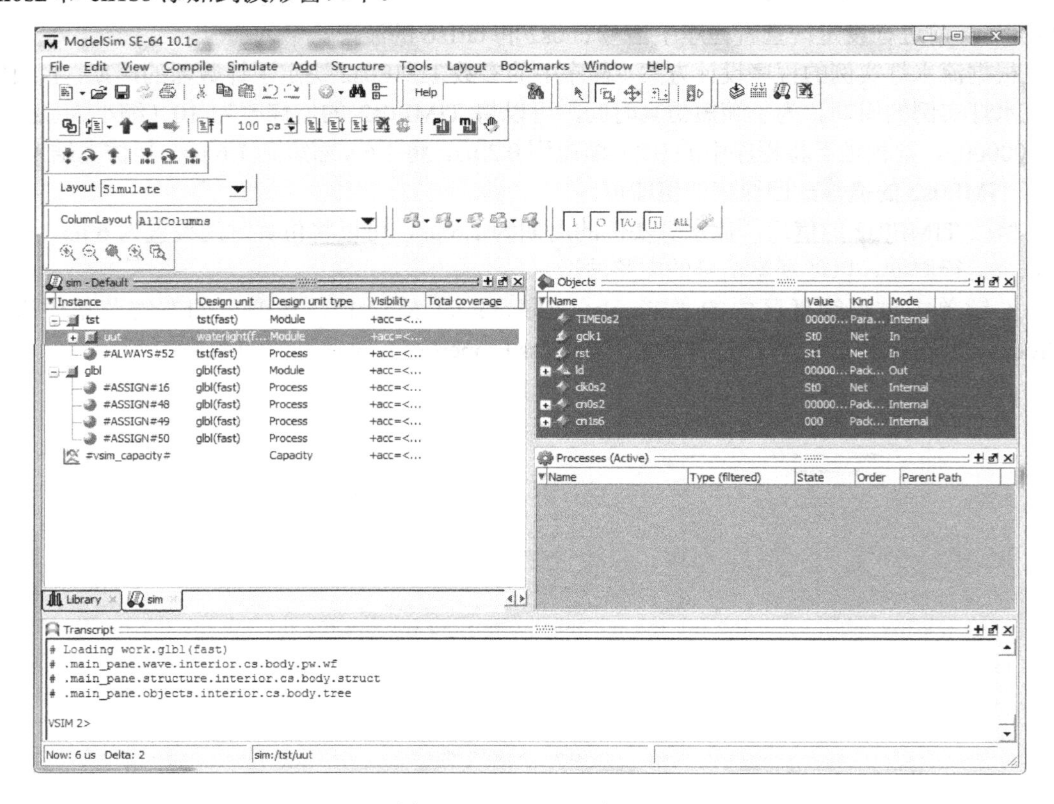

图 3-21 ModelSim 主界面

单击工具栏上的“ ”（Run-All）按钮，可继续进行仿真过程；单击“ ”（Break）按钮，可停止仿真。波形窗口显示 gclk1、rst、ld、cn0s2、cn1s6 等信号的波形，如图 3-22 所示。

图 3-22 波形窗口显示 gclk1、rst、ld、cn0s2、cn1s6 等信号的波形（二进制格式）

图 3-22 中的所有信号采用二进制格式，对于计数来讲，十进制格式更便于观察。在波形窗口选中并右键单击 cn0s2 和 cn1s6，在弹出的右键菜单中选择“Radix→Unsigned”，可将这两个信号设置成无符号十进制格式，如图 3-23 所示。

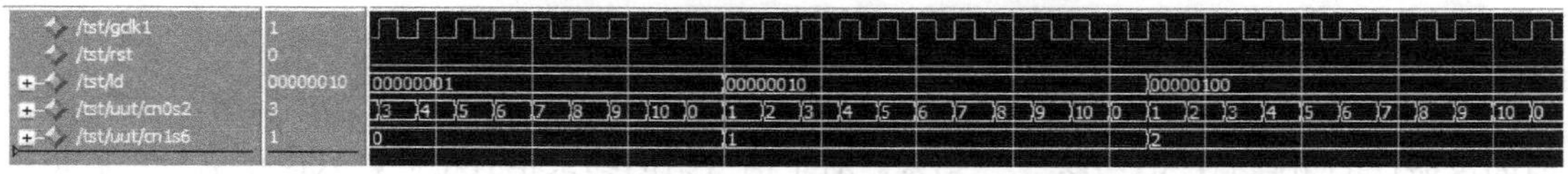

图 3-23 波形窗口显示 gclk1、rst、ld、cn0s2、cn1s6 等信号的波形（无符号十进制格式）

在右键菜单“Radix”中，可以发现信号的显示格式有二进制（Binary）、八进制（Octal）、十六进制（Hexadecimal）、无符号十进制（Unsigned）、有符号十进制（Decimal）等。在设计过程中，可以根据需要显示相应的数据格式。

在某些设计中，为便于观察，可能需要以曲线的形式来显示信号。例如，将 cn0s2 以曲线的形式显示（理论上应该是一个锯齿波）。在波形窗口中选中并右键单击 cn0s2，在弹出的右键菜单中选择“Format→Analog（automatic）”，可以得到该信号的曲线波形，如图 3-24 所示。

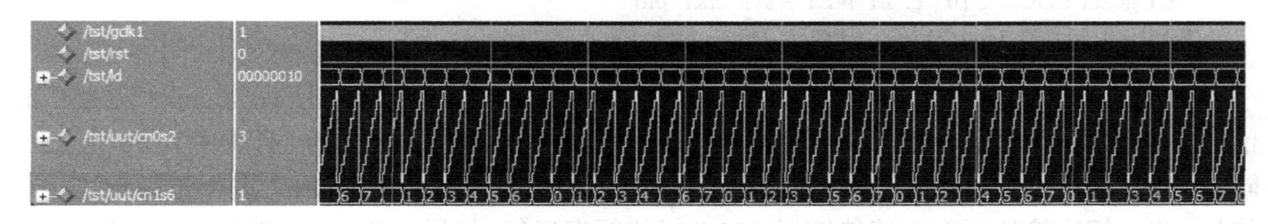

图 3-24 以曲线的形式显示 cn0s2

从程序的 ModelSim 仿真波形看，流水灯实例实现了预期的功能。将 waterlight.v 文件中的 TIME0s2 参数值修改回原来的值，使计数器 cn0s2 的周期为 0.2 s。重新采用 XST 工具进行程序综合后，可进行后续的引脚和时序约束、翻译、映射、布局布线等设计流程。

3.5 流水灯实例的设计实现与时序仿真

3.5.1 添加约束文件

设计实现是指将综合后的设计根据所选器件芯片型号，对综合后的设计进行具体电路实现的过程。设计实现可分为翻译（Translate）、映射（Map）和布局布线（Place & Route）三个步骤。在进行设计实现时，可以通过 ISE14.7 中的实现设计（Implement Design）来自动完成所有的步骤。

在设计实现之前，还需做一件事，即指定接口信号所对应的芯片引脚。当然，不指定芯片的引脚，ISE14.7 也会完成设计实现的步骤，但 ISE14.7 还没有智能化到预知芯片引脚连接的程度，所以设计实现后的接口信号是无法与芯片引脚的信号保持一致的。引脚约束（指定引脚）虽然简单，但却是很多初学者最爱问的问题之一。引脚约束有两种办法：使用 ISE14.7 提供的图形化约束工具 PlanAhead，以及直接编辑约束文件。PlanAhead 的操作界面直观，但直接编辑约束文件的效率更高，且便于程序的修改。本书仅介绍直接编辑约束文件的方法。

按照新建资源文件的方法，新建类型为 Implementation Constraints File 的约束文件 CXD301.ucf。在资源管理区双击 CXD301.ucf 即可打开约束文件进行编辑，也可以采用其他编辑器编辑约束文件。引脚约束的语法一目了然，如下所示：

```
NET "rst" LOC = K3;
```

“NET”和“LOC”为保留字，“NET”后面接 Verilog HDL 文件设计接口名，“LOC =”后面接器件的引脚名，语句以“;”结束。对于信号组的约束稍有不同，只需在信号名后将每个信号标号放在“<>”中，例如：

```
NET "ld<0>"   LOC = K2;
```

除了引脚约束，最重要的是时序约束。时序约束的目的是指导 ISE14.7 在布局布线时尽量满足设计的时序需求，如系统时钟频率。时序约束的内容比较复杂，有兴趣的读者可以参考专门讨论 FPGA 设计高级技巧的资料。对于常规设计，只需要设计全局时钟的周期约束即可，如下所示：

```
NET gclk1 LOC = C10 | TNM_NET = sys_clk1_pin;
TIMESPEC TS_sys_clk1_pin = PERIOD sys_clk1_pin 50 MHz;
```

上面的第 1 行程序将时钟信号 gclk1 约束到 C10 引脚上，同时将所有与 gclk1 相连接的信号线命名为 sys_clk1_pin；第二行程序对 sys_clk1_pin 进行周期约束，且频率为 50 MHz，同时将这个约束命名为 TS_sys_clk1_pin。所谓周期约束，是指在 ISE14.7 进行布局布线时，使与 gclk1 相连接的所有电路能够以 50 MHz 的频率运行。如果 gclk1 是系统的唯一时钟信号，则相当于使系统的运行频率达到 50 MHz。

完成约束的 CXD301.ucf 文件内容如下所述，代码中的“#”表示注释语，“#”以后的当前行语句不参与约束编译。

```
NET gclk1   LOC = C10 | TNM_NET = sys_clk1_pin;
TIMESPEC TS_sys_clk1_pin = PERIOD sys_clk1_pin 50 MHz;

#NET gclk2   LOC = H3 | TNM_NET = sys_clk2_pin;
#TIMESPEC TS_sys_clk2_pin = PERIOD sys_clk2_pin 50000 kHz;

NET rst   LOC = K3;                          # high level active
######### LED Pins ########
NET ld<0>   LOC = K2;
NET ld<1>   LOC = L1;
NET ld<2>   LOC = L4;
NET ld<3>   LOC = E3;
NET ld<4>   LOC = F4;
NET ld<5>   LOC = H4;
NET ld<6>   LOC = J3;
NET ld<7>   LOC = L3;
```

3.5.2 设计实现并查看分析报告

完成引脚约束之后，双击 ISE14.7 过程管理区中的“Implement Design”即可进行设计实现。ISE14.7 会自动进行翻译、映射、布局布线等工作。如果设计实现成功，则会在“Implement Design”左边会出现告警或成功的标志。完成设计实现后，还需要查看两个最重要的报告：一个是“Place and Route Report”，另一个是“Place-PAR Static Timing Report”。

在 ISE14.7 中依次选择菜单“Project→Design Summary/Reports→Detailed Reports→Place and Route Report”，可打开布局布线后程序所占用的逻辑资源报告，如图 3-25 所示。

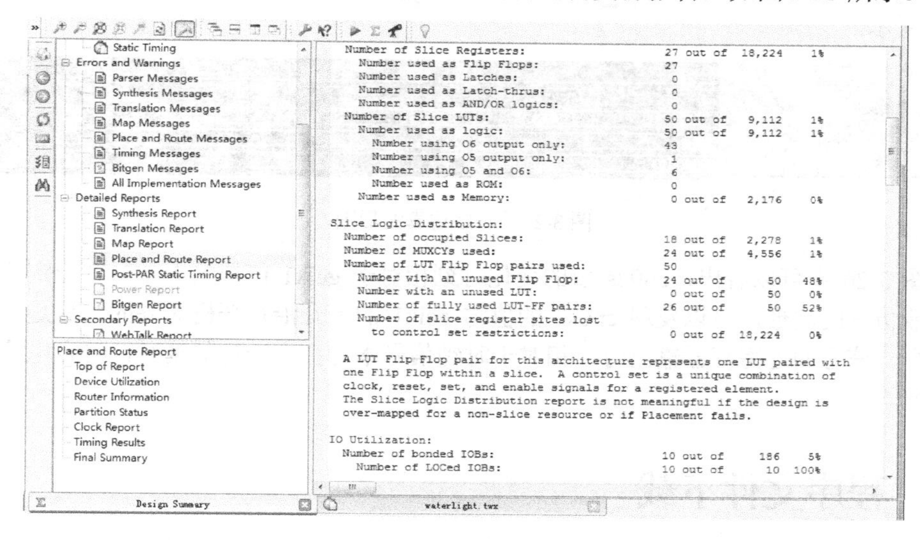

图 3-25　布局布线后程序所占用的逻辑资源报告

从图 3-25 中可以看到程序在综合（选中左侧的“Synthesis Report”）、翻译（选中“Translation Report”）、映射（选中“Map Report”），以及布局布线（选中“Place and Route Report”）之后的逻辑资源占用情况。流水灯实例在布局布线后需要使用 27 个触发器（Flip Flops）、50 个 LUT。

单击图 3-25 中左侧的“Post-PAR Static Timing Report”，可查看布局布线后的静态时序分析报告。由于约束文件仅对 gclk1 的周期进行了约束，在报告的结尾部分可以查看到 gclk1 的时序分析情况，如下所示。

```
Design statistics:
Minimum period: 5.107 ns{1}   (Maximum frequency: 195.810 MHz)
```

从报告上看，gclk1 的频率最高可达 195.810 MHz，满足 50 MHz 的设计需求。

3.5.3　时序仿真

时序仿真也称为布局布线后仿真或后仿真。由于时序仿真包括逻辑器件延时模型，因而时序仿真的结果具有很高的可信度。一般来讲，时序仿真正确的设计，下载到具体电路板上均可正常工作。时序仿真与功能仿真一样，需要测试激励文件。时序仿真与功能仿真的测试激励文件相同。

选中 ISE14.7 工程管理区上方的“Simulation”单选选项，工程管理区会自动切换并显示测试激励文件的信息。设置“Simulation”单选选项下方列表中的“Post-Route”，选中测试激励文件 tst.v 后双击过程管理区中的“Simulate Behavioral Model”，可打开 ModelSim 并自动进行仿真。“Simulation”单选选项下方列表包括 Behavioral（功能仿真）、Post-Translate（翻译后仿真）、Post-Map（映射后仿真）和 Post-Route（时序仿真），其中翻译后仿真和映射后仿真应用得较少。

启动时序仿真后，在波形窗口中添加 cn02s 和 cn1s6 后，可以看到时序仿真波形图，如图 3-26 所示。

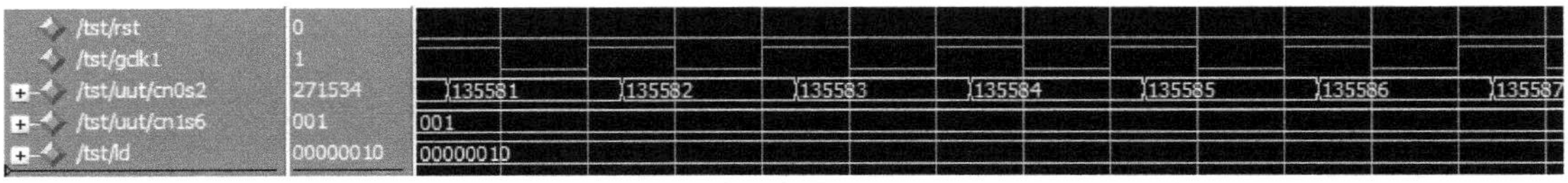

图 3-26　时序仿真波形图

从图 3-26 中可以看出，cn02s 值的变化时刻相对于 gclk1 信号的上升沿有一定的延时。比较功能仿真的波形，可以发现 cn0s2 的值与 gclk1 的上升沿是严格对齐的，这是因为在实际电路中，信号通过寄存器输出时，相对于时钟信号本身会有一定的延时，符合电路的实际工作情况。

3.6　程序文件下载

3.6.1　bit 文件下载

本节先讨论 bit 文件的生成及下载方法。只需双击过程管理区中的“Generate Programming File”条目即可生成 bit 文件，生成的 bit 文件与设计文件名相同，存放在工程根目录下。

ISE14.7 内部有下载器 Xilinx Platform Cable 的驱动程序，在安装 ISE14.7 时会自动完成下载器驱动程序的安装。将下载器的一端连接到 CXD301 的 JTAG 接口，另一端通过 USB 连接到计算机，双击过程管理区中的“Manage Configuration Project（iMPACT）”，可启动下载器 iMPACT，其工作界面如图 3-27 所示。

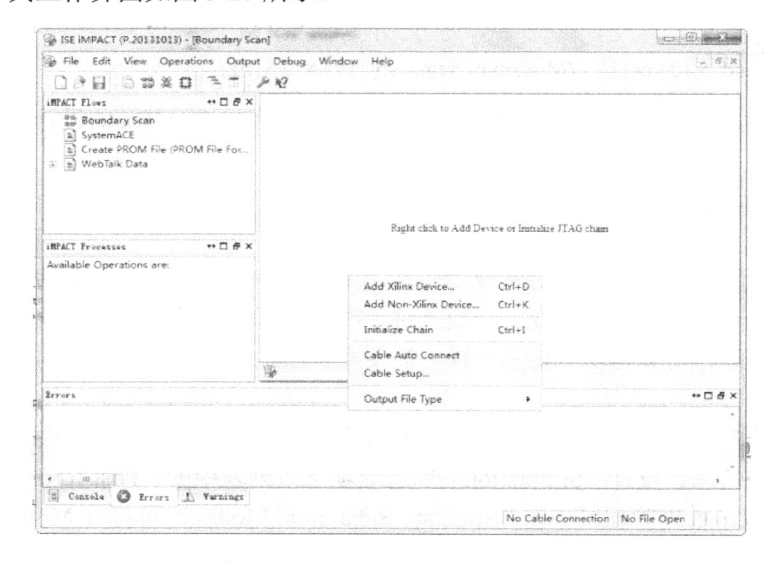

图 3-27　下载器 iMPACT 的工作界面

双击“iMPACT Flows”中的“Boundary Scan”，右键单击右侧的信息窗口，在弹出的右键菜单中选择“Initialize Chain”即可初始化下载器 iMPACT 的连接状态。下载器 iMPACT 会显示已经连接的 FPGA，如图 3-28 所示。

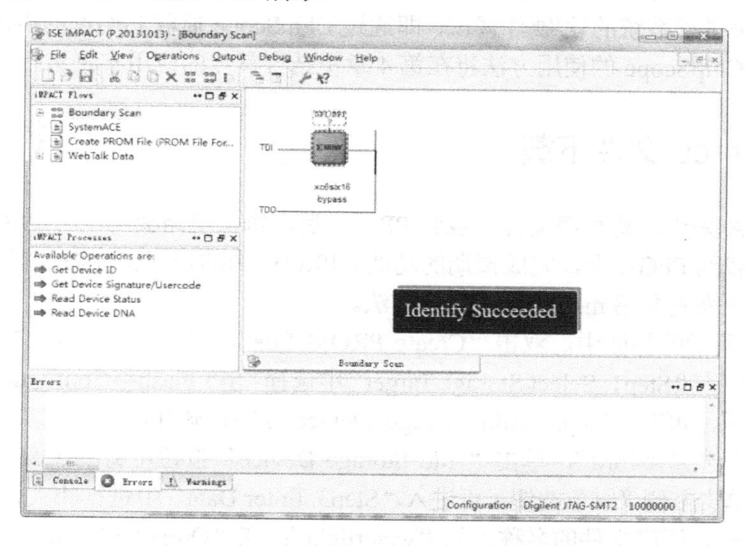

图 3-28　下载器 iMPACT 显示已经连接的 FPGA

右键单击图 3-28 中的 FPGA 图标，在弹出的右键菜单中选择“Assign New Configuration File”，在弹出文件选择对话框中选择工程目录下的 waterlight.bit，此时可弹出是否选择 PROM 文件的提示，如图 3-29 所示。

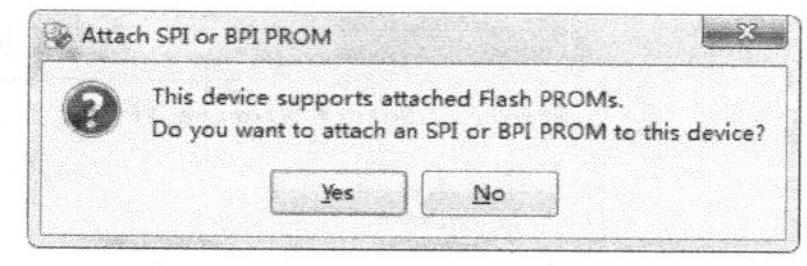

图 3-29　选择 PROM 文件的提示

这里只下载 bit 文件，因此单击“No”按钮，此时会返回图 3-28 所示的界面。在 Xilinx 器件（即 FPGA）的图标下面会出现“waterlight.bit”，说明已将 bit 文件添加到下载进程中了。右键单击 FPGA 图标，在弹出的右键菜单中选择“Program”即可开始下载 bit 文件。bit 文件下载成功后的界面如图 3-30 所示。

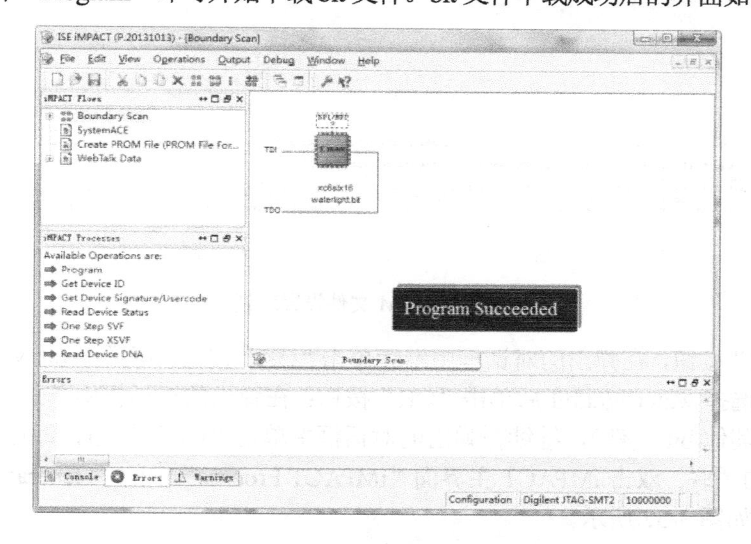

图 3-30　bit 文件下载成功后的界面

当 bit 文件下载成功后，会立即运行 FPGA 上的程序。此时，可以看到 CXD301 上的 8 个 LED 以流水灯的方式闪烁，实现了预期的功能。

按照 3.1 节介绍的 FPGA 设计流程，在 FPGA 设计中，在下载 bit 文件后，通常还需要使用 ChipScope 来进行系统的软/硬件调试，即通过 ChipScope 抓取 FPGA 的内部信号或引脚输入/输出信号。ChipScope 的使用方法将在第 4 章中结合具体的应用实例进行讨论。

3.6.2 mcs 文件下载

对于 FPGA 来讲，将程序文件下载到 PROM 后，每次电路板上电时 PROM 内的程序文件都会自动加载到 FPGA 上，完成预期的功能。PROM 内的程序文件格式有多种，其中 mcs 比较常用，接下来先介绍 mcs 文件的生成方法。

在图 3-27 所示的界面中，双击“Create PROM File”，可弹出 PROM 文件设置对话框，如图 3-31 所示。在“Step1. Select Storage Target”中选择“SPI Flash→Configure Single FPGA”，单击“➡”按钮，可在“Step2. Add Storage Device(s)”中添加 PROM 的类型。在“Storage Device(bits)”中选择“16M”，单击“Add Storage Device”按钮可将 PROM 添加到该按钮下方的窗口中。单击右侧“➡”按钮，可进入“Step3. Enter Data”中进行相关设置。在“Output File Name”中输入程序文件的名称，如“waterlight”；在“Output File Location”中选择程序文件存放的路径，如工程文件目录；在“File Format”中选择“MCS”。至此，就完成了 PROM 文件的初步设置了。

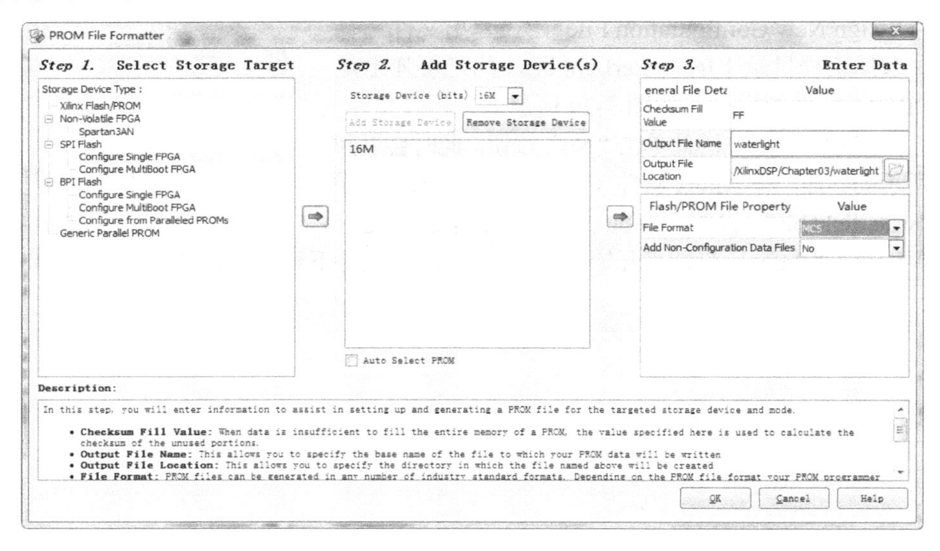

图 3-31　PROM 文件设置对话框

单击“OK”按钮，在弹出的对话框中继续单击“OK”按钮，可弹出 bit 文件选择对话框；在该对话框中选择 waterlight.bit 后单击“OK”按钮；在弹出的对话框中单击“No”按钮（表示不需要添加其他 bit 文件），继续在弹出的对话框中单击“OK”按钮，即可完成 PROM 文件与 bit 文件的关联。双击 iMPACT 主界面“iMPACT Process”中的“Generate File…”，可生成 mcs 文件，如图 3-32 所示。

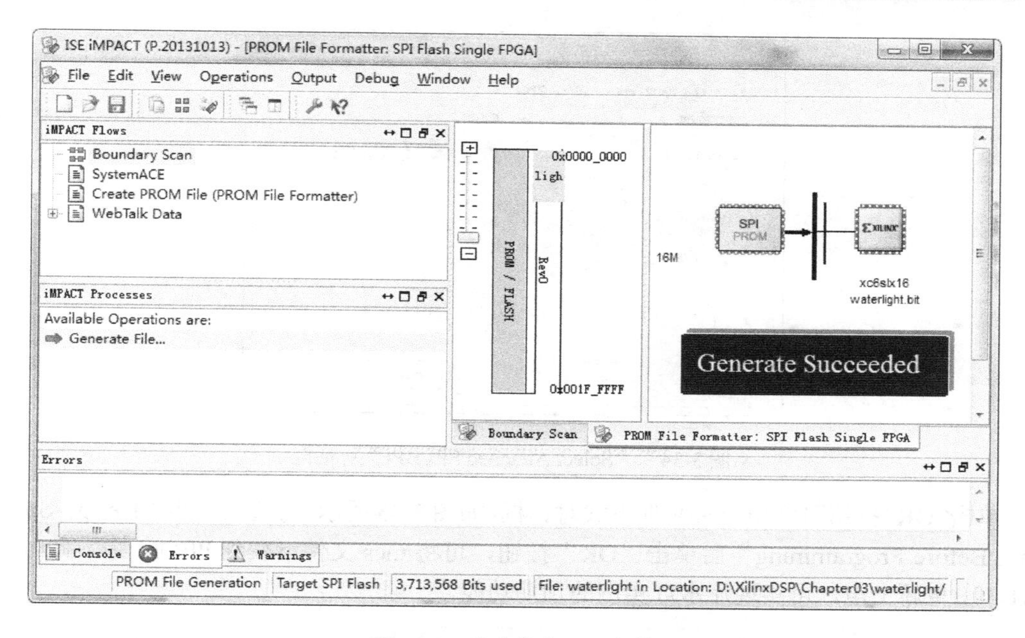

图 3-32　成功生成 mcs 文件

在图 3-28 的界面中，右键单击 Xilinx 器件图标上方的“SPI/BPI”，在弹出的右键菜单中选择“Add SPI/BPI Flash…”，可弹出文件选择对话框，在该对话框中选择生成的 waterlight.mcs 文件。加载 mcs 文件的对话框如图 3-33 所示。

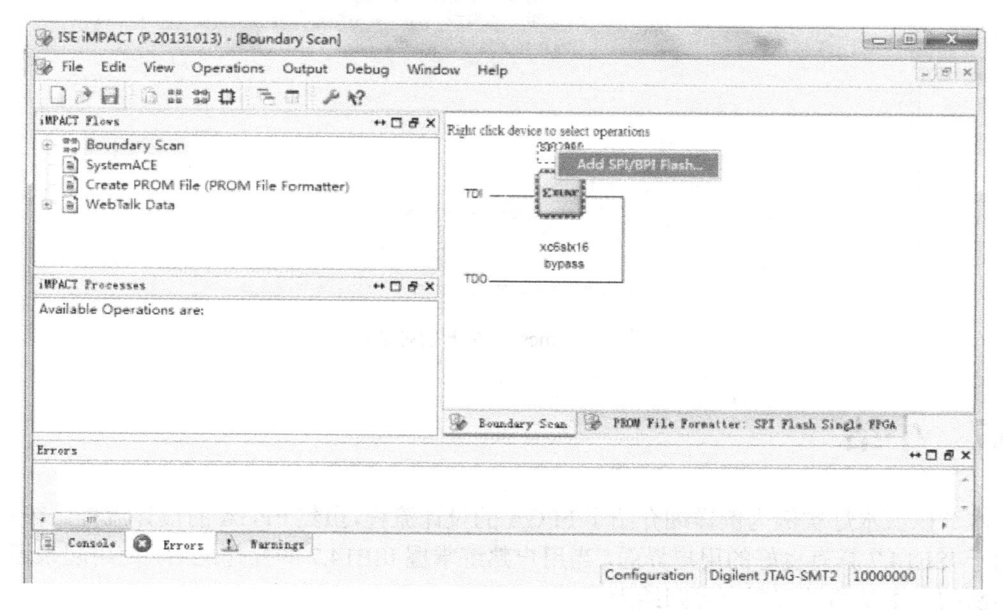

图 3-33　加载 mcs 文件的对话框

右键单击 Xilinx 器件图标上方的“SPI/BPI”，在弹出的右键菜单中选择“Open”，可弹出如图 3-34 所示的“Select Attached SPI/BPI”对话框，在该对话框中将 PROM 型号设置为“M25P16”。

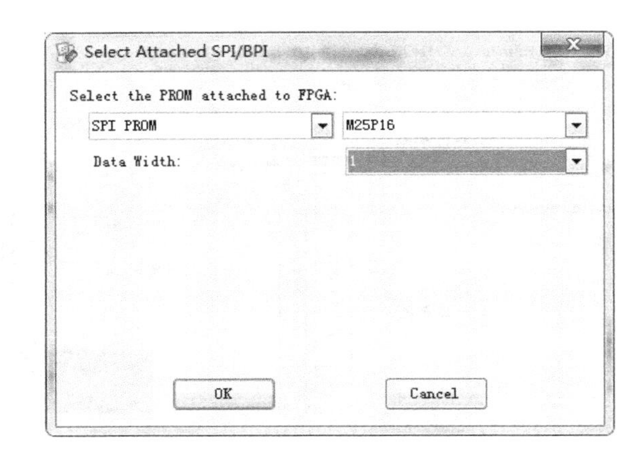

图 3-34 “Select Attached SPI/BPI”对话框

单击“OK”按钮可弹出 mcs 文件下载对话框，如图 3-35 所示，勾选“Verify”“Design-Specific Erase Before Programming”后单击“OK”按钮，可将 mcs 文件下载到 PROM 中。此时，将 CXD301 重新上电，可实现流水灯实例的预期功能。

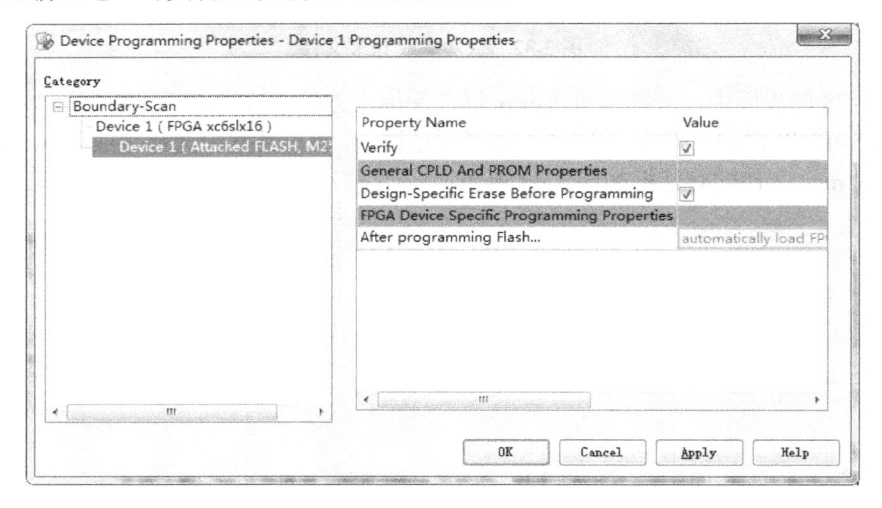

图 3-35 mcs 文件下载对话框

3.7 小结

本章以流水灯实例为例详细介绍了 FPGA 的设计流程，虽然 FPGA 的设计流程比较复杂，但由于 ISE14.7 具有良好的用户界面，当用户熟练掌握 ISE14.7 的操作之后，使用起来还是比较容易的。本章的学习要点可归纳为：

（1）了解 FPGA 的设计流程，并将设计流程与 PCB 设计流程进行对比分析。

（2）虽然 FPGA 的设计流程比较复杂，但 ISE14.7 在编写完成 Verilog HDL 文件之后，直接双击 ISE14.7 中的“Generate Programming File”，就可以自动完成前期的设计综合、布局布线等设计流程。

（3）ModelSim 的功能仿真主要是对设计文件的语法功能进行仿真，而时序仿真加入了设计实现后的逻辑器件延时模型，因此时序仿真的结果更接近实际的工作情况。

（4）了解 ModelSim 的常用仿真技巧，可有效提高仿真的效率。

（5）掌握 bit 文件及 mcs 文件的下载方法。

3.8 思考与练习

3-1　简述 FPGA 的设计流程。

3-2　ModelSim 的仿真有几种类型？常用的类型是哪两种？它们的功能有什么区别？

3-3　查阅资料了解除 XST 工具以外的其他 FPGA 综合工具。

3-4　RTL 原理图主要是由什么器件组成的？在 FPGA 设计流程中起什么作用？

3-5　查阅资料了解 XST 工具的参数意义。

3-6　测试激励文件的主要作用是什么？

3-7　测试激励文件生成的是被测目标模块的输入信号，还是输出信号？

3-8　最常用的约束是哪两种？简述这两种约束的意义。

3-9　说明下面约束语句的物理意义。

```
NET "ctr"   LOC = K7;
NET "cn<0>"   LOC = K8;
NET "cn<1>"   LOC = K9;
NET clk LOC = C10 | TNM_NET = sys_clk1_pin;
TIMESPEC TS_sys_clk1_pin = PERIOD sys_clk1_pin 100 MHz;
```

3-10　FPGA 有哪两种文件下载模式？说明它们的区别。

3-11　修改本章的流水灯实例，要求每个 LED 的点亮持续时间为 0.05 s，完成设计综合、功能仿真、时序仿真、bit 文件生成、mcs 文件生成、bit 文件下载、mcs 文件下载等 FPGA 的设计流程。

第4章 常用接口程序的设计

我们设计的 FPGA 产品不只是一个“孤岛”，要与外界实现无缝对接。接口是对外交流的窗口，掌握了串口、数码管、A/D、A/D 等常用接口，才有机会展示设计的美妙之处。

4.1 秒表电路设计

4.1.1 数码管的基本工作原理

数码管是一种常见的半导体发光器件，具有价格便宜、使用简单等优点，通过对数码管的不同引脚输入不同的电压，可以点亮不同的发光二极管，从而显示不同的数字。数码管可分为七段数码管和八段数码管，二者的基本单元都是发光二极管，区别在于八段数码管比七段数码管多一个用于显示小数点的发光二极管。

数码管通常用于显示时间、日期、温度等所有可用数字表示的场合，在电气领域，特别是在家用电器中的应用极为广泛，如空调、热水器、冰箱等的显示屏。由于数码管的控制引脚较多，为节约 PCB 的面积，通常将多个数码管用于显示 a、b、c、d、e、f、g、dp 的端口连在一起，为每个数码管的公共极增加位选通控制电路，选通信号由各自独立的 I/O 线控制，通过轮流扫描各个数码管来实现多个数码管的显示。

图 4-1（a）为单个数码管，图 4-1（b）为集成的 2 个数码管，图 4-1（c）为集成的 4 个数码管，图 4-1（d）为数码管段码示意图。

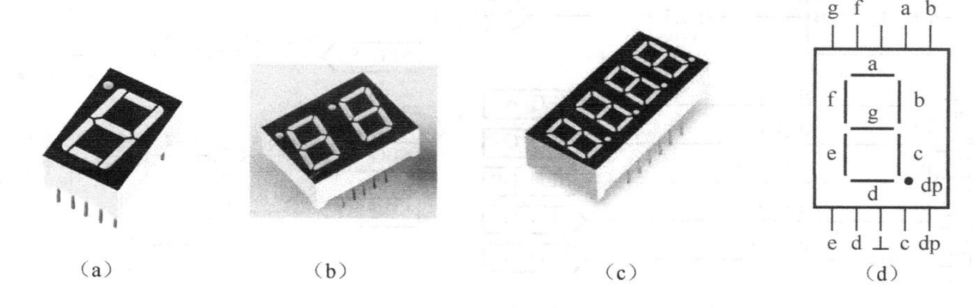

图 4-1 数码管的实物图及段码示意图

数码管分为共阳极和共阴极两种类型，共阳极数码管的正极（或阳极）为 8 个发光二极管的公共阳极（或正极），其他接点为独立发光二极管的负极（或阴极），使用者只需要把正极接电，不同的负极接地就能控制数码管来显示不同的数字。共阴极数码管与共阳极数码管只是连接方式不同，它们的工作原理是一样的。

数码管有直流驱动和动态显示驱动两种方式。直流驱动是指数码管的每一个段码都由一个 FPGA 的 I/O 引脚进行驱动，其优点是编程简单、显示亮度高，缺点是占用的 I/O 引脚多。动态显示驱动是指通过分时轮流的方式来控制各个数码管的选通信号端，使各个数码管轮流受控显示。当 FPGA 输出字形码时，所有的数码管都能接收到相同的字形码，但哪个数码管会发光取决于 FPGA 对选通信号端的控制，因此只要将需要显示的数码管选通信号端打开，该数码管就会发光，没有打开选通信号端的数码管不会发光。

4.1.2 秒表电路实例需求及电路原理分析

实例 4-1：秒表电路设计

CXD301 中配置了 4 个八段共阳极数码管，秒表电路需要在数码管上显示秒表计时，且具有复位按键及启停按键。4 个共阳极数码管分别显示秒表的相应数字，从右至左依次显示十分之一秒、秒的个位、秒的十位、分钟的个位。秒表电路的显示效果如图 4-2 所示，图中显示的时间为 5 分 11 点 2 秒。

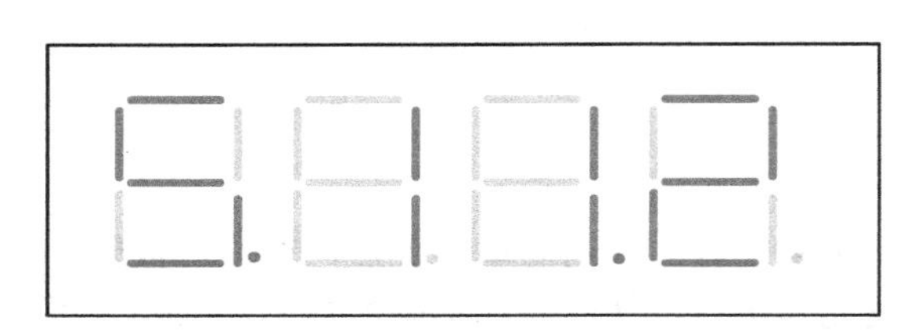

图 4-2 秒表电路的显示效果

CXD301 中的数码管电路原理如图 4-3 所示，其中 SEG_A、SEG_B、SEG_C、SEG_D、SEG_E、SEG_F、SEG_G、SEG_DP 直接与 FPGA 的连接，用于控制 8 个段码（发光二极管）；OPT1、OPT2、OPT3、OPT4 与 FPGA 的 I/O 引脚相连，用于控制 4 个数码管的选通信号；4 个晶体管用于放大 FPGA 送来的选通信号，以增强驱动能力。CXD301 中的数码管为共阳极，当 FPGA 输入信号为低电平时，点亮对应的段码。

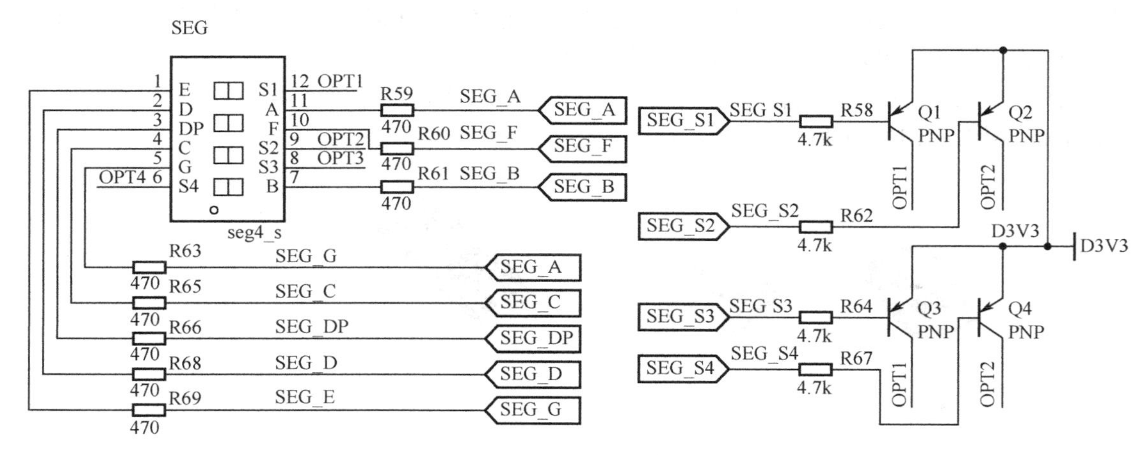

图 4-3 CXD301 中的数码管电路原理图

根据设计需求，秒表电路的硬件还包含外接的 50 MHz 晶振，以及 2 个高电平有效的按键信号。相关电路原理在第 3 章讨论流水灯实例设计时已进行了阐述，这里不再讨论。

4.1.3 形成设计方案

秒表电路是数字电子技术中的经典电路，如果读者有采用与非门、定时电路等分立元件组装搭建电路的经历，相信一定会对电路设计、组装及调试的工作量有深刻的印象。本节采用 Verilog HDL 完成整个电路的设计。

Verilog HDL 的程序设计过程相当于芯片的设计过程，与实际的数字电路设计过程相似。在设计程序时，需要考虑模块的通用性、可维护性。所谓通用性，是指将功能相对独立的模块用单独的文件编写，使其功能完整，便于其他模块使用；所谓可维护性，是指代码简洁明了，关键代码注释详略得当，代码编写规范。

设计程序通常采用由顶向下的思路，即先规划总体模块，合理分配各个模块的功能，然后对各个模块进行详细划分，最终形成每个末端子模块的功能要求。在设计时，按照预先规划的要求，分别编写各个模块的代码，再根据总体方案完成各个模块的合并，最终完成程序设计。

根据秒表电路的功能需求，考虑硬件电路原理，可以将程序分为两个模块：秒表计数（watch_counter）模块及数码管显示（seg_disp）模块。两个模块的连接关系如图 4-4 所示，其中 dec2seg、keyshape 分别为两个功能相对独立的子模块，dec2seg 用于完成段码的编码，keyshape 用于完成按键消抖。

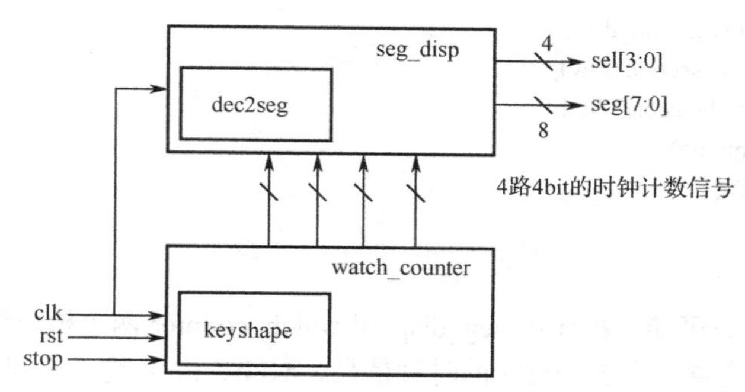

图 4-4 秒表电路两个模块的连接关系

秒表计数（watch_counter）模块用于生成 4 路 4 bit 的时钟计数信号，分别表示十分之一秒（second_div）、秒的个位（second_low）、秒的十位（second_high）、分钟的个位（minute）。数码管显示（seg_disp）模块用于显示 4 路 4 bit 的数据，即将输入的 4 路信号分别以数字符号的形式显示在 4 个数码管上。由于 seg_disp 模块仅用于显示功能，因此可以设计成通用的模块，用户在需要某个数码管显示数字时，只需要输入相应的 4 bit 信号即可。

4.1.4 顶层文件的 Verilog HDL 程序设计

为了读者理解整个程序，下面给出了顶层文件 watch.v 的代码。

```
module watch(
    input   rst,                //复位信号，高电平有效
    input   clk,                //系统时钟，频率为 50 MHz
    output [7:0] seg,           //段码
    output [3:0] sel,           //数码管选通信号
    input stop);                //秒表启停信号

    wire [3:0] second_div,second_low,second_high,minute;

    //seg_disp 模块
    seg_disp u1(
        .clk(clk),
        .a({1'b1,second_div}),
        .b({1'b0,second_low}),
        .c({1'b1,second_high}),
        .d({1'b0,minute}),
        .seg(seg),
        .sel(sel));

    //watch_counter 模块
    watch_counter u2(
        .rst(rst),
        .clk(clk),
        .second_div(second_div),
        .second_low(second_low),
        .second_high(second_high),
        .minute(minute),
        .stop(stop));

endmodule
```

由 watch.v 的代码可知，程序由 seg_disp 和 watch_counter 两个模块组成。seg_disp 为数码管显示模块，clk 是频率为 50 MHz 的时钟信号，a、b、c、d 均是 5 bit 的信号，分别对应 CXD301 上数码管需要显示的 4 位数字，且最高位 a[4]、b[4]、c[4]、d[4]用于控制对应的 dp，低 3 位 a[3:0]、b[3:0]、c[3:0]、d[3:0]用于显示具体的数字，seg 和 sel 分别对应数码管的 8 个段码及 4 位选通信号。watch_counter 为秒表计数模块，输入信号是高电平有效的复位信号 rst、频率为 50 MHz 的时钟信号 clk，以及用于控制秒表启停的信号 stop；输出信号是秒表的 4 个数字。

4.1.5 数码管显示模块的 Verilog HDL 程序设计

根据前面的设计思路可知，由于数码管显示功能的应用比较广泛，因此可以将该模块设计成通用的显示驱动模块。在调用这个模块时，只需要提供频率为 50 MHz 的时钟信号，以及数码管显示的数字即可。

在设计代码之前，首先需要了解动态扫描的概念。CXD301 共有 4 个数码管，为了节约用户引脚，4 个数码管共用了 8 个段码信号 seg[7:0]，通过选通信号 sel[3:0]的状态来确定具体的数码管。因此，秒表电路在某个时刻只会点亮一个数码管。由于人眼的视觉暂留现象，当数码管闪烁的频率超过 24 Hz 时，人眼就无法分辨数码管的闪烁状态，就会呈现出恒亮的效果。

设置每个数码管每次点亮的时间持续 1 ms，则 4 个数码管依次点亮一次共需 4 ms，每个数码管的闪烁频率为 250 Hz，远超过人眼的分辨能力。当通过选通信号点亮某个数码管时，输出该数码管要显示的数字，即可达到 4 个数码管分别显示不同数字的目的。

下面是 seg_disp.v 的代码。

```
module seg_disp(
    input clk,
    input [4:0] a,                  //a[4]-dp
    input [4:0] b,                  //b[4]-dp
    input [4:0] c,                  //c[4]-dp
    input [4:0] d,                  //d[4]-dp
    output [7:0] seg,
    output reg [3:0] sel);

    reg [3:0] dec;
    wire [6:0] segt;
    reg dp;

    //4 位二进制段码显示编码模块
    dec2seg u1(.dec(dec), .seg(segt));
    assign   seg = {dp,segt};
    reg [27:0]cn28=0;
    //50000 进制计数器，即 1 ms 的计数器
    always @(posedge clk)
        if(cn28>49998)
            cn28<=0;
        else
            cn28<=cn28+1;
    reg [1:0] cn2=0;
    //4 ms 的计数器
    always @(posedge clk)
        if(cn28==0)
        cn2 <= cn2 + 1;
    //根据 cn2 的值，数码管动态扫描显示 4 个数字
    always @(*)
        case(cn2)
            0: begin
                sel<=4'b0111;
                dec<=a[3:0];
                dp <= a[4];
            end
```

```
            1: begin
                sel<=4'b1011;
                dec<=b[3:0];
                dp <= b[4];
            end
            2: begin
                sel<=4'b1101;
                dec<=c[3:0];
                dp <= c[4];
            end
            default:begin
                sel<=4'b1110;
                dec<=d[3:0];
                dp <= d[4];
            end
        endcase
endmodule
```

在上面的程序中，dec2seg 为编码模块，即根据输入的 4 位二进制信号在 7 位段码（不包括 dp）的位置上显示相应的数字，其代码如下：

```
module dec2seg(
    input [3:0] dec,
    output reg [6:0] seg);
    //共阳极数码管
    always @(*)
        case(dec)
            4'd0: seg <= 8'b1000000;
            4'd1: seg <= 8'b1111001;
            4'd2: seg <= 8'b0100100;
            4'd3: seg <= 8'b0110000;
            4'd4: seg <= 8'b0011001;
            4'd5: seg <= 8'b0010010;
            4'd6: seg <= 8'b0000010;
            4'd7: seg <= 8'b1111000;
            4'd8: seg <= 8'b0000000;
            4'd9: seg <= 8'b0010000;
            4'd10: seg <= 8'b0001000;
            4'd11: seg <= 8'b0000011;
            4'd12: seg <= 8'b1000110;
            4'd13: seg <= 8'b0100001;
            4'd14: seg <= 8'b0000110;
            default: seg <= 8'b0001110;
        endcase
endmodule
```

例如，要在数码管上显示数字“3”，当输入信号 dec 的值为 3 时，只需根据图 4-1（d）中段码的位置，设置其中的 a（seg[0]）、b（seg[1]）、c（seg[2]）、d（seg[3]）、g（seg[6]）为低电平（点亮），其他段码为高电平（不点亮）即可，即“seg <= 8'b0110000”。

由于每个数码管每次点亮的时间为 1 ms，因此接下来设计了一个 1 ms 的计数器 cn28。根据 cn28 的状态，再设计一个 2 bit 的计数器 cn2。每次 cn28 为 0 时，cn2 加 1，则 cn2 为间隔 1 ms 的 4 进制计数器。因此，cn2 共 4 个状态，且每个状态持续时间为 1 ms。程序根据 cn2 的状态，依次选通对应的数码管信号，并输出需要显示的数字信号和小数点段码信号，最终完成数码管显示模块的 Verilog HDL 程序设计。

4.1.6 秒表计数模块的 Verilog HDL 程序设计

秒表计数模块需要根据输入频率为的 50 MHz 时钟信号生成秒表计数信号，分别为十分之一秒信号 second_div、秒的个位 second_low、秒的十位 second_high 和分钟的个位 minute。根据时钟的运行规律，秒表计数以十分之一秒信号 second_div 为基准计时单位。当 second_div 计满 10 个数时，second_low 加 1；当 second_div 计至 9 和 second_low 计至 9，下一个 second_div 信号到来时，second_high 加 1；同理，当 second_div 计至 9、second_low 计至 9，以及 second_high 计至 59 时，下一个 second_div 信号到来时，minute 加 1。rst 为高电平有效的复位信号，当 rst 为高电平时计数清零。stop 为启停信号，每按一次启停按键，秒表都会在启动计时和停止计时两种状态之间进行切换。

下面是秒表计数模块的 Verilog HDL 代码，在理解秒表的运行规律后，再来分析代码就比较容易了。

```
module watch_counter(
    input rst,
    input clk,
    output [3:0] second_div,
    output [3:0] second_low,
    output [3:0] second_high,
    output [3:0] minute,
    input stop);

    reg [40:0] cn_div;
    reg [3:0] div=0;
    reg [3:0] cn_low=0;
    reg [3:0] cn_high=0;
    reg [3:0] cn_minute=0;
    reg start=0;
    wire stop_shape;

    //按键消抖模块
    keyshape u3(
        .clk(clk),
        .key(stop),
        .shape(stop_shape));

    //每按一次启停按键，stop 信号就会反转一次
```

```
always @(posedge clk)
    if(stop_shape==1)
        start <= !start;

//生成周期为 0.1 s 的计数器
always @(posedge clk or posedge rst)
    if(rst)
        cn_div <= 0;
    else
        if(start==0)
            if(cn_div>=4999999)
                cn_div<=0;
            else
                cn_div<=cn_div+1;
        else
            cn_div<=cn_div;

//生成秒表中的 0.1 s 信号（十分之一秒信号）
always @(posedge clk or posedge rst)
    if(rst)
        div <= 0;
    else
        if(cn_div==4999999)
            if(div>=9)
                div<=0;
            else
                div<=div+1;

//生成秒表中秒的个位信号
always @(posedge clk or posedge rst)
    if(rst)
        cn_low <= 0;
    else
        if((cn_div==4999999)&(div==9))
            if(cn_low>=9)
                cn_low<=0;
            else
                cn_low<=cn_low+1;

//生成秒表中秒的十位信号
always @(posedge clk or posedge rst)
    if(rst)
        cn_high <= 0;
    else
        if((cn_div==4999999)&(div==9)&(cn_low==9))
            if(cn_high>=5)
                cn_high<=0;
```

```
                else
                        cn_high<=cn_high+1;

        //生成秒表中分钟的个位信号
        always @(posedge clk or posedge rst)
            if(rst)
                cn_minute <= 0;
            else
                if((cn_div==4999999)&(div==9)&(cn_low==9)&(cn_high==5))
                    if(cn_minute>=9)
                        cn_minute<=0;
                    else
                        cn_minute<=cn_minute+1;

        assign second_div = div;
        assign second_low = cn_low;
        assign second_high = cn_high;
        assign minute = cn_minute;

    endmodule
```

程序中的 keyshape 模块用于完成按键消抖处理，使每按一次按键，shape 信号就出现一个时钟周期的高电平脉冲。关于该模块的设计后续再专门讨论。

根据实例需求，每按一次按键，秒表计时都会在启动计时和停止计时两种状态之间进行切换。程序中声明了一个中间信号 start，每检测到一次 shape 信号的高电平状态，start 信号就翻转一次，即在低电平（0）和高电平（1）之间进行切换。

程序接下来生成周期为 0.1 s 的计数器。由于 clk 时钟信号频率为 50 MHz，0.1 s 的时间需要 5000000 个周期，即计数范围为 0～4999999。start 信号用于控制计数器的计数状态，即用于实现启停秒表计数的功能。

用 cn_div==4999999 作为时钟允许信号，可生成时间间隔为 0.1 s 的计数信号，即十分之一秒信号 second_div。根据秒表计时规律，div 为十进制计数器。采用类似的方法，程序依次生成了秒的个位信号 second_low、秒的十位信号 second_high，以及分钟的个位信号 minute。

4.1.7　按键消抖模块的 Verilog HDL 程序设计

按键通常是机械弹性开关，当机械触点断开和闭合时，由于机械触点的弹性作用，在机械触点闭合时不会马上稳定地接通，在断开时也不会一下子断开，因而在断开和闭合瞬间均伴随有一连串的抖动，为了不发生这种现象而采取的处理措施就是按键消抖。

人们是感觉不到按键抖动的，但对 FPGA 来说，不仅完全可以感受到按键抖动，而且按键抖动还是一个很“漫长”的过程，因为 FPGA 处理的速度在微秒级或纳秒级，而按键抖动至少持续几毫秒。

如果在按键抖动期间检测按键的通断状态，则可能导致 FPGA 判断出错，即按键一次按下或断开会被错误地认为是多次操作，从而引起误处理。为了确保 FPGA 对一次按键动作只响应一次，就必须考虑如何消除按键抖动的影响。

按键抖动示意图如图 4-5 所示。抖动时间的长短是由按键的机械特性决定的，一般为 5～20 ms，这是一个很重要的时间参数，在很多场合都会用到。

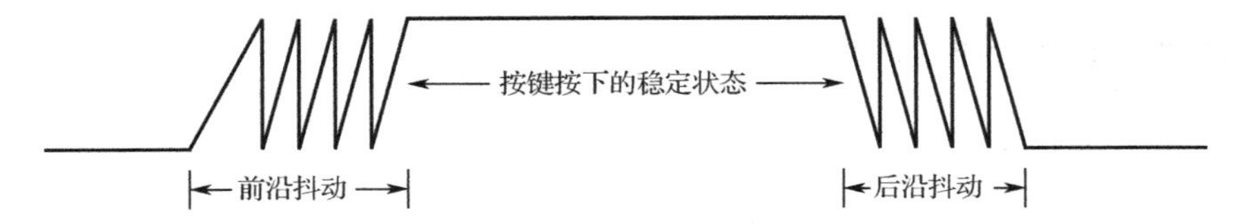

图 4-5　按键抖动示意图

按键稳定闭合时间的长短是由操作人员的按键动作决定的，一般为零点几秒至数秒。按键抖动会引起一次按键被误读多次。按键消抖处理的目的就是，每按一次按键，FPGA 能够正确地检测到按键动作，且仅响应一次。

在处理按键抖动的程序中，必须同时考虑消除闭合和断开两种情况下的抖动。对于按键消抖的处理，必须按最差的情况来考虑。机械式按键的抖动次数、抖动时间、抖动波形都是随机的。不同类型的按键，其最长抖动时间也有差别，抖动时间的长短和按键的机械特性有关，按键输出信号的跳变时间（上升沿和下降沿，也称为前沿和后沿）最长是 20 ms 左右。

实现按键消抖的方法有硬件或软件两种。硬件方法通常是在按键电路中接入 RC 滤波电路，当按键较多时，这种方法会导致硬件电路设计复杂化，不利于降低系统成本和提高系统的稳定性。因此，在 FPGA 中通常采用软件的方法实现按键消抖。

根据按键生成的实际信号特性，可以按照下面的思路来实现按键消抖。

（1）初次检测到按键动作（按键信号的上升沿或前沿）时，前沿计数器开始计数，且持续 20 ms。

（2）当前沿计数器持续 20 ms 后，检测松开按键的动作（按键信号的下降沿或后沿），若检测到松开按键的动作，则后沿计数器开始计数，且持续计数 20 ms 后清零。

（3）当前沿计数器及后沿计数器持续计数 20 ms 时，前沿计数器清零，开始下一次按键动作的检测。

根据上述的设计思路，每检测到一次按键动作，前沿计数器和后沿计数器均会有一次从 0 持续计数 20 ms 的过程。根据任意一个计数器的状态，如判断前沿计数器为 1 时，则输出一个时钟周期的高电平脉冲，用于标识一次按键动作。

下面是按键消抖模块的 Verilog HDL 代码。

```
module keyshape(
    input clk,
    input key,
    output reg shape);

    reg kt=0;
    reg rs=0;
    reg rf=0;

    always @(posedge clk)
        kt <= key;
```

```
always @(posedge clk)
    begin
        rs<=key&(!kt);                  //上升沿（前沿）检测信号
        rf<=(!key)&kt;                  //下降沿（后沿）检测信号
    end

wire [27:0] t20ms=28'd1000000;
reg [27:0] cn_begin=0;
reg [27:0] cn_end=0;
always @(posedge clk)
    //按键第一次松开 20 ms 后清零
    if((cn_begin==t20ms) &(cn_end==t20ms))
        cn_begin <=0;
    //当检测到按键动作，且未计满 20 ms 时
    else if((rs) &(cn_begin<t20ms))
        cn_begin <= cn_begin + 1;
        //当已开始计数，且未计满 20 ms 时计数
    else if((cn_begin>0) &(cn_begin<t20ms))
        cn_begin <= cn_begin + 1;

always @(posedge clk)
    if(cn_end > t20ms)
        cn_end <= 0;
    else if(rf &(cn_begin==t20ms))
        cn_end <= cn_end + 1;
    else if(cn_end>0)
        cn_end <= cn_end + 1;

//输出按键消抖后的信号
always @(posedge clk)
    shape<=(cn_begin==1)?1'b1:1'b0;
endmodule
```

程序中的 rs 和 rf 分别为按键信号的上升沿（前沿）及下降沿（后沿）检测信号，cn_begin 为前沿计数器，cn_end 为后沿计数器。程序的设计思路与上文分析的方法完全一致，读者可以对照起来理解。

4.2　串口通信设计

4.2.1　RS-232 串口通信的概念

串口是计算机中一种非常通用的设备通信协议，大多数计算机包含 2 个 RS-232 串口。串口同时也是仪器仪表设备的通用接口，可用于获取远程设备采集的数据。为了实现计算机、电话以及其他通信设备之间的互相通信，目前已经对串行通信建立了统一的概念和标准，这

些概念和标准涉及三个方面：数据传输速率、电气特性，以及信号名称和接口标准。

尽管串口通信的传输速率较低，但可以在用一条数据线发送数据的同时用另一条数据线接收数据。串口通信很简单，并且能够实现远距离通信，IEEE 488 定义串口通信的距离可达 1200 m。串口通信可通过 3 条传输线完成：地线、发送数据线、接收数据线。由于串口通信是异步的，因而能够在一条数据线上发送数据的同时在另一条数据线上接收数据。完整的串口通信还定义了用于握手的接口，但并非是必需的。串口通信最重要的参数是波特率、数据位、停止位和奇偶校验。对于两个相互进行通信的串口，这些参数必须匹配。

1. 波特率

波特率是一个衡量数据传输速率的参数，它表示每秒传输的符号个数。当每个符号只有两种状态时，每个符号表示 1 位的信息，此时波特率表示每秒传输的位数，如波特率为 300 bps 表示每秒传输 300 bit。当我们提到时钟周期时，就是指波特率参数（例如，如果协议需要 4800 波特率，那么时钟信号频率就是 4800 Hz）。这意味着串口通信在数据线上的采样频率为 4800 Hz。标准波特率通常是 110、300、600、1200、4800、9600 和 19200 bps。大多数串口通信的接收波特率和发送波特率可以分别设置，而且可以通过编程来设置。

2. 数据位

数据位用于衡量串口通信中每次传输的实际数据位数。当计算机发送一个数据包时，实际的数据不一定是 8 位的，标准的数据位有 4 位、5 位、6 位、7 位和 8 位等。如何设置数据位取决于用户传输的数据包。例如，标准的 ASCII 码是 0～127（7 位），扩展的 ASCII 码是 0～255（8 位）。如果数据使用简单的文本（标准 ASCII 码），那么每个数据包使用 7 位数据位。每个数据包通常是一个字节，包括开始位、停止位、数据位和奇偶校验位。

3. 停止位

停止位指数据包的最后 1 位，是数据包的结束标志，典型的值为 1 位、1.5 位和 2 位。当传输数据时，每一个设备都有自己的时钟，很可能在数据传输过程中两台设备间会出现不同步，因此停止位不仅表示传输的结束，还可以用于设备同步。停止位的位数越多，收发时钟同步的容忍度就越大，但数据的传输效率也就越低。

4. 奇偶校验位

奇偶校验位是串口通信中的一种简单检错方式，主要有 4 种检错方式，即奇校验、偶校验、高电平校验、低电平校验。当然，没有校验位也可以进行正常的串口通信。对于需要奇偶校验的情况，串口通常会设置校验位（数据位后面的一位），用一位来确保传输的数据有偶数个或者奇数个逻辑高位。例如，如果数据是 011，那么对于偶校验，校验位为 0，保证逻辑高的位数是偶数个；对于奇校验，校验位为 1，这样整个数据单元就有奇数个（3 个）逻辑高位。高电平校验和低电平校验不检查传输的数据单元，只是简单地将校验位置设为逻辑高位或者逻辑低位，这样就可以使接收设备能够知道 1 的个数，有机会判断是否有噪声信号干扰了通信或者接收双方出现了不同步现象。

4.2.2　串口通信实例需求及电路原理分析

实例 4-2：串口通信电路设计

在 FPGA 上采用 Verilog HDL 实现串口通信的收、发功能，即实现计算机串口与 CXD301 之间的数据传输。要求 FPGA 能同时通过 RS-232 串口发送数据，并接收来自计算机发送的字符数据；波特率为 9600 bps，停止位为 1 位，数据位为 8 位，无校验位；系统时钟信号的频率为 50 MHz；CXD301 同时将接收到的数据通过串口向计算机发送。

为了简化设计，串口通信实例只使用了三条信号线（发送数据线、接收数据线、地线），没有使用握手信号。对于 FPGA 来讲，输入信号包括复位信号 rst（高电平有效）、50 MHz 的时钟信号 clk，以及串口输入的接收信号 rs232_rec，输出信号为串口发送的信号 rs232_txd。

CXD301 的串口通信电路原理图如图 4-6 所示。

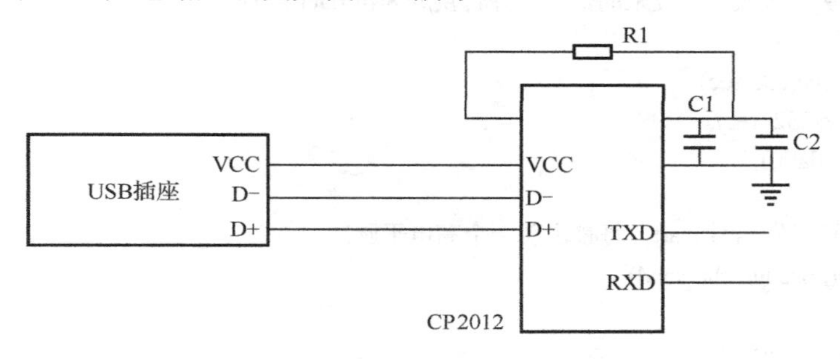

图 4-6　CXD301 的串口通信电路原理图

CXD301 上的串口通信电路采用的是 Silicon Labs 公司的 USB 转串口接口芯片 CP2102，该芯片内部已集成了 USB 接口的收发器，无须外部晶振，仅需极少的外围电路，使用简单、性能稳定。图 4-6 左侧为 USB 插座，可直接通过 USB 线与计算机连接，右侧为 CP2102 的电路原理示意图，TXD 引脚和 RXD 引脚分别用于发送信号 rs232_txd 和接收信号 rs232_rec，可直接与 FPGA 的 I/O 引脚连接。因此，在 CXD301 上设计串口通信程序时，仅需要接收 TXD 引脚的发送信号，并通过 RS-232 串口向 RXD 引脚发送信号。

4.2.3　顶层文件的 Verilog HDL 程序设计

为了便于读者理解整个程序，下面先给出顶层文件 uart.v 的代码。

```
module uart(
    input clk,                          //系统时钟信号的频率为 50 MHz
    input rs232_rec,                    //串口接收波特率：9600 bps
    output rs232_txd);                  //串口发送波特率：9600 bps

    wire clk_send,clk_rec;
    wire [7:0] data;
    reg start=0;
    reg [13:0] cn14=0;
```

```
    //时钟模块，生成串口收发时钟
    clock u1(
        .clk50m(clk),
        .clk_txd(clk_send),
        .clk_rxd(clk_rec));

    //发送模块，将 data 数据通过 RS-232 串口发送，当检测到信号 start 为高电平时发送一帧数据
    send u2(
        .clk_send(clk_send),
        .start(start),
        .data(data),
        .txd(rs232_txd));

    //接收模块，接收串口发来的数据，并转换成 8 位 data 信号
    rec u3(
        .clk_rec(clk_rec),
        .rxd(rs232_rec),
        .data(data));

    //生成发送触发信号 start，每秒出现一个高电平脉冲
    always@(posedge clk_send)
    begin
        if(cn14==9599)
            cn14<=0;
        else cn14<=cn14+1;
        if(cn14==0)
            start<=1;
        else start<=0;
    end
endmodule
```

由上面的代码可以清楚地看出，系统由 1 个时钟模块（u1：clock）、1 个发送模块（u2：send）、1 个接收模块（u3：rec）组成。其中时钟模块用于生成与波特率相对应的收、发时钟信号；接收模块用于接收串口发送来的数据；发送模块用于将接收到的数据通过串口发送出去。其中发送模块的信号 start 为发送触发信号，当出现一个 clk_send 时钟同期的高电平脉冲信号时，向串口发送一帧 data 数据。程序结尾处设计了一个生成信号 start 的进程，每秒（频率为 9600 Hz）发送 9600 个时钟信号 clk_send，从而生成一个高电平的发送触发信号 start。

4.2.4 时钟模块的 Verilog HDL 程序设计

串口通信的波特率有多种，最常用的是 9600 bps。为了简化设计，本实例仅设计波特率为 9600 bps 情况。串口通信通常都采用异步传输方式，由于异步传输对时钟信号的要求不是很高，因此可以通过对系统时钟进行分频来生成所需的时钟信号。下面先给出时钟模块的

Verilog HDL 程序清单，然后对其进行讨论。

```
module clock(
    input clk50m,
    output clk_txd,
    output clk_rxd);

    reg [11:0] cn12=0;
    reg clk_tt=0;
    reg [11:0] cn11=0;
    reg clk_rt=0;

    //生成 9600 Hz 的发送时钟信号
    //50000000/96000=5208，每 2604 个计数翻转一次，生成频率为 9600 Hz 的发送时钟信号
    always@(posedge clk50m)
        if(cn12==2603)
            begin
                cn12<=0;
                clk_tt<=!clk_tt;
            end
        else
            cn12<=cn12+1;

    //生成频率为 19200 Hz 的接收时钟信号
    //50000000/19200=2604，每 1302 个计数翻转一次，生成频率为 19200 Hz 的接收时钟信号
    always@(posedge clk50m)
        if(cn11==1301)
            begin
                cn11<=0;
                clk_rt<=!clk_rt;
            end
        else
            cn11<=cn11+1;

    assign clk_txd=clk_tt;
    assign clk_rxd=clk_rt;

endmodule
```

从上面程序中可知，发送时钟信号的频率与波特率相同，而接收时钟信号的频率则为波特率的 2 倍。对于发送时钟的计数器而言，由于计数器计数范围为 0～2603，共 2604 个数，每计满一个周期，clk_tt 就翻转一次，一个周期内共翻转 2 次，每 2 个周期计数为 5208，相当于对频率为 50 MHz 的信号进行 5208 倍分频，生成频率为 9600 Hz 的发送时钟信号。产生接收时钟信号的方式与生成发送时钟信号的方式类似，仅需要修改计数器的计数周期即可。

发送时钟信号的频率与波特率相同，这很容易理解，即在发送数据时，按波特率及规定的格式向串口发送数据即可。接收时钟信号的频率之所以设置成波特率的 2 倍，是为了避免因接收时钟信号频率与数据输入速率之间的偏差导致接收错误而人为增加的抗干扰措施，具

体的实现方法将在接下来介绍的接收模块中讨论。

4.2.5 接收模块的 Verilog HDL 程序设计

由于本实例不涉及握手信号及校验信号，因此接收模块的 Verilog HDL 程序设计也比较简单。基本思路是用接收时钟对输入数据信号 rs232_rec（接收模块文件中的信号名称为 rxd）进行检测，当检测到下降沿时（根据 RS-232 串口通信协议，空闲位为 1，起始位为 0），表示接收到有效数据，此时开始连续接收 8 bit 的数据，并存放在接收寄存器中，接收完成后通过 data 端口输出。

由前面的讨论可知，异步传输对时钟信号频率的要求不是很高，其原因是每个字符均有用于同步检测的起始位和停止位。换句话说，只要在每个字符（本实例为 8 bit）的传输过程中，不会因为收、发时钟的不同步而引起数据传输错误即可。下面分析一下在采用和波特率相同的时钟信号频率接收数据时，可能出现数据检测错误的情况。

图 4-7 仅画出了接收串口数据的时序示意图。如果采用与波特率相同的时钟信号频率来接收串口的数据，则在每个时钟周期内（假设在时钟信号的上升沿采样数据）只采样一次数据。由于接收端不知道发送数据的相位和频率（虽然收发两端约定好了波特率，但两者之间因为晶振的性能差异，会使两者的频率无法完全一致），因此接收端产生的时钟信号与数据的相位及频率存在偏移。当接收端的首次采样时刻（clk_send 的上升沿）与数据跳变沿靠近时，所有采样点的时刻均会与数据跳变沿十分接近，时钟的相位抖动及频率偏移会很容易产生数据检测错误。

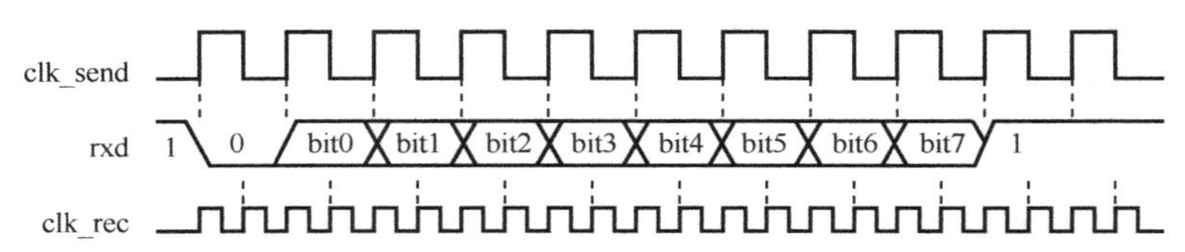

图 4-7 接收串口数据的时序示意图

如果采用频率为波特率 2 倍（或者更高频率）的时钟信号对数据进行检测，则应当先利用时钟信号 clk_rec 检测数据的起始位（rxd 的初次下降沿），然后间隔一个 clk_rec 时钟周期对接收数据进行采样。由于 clk_rec 的频率是波特率的 2 倍，因此可以设定数据的采样时刻为检测到 rxd 跳变沿后的一个 clk_rec 时钟周期处，即每个 rxd 数据码元的中间位置，更有利于保证检测时刻数据的稳定性。这样，只有收发时钟信号频率偏移大于 1/4 个码元周期的情况下才可能出现数据检测错误，从而大大减小数据检测的错误概率，提高接收数据的可靠性。

经过上面的分析，相信读者比较容易理解下面给出的接收模块代码。

```
module rec(
    input clk_rec,
    input rxd,
    output reg [7:0] data);

    reg rxd_d=0;
    reg rxd_fall=0;
    reg [4:0] cn5=0;
```

```
reg [7:0] dattem=0;

//检测 rxd 的下降沿，表示开始接收 1 帧数据
always @(posedge clk_rec)
   begin
       rxd_d<=rxd;
       if((!rxd)&rxd_d)
           rxd_fall <=1;
       else
           rxd_fall <=0;
   end

//由于 clk_rec 为波特率的 2 倍，在检测到 rxd 下降沿之后，连续计 20 个数
always @(posedge clk_rec)
   begin
       if((rxd_fall ==1)&(cn5==0))
           cn5<=cn5+1;
       else if((cn5>0)&(cn5<19))
           cn5<=cn5+1;
       else if(cn5>18)
           cn5<=0;
   end

//根据计数器 cn5 的值，依次将串口数据存入 dattem 寄存器
always @(posedge clk_rec)
   case(cn5)
       2:dattem[0]<=rxd;
       4:dattem[1]<=rxd;
       6:dattem[2]<=rxd;
       8:dattem[3]<=rxd;
       10:dattem[4]<=rxd;
       12:dattem[5]<=rxd;
       14:dattem[6]<=rxd;
       16:dattem[7]<=rxd;
       //接收完成后，输出完整的 8 位数据
       18:data <= dattem;
   endcase

endmodule
```

程序首先设计了一个下降沿检测电路，产生一个高电平脉冲的下降沿检测信号 rxd_fall。根据 RS-232 串口通信协议，高电平为停止位，低电平为起始位，因此检测到 rxd 的下降沿，即可判断串口传输一帧数据的起始时刻。

程序接下来根据 rxd_fall 信号设计了一个计数器 cn5，从 0 持续计至 19，即计 20 个数。由于 clk_rec 信号的频率为波特率的 2 倍，每帧数据长度为 8 bit，加上起始位及停止位，共 10 bit，因此计数至 20 时，刚好计满传输完一帧数据的时间。

程序最后根据计数器 cn5 的状态，每间隔一个计数值采样 1 bit 的数据并存储在 datatem 中，最终将接收到的一帧完整数据由 data 端口输出，完成数据接收功能。

4.2.6 发送模块的 Verilog HDL 程序设计

发送模块只需要将起始位及停止位加至数据的两端（最高位和最低位），然后在发送时钟的节拍下逐位发送即可。为便于与其他模块有效连接，发送模块设计了一个发送触发信号 start，当检测到 start 为高电平时，发送一帧数据。

下面直接给出了发送模块（send.v 文件）的 Verilog HDL 程序代码。

```
//send.v 文件的代码
module send(
      input clk_send,
      input start,
      input [7:0] data,
      output reg txd );

      //检测到 start 为高电平时，连续计 10 个数
      reg [3:0] cn=0;
      always @(posedge clk_send)
            if(cn>4'd8)
                  cn <=0;
            else if(start==1)
                  cn <= cn + 1;
            else if(cn>0)
                  cn <= cn + 1;

      //根据计数器 cn 的值，依次发送起始位、数据位和停止位
      always @(*)
            case(cn)
                  1: txd<=0;
                  2: txd<=data[0];
                  3: txd<=data[1];
                  4: txd<=data[2];
                  5: txd<=data[3];
                  6: txd<=data[4];
                  7: txd<=data[5];
                  8: txd<=data[6];
                  9: txd<=data[7];
                  default txd<=1;
            endcase

endmodule
```

程序首先设计了一个计数器 cn，当检测到 start 为高电平时开始计数，从 0 计至 9。由于 clk_send 信号的频率与波特率相同，因此在每个计数周期发送 1 bit 的数据即可。根据 RS-232

串口通信协议，需先发送起始位 0，在从数据的最低位开始依次完成 8 bit 数据的发送，最后发送停止位 1，共完成 10 bit 数据的发送。

4.3 A/D 接口和 D/A 接口的程序设计

4.3.1 A/D 转换的工作原理

将模拟信号转换成数字信号的器件称为模/数转换器，简称 A/D 转换器或 ADC（Analog to Digital Converter）。A/D 转换的作用是将时间连续、幅值也连续的模拟信号转换为时间离散、幅值也离散的数字信号，因此 A/D 转换一般要经过采样、保持、量化和编码 4 个过程。在实际的电路中，这些过程有的是合并进行的，例如，采样和保持、量化和编码往往都是在转换过程中同时实现的。

由于数字信号本身不具有实际意义，仅表示一个相对大小，因此任何一个 A/D 转换器都需要一个参考标准，比较常见的参考标准是最大的可转换信号大小，而输出的数字量则表示输入信号相对于参考标准的大小。

分辨率是 A/D 转换器最重要的指标之一，是指对于允许范围内的模拟信号，它能输出离散数字信号值的个数。这些信号值通常用二进制数来表示，分辨率经常用位（bit）作为单位，且这些离散值的个数是 2 的幂指数。例如，一个具有 8 bit 分辨率的 A/D 转换器可以将模拟信号编码成 256 个不同的离散值，从 0 到 255（即无符号整数）或从−128 到 127（即有符号整数），至于使用哪一种，则取决于具体的应用。

根据上面的分析，假设输入信号的电压范围为−5～5 V，A/D 转换器的分辨率为 8 bit，且编码为 0～255，则 0 对应于−5 V，255 对应于+5 V。设置编码的数字为 Q，则对应所表示的电压值 U 为：

$$U = \frac{10Q}{255} - 5\ \text{V} \tag{4-1}$$

分辨率同时可以用电气性质来描述，单位为 V。使得输出离散信号产生一个变化所需的最小输入电压的差值被称为最低有效位（Least Significant Bit，LSB）电压。这样，A/D 转换器的分辨率 Q 就等于 LSB 电压。

采样频率是 A/D 转换器另一个重要的指标。模拟信号在时域上是连续的，因此要将它转换为时间上离散的一系列数字信号。这样就要求定义一个参数来表示采样模拟信号的速率，这个速率称为 A/D 转换器的采样频率。根据采样定理，以 f_s 的采样频率对信号进行采样，理论上可以对小于 $f_s/2$ 的信号进行采样，且可以通过滤波处理完成从数字信号到模拟信号的无失真重建。

对于 A/D 转换器来讲，分辨率和采样频率是两个最重要的参数，分辨率越高、采样频率越高，A/D 转换器的性能就越好。

4.3.2 D/A 转换的工作原理

将数字信号转换成模拟信号的器件称为数/模转换器，简称 D/A 转换器或 DAC（Digital to

Analog Converter）。按数字量输入方式的不同，可分为并行输入 D/A 转换器和串行输入 D/A 转换器；按模拟量输出方式的不同，可分为电流输出 D/A 转换器和电压输出 D/A 转换器。

不同类型的 D/A 转换器的内部电路构成并没有太大的差异，一般可按输出的是电流还是电压、能否进行乘法运算等进行分类。大多数 D/A 转换器由电阻阵列和多个电流开关或电压开关构成。一般说来，由于电流开关的切换误差小，因此大多采用电流开关型电路。如果 D/A 转换器的电流开关型电路直接输出电流，则称为电流输出 D/A 转换器。

虽然电压输出 D/A 转换器是直接从电阻阵列输出电压的，但一般采用内置输出放大器以低阻抗的形式输出。由于电压输出 D/A 转换器没有输出放大器的延时，故常作为高速 D/A 转换器。

电流输出 D/A 转换器很少直接输出电流，大多外接电流/电压转换电路。电流/电压转换有两种方法：一是只在输出引脚上接负载电阻，从而进行电流/电压转换；二是外接运算放大器。采用负载电阻进行电流/电压转换，虽然可以在输出引脚上产生电压，但必须在规定的输出电压范围内使用，而且由于输出阻抗较高，所以一般需要外接运算放大器。

D/A 转换器输入的数字量是由二进制代码按数位组合起来表示的，任何一个 n 位二进制数均可用表示为：

$$\text{data} = d(0)\times 2^0 + d(1)\times 2^1 + d(2)\times 2^2 + \cdots + d(n-1)\times 2^{n-1} \quad (4\text{-}2)$$

式中，$d(i)$=0 或 1，i=0, 1, …, n−1；$2^0, 2^1, 2^2, \cdots, 2^{n-1}$ 分别为对应位的权值。在 D/A 转换的过程中，要将数字信号转换成模拟信号，必须先把每一位代码按其权值的大小转换成相应的模拟值，然后将各模拟值相加，其总和就是与数字信号对应的模拟信号，这就是 D/A 转换的基本原理。

与 A/D 转换器类似，D/A 转换器也有两个最重要的性能参数：分辨率和转换时间。分辨率反映了 D/A 转换器对模拟信号的分辨能力，定义为基准电压与 2^n 的比值，其中 n 为 D/A 转换器的位数，它是与输入二进制数最低有效位 LSB（Least Significant Bit）相当的输出模拟电压。在实际使用中，一般用输入数字信号的位数来表示分辨率大小。D/A 转换建立时间（Setting Time）是将一个数字信号转换为稳定模拟信号所需的时间，也称为转换时间。通常，电流输出 D/A 转换器的转换时间较短，电压输出 D/A 转换器的转换时间较长。为便于理解，我们也可以将转换时间的倒数称为转换速率。根据采样定理，转换速率为 f_s 的 D/A 转换器，理论上最高能够产生频率不大于 $f_s/2$ 的信号。

4.3.3 A/D 接口和 D/A 接口的实例需求及电路原理分析

实例 4-3：A/D 接口和 D/A 接口电路设计

CXD301 配置了 1 路 8 bit 的 A/D 转换器，以及 2 路独立 8 bit 的 D/A 转换器。要求转换频率为 25 MHz，频率约为 195 kHz 的锯齿波由 DA1 通道输出，在 CXD301 上通过外接跳线环回至 AD 通道，经过 AD 通道后的信号再由 DA2 通道输出，完成 AD 通道和 DA 通道的测试。

CXD301 的 AD 通道和 DA 通道的原理如图 4-8 所示。

如图 4-8 所示，AD9708 为 8 bit 的、最高转换速率为 125 MHz 的 D/A 转换器。D/A 转换器的输出信号先通过一个带宽大于 40 MHz 的 LC 低通滤波器滤除噪声信号，使输出信号更为平滑，再经带宽为 145 MHz 的宽带运算放大器 AD8056 对信号进行放大，经 DA1 通道输出为-1～1 V 的信号。AD9280 为 8 bit 的、最高采样频率为 32 MHz 的 A/D 转换器，A/D 转换器输入信号电压范围为 0～2 V，因此在输入 A/D 转换器前采用 AD8056 对信号进行处理，使输入 AD9280 的信号满足输入电压的要求。

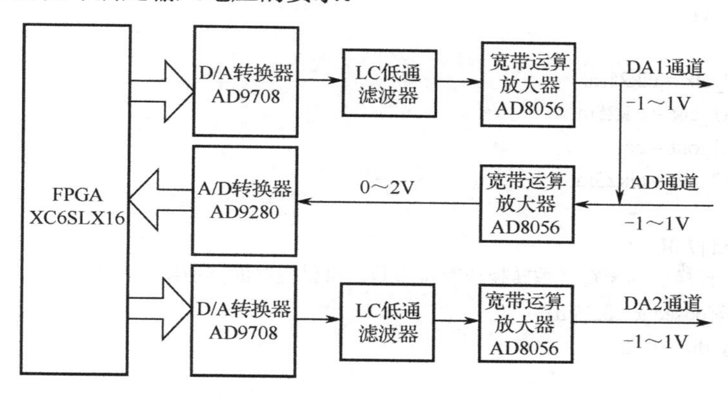

图 4-8　CXD301 的 AD 通道和 DA 通道的原理

4.3.4　A/D 接口和 D/A 接口的 Verilog HDL 程序设计

由于 A/D 转换器的工作频率最高为 32 MHz，考虑到 CXD301 上配置的晶振为 50 MHz，因此 2 个 D/A 转换器及 1 个 A/D 转换器的工作频率均设置为 25 MHz。考虑到 A/D 转换器及 D/A 转换器的分辨率均为 8 bit，可以采用 8 bit 的 256 进制计数器作为 A/D 转换器及 D/A 转换器的测试信号。由于 A/D 转换器及 D/A 转换器的工作频率均为 25 MHz，则 256 进制的计数器产生的锯齿波信号的频率为 50 MHz/256=195.3125 kHz。

由于 A/D 接口和 D/A 接口的数字信号均为无符号数，而在 FPGA 上进行数字信号处理时，如滤波器处理，通常需要处理有符号数，因此在程序中要进行有符号数和无符号数之间的转换。A/D 接口和 D/A 接口实例的 Verilog HDL 程序代码如下：

```
module AD_DA(
    input clk,                  //系统时钟信号频率为 50 MHz
    input rst,                  //复位信号：高电平有效
    //1 路 AD 通道
    output ad_clk,              //A/D 转换器的转换频率：25 MHz
    input [7:0] ad_din,         //A/D 转换器的输入，由 DA1 通道输入，无符号数

    //2 路 DA 通道
    output da1_clk,             //DA1 通道输出的时钟信号频率为 25 MHz
    output [7:0] da1_out,       //DA1 通道输出的信号通过跳线输入 AD 通道，无符号数
    output da2_clk,             //DA2 通道输出的时钟信号频率为 25 MHz
    output reg [7:0] da2_out);  //DA2 通道输出的信号通过跳线输入 AD 通道，无符号数

    reg clk25m;
    always @(posedge clk)
    clk25m <= !clk25m;
```

```
    reg [7:0] cn;
    always @(posedge clk or posedge rst)
    if(rst) cn <= 0;
    else cn <= cn + 1;

    assign ad_clk = clk25m;
    assign da1_clk = clk25m;
    assign da1_out = cn;
    assign da2_clk = clk25m;

    reg signed [7:0] data;
    //将 A/D 转换后的无符号数转换成有符号数，可供程序的其他模块使用
    always @(posedge clk25m)
    data = ad_din - 128;

    //将有符号数转换成无符号数后输入 D/A 转换器
    always @(posedge clk25m)
    if(data[7])
        da2_out <= data-128;
    else
        da2_out <= data + 128;
endmodule
```

4.4 常用接口程序的板载测试

4.4.1 秒表电路的板载测试

经过上面的分析，根据 CXD301 的电路原理图，可以得到秒表电路 FPGA 程序的对外接口信号和 FPGA 引脚的对应关系，如表 4-1 所示。

表 4-1 秒表电路 FPGA 程序的对外接口信号和 FPGA 引脚的对应关系

接口信号	FPGA 引脚	传输方向	功能说明
rst	K3	→FPGA	高电平有效的复位信号
stop	K1	→FPGA	高电平有效的启停信号
clk	C10	→FPGA	50 MHz 的时钟信号
sel[0]	D3	FPGA→	低电平有效的选通信号
sel[1]	E1	FPGA→	低电平有效的选通信号
sel[2]	G1	FPGA→	低电平有效的选通信号
sel[3]	J1	FPGA→	低电平有效的选通信号
seg[0]	C2	FPGA→	低电平有效的段码 a
seg[1]	F2	FPGA→	低电平有效的段码 b

续表

接口信号	FPGA 引脚	传输方向	功能说明
seg[2]	H2	FPGA→	低电平有效的段码 c
seg[3]	E2	FPGA→	低电平有效的段码 d
seg[4]	D1	FPGA→	低电平有效的段码 e
seg[5]	C1	FPGA→	低电平有效的段码 f
seg[6]	H1	FPGA→	低电平有效的段码 g
seg[7]	F1	FPGA→	低电平有效的段码 dp

在秒表电路程序中添加引脚约束文件，并按表 4-1 设置对应信号及引脚的约束位置。在 ISE14.7 中，双击“Process”中的“Generate Programming File”可生成 bit 文件，将 bit 文件下载到 CXD301 中后，CXD301 上电即可运行秒表电路程序。此时，可以观察到 CXD301 上的 4 个数码管按设计的要求开始计时。在任意时刻按下复位按键后，秒表都会清零；松开复位按键，重新开始计时；按下启停按键，秒表停止计数；再按一次启停按键，秒表继续计数。

4.4.2　串口通信的板载测试

根据 CXD301 的电路原理图，可以得到 RS-232 串口通信电路 FPGA 程序的对外接口信号和 FPGA 引脚的对应关系，如表 4-2 所示。

表 4-2　RS-232 串口通信电路 FPGA 程序的对外接口信号和 FPGA 引脚的对应关系

接口信号	FPGA 引脚	传输方向	功能说明
rst	K3	→FPGA	高电平有效的复位信号
clk	C10	→FPGA	50 MHz 的时钟信号
rs232_rec	C11	→FPGA	计算机发送至 FPGA 串口的信号
rs232_txd	E1	FPGA→	FPGA 发送至计算机串口的信号

在串口通信程序中添加引脚约束文件，并按表 4-2 设置对应信号及引脚的约束位置，生成 bit 文件，将 bit 文件下载到 CXD301 中，此时可以观察到 CXD301 上靠近 USB 接口的发送指示灯以 1 Hz 的频率闪烁，表示 CXD301 在持续向外发送数据。

完成串口通信接口调试，还需在计算机上安装串口芯片 CP2012 的驱动程序，以及串口调试助手。打开串口调试助手，在“串口设置”栏的“串口”列表框中选中驱动程序设置的串口编号（如 COM3），设置波特率为 9600、数据位为 8、校验位为 None、停止位为 1、流控为 None，选中“Hex”“自动换行”“显示时间”选项，单击串口调试助手右下方的“发送”按钮，此时串口调试助手会每隔 1 s 显示一次“00”，表示计算机接收到了 CXD301 发送的“00”字符，如图 4-9 所示。

在串口调试助手下方的文本框中输入字符“AB”，单击“发送”按钮，计算机会将“AB”发送到 CXD301。由于将 CXD301 接收到的数据回送到了计算机，因此可以在串口调试助手中看到发送的“AB”，如图 4-10 所示。

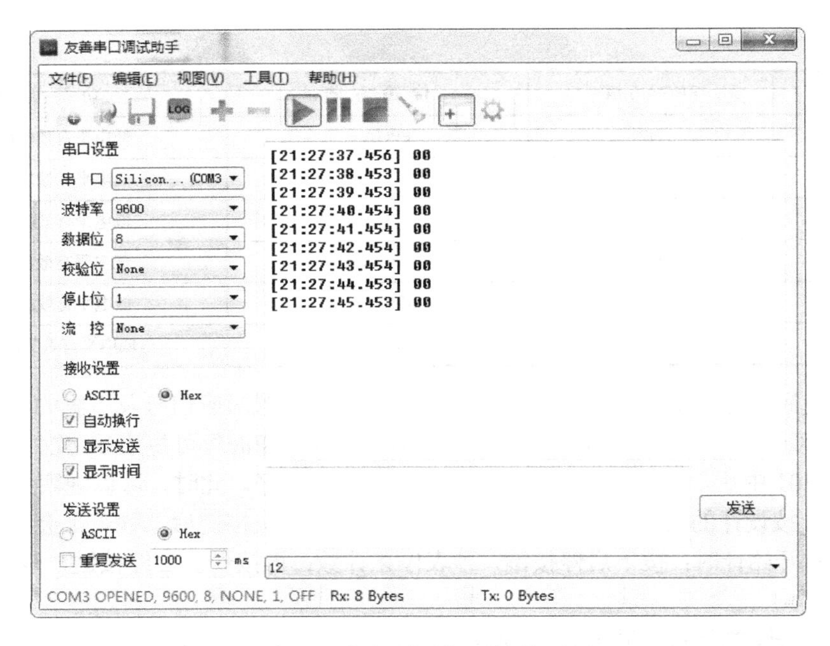

图 4-9 串口调试助手每隔 1 s 显示一次“00”

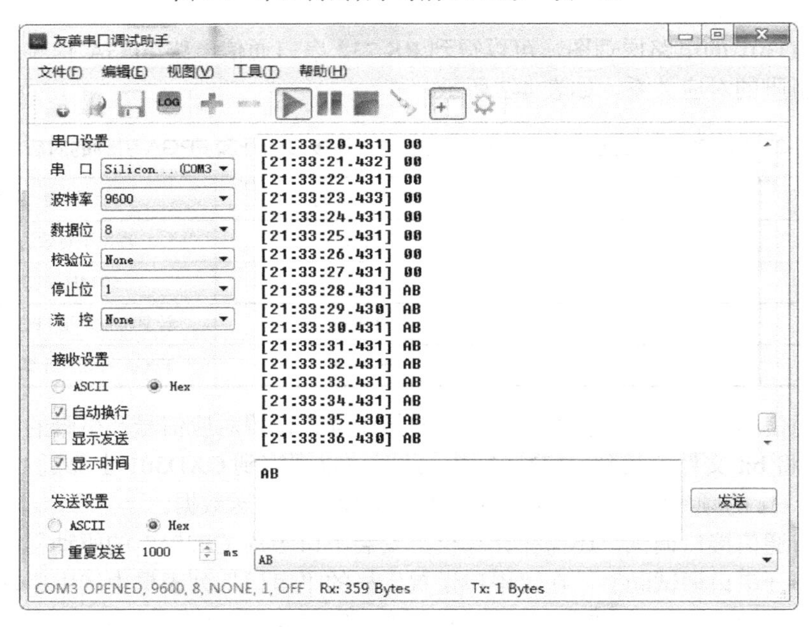

图 4-10 串口调试助手每隔 1 s 显示一次“AB”

4.4.3 通过 ChipScope 对 A/D 接口和 D/A 接口进行板载测试

根据 CXD301 的电路原理图，可以得到 A/D 接口和 D/A 接口 FPGA 程序的对外接口信号和 FPGA 引脚的对应关系，如表 4-3 所示。

表 4-3　A/D 接口和 D/A 接口 FPGA 程序的对外接口信号和 FPGA 引脚的对应关系

接口信号	FPGA 引脚	传输方向	功能说明
rst	K3	→FPGA	高电平有效的复位信号
clk	C10	→FPGA	50 MHz 的时钟信号
ad_clk	P6	FPGA→	AD 通道采样时钟
AD 通道_din[0]	P9	FPGA→	AD 通道采样信号
ad_din[1]	T9	→FPGA	AD 通道采样信号
ad_din[2]	R9	→FPGA	AD 通道采样信号
ad_din[3]	T8	→FPGA	AD 通道采样信号
ad_din[4]	T7	→FPGA	AD 通道采样信号
ad_din[5]	R7	→FPGA	AD 通道采样信号
ad_din[6]	T6	→FPGA	AD 通道采样信号
ad_din[7]	P7	→FPGA	AD 通道采样信号
da1_clk	P2	FPGA→	DA1 通道转换时钟
da1_out[0]	M1	FPGA→	DA1 通道转换数据
da1_out[1]	M2	FPGA→	DA1 通道转换数据
da1_out[2]	N1	FPGA→	DA1 通道转换数据
da1_out[3]	M3	FPGA→	DA1 通道转换数据
da1_out[4]	N3	FPGA→	DA1 通道转换数据
da1_out[5]	P1	FPGA→	DA1 通道转换数据
da1_out[6]	R1	FPGA→	DA1 通道转换数据
da1_out[7]	R2	FPGA→	DA1 通道转换数据
da2_clk	P15	FPGA→	DA2 通道转换时钟
da2_out[0]	T15	FPGA→	DA2 通道转换数据
da2_out[1]	R15	FPGA→	DA2 通道转换数据
da2_out[2]	R16	FPGA→	DA2 通道转换数据
da2_out[3]	P16	FPGA→	DA2 通道转换数据
da2_out[4]	N16	FPGA→	DA2 通道转换数据
da2_out[5]	M15	FPGA→	DA2 通道转换数据
da2_out[6]	M16	FPGA→	DA2 通道转换数据
da2_out[7]	L16	FPGA→	DA2 通道转换数据

在 A/D 接口和 D/A 接口程序中添加引脚约束文件，并按表 4-3 设置对应信号及引脚的约束位置，生成 bit 文件，将 bit 文件下载到 CXD301 中，可通过示波器观察 DA1 通道及 DA2 通道的信号波形，均为 195.3125 kHz 的锯齿波信号。

除了可以采用示波器直接观察信号波形，还可以通过 ISE14.7 的在线逻辑分析仪测试工具 ChipScope 来观察信号波形。ChipScope 可以很方便地对 FPGA 引脚及程序内部信号的实时波形进行观察。ChipScope 的主要功能是通过 JTAG 接口，在线、实时地读出 FPGA 内部逻辑信号。其基本原理是利用 FPGA 中未使用的 BRAM，先将想要观察的信号实时存到这些 BRAM 中，然后根据用户设定的触发条件生成特定的地址译码，选择数据送到 JTAG 接口，最后在计算机中根据这些数据动态地绘制实时波形。

使用 ChipScope 分析 FPGA 内部信号的优点如下：

（1）成本低廉，只需要 ISE14.7（软件已集成了 ChipScope 工具）和 1 条 JTAG 线即可完成信号的分析。

（2）灵活性大，可观察信号的数量和存储深度仅由 FPGA 的空闲 BRAM 数量决定，空闲的 BRAM 越多，可分析信号的数量和存储深度就越大。

（3）使用方便，ChipScope 可自动读取原设计生成的网表，可区分时钟信号和普通信号，对待观察信号的设定也十分方便，存储深度可变，可设计多种触发条件的组合。ChipScope 可自动将 IP 核的网表插入原设计生成的网表中，且测试 IP 核中使用少量的 LUT 资源和寄存器资源，对设计的影响很少。

（4）ChipScope 可以十分方便地观察 FPGA 内部的所有信号，如寄存器、网线等，甚至可以观察综合器产生的重命名的连接信号，使 FPGA 不再是“黑箱”，可以很方便地对 FPGA 的内部逻辑进行调试。

根据 A/D 接口和 D/A 接口程序的功能，下面采用 ChipScope 观察程序下载到 CXD301 中后的 ad_din、data、da2_out 信号，采用 50 MHz 的 clk 作为数据采样时钟信号。

在工程中新建类型为“ChipScope Definition and Connection File”的资源文件，如图 4-11 所示。

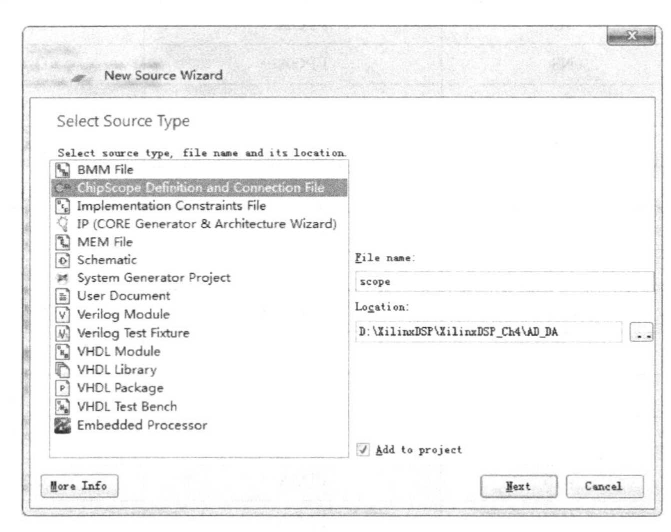

图 4-11　新建类型为“ChipScope Definition and Connection File”的资源文件

在“File name”文本框中输入“scope”后，单击“Next”按钮可进入如图 4-12 所示的 IP 核参数设置对话框。

在 IP 核参数设置对话框左侧列表中展开“DEVICE→ICON”，选择 U0:ILA，单击“Trigger Parameters”选项卡，如图 4-12 所示。由于需要观察 3 路信号，因此将“Number of Input Trigger Ports”设置为 3，并且将每个触发端口的“Trigger Width”都设置为“8”，单击“Next”按钮可进入“Capture Parameters”选项卡，如图 4-13 所示。

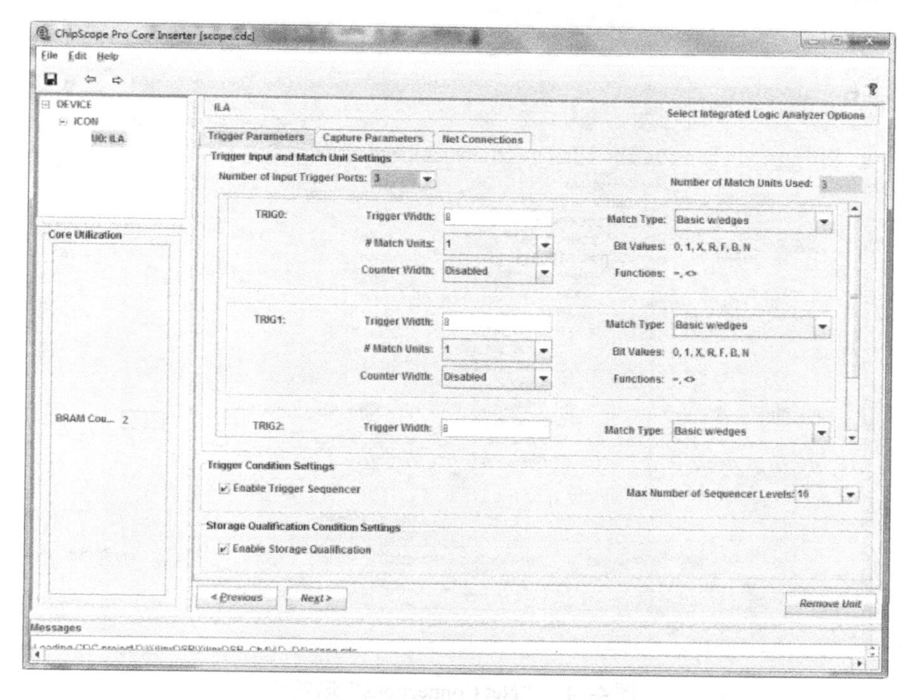

图 4-12　IP 核参数设置对话框

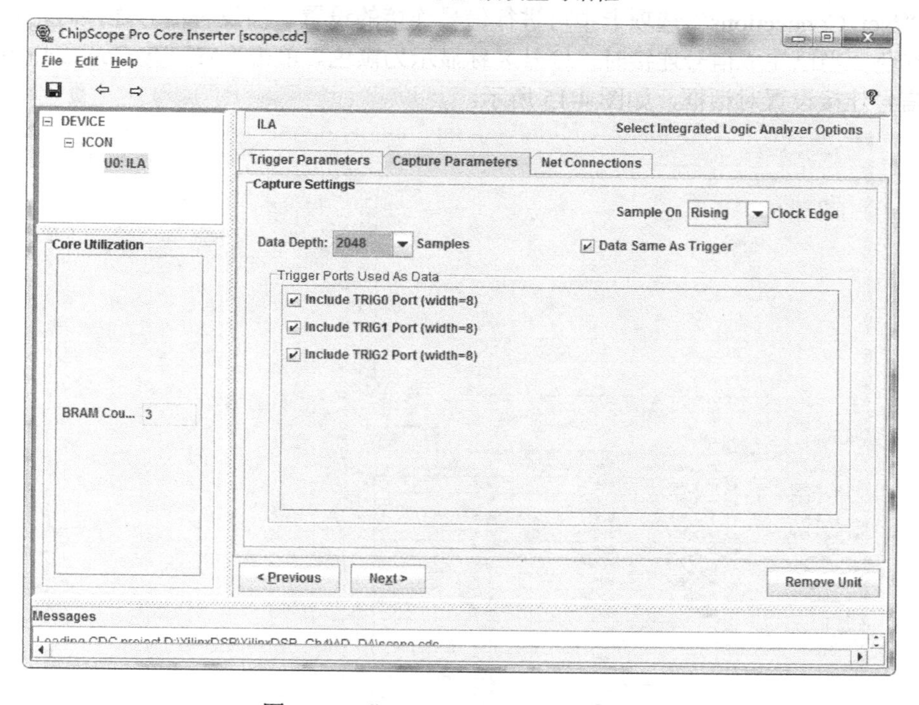

图 4-13　“Capture Parameters”选项卡

由于时钟信号的频率为 50 MHz，锯齿波信号的频率为 195.3125 kHz，因此在每个周期都需要采样 256 个数据，将“Data Depth”设置为“2048”，单击“Next”按钮可进入“Net Connections”选项卡，如图 4-14 所示。

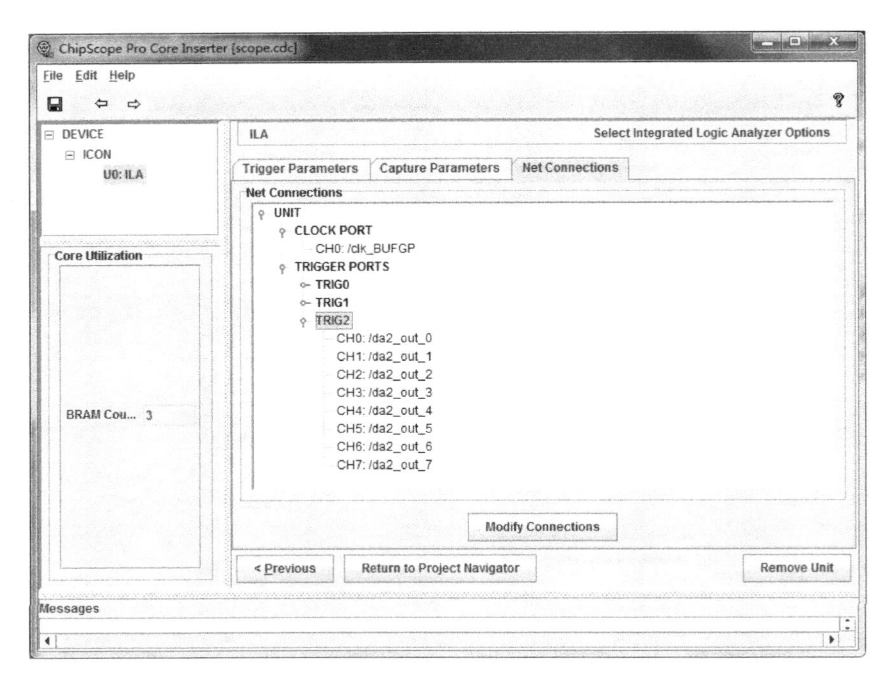

图 4-14 “Net Connections”选项卡

在“Net Connections”选项卡中可进行信号连接的设置。当没有信号连接时，信号名称显示为红色；当已完成信号连接时，信号名称显示为黑色。单击“Modify Connections”按钮可进入信号连接设置对话框，如图 4-15 所示。

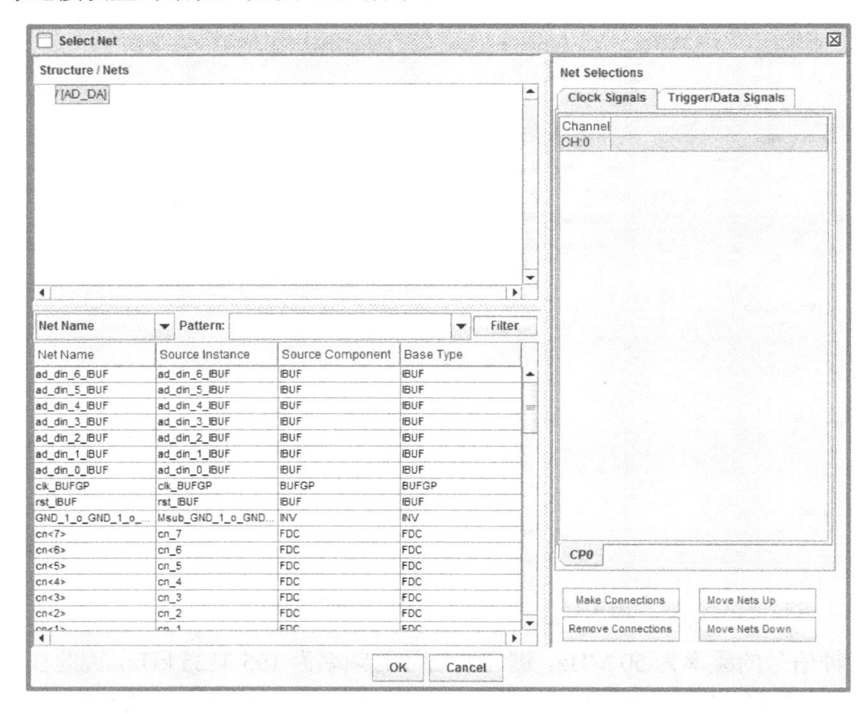

图 4-15 信号连接设置对话框

在图 4-15 中的“Clock Signals”“Trigger/Data Signals”标签项中，将 FPGA 程序内部信号分别与 ChipScope 中的触发信号连接。完成 ChipScope 的设置后，重新对程序进行综合和实现，并将生成的 bit 文件下载到 FPGA 中。在 ISE14.7 中，双击“Process”中的“Analyze Design Using ChipScope”，可打开 ChipScope，其工作界面如图 4-16 所示。单击 ChipScope 工作界面工具栏中的“ ”（Open Cable/Search JTAG Chian）按钮，可完成 JTAG 接口的连接。单击菜单“Trigger Setup→Run”，可启动信号触发抓取进程。由于没有设置波形触发条件（相当于不需要条件即可抓取信号），因此 ChipScope 可立即获取信号波形。

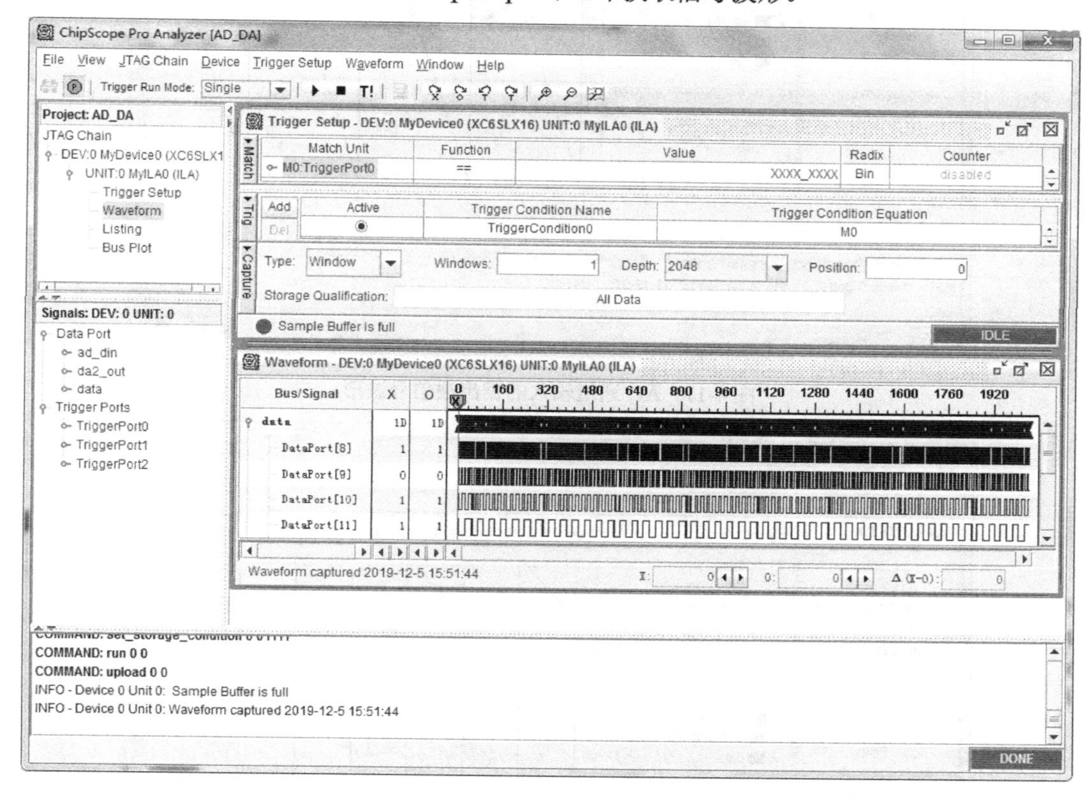

图 4-16　ChipScope 的工作界面

为了便于观察 FPGA 内部的信号波形，根据 ChipScope 核的信号连接情况，需要分别将 3 路信号进行分组命名，并组成总线（Bus）形式。选择“Signals: DEV:0 UNIT:0”中的“Data Port”，选中并右键单击通道 CH0～CH7，在弹出的右键菜单中选择“Move to Bus→New Bus”，将其命名为“ad_din”，如图 4-16 所示。按照相同的方法将通道 CH8～CH15 组成总线“data”，将通道 CH16～CH23 组成总线“da2_out”，如图 4-16 所示。

在图 4-16 中，双击“Project: AD_DA”中的“Bus Plot”，可打开“Bus Plot”窗口。在该窗口中，选择“Plot”中的“data vs time”选项，以及勾选“Bus Selection”中的“ad_din”，可以观察到 AD 通道的输入信号为锯齿波信号，其波形如图 4-17 所示。

取消勾选“ad_din”，勾选“da2_out”，可以看到 FPGA 发送到 DA2 通道的信号仍然为锯齿波信号。取消勾选“da2_out”，勾选“data”，可以看到 FPGA 内部转换的有符号 AD 通道的信号（无符号数）波形明显不是锯齿波，如图 4-18 所示。

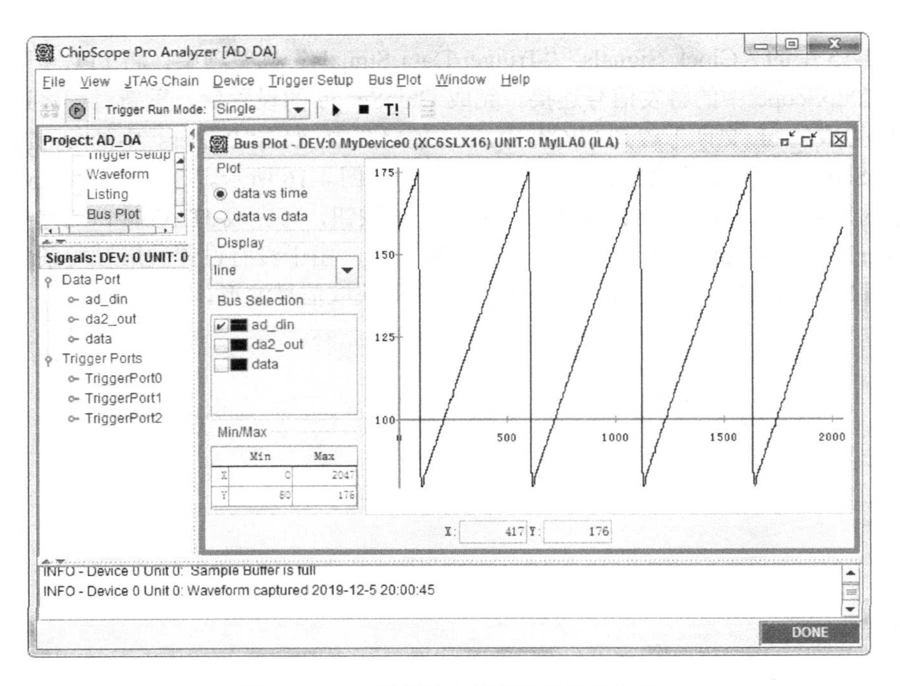

图 4-17　AD 通道输入的锯齿波信号波形

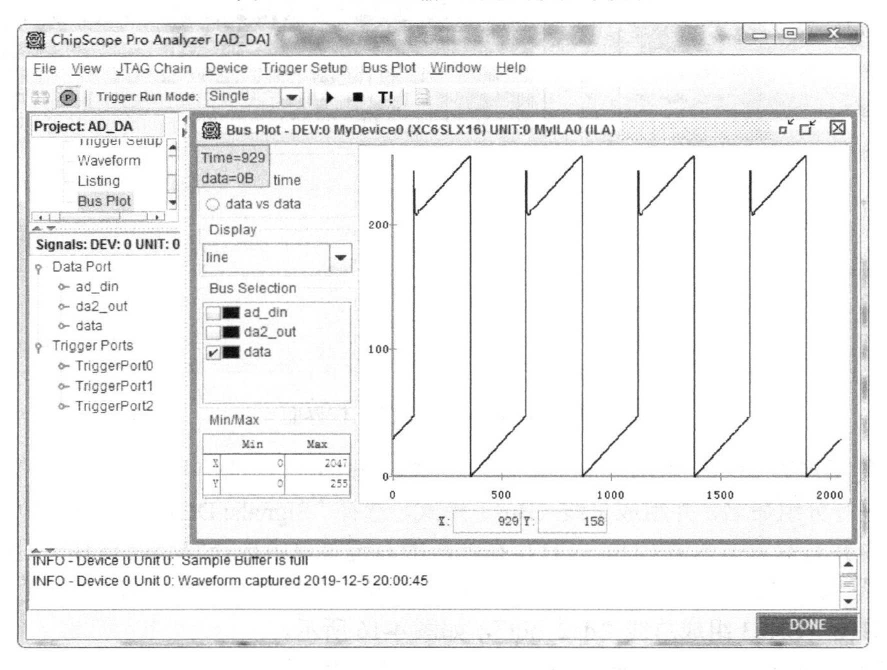

图 4-18　AD 通道的信号（无符号数）波形

由于 ChipScope 默认显示的信号格式均为无符号数，因此转换为有符号数的 AD 通道信号波形会出现如图 4-18 所示的形状。右键单击“Signals: DEV:0 UNIT:0”中的“data”，在弹出的右键菜单中选择“Bus Radix→Signed Decimal”，可以使“Bus Plot”窗口中的信号波形按有符号数的格式显示，如图 4-19 所示。

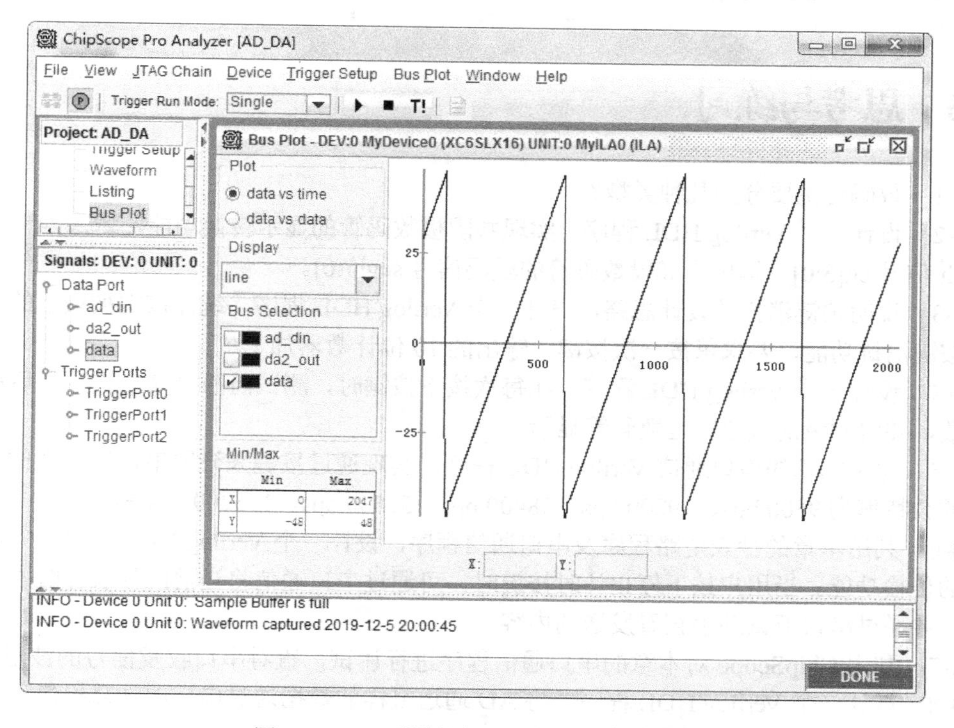

图 4-19　AD 通道的信号（有符号数）波形

4.5　小结

FPGA 虽然可以完成复杂的数字信号处理算法，但数字信号处理的结果需要通过各种接口来显示。按键、数码管、串口、A/D 接口和 D/A 接口是常用的接口，数码管可以用来显示简单的数字和英文字母，串口可以完成与计算机低速率的双向数据通信，A/D 接口和 D/A 接口是连接模拟信号与数字信号之间的桥梁。本章的学习要点可归纳为：

（1）掌握数码管的接口设计方法，理解动态扫描的概念和电路工作原理。

（2）理解按键消抖的工作原理。

（3）串口通信的协议非常简单，也是应用最为广泛的低速率数据通信方式。理解异步通信的原理，以及实现稳定可靠接收串口数据的电路设计方法。

（4）A/D 接口和 D/A 接口是数字信号与模拟信号进行相互转换的接口。A/D 接口和 D/A 接口有多种形式，本章仅介绍了常用的并行接口设计方法。在实际工程应用中，读者必须先阅读芯片手册及硬件原理图，了解接口的使用方法，才能设计相应的接口程序。

（5）理解二进制有符号数与无符号数相互转换的电路设计原理。

（6）FPGA 的程序调试大致可分为 3 个阶段：ModelSim 仿真、ChipScope 调试、下载到硬件电路板（本书使用 CXD301）验证最终功能。ModelSim 仿真方法是本书后续章节讲解实例时使用的常用方法；ChipScope 调试主要用于 FPGA 程序和硬件电路板之间的联合调试，对测试硬件电路板与 FPGA 程序之间的接口具有重要的作用。

4.6 思考与练习

4-1 数码管主要分为几种类型？

4-2 设计一个 Verilog HDL 程序，实现共阴极数码管的显示转换功能，输入为十六进制的 4 bit 信号 cn[3:0]，输出为 8 段数码管的段码信号 seg[7:0]。

4-3 说明按键消抖的设计思路，设计一个 Verilog HDL 程序，统计按键被按下的次数，实现按键消抖功能，要求每按一次按键，输出的 10 位计数器加 1。

4-4 设计一个 Verilog HDL 程序，在每次按下按键时，测试前沿抖动的次数和后沿抖动的次数，并将测量的次数通过数码管显示。

4-5 完善本章的串口通信 Verilog HDL 程序，实现通过按键来设置串口波特率的功能。可选的波特率为 9600 bps、19200 bps、38400 bps、57600 bps、115200 bps 等。

4-6 利用本章的秒表电路程序及串口通信程序，设计一个 Verilog HDL 程序，完成秒表计时的传输功能。当用户按下停止计时按键时，可通过串口通信将当前的秒表计时发送到计算机，并通过串口调试助手查看发送的内容。

4-7 利用 ChipScope 对本章的串口通信程序进行调试，查看串口收发信号的波形。

4-8 设计一个 Verilog HDL 程序，将 AD 通道采样的数据通过串口向计算机每秒发送一次，并利用串口调试助手查看发送的内容。

4-9 采用信号源产生频率为 1～10 kHz 范围内的正弦波信号，通过 AD 通道送入 FPGA。设计一个 Verilog HDL 程序，测试 AD 通道采样的正弦波信号的频率，并将测试的数据通过串口发送到计算机，利用串口调试助手查看发送的内容。

4-10 在本章的实例电路基础上，设计一个完整的 CXD301 接口测试程序，可以完成 5 个按键开关、8 个 LED、4 个数码管、1 路串口、2 路 D/A 接口以及 1 路 A/D 接口的测试功能。

下篇

设　计　篇

第5章 FPGA中的数字运算

数字运算主要是加、减、乘、除。FPGA 中只能对二进制数进行运算，生活中我们更习惯于对十进制的实数进行运算。数字运算的本质和规律是相同的，彻底掌握 FPGA 中的符号数、小数、数据位扩展等设计方法，才有可能完成更为复杂的数字信号处理算法。其实我们已经掌握了数字运算的本质，只需要将这些规律运用到 FPGA 设计中即可。

5.1 数的表示

在德国图灵根著名的郭塔王宫图书馆（Schlossbiliothke zu Gotha）保存着一份弥足珍贵的手稿，其标题为“1 与 0，一切数字的神奇渊源，这是造物主的秘密美妙的典范。因为一切无非都来自上帝。”这是莱布尼兹（见图 5-1）（Gottfried Wilhelm Leibniz，1646—1716 年）的手迹。但是，关于这个神奇美妙的数字系统，莱布尼兹只有几页异常精练的描述。用现代人熟悉的表达方式，我们可以对二进制做如下的解释：

2 的 0 次方 ＝1

2 的 1 次方 ＝2

2 的 2 次方 ＝4

2 的 3 次方 ＝8

……

图 5-1　莱布尼兹（1646—1716 年）

依次类推，把等号右边的数字相加，就可以得到任意一个自然数，或者说任意一个自然数均可以采用这种方式来表示。我们只需要说明采用了 2 的几次方，而舍掉了 2 的几次方即可。二进制的表述序列都从右边开始，第一位是 2 的 0 次方，第二位是 2 的 1 次方，第三位是 2 的 2 次方，依次类推。一切采用 2 的乘方的位置，用 1 来标志；一切舍掉 2 的乘方的位置，用 0 来标志。例如，对于序列 11100101，根据上述表示方法，可以很容易推算出序列所表示的数值。

1	1	1	0	0	1	0	1	
2 的 7 次方	2 的 6 次方	2 的 5 次方	0	0	2 的 2 次方	0	2 的 0 次方	
128+	64+	32+	0+	0+	4+	0+	1	＝229

在这个例子中，十进制数 229 就可以表示为本列 11100101。任何一个二进制数最左边的一位都是 1。通过这个方法，整个自然数都可用 0 和 1 这两个数字来代替。0 与 1 这两个数字很容易被电子化：有电流就是 1，没有电流就是 0。这就是整个现代计算机技术的根本秘密所在。

1679 年，莱布尼兹发表了论文《二进制算术》，对二进制数进行了充分的讨论，并建立了二进制数的表示方法及运算。随着计算机的广泛应用，二进制数进一步大显身手。因为计算机是用电子元件的不同状态来表示不同的数码的，如果要用十进制数就要求电子元件能准确地变化出 10 种状态，这在技术上是非常难实现的。二进制数只有 2 个数码，只需 2 种状态就能实现，这正如一个开关只有开和关两种状态。如果用开表示 0，关表示 1，那么一个开关的两种状态就可以表示一个二进制数。由此我们不难想象，5 个开关就可以表示 5 个二进制数，这样运算起来就非常方便。

5.1.1 定点数的定义和表示

1. 定点数的定义

几乎所有的计算机，以及包括 FPGA 在内的数字信号处理器件，数字和信号变量都是用二进制数来表示的。数字使用符号 0 和 1 来表示，称为比特（Binary Digit，bit）。其中，二进制数的小数点将数字的整数部分和小数部分分开。为了与十进制数的小数点符号相区别，使用符号 Δ 来表示二进制数的小数点。例如，十进制数 11.625 的二进制数表示为 1011Δ101。二进制数小数点左边的 4 位 1011 代表整数部分，小数点右边的 3 位 101 代表数字的小数部分。对于任意一个二进制数来讲，均可由 B 个整数位和 b 个小数位组成，即：

$$a_{B-1}a_{B-2}\cdots a_1a_0\Delta a_{-1}a_{-2}\cdots a_{-b} \tag{5-1}$$

其对应的十进制数大小（假设该二进制数为正数）D 由

$$D=\sum_{i=-b}^{B-1}a_i 2^i \tag{5-2}$$

给出。每一个 a_i 的值取 1 或 0。最左端的位 a_{B-1} 称为最高位（Most Significant Bit，MSB），最右端的位 a_{-b} 称为最低位（Least Significant Bit，LSB）。

表示一个数的一组数字称为字，而一个字包含的位数称为字长。字长的典型值是 2 的幂次方，如 8、16、32 等。字的大小通常用字节（Byte）来表示，1 个字节有 8 个比特。

2. 定点数的表示

定点数表示是指小数点在数中的位置是固定不变的二进制数。如果用 N bit 表示正小数 η，则小数 η 的范围为：

$$0\leqslant\eta\leqslant(2^N-1)/2^N \tag{5-3}$$

在给定 N 的任何一种情况下，小数 η 的范围是固定的。

在数字处理中，定点数通常把数限制在−1～1 之间，把小数点规定在符号位和数据位之间，而把整数位作为符号位，分别用 0、1 来表示正、负，数的本身只有小数部分，即尾数。这是由于经过定点数的乘法后，所得结果的小数点位置是不确定的，除非两个乘数都是小数或整数。对于加法运算来说，小数点的位置是固定的。这样，数 x 的定点数可表示为：

$$x=a_{B-1}\Delta a_{B-2}\cdots a_1a_0 \tag{5-4}$$

式中，a_{B-1}为符号位，B 为数据的位宽，表示寄存器的长度为 B 位。定点数在整个运算过程中，所有运算结果的绝对值不超过 1，否则会出现溢出。但在实际问题中，运算的中间变量或结果有可能超过 1，为使运算正确，通常对运算过程中的各数乘一个比例因子，以避免溢出现象的发生。

5.1.2　定点数的三种形式

定点数有原码、反码和补码三种表示方法，这三种表示方法在 FPGA 设计中使用得十分普遍，下面分别进行讨论。

1. 原码表示法

原码表示法是指符号位加绝对值的表示法。如前所述，FPGA 中的定点数通常取绝对值小于 1，也就是说小数点通常位于符号位与尾数之间。符号位通常用 0 表示正号，用 1 表示负号。例如，二进制数$(x)_2$=0Δ110 表示+0.75，$(x)_2$=1Δ110 表示−0.75。如果已知原码各位的值，则它对应的十进制数可表示为：

$$D=(-1)^{a_{B-1}}\sum_{i=-b}^{B-2}a_i 2^i \tag{5-5}$$

反过来讲，如果已知绝对值小于 1 的十进制数，如何转换成 B bit 的二进制原码呢？利用 MATLAB 提供的整数转二进制函数 dec2bin()可以很容易获取转换结果。由于函数 dec2bin()只能将正整数转换成二进制数，这时转换的二进制数的小数点位于最后。也就是说，转换后的二进制数也为正整数，因此对绝对值小于 1 的十进制数用函数 dec2bin()转换之前需做一些简单的变换，即先需要将十进制小数乘以一个比例因子 2^{B-1}，并进行四舍五入操作取整。转换函数的格式为：

```
dec2bin(round(abs(D)*2^(B-1))+(2^(B-1))*(D<0),B);
```

需要说明的是，十进制数转二进制数存在量化误差，其误差大小由二进制数的位数决定。

2. 反码表示法

正数的反码与原码相同。负数的反码为原码除了符号位的所有位取反，即可得到负数的反码。例如，十进制数−0.75 的二进制原码表示为$(x)_2$=1 Δ 110，其反码为 1 Δ 001。

3. 补码表示法

正数的补码、反码及原码完全相同。负数的补码与反码之间有一个简单的换算关系：补码等于反码在最低位加 1。例如，十进制数−0.75 的二进制原码为 1Δ110，反码为 1Δ001，其补码为 1Δ010。值得一提的是，如果将二进制数的符号位定在最右边，即二进制数表示整数，则负数的补码与负数绝对值之间也有一个简单的运算关系：将补码当成正整数，补码的整数值加上原码绝对值的整数值为 2^B。还是上面相同的例子，十进制数−0.75 的二进制原码为 1Δ110，反码为 1Δ001，其补码为 1Δ010。补码 1Δ010 的符号位定在最右边，且当成正整数 1010Δ，十进制数为 10，二进制原码 1Δ110 的符号位定在最右边，且取绝对值的整数 0110Δ，十进制数为 6，则 10+6=16=24。在二进制数的运算过程中，补码最重要的特性是减法可以用加法来实现。同样，将十进制数转换成补码形式的二进制数也可以利用函数 dec2bin()完成。转换函数的格式为：

```
dec2bin(round(D*2^(B-1))+2^B*(D<0),B);
```

原码的优点是乘除运算方便，无论正数还是负数，乘、除运算都一样，并以符号位决定结果的正负号；若做加法则需要判断两个数符号是否相同；若做减法，还需要判断两个数绝对值的大小，用大数减小数。补码的优点是加法运算方便，无论正数还是负数均可直接加，且符号位同样参与运算，如果符号位发生进位，把进位的 1 去掉，余下的即结果。

4. 原码与补码的运算对比

由于正数的原码和补码完全相同，因此对于加法运算来讲，原码和补码的运算方式也完全相同。补码的运算优势主要体现在减法上，我们以一个具体的例子来分析采用补码进行减法运算的优势，在进行分析之前，先要明确的是，在电路中实现比较、加法、减法等运算时，都需要占用相应的硬件资源，且需要耗费一定的时间。因此，完成相同的运算，所需的运算步骤越少，运算效率就越高。

例如，对 4 bit 数据 A 和 B 进行减法运算，如果采用原码进行运算，则首先需要比较 A 和 B 的大小（一次比较运算），然后用大数减去小数（一次减法运算），最后根据对符号位的判断和减法的结果得到最终的数值（对数据符号位的判断和减法结果进行合并处理），因此一共需要 3 个步骤。另外，在程序中通常需要同时进行加法和减法运算，由于加法和减法运算的规则不同，因此电路中需要同时具备能进行加法和减法运算的硬件结构单元。如果采用补码进行运算，则只需要将所有的输入数据转换成补码，后续的加法和减法运算规则相同，不仅可以减少运算步骤，而且电路中仅需要能够进行加法运算的硬件结构单元即可，因此运算的效率更高。

假设 4 bit 的数 A 和 B，其中 A 的值为 6，B 的值为−5，则其二进制补码分别为 $A_{补}$(0110)、$B_{补}$（1011），按照二进制逢二进一的规则完成加运算，得到 10001，舍去最高位 1，取低 4 bit 的数，可得到 0001，即十进制数 1，结果正确，运算过程如图 5-2（a）所示。假设 A 的值为−6，B 的值为 5，则其二进制补码分别为 $A_{补}$（1010）、$B_{补}$（0101），按照二进制逢二进一的规则完成加运算，得到 1111，即十进制数−1，结果正确，运算过程如图 5-2（b）所示。

```
  0110  (6)            1010  (-6)
+ 1011  (-5)         + 0101  (5)
-------------        -------------
[1]0001 (1)            1111  (-1)
    (a)                    (b)
```

图 5-2　采用二进制补码进行加法运算的过程

从上面的例子可以看出，当采用补码时，无论加法运算还是减法运算，均可通过加法运算来实现，这对电路的设计是十分方便的。

5.1.3　浮点数的表示

1. 浮点数的定义及标准

浮点数是属于有理数中某特定子集的数的数字表示，在计算机中用来近似表示任意某个实数。具体而言，这个实数由一个整数或定点数（即尾数）乘以某个基数的整数次幂得到，这种表示方法类似于基数为 10 的科学记数法。

一个浮点数 A 可以用两个数 M 和 e 来表示，即 $A=M\times b^e$。在任意一个这样的数字表示系统中，需要确定两个参数：基数 b（数字表示系统的基）和精度 B（使用多少位来存储要表示的数字）。M（即尾数）是 B 位二进制数，如果 M 的第一位是非 0 整数，则 M 称为规格化的数。一些数据格式使用一个单独的符号位 S（代表+或者-）来表示正或负，这样 m 必须是正的。e 在浮点数中表示基的指数，采用这种表示方法，可以在某个固定长度的存储空间内表示定点数无法表示的更大范围的数。此外，浮点数表示法通常还包括一些特别的数值，如+∞和-∞（正无穷大和负无穷大），以及 NaN（Not a Number，意为不是数）等。无穷大用于数太大而无法表示的场合，NaN 则表示非法操作或者出现一些无法定义的结果。

大部分计算机采用二进制（b=2）的表示方法。位（bit）是衡量浮点数所需存储空间的单位，通常为 32 bit 或 64 bit，分别称为单精度和双精度。一些计算机提供更大的浮点数，例如，Intel 公司的浮点数运算单元 Intel 8087 协处理器（或集成了该协处理器的其他产品）可提供 80 bit 的浮点数，这种长度的浮点数通常用于存储浮点数运算的中间结果。还有一些系统提供 128 bit 的浮点数（通常用软件实现）。

在 IEEE 754 标准之前，业界并没有一个统一的浮点数标准，很多计算机制造商都设计了自己的浮点数规则和运算细节。那时，实现的速度和简易性比数字的精确性更受重视，这给代码的可移植性造成了不小的困难。直到 1985 年，Intel 公司计划为它的 8086 微处理器引进一种浮点数协处理器时，聘请了加利福尼亚大学伯克利分校最优秀的数值分析家之一——William Kahan 教授来为 8087 FPU 设计浮点数格式。William Kahan 又找来两个专家来协助他，于是就有了 KCS 组合（Kahn Coonan and Stone）并共同完成了 Intel 浮点数格式的设计。

Intel 的浮点数格式完成得如此出色，以至于 IEEE 决定采用一个非常接近 KCS 的方案作为 IEEE 的标准浮点数格式。IEEE 于 1985 年制定了二进制浮点数运算标准（Binary Floating-Point Arithmetic）IEEE 754，该标准限定指数的底为 2，同年被美国引用为 ANSI 标准。目前，几乎所有计算机都支持该标准，大大改善了科学应用程序的可移植性。考虑到 IBM 370 系统的影响，IEEE 于 1987 年推出了与底数无关的二进制浮点数运算标准 IEEE 854，同年该标准也被美国引用为 ANSI 标准。1989 年，IEC 批准了 IEEE 754/854 为国际标准 IEC 559:1989，后来经修订，标准号改为 IEC 60559。

2. 单精度浮点数格式

IEEE 754 标准定义了浮点数的格式，包括部分特殊值的表示（无穷大和 NaN），同时给出了对这些数值进行浮点数操作的规定；制定了 4 种取整模式和 5 种例外（Exception），包括何时会产生例外，以及具体的处理方法。

IEEE 754 规定了 4 种浮点数的表示格式：单精度（32 bit 浮点数）、双精度（64 bit 浮点数）、单精度扩展（≥43 bit，不常用）、双精度扩展（≥79 bit，通常采用 80 bit 实现）。事实上，很多计算机编程语言都遵从了这个标准（包括可选部分）。例如，C 语言在 IEEE 754 发布之前就已存在，现在它能完美支持 IEEE 754 标准的单精度浮点数和双精度浮点数的运算，虽然它早已有另外的浮点实现方式。

单精度浮点数的格式如图 5-3 所示。

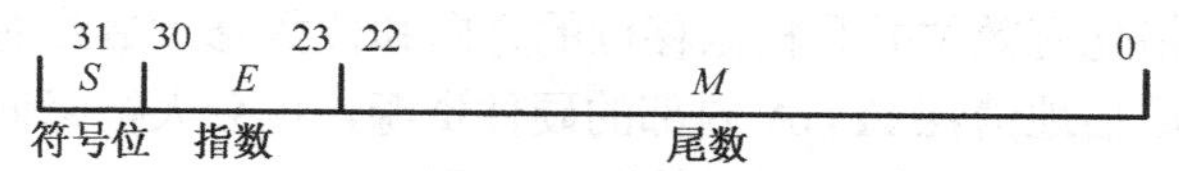

图 5-3　单精度浮点数的格式

符号位 S（Sign）占 1 bit，0 代表正号，1 代表负号；指数 E（Exponent）占 8 bit，E 的取值范围为 0～255（无符号整数），实际数值 $e=E-127$，有时 E 也称为移码，或不恰当地称为阶码（阶码实际应为 e）；尾数 M（Mantissa）占 23 bit，M 也称为有效数字位（Significant）或系数位（Coefficient），甚至被称为小数。在一般情况下，$m=(1.M)_2$，使得实际的作用范围为 1≤尾数<2。为了对溢出进行处理，以及扩展对接近 0 的极小数值的处理能力，IEEE 754 对 M 做了一些额外规定。

（1）0 值：以指数 E、尾数 M 全 0 来表示 0 值。当符号位 S 变化时，实际存在正 0 和负 0 两个内部表示，其值都等于 0。

（2）E=255、M=0 时，表示无穷大（Infinity 或∞），根据符号位 S 的不同，又有+∞、-∞。

（3）NaN：E = 255、M 不为 0 时，表示 NaN。

浮点数所表示的具体值可用下面的公式表示：

$$V=(-1)^S\times 2^{E-127}\times(1.M) \tag{5-6}$$

式中，尾数 1.M 中的 1 为隐藏位。

还需要特别注意的是，虽然浮点数的表示范围及精度与定点数相比有了很大的改善，但因为浮点数毕竟也是以有限的位（如 32 bit）来反映无限的实数集合，因此大多数情况下都是一个近似值。表 5-1 是单精度浮点数与实数之间的对应关系表。

表 5-1　单精度浮点数与实数之间的对应关系

符号位 S	指数 E	尾数 M	实数值 V
1	127（01111111）	1.5（10000000000000000000000）	−1.5
1	129（10000001）	1.75（11000000000000000000000）	−7
0	125（01111101）	1.75（11000000000000000000000）	0.4375
0	123（01111011）	1.875（11100000000000000000000）	0.1171875
0	127（01111111）	2.0（11111111111111111111111）	2
0	127（01111111）	1.0（00000000000000000000000）	1
0	0（00000000）	1.0（00000000000000000000000）	0

5.1.4　自定义的浮点数格式

与定点数相比，浮点数虽然可以表示更大范围、更高精度的实数，然而在 FPGA 中进行浮点数运算时却需要占用成倍的硬件资源。例如，加法运算，两个定点数直接相加即可，而浮点数的加法却需要以下更为繁杂的运算步骤：

（1）对阶操作：比较指数大小，对指数小的操作数的尾数进行移位，完成尾数的对阶操作。

（2）尾数相加：将对阶后的尾数进行加操作。

（3）规格化：规格化有效位并且根据移位的方向和位数修改最终的阶码。

上述不仅运算会成倍地消耗 FPGA 内部的硬件资源，也会大幅降低系统的运算速度。对于浮点数的乘法操作来说，一般需要以下的运算步骤：

（1）指数相加：完成两个操作数的指数加法运算。

（2）尾数调整：将尾数 f 调整为 1.f 的补码格式。

（3）尾数相乘：完成两个操作数的尾数相乘运算。

（4）规格化：根据尾数运算结果调整指数位，并对尾数进行舍入截位操作，规格化输出结果。

浮点数乘法器的运算速度主要由 FPGA 内部集成的乘法器决定。如果将 24 bit 的尾数修改为 18 bit 的尾数，则可在尽量保证运算精度的前提下最大限度地提高浮点乘法数运算的速度，同时也可大量减少所需的乘法器资源（大部分 FPGA 内部的乘法器 IP 核均为 18 bit× 18 bit 的。2 个 24 bit 数的乘法操作需要占用 4 个 18 bit×18 bit 的乘法器 IP 核，2 个 18 bit 数的乘法操作只需占用 1 个 18 bit×18 bit 的乘法器 IP 核）。IEEE 标准中尾数设置的隐藏位主要是考虑节约寄存器资源，而 FPGA 内部具有丰富的寄存器资源，如直接将尾数表示成 18 bit 的补码格式，则可去除尾数调整的运算，也可以减少一级流水线操作。

文献[9]根据 FPGA 内部的结构特点定义一种新的浮点数格式，如图 5-4 所示，图中，e 为 8 bit 有符号数（$-128 \leqslant e \leqslant 127$）；$f$ 为 18 bit 有符号小数（$-1 \leqslant f < 1$）。自定义浮点数所表示的具体值可用下面的通式表示。

$$V = f \times 2^e \tag{5-7}$$

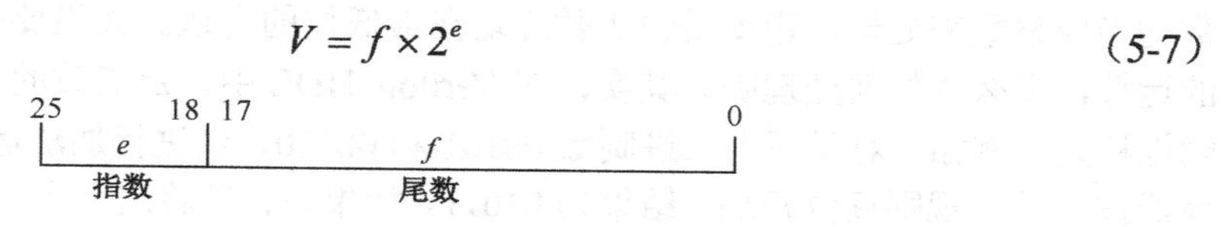

图 5-4　一种适合 FPGA 实现的浮点数格式

为便于数据规格化输出及运算，规定数值 1 的表示方法为指数为 0，尾数为 01_1111_1111_1111_1111；数值 0 的表示方法是指数为-128，尾数为 0。这种自定义浮点数格式与单精度浮点数格式的区别在于：自定义浮点数格式将原来的符号位与尾数合并成 18 bit 的补码格式定点小数，表示精度有所下降，却可大大节约乘法器资源（由 4 个 18 bit×18 bit 乘法器 IP 核减少到 1 个），从而有效减少运算步骤并提高运算速度（由二级 18×18 乘法运算降为一级运算）。表 5-2 是几个自定义浮点数与实数之间的对应关系表。

表 5-2　自定义浮点数与实数之间的对应关系

指数 e	尾数 f	实数值 V
0(00000000)	0.5(010000000000000000)	0.5
2(00000010)	0.875(011100000000000000)	3.5
−1(11111111)	0.875(011100000000000000)	0.4375
−2(11111110)	1.0(011111111111111111)	0.25
1(00000001)	−0.5(110000000000000000)	−0.5
−2(11111110)	−1.0(100000000000000000)	−0.25
−128(10000000)	0(000000000000000000)	0

5.2 FPGA 中的四则运算

5.2.1 两个操作数的加法运算

如 5.1 节所述，FPGA 中的二进制数可以分为定点数和浮点数两种格式，虽然浮点数的加法和减法运算相对于定点数而言，在运算步聚和实现难度上都要复杂得多，但浮点数的加法和减法运算仍然是通过将浮点数分解为定点数运算以及移位等步骤来实现的。因此，本节只针对定点数运算进行分析。

在进行 FPGA 设计时，常用的硬件描述语言是 Verilog HDL 和 VHDL，本书使用的是 Verilog HDL，因此本节只介绍 Verilog HDL 对定点数的运算及处理方法。

Verilog HDL 中最常用的数据类型是 wire 和 reg。当需要进行数据运算时，Verilog HDL 如何判断二进制数的小数位、有符号数表示形式等信息呢？在 Verilog HDL 中，所有二进制数均当成整数来处理，也就是说小数点均在最低位的右边。如果要在程序中进行二进制小数的运算，那么该如何处理呢？其实，在 Verilog HDL 中，定点数的小数点位可由程序设计者隐性标定。例如，对于两个二进制数 00101 和 00110，当进行加法运算时，Verilog HDL 的编译器按二进制规则逐位相加，结果为 01011。如果设计者将这两个二进制数看成无符号整数，则表示 5+6=11；如果将这两个二进制数的小数点放在最高位与次高位之间，即 0Δ0101 和 0Δ0110，则表示 0.3125+0.375=0.6875。

需要注意的是，与十进制数运算规则相同，在进行二进制数的加法和减法运算时，参与运算的两个二进制数的小数点位置必须对齐，且结果的小数点位置也必须相同。仍然以上面的两个二进制数（00101 和 00110）为例进行说明，在进行加法运算时，如果这两个二进制数的小数点位置不同，如分别为 0Δ0101 和 00Δ110，则代表的十进制数分别为 0.3125 和 0.75。如果这两个二进制数不经过处理直接相加，则 Verilog HDL 的编译器会按二进制数运算的规则逐位相加，其结果为 01011。如果小数点位置与第一个二进制数相同，则表示 0.6875；如果小数点位置与第二个二进制数相同，则表示 1.375，显然结果不正确。为了保证运算的正确性，需要在第二个二进制数的末位补 0，即 00Δ1100，使得两个二进制数的小数部分的位宽相同，这时再直接相加两个二进制数，可得到 01Δ1001，对应的十进制数为 1.0625，结果正确。

如果设计者将参与运算的二进制数看成无符号整数，则不需要进行小数位扩展，因为 Verilog HDL 的编译器会自动将参加运算的二进制数的最低位对齐后进行运算。

Verilog HDL 如何表示负数呢？例如，二进制数 1111，在程序中是表示 15 还是−1？方法十分简单。在声明端口或信号时，默认的是无符号数，如果需要将某个数指定为有符号数，则只需在声明时增加关键字 signed 即可。例如，“wire signed[7:0] number;”表示将 number 声明为 8 bit 的有符号数，在对其进行运算时自动按照有符号数来处理。这里说的无符号数是指所有二进制数均是正整数，对于 B bit 的二进制数：

$$x = a_{B-1}a_{B-2}\cdots a_1 a_0 \tag{5-8}$$

将其转换成十进制数，可得：

$$D = \sum_{i=0}^{B-1} a_i 2^i \tag{5-9}$$

有符号数则是指所有二进制数均是补码形式的整数，对于 B bit 的二进制数，将转换成十进制数，可得：

$$D = \sum_{i=0}^{B-1} a_i 2^i - 2^B \times a_{B-1} \tag{5-10}$$

有读者可能要问，如果在设计文件中要同时使用有符号数和无符号数进行运算，那么该怎么办呢？为了更好地说明 Verilog HDL 对二进制数表示形式的判断方法，我们来看一个具体的实例。

实例 5-1：在 Verilog HDL 中同时使用有符号数及无符号数进行运算

在 ISE14.7 中编写 Verilog HDL 程序文件，在该文件中同时使用有符号数及无符号数参与运算，并进行仿真。

由于该程序文件十分简单，这里直接给出代码。

```
module SymbExam(
    input [3:0] d1,                          //输入操作数 d1
    input [3:0] d2,                          //输入操作数 d2
    output [3:0] unsigned_out,               //无符号数加法输出
    output signed [3:0] signed_out);         //有符号数加法输出

    //无符号数加法运算
    assign unsigned_out = d1 + d2;

    //有符号数加法运算
    wire signed [3:0] s_d1;
    wire signed [3:0] s_d2;
    assign s_d1 = d1;
    assign s_d2 = d2;
    assign signed_out = s_d1 + s_d2;

endmodule
```

图 5-5 为该程序的 RTL（寄存器传输级）原理图，从图中可以看出 signed_out、unsigned_out 分别以有符号数和无符号数的形式进行相加后的结构，两种加法运算的结果实际上是一个信号，且加法器并没有标明是否为有符号数运算。

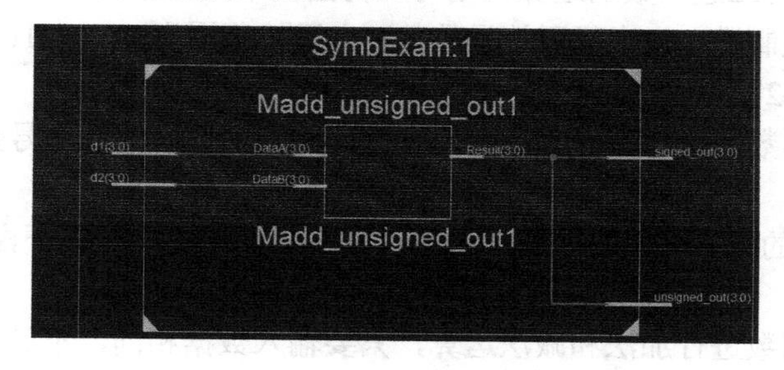

图 5-5　有符号数加法及无符号数加法 RTL 原理图

图 5-6 所示为程序的仿真波形图，从图中可以看出，signed_out 及 unsigned_out 的输出结

果完全相同，这是什么原因呢？相同的输入数据，进行无符号数运算和有符号数运算的结果居然没有任何区别！既然如此，何必在程序中区分有符号数及无符号数呢？原因其实十分简单，对于加法和减法运算，无论有符号数还是无符号数参与运算，其结果均完全相同，因为二进制数的运算规则是完全相同的。如果将二进制数转换成十进制数，就可以看出两者的差别了。有符号数及无符号数加法运算结果如表 5-3 所示。

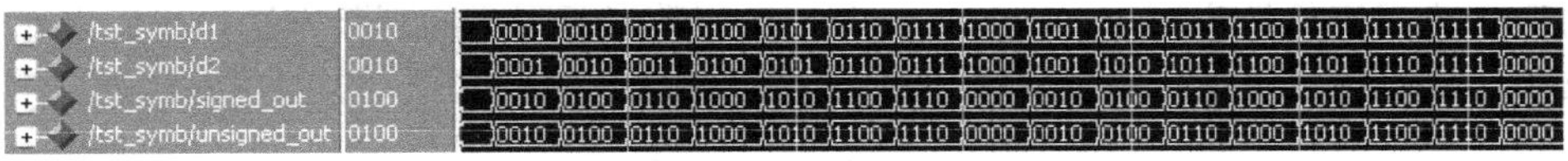

图 5-6　有符号数加法及无符号数加法的仿真波形图

表 5-3　有符号数及无符号数加法运算结果

输入 d_1、d_2	无符号十进制数	有符号十进制数	二进制数运算结果	无符号十进制数	有符号十进制数
0000、0000	0、0	0、0	0000	0	0
0001、0001	1、1	1、1	0010	2	2
0010、0010	2、2	2、2	0100	4	4
0011、0011	3、3	3、3	0110	6	6
0100、0100	4、4	4、4	1000	8	-8（溢出）
0101、0101	5、5	5、5	1010	10	-6（溢出）
0110、0110	6、6	6、6	1100	12	-4（溢出）
0111、0111	7、7	7、7	1110	14	-2（溢出）
1000、1000	8、8	-8、-8	0000	0（溢出）	-8（溢出）
1001、1001	9、9	-7、-7	0010	2（溢出）	-14（溢出）
1010、1010	10、10	-6、-6	0100	4（溢出）	-12（溢出）
1011、1011	11、11	-5、-5	0110	6（溢出）	-10（溢出）
1100、1100	12、12	-4、-4	1000	8（溢出）	-8
1101、1101	13、13	-3、-3	1010	10（溢出）	-6
1110、1110	14、14	-2、-2	1100	12（溢出）	-4
1111、1111	15、15	-1、-1	1110	14（溢出）	-2

分析表 5-3，结合二进制数的运算规则可以得出以下几点结论：

（1）B bit 的二进制数，如当成无符号整数，表示的范围为 $0\sim2^B-1$；如当成有符号整数，表示的范围为 $-2^{B-1}\sim2^{B-1}-1$。

（2）如果二进制数的表示范围没有溢出，将运算数据均看成无符号数或有符号数，则运算结果正确。

（3）两个 B bit 的二进制数进行加法和减法运算，若要运算结果不溢出，则需要 B+1 bit 的数存放运算结果。

（4）两个二进制数进行加法和减法运算，只要输入数据相同，不论有符号数还是无符号数，其运算结果的二进制数就完全相同。

虽然在二进制数的加法和减法运算中，不论有符号数还是无符号数，两个二进制数的运算结果的二进制数形式完全相同，但在 Verilog HDL 中，仍然有必要根据设计需要采用关键字 signed 对信号进行声明。例如，在进行比较运算时，对于无符号数据，1000 大于 0100；对于有符号数据，1000 小于 0100。

5.2.2　多个操作数的加法运算

在实际的工程设计中，经常会遇到多于两个操作数的加法运算（由于补码的加法和减法运算相同，因此仅讨论加法运算）

由于二进制数位宽的限制，每个固定位宽的二进制数所能表示的范围是有限的，要完成多个操作数的加法运算，存放运算结果的数据位宽必须能够表示运算的结果。例如，两个 10 bit 的有符号数 A 和 B 进行加法运算，则运算结果的最小值为-2^{10}，运算结果的最大值为 $2^{10}-1$，因此需要用 11 bit 的数（表示范围为-2^{10}～$2^{10}-1$）来表示。依次类推，如果有 3～4 个 10 bit 的有符号数进行加法运算，则需要用 12 bit 的数表示运算结果；如果有 5～8 个 10 bit 的有符号数进行加法运算，需要用 13 bit 的数表示运算结果。

在进行 FPGA 设计中还经常遇到这样一种情况，例如，有 3 个 4 bit 的数参与加法运算，前两个数的加法结果需要用 5 bit 的数存储，但通过设计能保证最终的运算结果范围为－8～7，即只需用 4 bit 的数表示，在设计电路时，是否需要采用 5 bit 的数存储中间运算结果呢？在进行 FPGA 设计时，增加位宽意味增加寄存器资源，工程师总是希望尽量用最少的逻辑资源完成设计。

为了弄清楚这个问题，我们通过具体的例子来验证一下。假设 3 个 4 bit 的数进行加法运算：A=7、B=3、C=−4，A+B+C=6。根据二进制数的运算规则，首先计算 D=A+B=10，如果中间结果也采用 4 bit 的数表法，则结果为−6（去掉最高位），即 D 的值为−6，再计算 D+C=E=−10，由于结果用 4 bit 的数表示，去掉最高位符位号，值为 6，即 E=6，结果正确。上面的运算过程如图 5-7 所示。

```
  0111 (7)            1010 (-6)
+ 0011 (3)          + 1100 (-4)
----------          -----------
  1010 (-6)         [1]0110 (6)
    (a)                 (b)
```

图 5-7　3 个 4 bit 的数进行加法运算

从运算结果看，如果采用补码进行运算，即使中间运算结果需要用 5 bit 的数表示，只要最终结果仅需用 4 bit 的数表示，则在实际电路设计时，中间运算结果仅用 4 bit 的数运算，也能最终得到正确的结果。

虽然上面的例子只是一个特例，但得出的结论可以推广到一般应用，即：当多个数进行加法运算时，如果最终的运算结果需要用 N bit 的数表示，则整个运算过程，包括中间运算结果均用 N bit 的数表示，不需考虑中间变量运算溢出的问题。

5.2.3　采用移位相加法实现乘法运算

加法及减法运算在数字电路中实现相对较为简单，在采用综合工具进行设计综合时，RTL 电路图中加法和减法运算会被直接综合成加法器或减法器。乘法运算在其他软件编程语言中实现也十分简单，但用门电路、加法器、触发器等基本逻辑单元实现乘法运算却不是一件容易的事。在采用 Xilinx 公司 FPGA/CPLD 进行设计时，如果选用的目标器件（如 FPGA）内部集成了专用的乘法器 IP 核，则 Verilog HDL 中的乘法运算在综合成电路时将直接综合成乘法器，否则综合成由 LUT 等基本元件组成的乘法电路。与加法和减法运算相比，乘法器需要占用成倍的硬件资源。当然，在实际 FPGA 工程设计中，需要用到乘法运算时，可以尽量使用 FPGA 中的乘法器 IP（Intellectual Property，知识产权）核，这种方法不仅不需要占用硬件资源，还可以达到很高的运算速度。

FPGA 中的乘法器 IP 核是十分有限的，而乘法运算本身又比较复杂，在采用基本逻辑单元按照乘法运算规则实现乘法运算时占用的硬件资源较多。在 FPGA 设计中，乘法运算可分为信号与信号的乘法运算，以及常数与信号的乘法运算。对于信号与信号的乘法运算，通常只能使用乘法器 IP 核来实现；对于常数与信号的乘法运算，可以通过移位、加法、减法运算来实现。信号 A 与常数的乘法运算如下：

$$A\times16 = A \text{ 左移 4 位}$$

$$A\times20 = A\times16 + A\times4 = A \text{ 左移 4 位} + A \text{ 左移 2 位}$$

$$A\times27 = A\times32 - A\times4 - A = A \text{ 左移 5 位} - A \text{ 左移 2 位} - A$$

需要注意的是，由于乘法运算结果的位宽比乘数的位宽大，因此在通过移位、加法和减法运算实现乘法运算前，需要扩展数据位宽，以免出现数据溢出现象。

5.2.4 采用移位相加法实现除法运算

在 ISE14.7 的 Verilog HDL 编译环境中，除法、指数、求模、求余等操作均无法在 Verilog HDL 中直接进行相关运算。实际上，通过基本逻辑单元构建这几种运算也是十分复杂的工作。如果要用 Verilog HDL 实现这些运算，一种方法是使用 ISE14.7 提供的 IP 核或使用商业 IP 核；另一种方法是将这几种运算分解成加法、减法、移位等运算来实现。

Xilinx 的 FPGA 一般都提供除法器 IP 核。对于信号与信号的除法运算，最好的方法是采用 ISE14.7 提供的除法器 IP 核；对于除数是常量的除法运算，则可以采取加法、减法、移位运算来实现除法运算。下面是一些信号 A 与常数进行除法运算例子。

$$A\div2\approx A \text{ 右移 1 位}$$

$$A\div3\approx A\times(0.25+0.0625+0.0156) \approx A \text{ 右移 2 位} + A \text{ 右移 4 位} + A \text{ 右移 6 位}$$

$$A\div4\approx A \text{ 右移 2 位}$$

$$A\div5\approx A\times(0.125+ 0.0625+0.0156) \approx A \text{ 右移 3 位} + A \text{ 右移 4 位} + A \text{ 右移 6 位}$$

需要说明的是，与普通乘法运算不同，常数乘法通过左移运算可以得到完全准确的结果，而除数是常数的除法运算却不可避免地存在运算误差。采用分解方法的除法运算只能得到近似正确的结果，且分解运算的项数越多，精度越高。这是由 FPGA 的有限字长效应引起的。

5.3 有效数据位的计算

5.3.1 有效数据位的概念

众所周知，在 FPGA 中，每个数据都需要相应的寄存器来存储，参与运算的数据位越多，所占用的硬件资源也越多。为了确保运算结果的正确性，或者尽量获取较高的运算精度，通常又不得不增加相应的数据位。因此，为了确保硬件资源的有效利用，在工程设计中，准确掌握运算中有效数据位的长度，尽量减少无效数据位参与运算，可避免浪费宝贵的硬件资源。

所谓有效数据位，是指表示有用信息的数据位。例如，整数型的有符号二进制数 001，只需要用 2 bit 的数即可正确表示 01，最高位的符号位其实没有表示任何信息。

5.3.2　加法运算中的有效数据位

在前面讨论多个数的加法运算时，已涉及有效数据位的问题。有效数据位的问题在进行 FPGA 设计时具有十分重要的意义，接下来继续讨论有效数据位与数据溢出之间的关系。

先考虑 2 个二进制数之间的加法运算，对于补码来说，加法和减法运算规则相同，因此只讨论加法运算。假设数据位较大的位数为 N，则加法运算结果需要用 N+1 位才能保证运算结果不溢出。也就是说，2 个 N bit 的二进制数（另一个数的位宽也可以小于 N）进行加法运算，运算结果的有效数据位的长度为 N+1。如果运算结果只能采用 N bit 的数表示，那么该如何对结果进行截位呢？截位后的结果如何保证运算的正确性呢？下面我们以具体的例子来进行分析。

例如，2 个 4 bit 的二进制数 d_1、d_2 进行加法运算，我们来看看在 d_1、d_2 取不同值时的运算结果及截位后的结果。有效数据位截位与加法运算结果的关系如表 5-4 所示。

表 5-4　有效数据位截位与加法运算结果的关系

输入 d_1、d_2	有符号十进制数	取全部有效位运算结果	取低 4 位运算结果	取高 4 位运算结果
0000、0000	0、0	00000（0）	0	0
0001、0001	1、1	00010（2）	2	1
0010、0010	2、2	00100（4）	4	2
0011、0011	3、3	00110（6）	6	3
0100、0100	4、4	01000（8）	−8（溢出）	4
0101、0101	5、5	01010（10）	−6（溢出）	5
0110、0110	6、6	01100（12）	−4（溢出）	6
0111、0111	7、7	01110（14）	−2（溢出）	7
1000、1000	−8、−8	10000（−16）	−8（溢出）	−8
1001、1001	−7、−7	10010（−14）	−14（溢出）	−7
1010、1010	−6、−6	10100（−12）	−12（溢出）	−6
1011、1011	−5、−5	10110（−10）	−10（溢出）	−5
1100、1100	−4、−4	11100（−8）	−8	−4
1101、1101	−3、−3	11010（−6）	−6	−3
1110、1110	−2、−2	11100（−4）	−4	−2
1111、1111	−1、−1	11110（−2）	−2	−1

分析表 5-4 的运算结果可知，当 2 个 N bit 的二进制数进行加法运算时，需要 N+1 bit 的数才能获得完全准确的结果。如果采用 N bit 的数存放结果，则取低 N 位会产生溢出，得出错误结果，取高 N 位不会出现溢出，但运算结果相当于降低了 1/2。

前面的分析实际上是将数据均当成整数，也就是说小数点位置均位于最低位的右边。在数字信号处理中，定点数通常把数限制在-1～1，即把小数点规定在最高位和次高位之间。同样是表 5-4 的例子，考虑小数运算时，运算结果的小数点位置又该如何确定呢？对比表 5-4 中的数据，可以很容易地看出，如果采用 N+1 bit 的数表示运算结果，则小数点位于次高位的右边，不再是最高位的右边；如果采用 N bit 的数表示运算结果，则小数点位于最高位的右边。也就是说，运算前后小数点右边的数据位数（也是小数位数）是恒定不变的。实际上，在 Verilog HDL 中，如果 2 个 N bit 的数进行加法运算，为了得到 N+1 bit 的准确结果，则必须先对参加运算的数进行一位符号位的扩展。

5.3.3 乘法运算中的有效数据位

与加法运算一样，乘法运算中的乘数均采用补码表示法（有符号数），这也是 FPGA 中最常用的数据表示方式。在理解补码的相关情况后，读者很容易得出无符号数的运算规律。有效数据位截位与乘法运算结果的关系如表 5-5 所示。

表 5-5 有效数据位截位与乘法运算结果的关系

输入 d_1、d_2	有符号十进制数	取全部有效位的运算结果	小数点在次高位右边的运算结果
0 000、0 000	0、0	00000000(0)	00Δ000000
0 001、0 001	1、1	00000001(1)	000Δ00001
0 010、0 010	2、2	00000100(4)	00Δ000100
0 011、0 011	3、3	00001001(9)	00Δ001001
0 100、0 100	4、4	00010000(16)	00Δ010000
0 101、0 101	5、5	00011001(25)	00Δ011001
0 110、0 110	6、6	00100100(36)	00Δ100100
0 111、0 111	7、7	00110001(49)	00Δ110001
1 000、1 000	-8、-8	01000000(64)	01Δ000000（此时溢出）
1 001、1 001	-7、-7	00110001(49)	00Δ110001
1 010、1 010	-6、-6	00100100(36)	00Δ100100
1 011、1 011	-5、-5	00011001(25)	00Δ011001
1 100、1 100	-4、-4	00010000(16)	00Δ010000
1 101、1 101	-3、-3	00001001(9)	00Δ001001
1 110、1 110	-2、-2	00000100(4)	00Δ000100
1 111、1 111	-1、-1	00000001(1)	00Δ000001

从表 5-5 可以得出几条运算规律：

（1）当字长（也称位宽）分别为 M、N 的数进行乘法运算时，需要采用 M+N bit 的数才能得到准确的结果。

（2）对于乘法运算，不需要通过扩展位数来对齐乘数的小数点位置。

（3）当乘数为小数时，乘法结果的小数位数等于两个乘数的小数位数之和。

（4）当需要对乘法运算结果进行截位时，为了保证得到正确的结果，只能保留高位数据而舍去低位数据，这样相当于降低了运算结果的精度。

（5）只有当两个乘数均为所能表示的最小负数（最高位为 1，其余位均为 0）时，才有可能出现最高位与次高位不同的情况。也就是说，只有在这种情况下，才需要 $M+N$ bit 的数来存放准确的最终结果，在其他情况下，实际上均有两位相同的符号位，只需要 $M+N-1$ bit 的数即可存放准确的运算结果。

在 ISE14.7 中，乘法器 IP 核在选择输出数据位数时，如果选择全精度运算，则会自动生成 $M+N$ bit 的运算结果。在实际工程设计中，如果预先知道某位乘数不可能出现最小负值，或者通过一些控制手段出现最小负值的情况，则完全可以只用 $M+N-1$ bit 的数来存放运算结果，从而节约 1 bit 的寄存器资源。如果乘法运算只是系统的中间环节，则后续的每个运算步骤均可节约 1 bit 的寄存器资源。

5.3.4　乘加运算中的有效数据位

前面讨论运算结果的有效数据位时，都是指参加运算的信号均是变量的情况。在数字信号处理中，通常会遇到乘加运算的情况，一个典型的例子是有限脉冲响应（Finite Impulse Response，FIR）滤波器的设计。当乘法系数是常量时，最终运算结果的有效数据位需要根据常量的大小来重新计算。

比如需要设计一个 FIR 滤波器：

$$H(z)=\sum_{n=0}^{N-1}h(n)z^{-n}=h(0)+h(1)z^{-1}+\cdots+h(N-1)z^{-(N-1)} \tag{5-11}$$

假设滤波器系数为 $h(n)=[13，-38，74，99，99，74，-38，13]$，输入数据为 N bit 的二进制数，则滤波器输出至少需要采用多少位来准确表示呢？要保证运算结果不溢出，我们需要计算滤波器输出的最大值，并以此推算输出的有效数据位。方法其实十分简单，只需要计算所有滤波器系数绝对值之和，再计算表示该绝对值之和所需的最小无符号二进制数的位宽为 n，则滤波器输出的有效数据位为 $N+n$。对于这个实例，可知滤波器绝对值之和为 448，至少需要 9 bit 的二进制数表示，因此 $n=9$。

5.4　有限字长效应

5.4.1　有限字长效应的产生因素

数字信号处理的实质是数值运算，这些运算可以在计算机上通过软件来实现，也可以用专门的硬件来实现。无论采用哪种实现方式，数字信号处理系统的一些系数、信号序列的各个数值，以及运算结果等，都要以二进制数的形式存储在有限字长的存储单元中。如果处理的是模拟信号，如常用的采样信号处理系统，输入的模拟信号经过 A/D 转换后变成有限字长的数字信号，有限字长的数就是有限精度的数。因此，具体实现中往往难以保证原设计精度而产生误差，甚至导致错误的结果。在数字信号处理系统中，以下三种因素会引起误差：

（1）A/D 转换器在把输入的模拟信号转换成一组离散电平时会产生量化效应。

（2）在用有限位的二进制数表示数字信号处理系统的系数时会产生量化效应。

（3）在数字运算过程中，为了限制位数进行的尾数处理，以及为了防止溢出而压缩信号电平，会产生有限字长效应。

引起这些误差的根本原因在于寄存器（存储单元）的字长是有限的。误差的特性与系统的类型、结构形式、数字的表示法、运算方式以及字长有关。在计算机上，字长较长，量化步长很小，量化误差不大，因此用计算机实现数字信号处理系统时，一般无须考虑有限字长效应。但采用专用硬件（如 FPGA）实现数字信号处理系统时，其字长较短，这时就必须考虑有限字长效应。

5.4.2 A/D 转换器的有限字长效应

从功能上讲，A/D 转换器可简单地分为采样和量化两部分，采样将模拟信号变成离散信号，量化将每个采样值用有限字长表示。采样频率的选取将直接影响 A/D 转换器的性能，根据奈奎斯特定理，采样频率至少需要大于或等于信号最高频率的 2 倍，才能从采样后的离散信号中无失真地恢复原始的模拟信号，且采样频率越高，A/D 转换器的性能就越好。量化效应可以等效为输入信号为有限字长的数字信号。A/D 转换器的等效模型如图 5-8 所示。

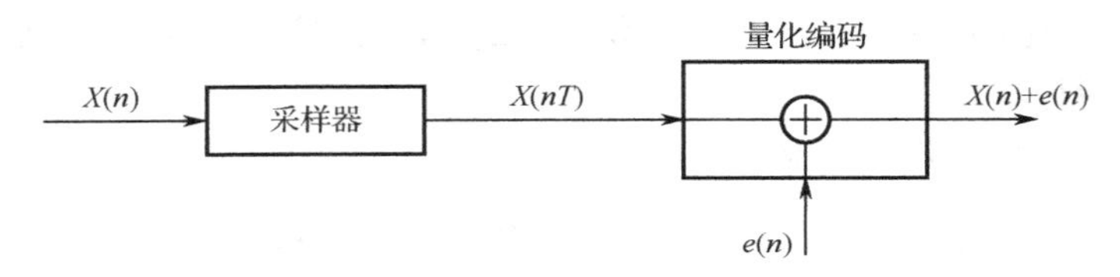

图 5-8　A/D 转换器的等效模型

根据图 5-8 所示的模型，量化后的取值可以表示成精确采样值和量化误差的和，即：

$$\hat{x}(n) = Q[x(n)] = x(n) + e(n) \tag{5-12}$$

这一模型基于以下的几点假设。

（1）$e(n)$是一个平稳随机采样序列。

（2）$e(n)$具有等概分布特性。

（3）$e(n)$是一个白噪声信号过程。

（4）$e(n)$和 $x(n)$ 是不相关的。

由于 $e(n)$具有等概分布特性，舍入的概率分布如图 5-9（a）所示，补码截位的概率分布如图 5-9（b）所示，原码截位的概率分布如图 5-9（c）所示。

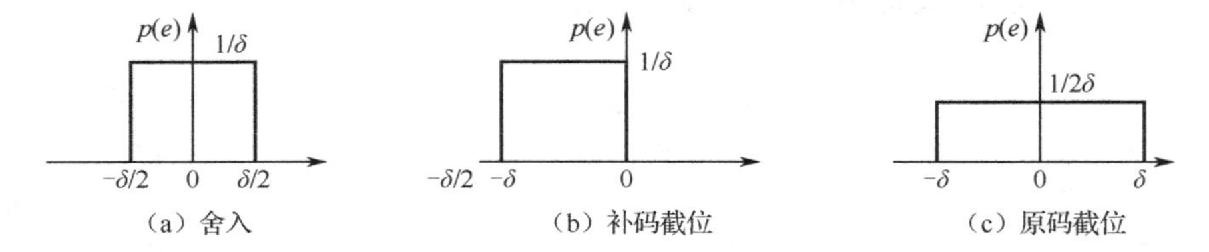

图 5-9　舍入、补码截位和原码截位的概率分布

以上三种表示方法中误差信号的均值和方差分别为如下所述。

（1）舍入时：均值为 0，方差为 $\delta^2/2$。

（2）补码截位时：均值为$-\delta/2$，方差为$\delta^2/12$。

（3）原码截位时：均值为 0，方差为$\delta^2/3$。

这样，量化过程可以等效为在无限精度的数上叠加一个噪声信号，其中，舍入操作得到的信噪比，即量化信噪比的表达式为

$$\mathrm{SNR}_{\mathrm{A/D}}=10\lg\left(\frac{\delta_{\mathrm{x}}^2}{\delta_{\mathrm{e}}^2}\right)=10\lg(12\times 2^{2L}\delta_{\mathrm{x}}^2)=6.02B+10.79+10\lg(\delta_{\mathrm{x}}^2) \tag{5-13}$$

从式（5-13）可以看出，舍入后的字长每增加 1 位，SNR 约增加 6 dB。那么，在数字信号处理系统中是否字长选取得越长越好呢？其实在选取A/D转换器的字长时主要考虑两个因素：输入信号本身的信噪比，以及系统实现的复杂度。由于输入信号本身具有一定的信噪比，当字长增加到 A/D 转换器的量化噪声比输入信号的噪声信号电平更低时，就没有意义了。随着 A/D 转换器字长的增加，数字信号处理系统实现的复杂程度也会急剧增加，当采用 FPGA 等可编程硬件实现数字信号处理系统时，这一问题显得尤其突出。

5.4.3　数字滤波器系数的有限字长效应

数字滤波器是数字信号处理研究的基本内容之一，本书后续章节会专门针对数字滤波器的 FPGA 设计进行详细的讨论。这里先介绍一下有限字长效应对数字滤波器设计的影响。在数字滤波器的设计中，有限字长效应的影响主要表现在两个方面：数字滤波器的系数量化效应，以及数字滤波器运算中的有限字长效应。文献[1]对有限字长效应在数字滤波器设计中的影响进行了详细的理论分析，对于工程设计与实现来讲，虽然无须了解严谨的理论推导过程，但起码应该了解有限字长效应对系统设计的定性影响，以及相应的指导性结论，并在实际工程设计中最终通过仿真来确定最佳的运算字长。

在设计常用的 FIR（Finite Impulse Response，有限脉冲响应）或 IIR（Infinite Impulse Response，无限脉冲响应）滤波器时，按理论设计方法或由 MATLAB 设计出来的数字滤波器系数是无限精度的。但在实际工程实现时，数字滤波器的所有系数都必须用有限长的二进制数来表示，并存放在存储单元中，即对理想的系数进行量化。我们知道，数字滤波器的系数直接决定了系统函数的零点位置、极点位置和频率响应，因此，由于实际数字滤波器系数存在的误差，必将使数字滤波器的零点位置和极点位置发生偏移，频率响应发生变化，从而影响数字滤波器的性能，甚至严重到使单位圆内的极点位置偏移到单位圆外，造成数字滤波器的不稳定。系数量化对数字滤波器性能的影响和字长有关，也与数字滤波器结构有关。分析各种结构的数字滤波器系数量化的影响比较复杂，有兴趣的读者请参见文献[1]中的相关内容。下面给出一个实际的例子，通过 MATLAB 来仿真系数量化对数字滤波器性能的影响。

实例 5-2：采用 MATLAB 仿真二阶数字滤波器的频率响应

本实例采用 MATLAB 仿真二阶数字滤波器的频率响应，以及极点因量化位数变化而产生的影响，画出 8 bit 量化与原系统的频率响应图，列表对比随量化位数变化而引起的系统极点位置变化。二阶数字滤波器的系统函数为：

$$H(z)=\frac{0.05}{1+1.7z^{-1}+0.745z^{-2}} \tag{5-14}$$

本实例的 MATLAB 程序文件为 E5_2_QuantCoeff.m，代码如下：

```
%E5_2_QuantCoeff.m 程序清单
b=0.05;
a=[1,1.7,0.745];

%对数字滤波器系数进行归一化处理
m=max(max(b),max(a));
b1=b/m;
a1=a/m;

%对数字滤波器系数进行量化处理
Q=8;
b8=floor(b1*(2^(Q-1)-1));
a8=floor(a1*(2^(Q-1)-1));

N=2048;
xn=0:N-1;
xn=xn/N*2;                                   %频率归一化处理
dn=[1,zeros(1,N-1)];                         %产生单位采样序列

%计算原系统的频率响应
hn=filter(b,a,dn);                           %计算原系统的单位脉冲响应
fn=10*log10(abs(fft(hn,N)));                 %计算原系统的频率响应
fn=fn-max(fn);                               %对原系统的幅度进行归一化处理

%计算 8 bit 系数量化后的系统的频率响应
hn8=filter(b8,a8,dn);                        %计算量化后系统的单位脉冲响应
fn8=10*log10(abs(fft(hn8,N)));               %计算量化后系统的频率响应
fn8=fn8-max(fn8);                            %对量化后系统的幅度进行归一化处理

%绘制原系统的频率响应图
plot(xn(1:N/2),fn(1:N/2),'-',xn(1:N/2),fn8(1:N/2),'--');
xlabel('归一化频率（fs/2）');
ylabel('归一化幅度（dB）');
legend('原始系数','8 bit 量化后的系数');
grid on;

%计算系统系数量化前后的极点
s0=roots(a)
s8=roots(a8)
```

系数量化前后的系统频率响应图如图 5-10 所示，从该图可明显看出系数量化后系统的频率响应与原系统的频率响应的差别。系数量化前后的系统极点如表 5-6 所示，从该表可看出，随着量化位数的减小，极点值偏离原系统的极点值越来越大，对于该系统来说，当量化位数小于 7 位时，系统的极点已在单位圆外，不再是一个因果稳定系统。

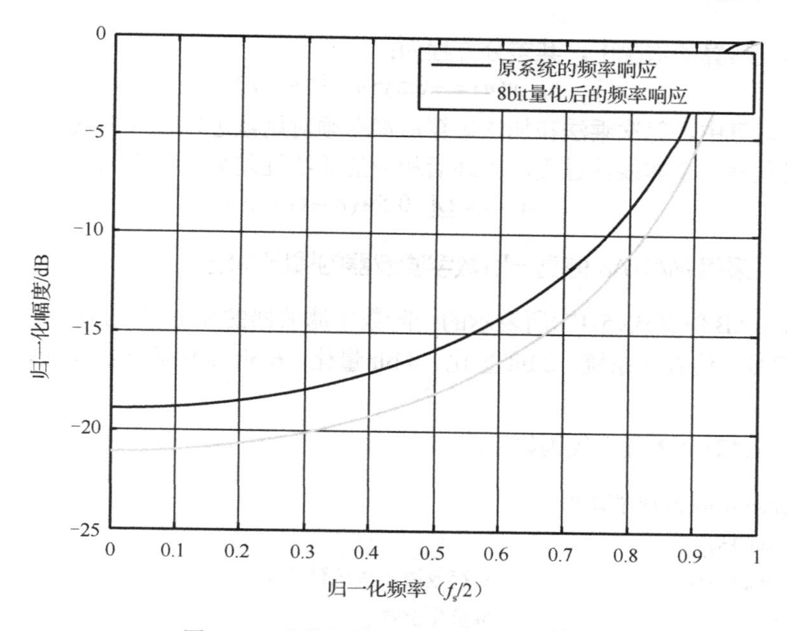

图 5-10　系数量化前后的系统频率响应图

表 5-6　系数量化前后的系统极点

量化位数	极点值	量化位数	极点值
原系统	−0.8500 ± 0.1500i	8	−0.8581 ± 0.0830i
12	−0.8501 ± 0.1496i	7	−0.8514 ± 0.0702i
11	−0.8511 ± 0.1452i	6	−1.0000 ± 0.7222
10	−0.8517 ± 0.1342i	5	−1.2965 ± 0.5785
9	−0.8500 ± 0.1323i	4	−1.0000 ± 0.7500

5.4.4　滤波器运算中的有限字长效应

对于二进制数的运算来说，虽然定点数的加法运算不会改变字长，但存在数据溢出的可能，因此需要考虑数据的动态范围；定点数的乘法运算存在有限字长效应，因为 2 个 B bit 的定点数相乘，要保留所有的有效位就需要使用 $2B$ bit 的数，截位或舍入必定会引起有限字长效应；在浮点数运算中，乘法或加法运算均有可能引起尾数位的增加，因此也存在有限字长效应。一些读者可能会问，为什么不能增加字长来保证运算过程不产生截位或舍入操作呢？这样虽然需要增加一些寄存器，但毕竟可以避免因截位或舍入而带来的运算精度下降甚至运算错误啊！对于没有反馈结构的系统来说，这样理解也未尝不可。对于数字滤波器或较为复杂的系统来讲，通常存在反馈结构，每一次闭环运算都会增加一部分字长，循环运算下去势必要求越来越多的寄存器，字长是单调增加的，也就是说，随着运算的持续，所需的寄存器是无限增加的。这样来实现一个系统，显然是不现实的。

考虑一个一阶数字滤波器，其系统函数为：

$$H(z) = \frac{1}{1 + 0.5z^{-1}} \tag{5-15}$$

在无限精度运算的情况下，其差分方程为：

$$y(n)=-0.5y(n-1)+x(n) \tag{5-16}$$

在定点数运算中，每次乘法和加法运算后都必须对尾数进行舍入或截位处理，即量化处理，而量化过程是一个非线性过程，处理后相应的非线性差分方程变为：

$$w(n)=Q[-0.5w(n-1)+x(n)] \tag{5-17}$$

实例 5-3：采用 MATLAB 仿真一阶数字滤波器的输出响应

采用 MATLAB 仿真式(5-17)所表示的一阶数字滤波器的输出响应，输入信号为 $7\delta(n)/8$，$\delta(n)$ 为冲激信号。仿真原系统、2 bit 量化、4 bit 量化、6 bit 量化的输出响应，并画图进行对比说明。

本实例的 MATLAB 程序代码如下：

```
% E5_3_QuantArith.m 程序清单
x=[7/8 zeros(1,15)];
y=zeros(1,length(x));                %存放原系统运算结果
B=2;                                 %量化位数
Qy=zeros(1,length(x));               %存放量化运算结果
Qy2=zeros(1,length(x));              %存放量化运算结果
Qy4=zeros(1,length(x));              %存放量化运算结果
Qy6=zeros(1,length(x));              %存放量化运算结果

%系统系数
A=0.5;
b=[1];
a=[1,A];

%未经过量化处理的运算
for i=1:length(x);
    if i==1
        y(i)=x(i);
    else
        y(i)=-A*y(i-1)+x(i);
    end
end

%经过 2 bit 量化处理的运算
for i=1:length(x);
    if i==1
        Qy(i)=x(i);
        Qy(i)=round(Qy(i)*(2^(B-1)))/2^(B-1);
    else
```

```
            Qy(i)=-A*Qy(i-1)+x(i);
            Qy(i)=round(Qy(i)*(2^(B-1)))/2^(B-1);
        end
    end
    Qy2=Qy;

    B=4;
    %经过 4 bit 量化处理的运算
    for i=1:length(x);
        if i==1
            Qy(i)=x(i);
            Qy(i)=round(Qy(i)*(2^(B-1)))/2^(B-1);
        else
            Qy(i)=-A*Qy(i-1)+x(i);
            Qy(i)=round(Qy(i)*(2^(B-1)))/2^(B-1);
        end
    end
    Qy4=Qy;

    B=6;
    %经过 6 bit 量化处理的运算
    for i=1:length(x);
        if i==1
            Qy(i)=x(i);
            Qy(i)=round(Qy(i)*(2^(B-1)))/2^(B-1);
        else
            Qy(i)=-A*Qy(i-1)+x(i);
            Qy(i)=round(Qy(i)*(2^(B-1)))/2^(B-1);
        end
    end
    Qy6=Qy;

    %绘图显示不同量化位数的滤波结果
    xa=0:1:length(x)-1;
    plot(xa,y,'-',xa,Qy2,'--',xa,Qy4,'O',xa,Qy6,'+');
    legend('原系统运算结果','2 bit 量化运算结果','4 bit 量化运算结果','6 bit 量化运算结果')
    xlabel('运算次数');ylabel('滤波结果');
```

一阶数字滤波器量化运算的仿真结果如图 5-11 所示，从图中可以看出，当采用无限精度进行运算时，输出响应逐渐趋近于 0；经过量化处理后，输出响应在几次运算后在固定值处振荡，量化位数越少，振荡幅度就越大。

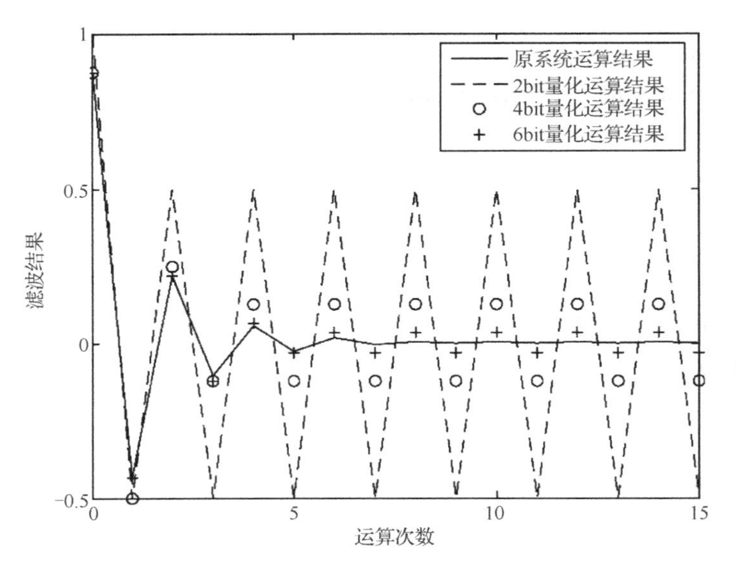

图 5-11　一阶数字滤波器量化运算的仿真结果

5.5　小结

本章的学习要点可归纳为：

（1）二进制数有 3 种表示方式：原码、反码和补码。FPGA 中的数据有 2 种类型：无符号数和有符号数，其中无符号数是指所有的数均为正数，有符号数用补码表示。

（2）由于二进制数的补码加法和减法运算规则相同，在 FPGA 中采用补码进行运算可以有效提高二进制数的运算效率。

（3）定点数的表示范围有限，如果在运算中需要采用大范围的数据时，则可以采用浮点数额格式进行运算。

（4）理解多个二进制数进行加法运算时，全精度运算所需的有效数据位。

（5）理解多个二进制数进行乘法运算时，全精度运算所需的有效数据位。

（6）理解多个二进制数进行乘法和加法运算时，全精度运算所需的有效数据位。

（7）理解数字信号处理系统在运算过程中的有限字长效应。

5.6　思考与练习

5-1　定点数有哪三种表示方法？

5-2　分别写出十进制数 100、−15、200、17、32 的原码、反码和补码（二进制数的位宽为 9）。

5-3　根据二进制数加法运算规则，写出 2 个 8 bit 的二进制数补码 *A*（100）和 *B*（−200）进行加法运算的过程。

5-4　浮点数主要由几部分组成？单精度浮点数能够表示无限精度的实数吗？

5-5　请将实数 102.5 分别转换成单精度浮点数，以及 5.1.4 节定义的浮点数格式。

5-6　已知 6 个二进制数补码进行加法运算，有 3 个操作数是 10 bit 的，另外 3 个操作数是 11 bit 的。如果要确保运算结果不溢出，则运算结果最少需要多少位？

5-7　采用移位相加的法实现 $A\times18$、$A\times126$、$A\times1026$。

5-8　采用移位相加的方法近似实现 $A/16$、$A/4$、$A/9$，要求运算误差小于 10%。

5-9　已知 FIR 滤波器的系统函数为：

$$H(z)=\sum_{n=0}^{N-1}h(n)z^{-n}=h(0)+h(1)z^{-1}+\cdots+h(N-1)z^{-(N-1)}$$

数字滤波器的系数 $h(n)$ = [160，−308，64，90，−64，308，−160]，如果输入的是 10 bit 的二进制数，则最少需要采用多少位来准确表示数字滤波器的输出结果？

5-10　修改实例 5-2 的 MATLAB 程序，在一张图中同时绘制原系统、10 bit 量化、6 bit 量化、4 bit 量化情况下的系统频率响应图，并分析对比量化位数对频率响应的影响。

第6章 典型IP核的应用

IP（Intellectual Property）核就是知识产权核，是一个很“高大上”的名字。IP核是一个个功能完备、性能优良、使用简单的功能模块。我们需要理解常用IP核的用法，在进行FPGA设计时可以直接使用IP核。

6.1 IP核在FPGA中的应用

6.1.1 IP核的一般概念

IP（Intellectual Property）核是知识产权核或知识产权模块的意思，在FPGA设计中具有重要的作用。美国著名的Dataquest咨询公司将半导体产业的IP核定义为“用于ASIC或FPGA中预先设计好的电路功能模块”。

由于IP核是经过验证的、性能及效率均比较理想的电路功能模块，因此在FPGA设计中具有十分重要的作用，尤其是一些较为复杂同时又十分常用的电路功能模块，如果使用相应的IP核，就会极大地提高FPGA设计的效率和性能。

在FPGA设计领域，一般把IP核分为软IP核（软核）、固IP核（固核）和硬IP核（硬核）三种。下面先来看看绝大多数著作或网站上对这三种IP核的描述。

IP核有行为（Behavior）级、结构（Sructure）级和物理（Physical）级三种不同程度的设计，对应着描述功能行为的软IP核（Soft IP Core）、描述结构的固IP核（Firm IP Core），以及基于物理描述并经过工艺验证的硬IP核（Hard IP Core）。这相当于集成电路（器件或部件）的毛坯、半成品和成品的设计。

软IP核是用Verilog HDL或VHDL等硬件描述语言（HDL）描述的功能模块，并不涉及用什么具体电路元件实现这些功能。软IP核通常是以HDL文件的形式出现的，在开发过程中与普通的HDL文件十分相似，只是所需的开发软硬件环境比较昂贵。软IP核的设计周期短、投入少，由于不涉及物理实现，为后续设计留有很大的发挥空间，增大了IP核的灵活性和适应性。软IP核的主要缺点是在一定程度上使后续的扩展功能无法适应整体设计，从而需要在一定程度上修正软IP核修正，在性能上也不可能获得全面的优化。由于软IP核是以代码的形式提供的，尽管代码可以采用加密方法，软IP核的保护问题也不容忽视。

硬IP核提供的是最终阶段的产品形式：掩模。硬IP核以经过完全布局布线的网表形式提供，既具有可扩展性，也可以针对特定工艺或购买商进行功耗和尺寸上的优化。尽管硬 IP 核缺乏灵活性、可移植性差，但由于无须提供寄存器传输级（RTL）文件，因而更易于实现硬 IP 核保护。

固 IP 核则是软 IP 核和硬 IP 核的折中。大多数应用于 FPGA 的 IP 核均为软 IP 核，软 IP 核有助于用户调节参数并增强可复用性。软 IP 核通常以加密的形式提供，这样实际的 RTL 文件对用户是不可见的，但布局布线灵活。在加密的软 IP 核中，如果对软 IP 核进行了参数化，那么用户就可通过头文件或图形用户接口（GUI）方便地对参数进行操作。对于那些对时序要求严格的 IP 核（如 PCI 接口 IP 核），可预布线特定信号或分配特定的布线资源，以满足时序要求，这些 IP 核可归类为固 IP 核。由于固 IP 核是预先设计的代码模块，因此有可能影响包含该固 IP 核整体设计产品的功能及性能。由于固 IP 核的建立、保持时间和握手信号都可能是固定的，因此在设计其他电路时必须考虑与该固 IP 核之间的信号接口协议。

6.1.2　FPGA 设计中的 IP 核类型

前面对 IP 核的三种类型的描述比较专业，也正因为其专业，导致理解起来仍然有些困难。对于 FPGA 应用设计来讲，用户只要了解所使用 IP 核的硬件结构及基本组成方式即可。据此，可以把 FPGA 中的 IP 核分为两个基本的类型：基于 LUT 等逻辑资源封装的软 IP 核、基于固定硬件结构封装的硬 IP 核。

具体来讲，所谓软件 IP 核，是指基本实现结构为 FPGA 中的 LUT、触发器等资源，用户在调用这些 IP 核时，其实是调用了一段 HDL（Verilog HDL 或 VHDL）代码，以及已进行综合优化后的功能模块。这类 IP 核所占用的逻辑资源与用户自己编写 HDL 代码所占用的逻辑资源没有任何区别。

所谓硬 IP 核，是指基本实现结构为特定硬件结构的资源，这些特定的硬件结构与 LUT、触发器等逻辑资源完全不同，是专用于特定功能的资源。在 FPGA 设计中，即使用户没用使用硬 IP 核，这些资源也不能用于其他场合。换句话讲，我们可以简单地将硬 IP 核看成嵌入 FPGA 中的专用芯片，如乘法器、存储器等。由于硬 IP 核具有专用的硬件结构，虽然功能单一，但通常具有更好的运算性能。硬 IP 核的功能单一，可满足 FPGA 设计时序的要求，以及与其他模块的接口要求，通常需要在硬 IP 核的基础上增加少量的 LUT 及触发器资源。用户在使用硬 IP 核时，应当根据设计需求，通过硬 IP 核的设置界面对其接口及时序进行设置。

在 FPGA 设计中，要实现一些特定的功能，如乘法器或存储器，既可以选择采用普通的 LUT 等逻辑资源来实现，也可以采用专用的硬 IP 核来实现。ISE14.7 的 IP 核生成工具通常会提供不同实现结构的选项，用户可以根据需要来选择。

用户该如何选择呢？有时候选项多了，反而会增加设计的难度。随着我们对 FPGA 结构理解的加深，当对设计需求的把握更加准确，或者具有更好的设计能力时，就会发现选项多了，会极大地增加设计的灵活性，更利于设计出完善的产品。例如，在 FPGA 设计中，有两个不同的功能模块都要用到多个乘法器，而 FPGA 中的乘法器是有限的，当所需的乘法器数量超出 FPGA 的乘法器数量时，将无法完成设计。此时，可以根据设计的速度及时序要求，将部分乘法器用 LUT 等逻辑资源实现，部分运算速度较高的功能采用乘法器实现，最终解决程序的设计问题。

IP 核的来源主要有 3 种：ISE14.7 已经集成的 IP 核、Xilinx 公司提供（需要付费）的 IP 核，以及第三方公司提供的 IP 核。Xilinx 公司提供了专门的 IP 核生成工具（可以集成在 ISE14.7

中），所以用户也可以自己设计并生成 IP 核。在 FPGA 设计中，最常用的 IP 核还是由 ISE14.7 软件直接提供的免费 IP 核。由于 FPGA 规模及结构的不同，不同 FPGA 所支持的 IP 核种类也不完全相同，每种 IP 核的数据手册也会给出所适用的 FPGA 型号。在进行 FPGA 设计时，应当先查看 ISE14.7 提供的 IP 核有哪些，以便尽量减少设计的工作量。

这里以 Xilinx 公司的低成本 Spartan 系列的 XC6SLX16-2FTG256 为例，查看该 FPGA 所能提供的 IP 核。

在工程中单击新建资源图标按钮，将选择资源类型设置为“IP（CORE Generator & Architecture Wizard）”，输入 IP 核的文件名（File name）后，单击“Next”按钮即可打开 IP 核类型选择框。ISE14.7 提供了两种 IP 核类型选择方式，即“View by Function”（按功能查找，见图 6-1）和“View by Name”（按名字查找，见图 6-2）。

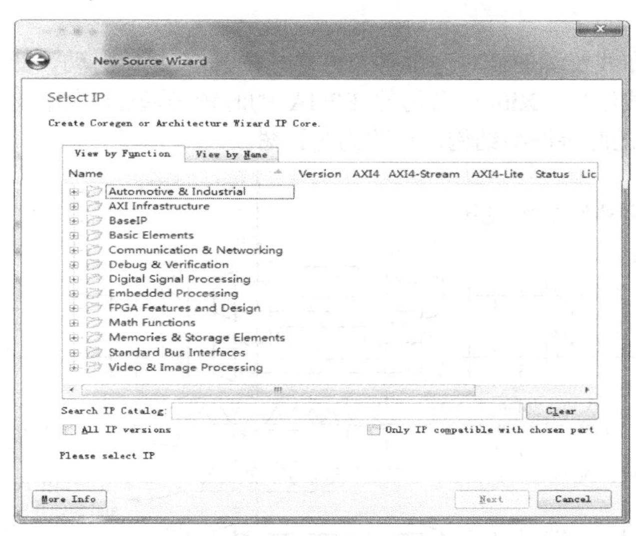

图 6-1　按功能查找的 IP 核选择方式

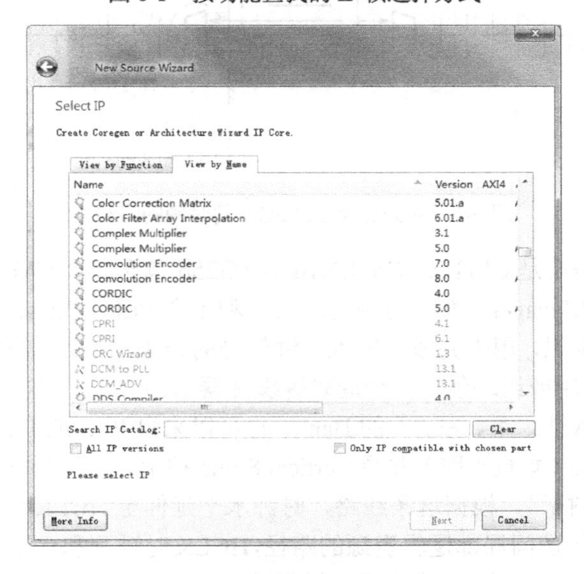

图 6-2　按名字查找的 IP 核选择方式

由图 6-1 和图 6-2 可知，ISE14.7 提供的免费 IP 种类非常多，如数字信号处理 IP 核(Digital Signal Processing)、数学运算 IP 核（Math Functions）、存储器 IP 核（Memories & Storage Elements）、视频和图像处理 IP 核（Video & Image Processing）等。接下来对本书所使用的一些基本 IP 核的功能及用法进行介绍。

6.1.3 CMT 与 FPGA 时钟树

CMT（Clock Management Tile）是 Xilinx 公司 FPGA 内集成的数字时钟管理功能模块，用于对外部输入的时钟信号进行分频、倍频、移相等处理，生成 FPGA 内部电路设计所需的各种时钟信号，且与 FPGA 内的全局时钟布线资源紧密结合，共同完成 FPGA 内的时钟信号设计。

为了保证时钟布线资源的低时钟歪斜（也称时钟偏差）、低抖动、低失真等特性，FPGA 内有专门的时钟布线结构。Xilinx 公司的 FPGA 的时钟是通过时钟树来分布的。图 6-3 是 Spartan 系列 FPGA 的时钟网络结构，也称为时钟树。

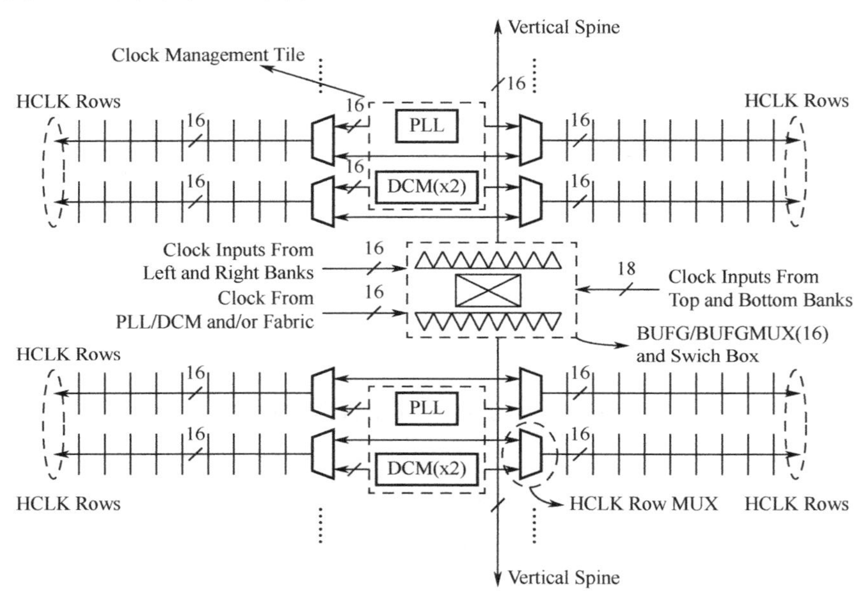

图 6-3　Spartan 系列 FPGA 的时钟网络结构

图 6-3 中，中间竖排是 CMT（XC6SLX16-2FTG256 包含 2 个 CMT），每个 CMT 由 2 个 DCM（Digital Clock Manager，数字时钟管理器）和 1 个 PLL（Phase Locked Loop）组成。DCM 和 PLL 的功能相似，用于完成对输入时钟信号的分频、倍频、移相等处理。每个 DCM 和 PLL 均可以独立使用或级联使用。全局时钟缓冲器 BUFG 位于 FPGA 的中心位置，时钟的输入可以来自 FPGA 上、下、左、右的 Bank，也可以来自 PLL 或 DCM；16 个 BUFGMUX 通过驱动 Vertical Spine（垂直支路）并经 Vertical Spine 往上、下两个方向传播。Vertical Spine 就相当于时钟树的“树干”，根据这条线路，时钟水平延伸至 HCLK 时钟列（HCLK Rows）并经 HCLK 时钟列提供访问局部逻辑资源的路径，HCLK 时钟列和水平时钟线相当于“树枝”。每一个 HCLK 列左右两边各有 16 个水平时钟缓冲（BUFH）驱动左、右 Bank 的逻辑资源。

6.2 时钟管理IP核

6.2.1 全局时钟资源

在介绍时钟管理IP核之前，有必要先了解一下FPGA全局时钟资源的概念。全局时钟资源是指FPGA内部为实现系统时钟到达FPGA内部各CLB、IOB，以及BSRAM（Block Select RAM，选择性 BRAM）等基本逻辑单元的延时和抖动最小化，采用全铜层工艺设计和实现的专用缓冲与驱动结构。

由于全局时钟资源的布线采用了专门的结构，比一般布线资源具有更高的性能，因此主要用于FPGA中的时钟信号布局布线。也正因为全局时钟资源的特定结构和优异性能，FPGA内的全局时钟资源数量十分有限，如XC6SLX16-2FTG256内仅有16个全局时钟资源。

全局时钟资源是一种布线资源，且这种布线资源在FPGA内的物理位置是固定的，如果设计不使用这些资源的话，也不能增加整个设计的布线效率，因此，全局时钟资源在FPGA设计中使用得十分普遍。全局时钟资源有多种使用形式，用户可以通过ISE14.7的语言模板查看全局时钟资源的各种原语。下面介绍几种典型的全局时钟资源示意图及使用方法。

1. IBUFG和IBUFGS

IBUFG是与时钟输入引脚相连接的首级全局缓冲，IBUFGS是IBUFG的差分输入形式，如图6-4所示。

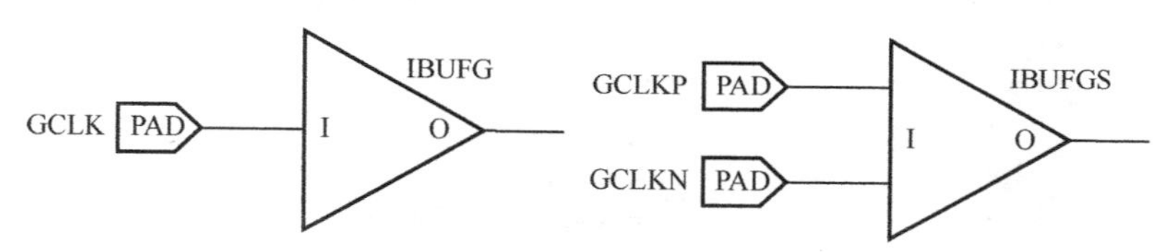

图6-4 IBUFG和IBUFGS的示意图

值得特别注意的是，IBUFG和IBUFGS的输入引脚必须直接与FPGA引脚相连，每个IBUFG和IBUFGS的输入引脚位置在FPGA中都是固定的。换句话说，只要是从芯片全局时钟引脚输入的信号，无论该信号是否为时钟信号，均必须由IBUFG或IBUFGS引脚输出，这是由FPGA内部的硬件结构决定的。还需注意的是，仅采用IBUFG或IBUFGS的时钟输出，并不占用全局时钟布线资源，只有当IBUFG或IBUFGS与BUFG组合起来使用时才会占用全局时钟资源。

2. BUFG、BUFGCE和BUFGMUX

BUFG是全局时钟缓冲器，BUFGCE是BUFG带时钟使能端的形式，BUFGMUX是具有选择输入端的BUFG形式，如图6-5所示。

BUFG有两种使用方式：与IBUFG组合成BUFGCE，以及BUFG的输入引脚连接内部逻辑信号、输出引脚连接全局时钟布线资源。因此，只要使用了BUFG，就表示使用了FPGA内的全局时钟资源。

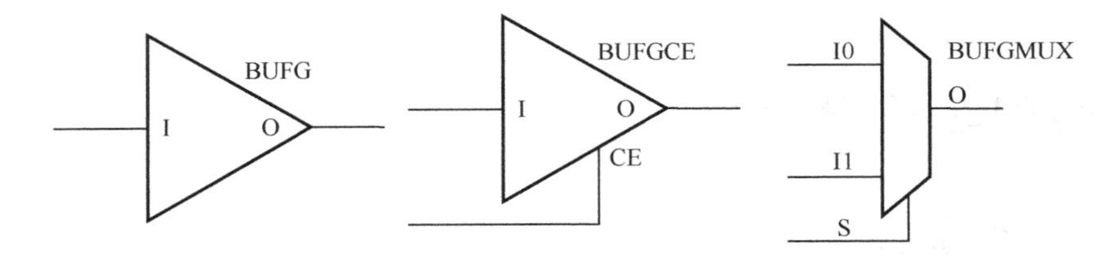

图 6-5　BUFG、BUFGCE 和 BUFGMUX 的示意图

6.2.2　利用 IP 核生成多路时钟信号

1．时钟管理 IP 核设计

实例 6-1：时钟管理 IP 核设计

已知 FPGA 的时钟引脚输入频率为 50 MHz 的时钟信号，要求利用时钟管理 IP 核生成 4 路时钟信号：第 1 路时钟信号的频率为 100 MHz，第 2 路时钟信号的频率为 50 MHz，第 3 路时钟信号的频率为 12.5 MHz，第 4 路时钟信号的频率为 75 MHz。

在 ISE14.7 中新建一个工程，打开新建资源对话框，设置资源文件名为“cmt”，选中“FPGA Features and Design→Clocking→Clocking Wizard”，依次单击“Next”“Finish”按钮，可打开时钟管理 IP 核参数设置对话框，如图 6-6 所示。

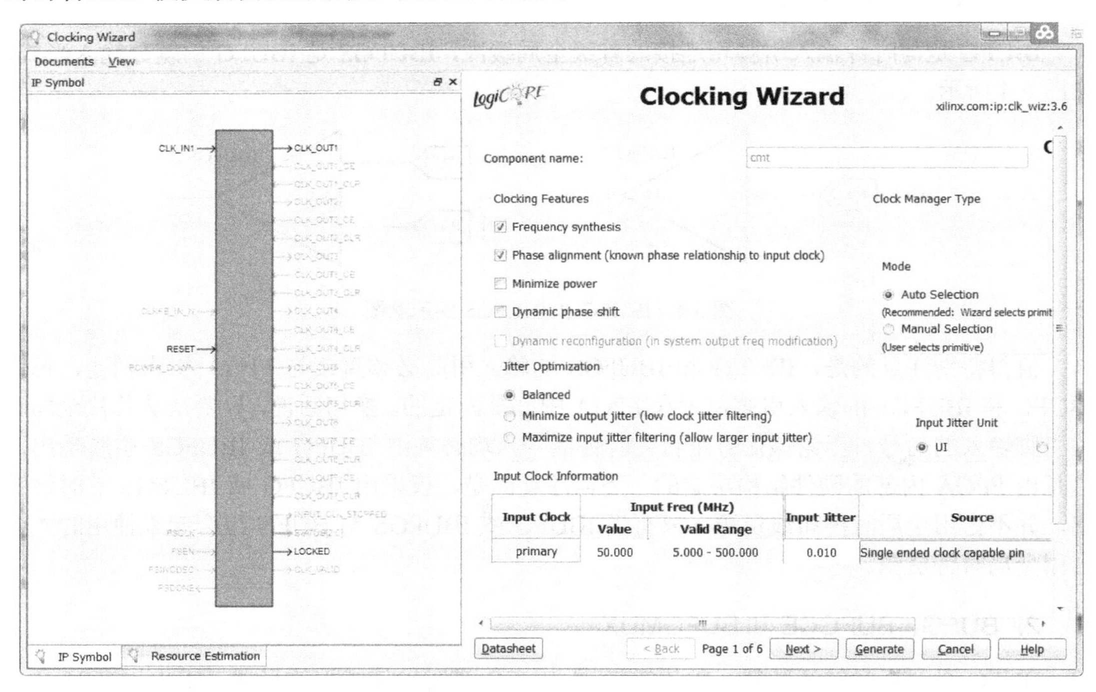

图 6-6　时钟管理 IP 核参数设置的第 1 个对话框

在图 6-6 中，将“Input Clock Information”中的“Input Freq（MHz）”设置为实际输入的时钟信号频率，即“50.000”，其他参数保持默认。单击“Next”按键，在弹出的对话框中设置输出时钟信号的个数、频率、相位等参数。根据设计的要求，需要输出 4 路时钟信号，因

此需要再勾选 3 路输出（CLK_OUT1 是默认选中状态，不需要选择）：CLK_OUT2、CLK_OUT3、CLK_OUT4，4 路输出时钟信号参数设置对话框如图 6-7 所示。

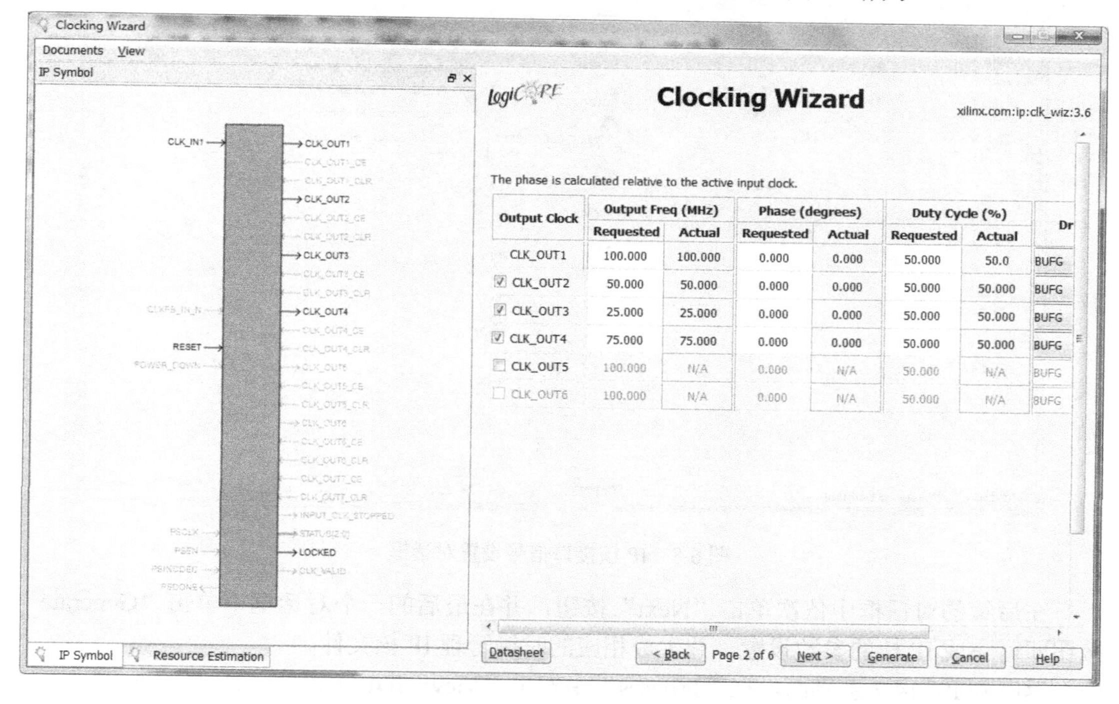

图 6-7　4 路输出时钟信号参数设置对话框

在“Output Freq（MHz）”的“Requested”中，依次设置对应时钟信号的频率，在“Actual”中会显示实际的时钟信号频率；在“Phase（degrees）”的“Requested”中，依次设置对应时钟信号的初始相位，在“Actual”中会显示实际的初始相位；在“Duty Cycle（%）”的“Requested”中，依次设置对应时钟信号的占空比，在“Actual”中会显示实际的占空比。

需要说明的是，时钟管理 IP 核并不能生成任意频率的时钟信号。例如，设置输出时钟信号的频率为 74 MHz，在“Actual”中显示的实际频率仍为 75 MHz。这是因为 IP 核所生成的时钟信号频率与输入之间仅能是 M/N 的关系，其中的 M、N 必须是整数。如果将输出时钟信号的频率设置为 1 MHz，则在“Actual”中显示的实际频率为 3.125 MHz，这说明对于频率为 50 MHz 的输入时钟信号，最低只能够到频率为 3.125 MHz 的时钟信号。读者也可以尝试设置其他的频率值，了解 IP 核生成的时钟信号的频率范围。

设置完成输出时钟信号的参数后，单击“Next”按钮可进入 IP 核接口信号设置对话框，如图 6-8 所示。常用的信号有复位信号（RESET）和时钟环路锁定信号（LOCKED），勾选复位信号及时钟环路锁定信号后，可通过仿真查看 IP 核的功能。单击 IP 核接口信号设置对话框左下角的“Resource Estimation”选项卡，可以查看 IP 核所占用的资源情况。本实例中，IP 核使用了 1 个 DCM_SP 模块、1 路输入全局缓冲 IBUFG，以及 4 路全局时钟资源 BUFG。由于还没有对 FPGA 进行引脚约束，而 IP 核直接给出了使用 IBUFG 及 BUFG 资源的报告，这说明 CMT 的输入会自动与 IBUFG 相连，在物理位置上也必须由专用的时钟引脚输入，同时产生的输出时钟信号默认使用全局时钟资源。

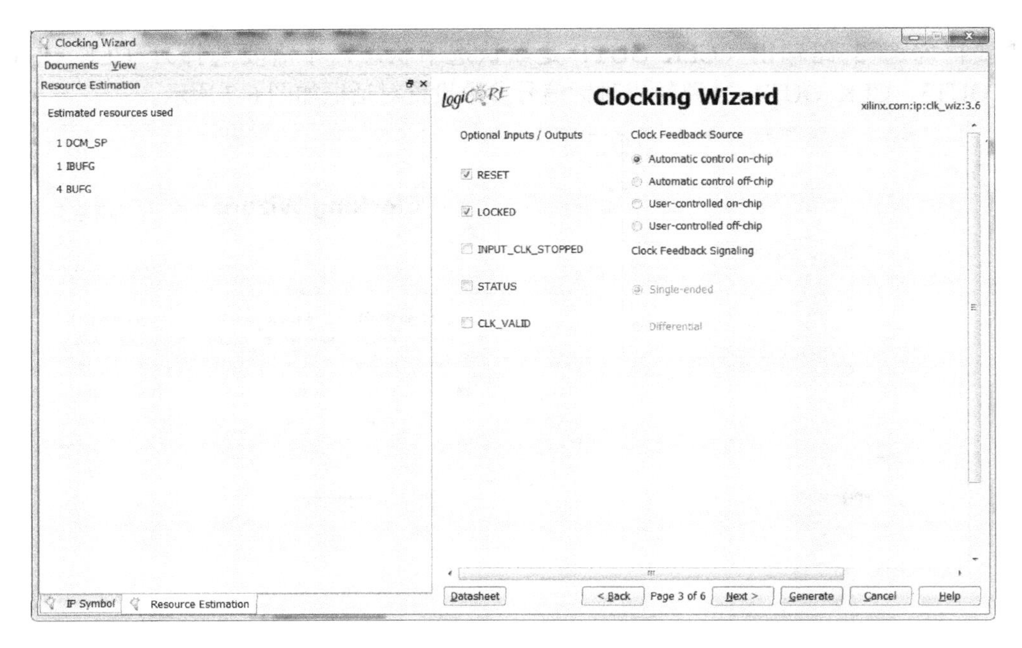

图 6-8　IP 核接口信号设置对话框

在后续的对话框中依次单击“Next”按钮，并在最后的一个对话框中单击“Generate”按钮即可完成 IP 核的参数设置，并生成相应的时钟管理 IP 核文件。

返回到 ISE14.7 主界面，在“Process”中双击“View HDL Instantiation Template”，可以查看 IP 核的例化语句，如下所示：

```
cmt instance_name
    (//Clock in ports
    .CLK_IN1(CLK_IN1),
    //Clock out ports
    .CLK_OUT1(CLK_OUT1),
    .CLK_OUT2(CLK_OUT2),
    .CLK_OUT3(CLK_OUT3),
    .CLK_OUT4(CLK_OUT4),
    .RESET(RESET),
    .LOCKED(LOCKED));
```

从例化语句可以看出，IP 核有 1 路时钟输入信号 CLK_IN1，1 路高电平有效的复位信号 RESET，4 路输出的时钟信号 CLK_OUT1、CLK_OUT2、CLK_OUT3、CLK_OUT4，以及 1 路时钟环路锁定信号 LOCKED。

2. 时钟管理 IP 核的功能仿真

在生成时钟管理 IP 核后，可以直接对 IP 核文件进行仿真测试。生成的测试激励文件为 tst.vt，完善输入时钟信号波形的部分代码如下：

```
initial begin
    CLK_IN1 = 0;                    //设置输入时钟信号的初始状态为 0
    RESET = 0;                      //设置上电状态为 0，不复位
```

```
        #1000;                          //等待 1000 ns
        RESET = 1;                      //设置复位状态
        #100;                           //等待 100 ns
        RESET = 0;                      //取消复位状态
    end
    //CLK_IN1 每 10 ns 翻转 1 次，即频率为 50 MHz 的时钟信号
    always #10 CLK_IN1 <= !CLK_IN1;
```

从以上代码可以看出，为了测试复位信号（RESET）的功能，设置在上电时不复位，在 1000 ns 后复位状态持续 100 ns，然后取消复位状态。

运行 ModelSim 仿真，时钟管理 IP 核的功能仿真如图 6-9 所示。

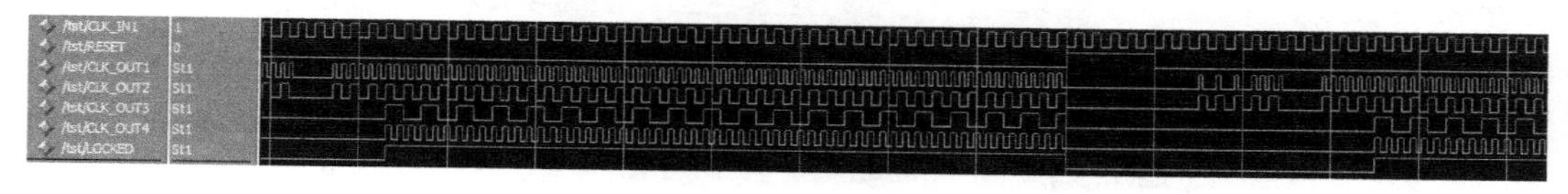

图 6-9　时钟管理 IP 核的功能仿真

从图 6-9 中可以看出，上电后 RESET 为 0，没有复位，在前几个 CLK_IN1 时钟周期内，输出的 4 路时钟信号均不稳定，此时 LOCKED 为低电平。然后开始输出 4 路稳定的时钟信号，各路时钟信号的频率与设置的频率相同，且 LOCKED 为高电平。当 RESET 为 1 时，处于复位状态时，输出的 4 路时钟信号保持低电平。在 RESET 再次变为 0 时，取消复位状态后，大约经过 10 个 CLK_IN1 时钟周期后，LOCKED 变为高电平，各路时钟信号均能够输出稳定、准确的时钟信号。

从上述仿真波形可以看出，LOCKED 能够及时准确地反映出输出时钟信号的稳定状态。因此，在 FPGA 设计中，通常采用 LOCKED 作为后续电路的全局复位信号。当 LOCKED 为 0 时复位，当 LOCKED 为 1 时不复位，在电路取消复位时可确保输出的时钟信号稳定有效。

6.3　乘法器 IP 核

6.3.1　实数乘法器 IP 核

乘法运算是数字信号处理中的基本运算。对于 DSP、CPU、ARM 等器件来讲，采用 C 语言等高级语言实现乘法运算十分简单，仅需要采用乘法运算符即可，且可实现几乎没有任何误差的单精度浮点数或双精度浮点数的乘法运算。工程师在利用这类器件实现乘法运算时，无须考虑运算量、资源或精度的问题。对 FPGA 工程师来讲，一次乘法运算就意味着一个乘法器资源，而 FPGA 中的乘法器资源是有限的。另外由于有限字长效应的影响，FPGA 工程师必须准确掌握乘法运算的实现结构及性能特点，以便在 FPGA 设计中灵活运用乘法器资源。

对于相同位宽二进制数来讲，进行乘法运算所需的资源远多于进行加法或减法运算所需的资源。另外。由于乘法运算的步骤较多，从而导致其运算速度较慢。为了解决乘法运算所需的资源较多以及运算速度较慢的问题，FPGA 一般都集成了实数乘法器 IP 核。ISE14.7 提供了实数乘法器及复数乘法器两种 IP 核，本节以具体的设计实例来讨论实数乘法器 IP 核的基本使用方法。

1. 实数乘法器 IP 核参数的设置

实例 6-2：通过实数乘法器 IP 核实现实数乘法运算

通过实数乘法器 IP 核完成乘法运算，采用 ModelSim 来仿真实数乘法运算的输入/输出信号波形，掌握实数乘法器 IP 核的延时。

在 ISE14.7 中新建名为 RealMult 的工程，新建 IP 类型（CORE Generator & Architecture Wizard）的资源，设置资源文件名为“real_mult”。在 IP 类型中选择“View by Funciton→Math Functions→Multipliers→Multiplier 11.2”，打开实数乘法器 IP 核设置对话框，如图 6-10 所示。

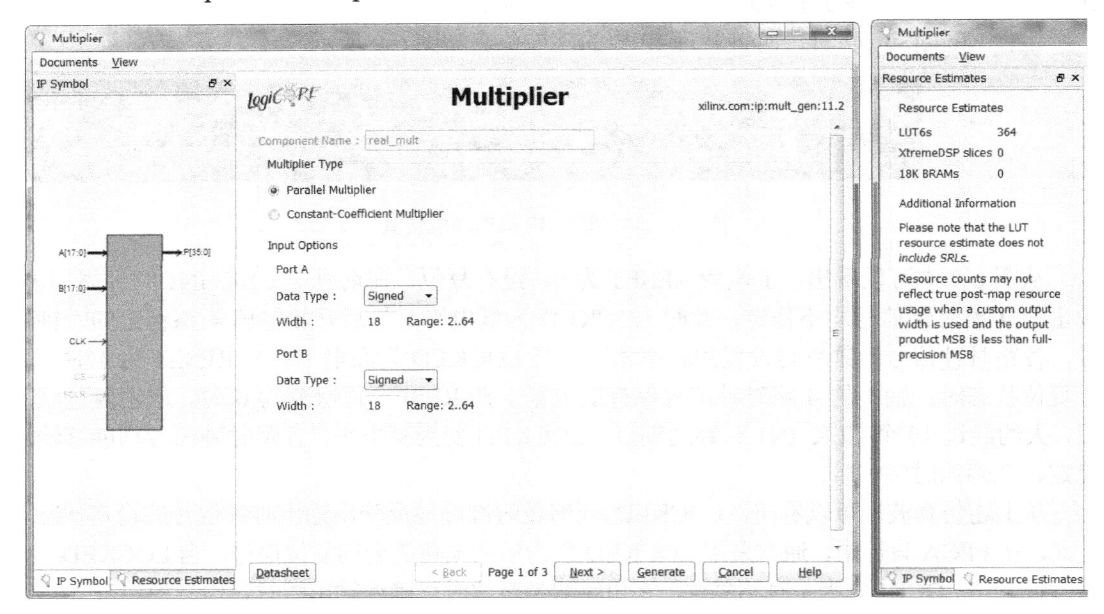

图 6-10 实数乘法器 IP 核设置对话框

图 6-10 左侧显示的是 IP 核的对外接口信号，信号的种类、位宽等信息由用户设置。单击左下角的“Resource Estimates”标签项，可以查看 IP 核所占用的逻辑资源，如图 6-10 右侧所示。

在新建实数乘法器 IP 核时，IP 核的默认类型（Multiplier Type）为并行乘法器（Parallel Multiplier），两个输入端口信号均为 18 bit 的有符号数（Signed）。IP 核的类型还可以设置为常系数乘法器（Constant-Coefficient Multiplier）。当一个操作数为常数时，乘法运算可以采用第 5 章介绍的移位相加方法，IP 核会自动采用高效的结构进行实现。在 FPGA 中进行乘法运算时，既可以采用 LUT 等资源实现，也可以采用实数乘法器 IP 核实现。采用 LUT 等资源实现乘法器时，FPGA 可实现的乘法器个数由 LUT 资源的规模决定。FPGA 中集成的实数乘法器 IP 核数量在生产 FPGA 时已固定了，如 XC6SLX16-2FTG256 内集成了 32 个实数乘法器 IP 核。不同系列 FPGA 中的实数乘法器 IP 核输入信号的最大位宽不完全相同，Spartan-6 系列 FPGA 中的实数乘法器 IP 核输入信号的位宽为 18。如果用户设计中使用了输入位宽为 10 的实数乘法器 IP 核，则该实数乘法器 IP 核的多余位宽资源也无法再使用；如果用户要实现输入位宽为 19 的实数乘法器 IP 核，则需要 4 个（注意不是 2 个）输入位宽为 18 的实数乘法器 IP 核。

本实例将实数乘法器 IP 核设置输入信号为 8 bit 的有符号数并行乘法器。单击“Next”按钮，可设置乘法器的实现结构（Multiplier Construction）及优化策略（Optimization Options）。乘法器的实现结构有两种选择：采用 LUT 资源（Use LUTs）实现，以及采用实数乘法器 IP 核（Use Mults）实现。乘法器的优化策略是指在采用实数乘法器 IP 核实现乘法器时，以提高运算速度（通常意味着需要更多的逻辑资源）还是以节约逻辑资源（通常意味着降低运算速度）为目标完成电路的设计。

设置乘法器结构为实数乘法器 IP 核资源，以速度为目标的优化策略，单击“Next”进入输出位宽及流水线参数设置对话框，如图 6-11 所示。

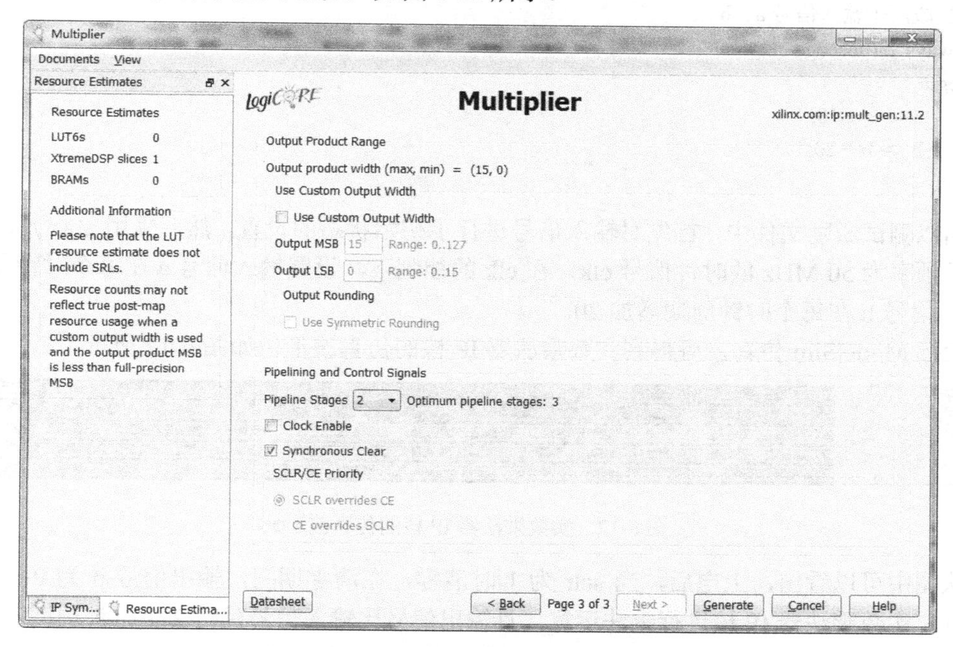

图 6-11　输出位宽及流水线参数设置对话框

在图 6-11 的“Output Product Range”中可以设置输出信号的位宽，其中“Output MSB”用于设置输出信号的最高位，“Output LSB”用于设置输出信号的最低位。根据二进制数的运算规则，当两个位宽分别为 N_1、N_2 的操作数进行乘法运算时，至少需要位宽为 N_1+N_2 的操作数才能保证运算结果不溢出。“Pipeline Stages”用于设置乘法器的流水线级数，每增加一级流水线，输入信号就会延时一个时钟周期。增加流水线级数可以提高运算速度。“Clock Enable”为时钟允许信号，“Synchronous Clear”为异步清零信号。按图 6-11 所示设置好参数后，单击“Generate”按钮可完成实数乘法器 IP 核的设计。

2. 实数乘法器 IP 核的功能仿真

设置好实数乘法器 IP 核后，可以直接对 IP 核文件进行仿真测试，测试激励文件为 tst.vt，完善输入时钟信号波形的部分代码如下：

```
initial begin
    clk = 0;                    //设置时钟信号的初始状态
    sclr = 1;                   //上电后开始复位清零
```

```
        a = 0;                //设置输入信号的初始状态
        b = 0;                //设置输入信号的初始状态
        #100;                 //等待 100 ns
        sclr = 0;             //取消复位清零
    end

    //生成周期为 20 ns，频率为 50 MHz 的时钟信号
    always #10 clk <= !clk;

    //生成两个输入信号 a、b
    always @(posedge clk)
    begin
        a <= a + 10;
        b <= b + 20;
    end
```

相似测试激励文件中，首先对输入信号进行了初始状态的设置，然后采用 always 块语句生成了频率为 50 MHz 的时钟信号 clk，在 clk 的控制下，设置输入信号 a 在每个时钟周期增加 10，信号 b 在每个时钟周期增加 20。

运行 ModelSim 仿真，可得到实数乘法器 IP 核的仿真波形，如图 6-12 所示。

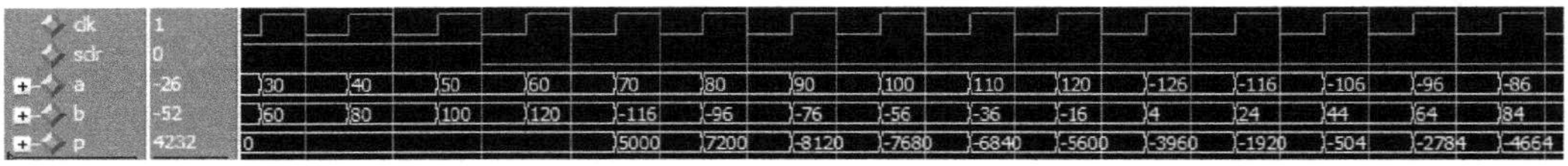

图 6-12　实数乘法器 IP 核的仿真波形

从图中可以看出，上电后，当 sclr 为 1 时清零，在清零期间，输出信号 p 为 0；当 sclr 为 0 时，实数乘法器 IP 核进行乘法运算，且输出信号比输入信号延时 2 个时钟周期。例如，当输入信号分别为 60 和 120 时，2 个时钟周期后输出信号的值变为 7200，这是由于实数乘法器 IP 核设置了 2 级流水线运算的原因。

6.3.2　复数乘法器 IP 核

1. 复数乘法器运算规则

众所周知，两个复数的乘法运算，其实是 4 个定点数乘法运算的结果，即：

$$A=A_R+A_I\times i$$

$$B=B_R+B_I\times i$$

$$P=A\times B=P_R+P_I\times i$$

式中，A_R、A_I 分别为 A 的实部和虚部；B_R、B_I 分别为 B 的实部和虚部；P_R、P_I 分别为 P 的实部和虚部，且：

$$P_R=A_R\times B_R-A_I\times B_I$$

$$P_I=A_R\times B_I+B_R\times A_I$$

从上式可知，两个复数相乘，需要 4 个乘法器及 2 个加法器。

根据 FPGA 的结构特点，与加法运算相比，乘法运算需要更多的资源，且运算速度更慢。因此，如果能减少乘法运算量，则可有效减少系统占用的资源并提高运算速度。对于复数乘法来讲，可以对运算方法进行简单的变换，先进行 2 次加法运算及 3 次乘法运算得到以下结果：

$$C_1 = A_R \times B_I$$
$$C_2 = A_I \times B_R$$
$$C_3 = (A_R + A_I) \times (B_R - B_I)$$

再通过 3 次加法或减法运算即可得到最终的复数乘法结果，即：

$$P_R = C_3 + C_1 - C_2 = A_R \times B_R - A_I \times B_I$$
$$P_I = C_1 + C_2 = A_R \times B_I + B_R \times A_I$$

通过简单的变换，一次复数乘法运算共需 3 次实数乘法运算和 5 次加法或减法运算。

2. 复数乘法器 IP 核参数的设置

实例 6-3：通过复数乘法器 IP 核实现复数乘法运算

通过复数乘法器 IP 核完成复数乘法运算，可设置不同的乘法器实现结构，查看运算所需占用的逻辑资源情况，采用 ModelSim 仿真复数乘法运算的输入/输出信号波形，掌握复数乘法器 IP 核的延时。

在 ISE14.7 中新建名为“ComplexMult”的工程，新建 IP 类型（CORE Generator & Architecture Wizard）的资源，设置资源文件名为“complex_mult”。在 IP 类型中选择“View by Funciton→Math Functions→Multipliers→Complex Multiplier 3.1”，可打开复数乘法器 IP 核设置对话框，如图 6-13 所示。

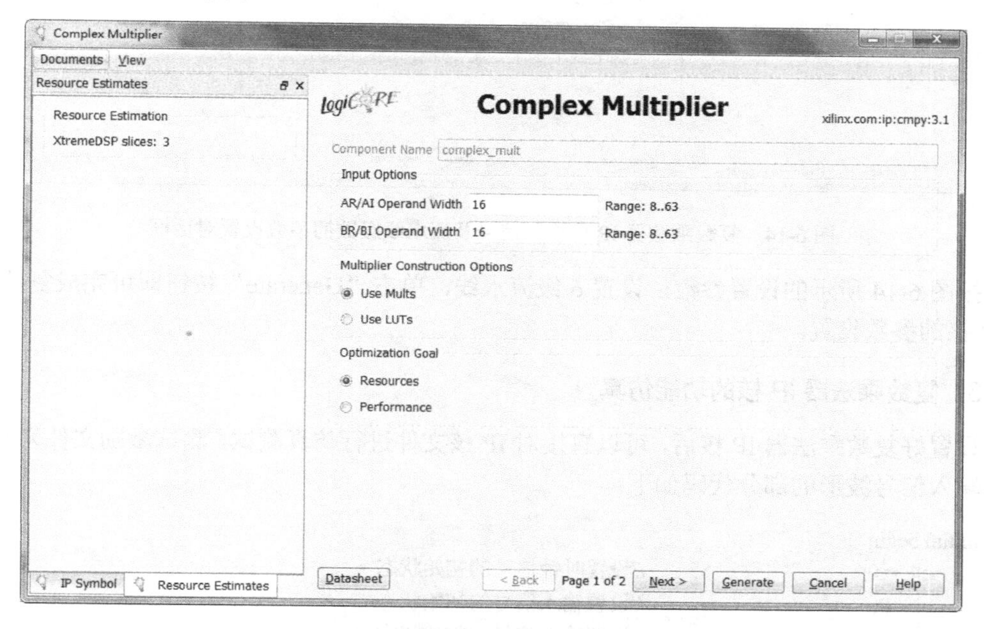

图 6-13 复数乘法器 IP 核设置对话框

图 6-13 左侧显示的是 IP 核所占用的逻辑资源情况，单击左下角的“IP Symbol”选项卡，

可查看 IP 核接口信号的状态。在“Input Options”中可设置输入信号的位宽（范围为 8～63）；在“Multiplier Construction Options”中可设置乘法器结构，可选择采用乘法器 IP 核（Use Mults）或爱用 LUT 资源（Use LUTs）来实现乘法器结构；在“Optimization Goal”中可设置优化目标为逻辑资源（Resources）还是速度性能（Performance）。

本实例按图 6-13 所示设置，从图中可以看到，16 bit 的复数乘法器需要用到 3 个乘法器 IP 核资源。读者可以选中“Performance”单选选项来查看所需的资源，并与前面讨论的复数乘法规则对应起来理解，了解复数乘法器 IP 核所采用的复数乘法器运算结构。

在图 6-13 中，单击“Next”按钮可进入复数乘法器 IP 核输入信号及流水线级数的参数设置对话框，如图 6-14 所示。图 6-14 中，“Output Product Range”用于设置输出信号的最高位（MSB）和最低位（LSB），“Core Latency”用于设置复数乘法器 IP 核的流水线级数。由于复数乘法运算的步骤较多，可通过设置多个流水线级数来提高复数乘法器 IP 核的运算速度。

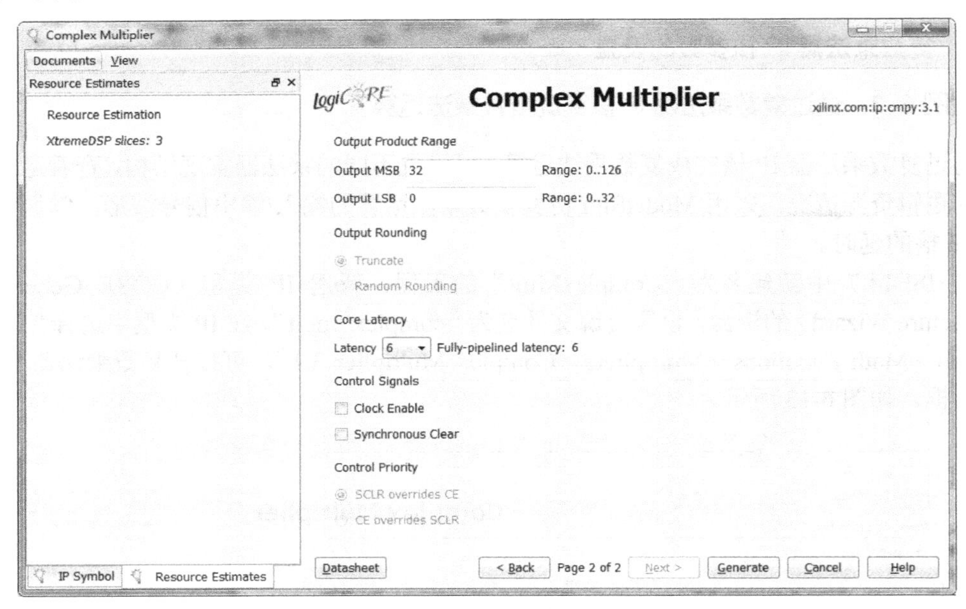

图 6-14　复数乘法器 IP 核输入信号及流水线级数的参数设置对话框

按图 6-14 所示的设置参数，设置 6 级流水线，单击“Generate”按钮即可完成复数乘法器 IP 核的参数设置。

3. 复数乘法器 IP 核的功能仿真

设置好复数乘法器 IP 核后，可以直接对 IP 核文件进行仿真测试，测试激励文件为 tst.vt，完善输入信号波形的部分代码如下：

```
initial begin
    clk = 0;                    //设置时钟信号的初始状态
    ai = 0;                     //设置输入信号的初始状态
    bi = 0;                     //设置输入信号的初始状态
    ar = 0;                     //设置输入信号的初始状态
    br = 0;                     //设置输入信号的初始状态
```

```
end
//生成周期为 20 ns、频率为 50 MHz 的时钟信号
always #10 clk <= !clk;

//生成两个输入信号 a、b
always @(posedge clk)            //在 clk 的上升沿生成数据
begin
    ai <= ai + 1;
    bi <= bi + 2;
    ar <= ar + 3;
    br <= br + 4;
end
```

在测试激励文件中，首先对输入信号进行了初始状态设置，然后采用 always 块语句生成频率为 50 MHz 的时钟信号 clk，在 clk 的控制下，设置 4 路输入信号（每个复数由实部及虚部组成）均为递增数据。

运行 ModelSim 仿真，可得到复数乘法器 IP 核的仿真波形，如图 6-15 所示。

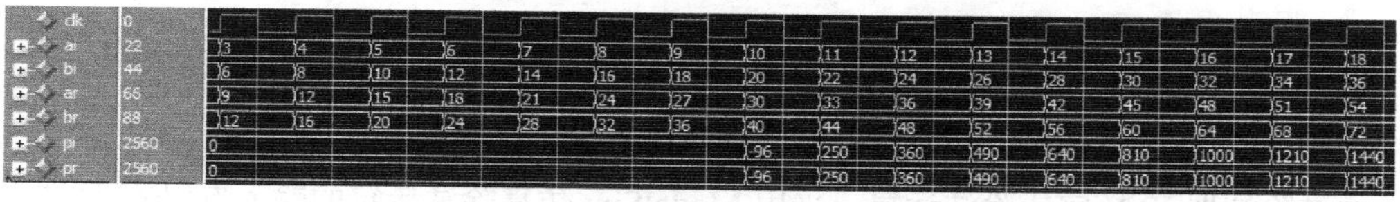

图 6-15　复数乘法器 IP 核的仿真波形

从图 6-15 中可以看出，上电后的前几个数据没有进行运算，输出均为 0，可以认为复数乘法器 IP 核在进行初始化工作。复数乘法器 IP 核得到的第一个运算结果为-96-96i，即实部和虚部均为-96。由于复数乘法器 IP 核的流水线级数为 6，因此对应的输入数据应该为前 6 个时钟的数据 12+4i、16+8i。手动运算（12+4i）×（16+8i）=160+160i，明显不等于-96-96i。再验算后续运算结果：（15+5i）×（20+10i）=250+250i，与输出结果相同。读者可以验算后续运算结果的正确性。

在进行 FPGA 设计的过程中，工程师不仅需要熟练完成设计，还需具备合理解释电路的工作现象，从而掌握设计规律，设计出满足用户需求的电路。从仿真结果看，图 6-15 中的第一个输出数据是-96-96i，这是一个错误的数据，也可以说是一个无效的数据，产生这个错误数据的原因是在复数乘法器 IP 核初始化过程中的运算结果是不稳定的。

6.4　除法器 IP 核

6.4.1　FPGA 中的除法运算

如前文所述，对于 DSP、CPU、ARM 等器件来讲，和乘法运算一样，采用 C 语言等高级语言实现除法运算十分简单，仅需要采用除法运算符即可，且可实现几乎没有任何误差的单精度浮点数或双精度浮点数的除法运算。工程师在利用这类器件实现除法运算时，几乎不

需要考虑任何运算量、资源或精度的问题。

根据二进制数的运算规则可知，除法运算不仅比加法、减法、比较等运算复杂得多，也比乘法运算复杂。在 FPGA 中进行乘法运算时，可以采用 FPGA 中集成的乘法器 IP 核来完成，具有运算速度快、性能好等特点。乘法运算中的数据位宽很容易确定，容易得到完全准确的运算结果。对于两个变量的除法运算，存在除不尽的情况，由于 FPGA 的数据位宽是有限的，因此存在误差大小的问题。正因为二进制数除法运算的复杂性，因此在 FPGA 中应当尽量避免进行除法运算。如果除数是某个常数，则应当尽量采用移位相加的方法实现近似的除法运算，具体可参考第 5 章的相关内容。

根据二进制数除法运算的特点，FPGA 中的除法运算结果可采用两种方式来表示：商和余数，以及商和小数。

虽然本书后续所有实例均没有用到两个变量的除法运算，但考虑到除法运算是数据的基本运算之一，因此接下来以一个具体实例讨论 FPGA 中除法运算 IP 核的设计方法，目的是给读者更多的参考。

6.4.2 测试除法器 IP 核

1. 除法器 IP 核参数的设置

实例 6-4：通过除法器 IP 核实现除法运算

通过除法器 IP 核完成除法运算，采用 ModelSim 仿真除法运算的输入/输出信号波形。

在 ISE14.7 中新建名为“Divider”的工程，新建 IP 类型（CORE Generator & Architecture Wizard）的资源，设置资源文件名为“divider”。在 IP 类型中选择“View by Function→Math Functions→Dividers→Divider Generator 3.0”，可打开除法器 IP 核设置对话框，如图 6-16 所示。

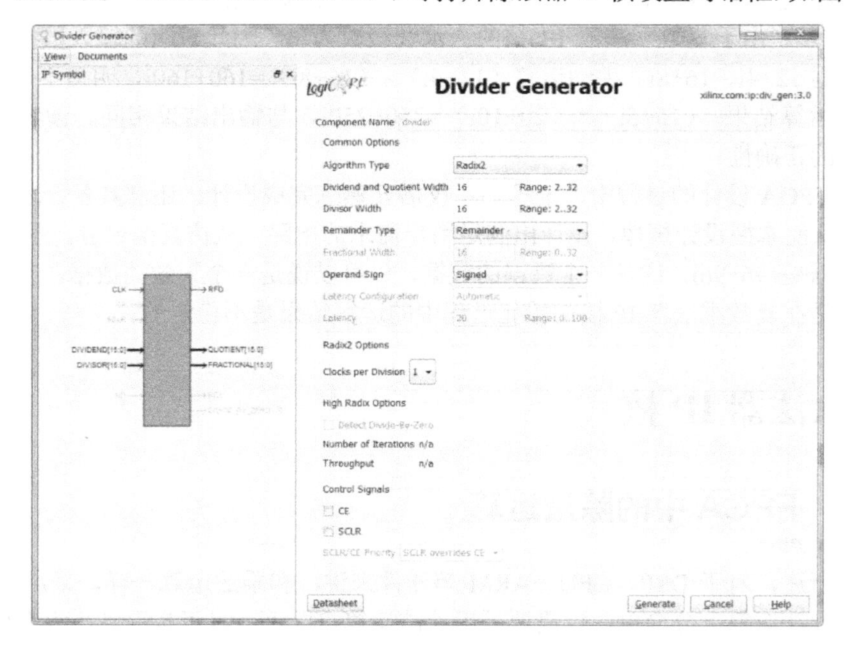

图 6-16　除法器 IP 核设置对话框

除法器 IP 核虽然很复杂，但仅有一个设置界面。在“Algorithm Type”下拉列表中选择“Radix2”或“High Radix”，“High Radix”用于手动设置算法的延时（Latency），“Radix2”不能设置算法的延时，延时为固定值 36。“Dividend and Quotient Width”用于设置被除数和商的位宽。“Divisor Width”用于设置除数的位宽。在“Remainder Type”下拉列表中可设置余数的类型，“Fractional”表示小数，“Remainder”表示余数。“Radix2 Options”用于设置“Radix2”的运算吞吐量，即每次运算需要多少个时钟周期。“CE”表示时钟允许信号，“SCLR”表示异步清零信号，用户可根据需要勾选这两个选项。按图 6-16 完成触发器 IP 核的参数设置后，单击“Generate”按钮可生成除法器 IP 核。

2．除法器 IP 核的功能仿真

设置好除法器 IP 核后，可以直接对 IP 核文件进行仿真测试，测试激励文件为 tst.vt，完善输入时钟信号波形的部分代码如下：

```
initial begin
    clk = 0;                        //设置输入信号的初始状态
    dividend = 100;                 //设置除数信号的初始状态
    divisor = 0;                    //设置被除数信号的初始状态
end

//生成周期为 20 ns、频率为 50 MHz 的时钟信号
always #10 clk <= !clk;

//生成两个输入信号
always @(posedge clk)
begin
    dividend <= dividend + 200;
    divisor <= divisor + 20;
end
```

在测试激励文件中，首先对输入信号进行了初始状态的设置，然后采用 always 块语句生成 50 MHz 的时钟信号 clk，在 clk 的控制下，设置输入的 2 路信号均为递增数据。

运行 ModelSim 仿真，可得到除法器 IP 核仿真波形，如图 6-17 所示。

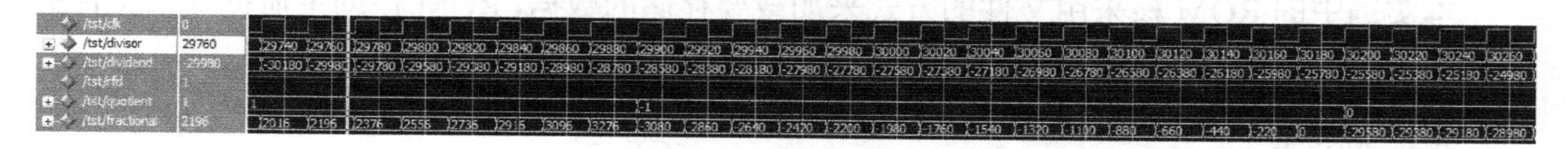

图 6-17　除法器 IP 核仿真波形

根据图 6-16 所示的参数设置可知，除法器 IP 核的运算延时为 20 个时钟周期。因此，图 6-17 中的被除数 divisor 为 29760、除数 dividend 为−29980，得到的商 quotient 为−1、余数 fractional 为−220。读者可以验算其他运算结果的正确性。

6.5 存储器 IP 核

6.5.1 ROM 核

存储器是电子产品设计中常用的基本部件，用于存储数据。根据 FPGA 的工作原理，组成 FPGA 的基本部件为查找表（LUT），LUT 本身就是存储器。存储器在 FPGA 设计中的使用十分普遍，ISE14.7 提供了两种结构类型的存储器 IP 核：基于 LUT 逻辑资源的存储器，以及基于专用硬件存储器结构的 IP 核。从功能上讲，存储器 IP 核可以分为只读存储器（Read Only Memory，ROM）核和随机读取存储器（Random Access Memory，RAM）核两种。

实例 6-5：通过 ROM 核产生正弦波信号

通过 ROM 核产生弦波信号，使用 ModelSim 仿真输出信号波形，掌握 ROM 核的工作原理及使用方法。系统时钟信号频率为 50 MHz，输出信号为 8 bit 的有符号数，正弦波信号的频率为 195.3125 kHz。

1．使用 MATLAB 生成 ROM 核存储的数据

在设置 ROM 核时必须预先装载数据，在程序运行中不能更改存储的数据（不能进行写入操作），只能通过存储器的地址来读取存储的数据。根据实例的需求，设置时钟信号的频率为 50 MHz，正弦波信号的频率为 195.3125 kHz，在每个时钟周期内要对正弦波信号采样 50 MHz/195.3125 kHz=256 个数据。在时钟信号的驱动下，每个时钟周期依次读取一个正弦波信号对应的数据，即可连续不断地产生所需要的正弦波信号。

根据 ROM 核的手册，既可以在 ROM 核参数设置对话框手动输入要存储的数据，也可以采用文件的方式加载要存储的数据，ROM 核存储数据文件的后缀名为“.coe”，文件的格式如下所示。

```
MEMORY_INITIALIZATION_RADIX=进制;
MEMORY_INITIALIZATION_VECTOR=数据,;
```

其中“进制”为数据的进制，“2”表示二进制，“10”表示十进制。数据之间用“，”隔开，以“;”表示数据结束。

本实例中的 ROM 核采用文件的方式来加载要存储的数据，ROM 核的手册提供了文件的格式要求，下面是 MATLAB 生成正弦波信号的 m 程序代码。

```
%sin_wave.m
fs=50*10^6;                    %采样频率为 50MHz
f=fs/256;                      %时钟信号的频率为采样频率的 1/256
t=0:255;                       %产生一个周期的时间序列
t=t/fs;

s=sin(2*pi*f*t);               %产生一个周期的正弦波信号
plot(t,s);                     %绘制正弦波信号波形
```

```
Q=floor(s*(2^7-1));                    %对信号进行 8 bit 量化

%将正弦波信号写入 COE 文件中
%在新建文本文件前，必须建好文件存放的目录文件夹，否则会出现提示信息：
%??? Error using ==> fprintf
%Invalid file identifier
%请根据需要修改下面语句，以修改文件名及文件存放路径
fid=fopen('D:\sin_wave.coe','w');
fprintf(fid,'MEMORY_INITIALIZATION_RADIX=10;\r\n');
fprintf(fid,'MEMORY_INITIALIZATION_VECTOR=\r\n');
fprintf(fid,'%d,\r\n',Q);fprintf(fid,';');
fclose(fid);
```

2. ROM 核参数的设置

在 ISE14.7 中新建名为“ROM”的工程，新建 IP 类型（CORE Generator & Architecture Wizard）的资源，设置资源文件名为“rom”。在 IP 类型中选择“View by Function→Memories & Storage Elements→RAMs & ROMs→Block Memory Generator 7.3”，可打开 ROM 核参数设置对话框。在“RAMs & ROMs”中有“Block Memory Generator”“Distributed Memory Generator”两个选项，“Block Memory Generator”表示使用 FPGA 中的硬件存储器资源，“Distributed Memory Generator”表示使用 FPGA 中的 LUT 等逻辑资源。本实例采用硬件存储器资源生成 ROM 核。选择“Block Memory Generator”后，可弹出“Block Memory Generator”设置的第 1 个对话框，在该对话框中将接口类型（Interface Type）设置为“Native”，单击“Next”按钮可进入“Block Memory Generator”设置的第 2 个对话框，如图 6-18 所示。

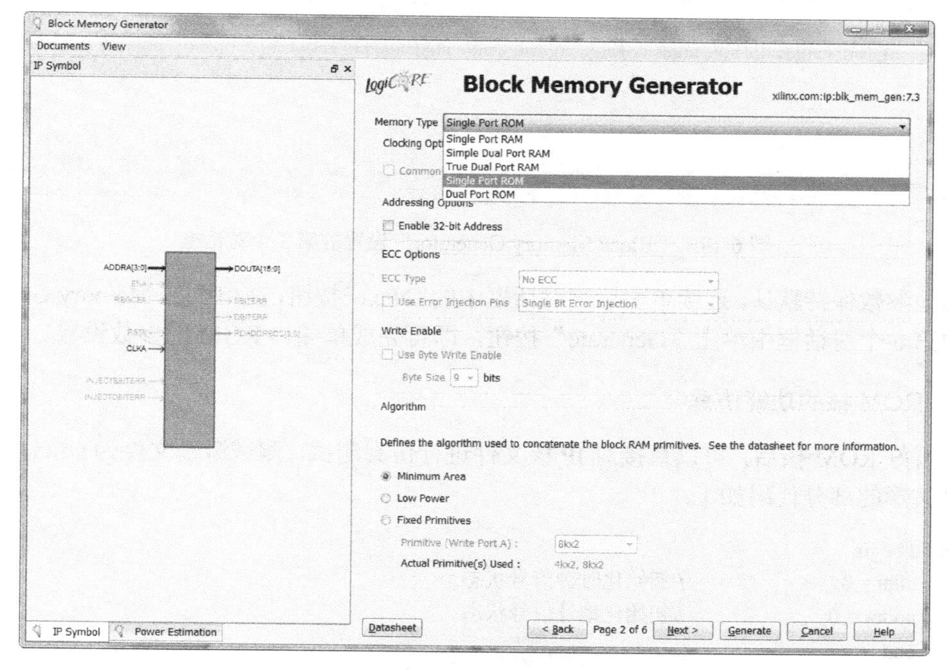

图 6-18　“Block Memory Generator”设置的第 2 个对话框

从图 6-18 中可以看出，存储器类型（Memory Type）有 5 种：单端口 RAM（Single Port RAM）、简单双端口 RAM（Simple Dual Port RAM）、真双端口 RAM（True Dual Port RAM）、单端口 ROM（Single Port ROM）、双端口 ROM（Dual Port ROM）。本实例选择“Single Port ROM”，后续再介绍简单双端口 RAM（Simple Dual Port RAM）。读者在掌握这两种存储器之后，可自行查阅资料了解其他几种存储器的工作原理及使用方法。

选择“Single Port ROM”后，单击“Next”按钮可进入“Block Memory Generator”设置的第 3 个对话框，如图 6-19 所示。“Read Width”用于设置数据位宽，“Read Depth”用于设置数据深度（存储容量）。本实例将“Read Width”设置为“8”，一个时钟周期内的正弦波信号共设置 256 个数据，即将“Read Depth”设置为“256”。

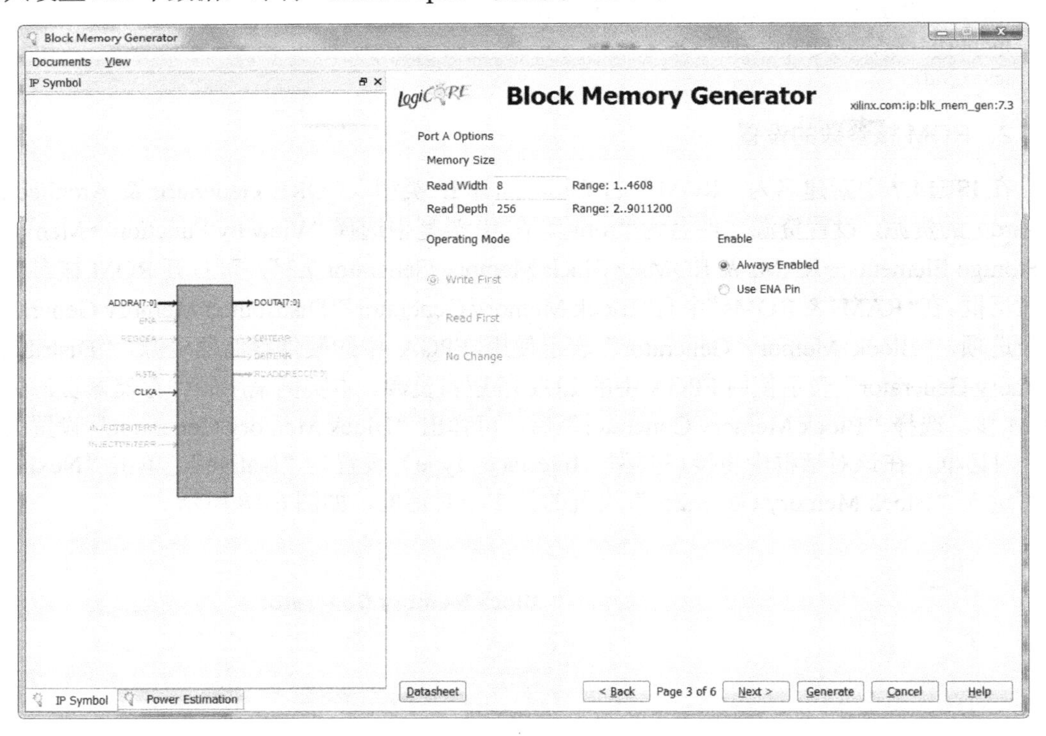

图 6-19 “Block Memory Generator”设置的第 3 个对话框

其他参数保持默认，连续单击后续对话框中的“Next”按钮，在“Block Memory Generator”设置的第 6 个对话框中单击“Generate”按钮，即可完成单端口 ROM 的参数设置。

3. ROM 核的功能仿真

设置好 ROM 核后，可以直接对 IP 核文件进行仿真测试，测试激励文件为 tst.vt，完善输入信号波形的部分代码如下：

```
initial begin
    clka = 0;              //初始化时钟信号状态
    addra = 0;             //初始化地址信号状态
    end
```

```
//生成周期为 20 ns、频率为 50 MHz 的时钟信号
always #10 clka <= !clka;

//生成周期为 256 的循环递增地址信号
always @(posedge clka)
    addra <= addra + 1;
```

在测试激励文件中，首先对输入信号进行了初始状态设置，然后采用 always 块语句生成了 50 MHz 的时钟信号 clk。在 clk 的控制下，设置 ROM 的地址信号 addra 为循环递增，即依次读出 ROM 中存储的数据。

运行 ModelSim 仿真，可得到 ROM 核功能仿真波形，如图 6-20 所示。

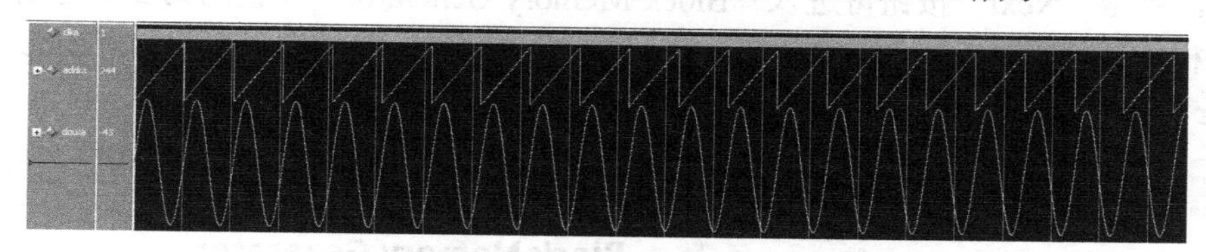

图 6-20　ROM 核 ModelSim 仿真波形

在图 6-20 中，addra 为无符号数格式；douta 为读出的 ROM 数据，设置为有符号数格式。从波形上看，addra 为锯齿波形，符合循环递增规律；douta 为标准的正弦波信号，满足设计要求。

6.5.2 RAM 核

实例 6-6：采用 RAM 核完成数据速率的转换

输入为连续数据流，数据位宽为 8，速率为 25 MHz（此处可根据数据位宽和频率得出数据速率，采用频率来表示速率，可方便处理），采用简单双端口 RAM 设计产生 IP 核的外围接口信号，将数据速率转换为 50 MHz，且每帧数据的个数为 32。

1. 速率转换电路的信号时序分析

在电路系统设计过程中，当两个模块的数据速率不一致且需要进行数据交换时，通常需要设计速率转换电路。本实例的数据输入速率为 25 MHz，数据的输出速率为输入速率的 2 倍，为 50 MHz。本实例为将低数据速率转换为高数据速率。在开始 FPGA 设计之前，必须准确把握电路的接口信号时序，才能设计出符合要求的程序。图 6-21 为速率转换电路的时序，也是接口信号的波形图。

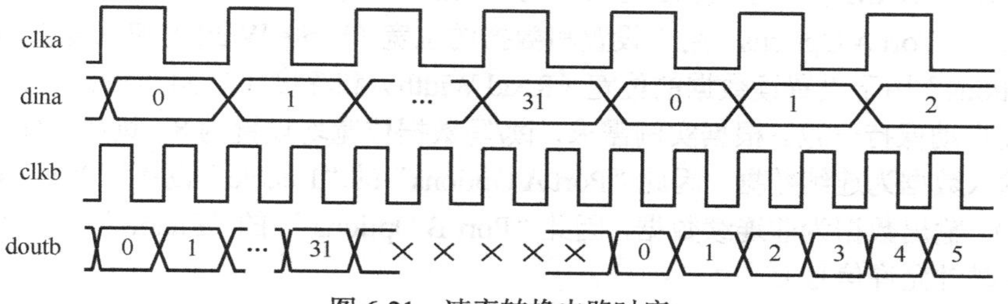

图 6-21　速率转换电路时序

在图 6-21 中，clka 为时钟信号，频率为 25 MHz；dina 为输入数据；clkb 为转换后的时钟信号，频率为 50 MHz；doutb 为输出数据。根据设计需求，每帧的数据个数为 32，转换后的数据输出速率是输入速率的 2 倍，因此每两帧之间有 32 个无效数据。

2．RAM 核参数的设置

在 ISE14.7 中新建名为“RAM”的工程，新建 IP 类型（CORE Generator & Architecture Wizard）的资源，设置资源文件名为“ram”。在 IP 类型中选择“View by Function→Memories & Storage Elements→RAMs & ROMs→Block Memory Generator 7.3”，可打开“Block Memory Generator”设置的第 1 个对话框，在第 1 个对话框中，将接口类型（Interface Type）设置为“Native”，单击“Next”按钮可进入“Block Memory Generator”设置的第 2 个对话框，在第 2 个对话框中选择“Simple Dual Port RAM”后，单击“Next”按钮后可进入“Block Memory Generator”设置的第 3 个对话框，如图 6-22 所示。

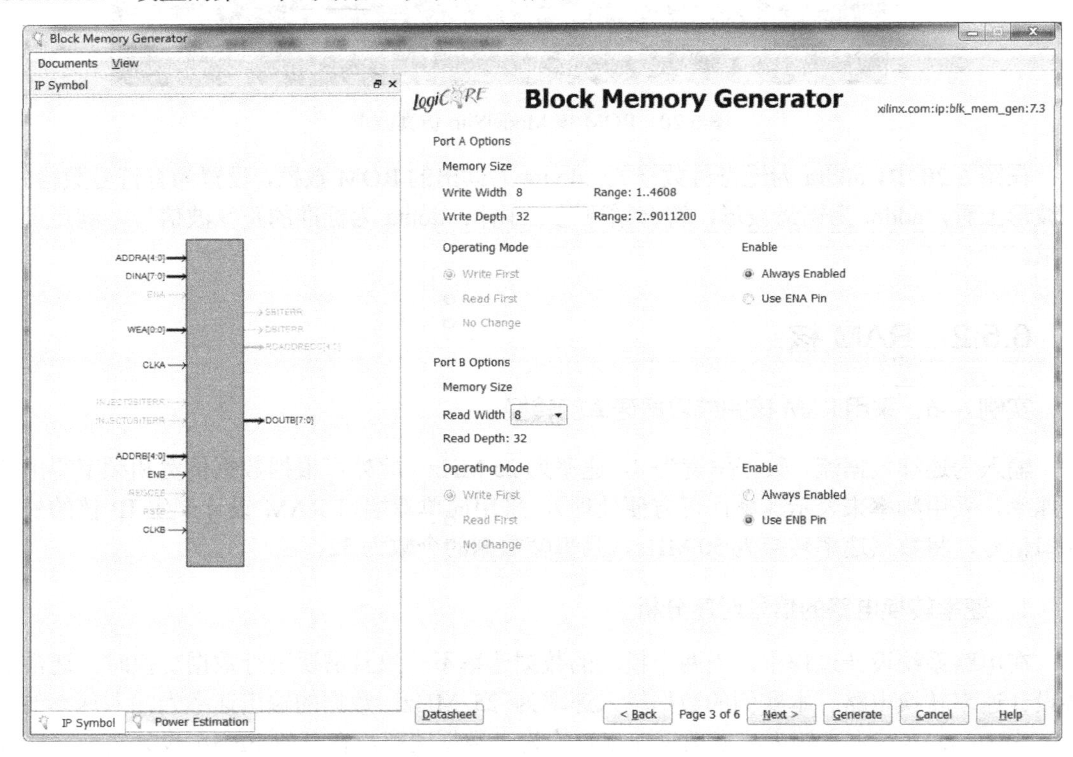

图 6-22 “Block Memory Generator”设置的第 3 个对话框

简单双端口 RAM 有 2 个端口：“Port A Options”（写数据端口 A）和“Port B Options”（读数据端口 B）。“Port A Options”用于设置写数据的位宽（Write Width）和深度（Write Depth），“Port B Options”用于设置读数据的位宽（Read Width）和深度（Read Depth），读数据深度与写数据深度自动保持一致。根据实例需求，读/写数据位宽均设置为 8，读/写数据深度设置为 32。由于输入数据为连续数据，因此“Port A Options”的“Enable”设置为“Always Enabled”（始终允许）。输出数据为非连续数据，因此“Port B Options” 的“Enable”设置为“Use ENB Pin”（使用时钟允许信号）。

其他参数保持默认，持续单击后续对话框中的“Next”按钮，在第 6 个对话框中单击“Generate”按钮，可完成简单双端口 RAM 的参数设置。

3. 速率转换电路 Verilog HDL 程序的设计

RAM 核仅提供了对数据的读/写操作功能，设计者还需要设计 Verilog HDL 程序，完善接口信号，实现速率的转换。

在 ISE14.7 中，双击“View HDL Instantiation Template”可查看 RAM 核的接口信号，如下所示：

```
ram your_instance_name(
    .clka(clka),              //输入信号，输入端时钟
    .wea(wea),                //输入信号，写允许信号
    .addra(addra),            //输入信号，写地址信号
    .dina(dina),              //输入信号，输入数据
    .clkb(clkb),              //输入信号，输出数据的时钟
    .enb(enb),                //输入信号，输出数据时钟允许信号
    .addrb(addrb),            //输入信号，输出数据地址信号
    .doutb(doutb) );          //输出信号，输出数据
```

RAM 核的接口信号种类会由于用户的 IP 核设置情况而有所差异。速率转换电路的输入数据在 25 MHz 的 clka 控制下，会连续不断地把帧长为 32 的数据写入 RAM 核中，要求在速率转换电路的输出端将输出数据的速率提高到 50 MHz。根据 RAM 核工作原理，可以控制 addrb 和 enb 的时序，使得 RAM 核中每 64 个 50 MHz 的 clkb 连续读取 32 个数据，同时需要确保在读数据时，在输入端没有对相同地址的数据进行写操作，以避免发生数据读取的错误。

为了便于理解整个程序的结构，下面先给出顶层文件（ram_speed_trans.v）的 Verilog HDL 代码：

```
//ram_speed_trans.v
module ram_speed_trans(
    input clka,                 //写数据时钟
    input [4:0] addra,          //写数据地址
    input [7:0] dina,           //写数据
    input clkb,                 //读数据时钟
    output [4:0] addrb,         //输出数据地址信号
    output enb,                 //输出有效数据指示信号
    output [7:0] doutb          //转换后的数据
    );

    wire enb_ram;
    wire [4:0] addrb_ram;

    //简单双端口 RAM
    ram u1(
        .clka(clka),
        .wea(1'b1),
        .addra(addra),
```

```
            .dina(dina),
            .clkb(clkb),
            .enb(enb_ram),
            .addrb(addrb_ram),
            .doutb(doutb)
        );

        //RAM 核接口信号生成模块
        interface u2(
            .addra(addra),
            .enb_ram(enb_ram),
            .addrb_ram(addrb_ram),
            .clkb(clkb),
            .enb(enb),
            .addrb(addrb)
        );
    endmodule
```

由顶层文件的代码可知，整个速率转换电路由 RAM 核和一个 RAM 核接口信号生成模块（interface）组成。模块 interface 中的 addra 为 RAM 核的写数据地址。为了避免同时对 RAM 核的同一个地址进行读和写操作，模块 interface 在 addra 的值为 31 时，开始产生连续 32 个 50 MHz 时钟周期的读 RAM 核的允许信号（enb_ram）和地址信号（addrb_ram）。由于向 RAM 核写数据的时钟信号频率为 25 MHz，读数据的时钟信号频率为 50 MHz，因此可确保不会对 RAM 核的同一个地址进行读和写操作，实现将数据速率从 25 MHz 转换成 50 MHz 的功能。

下面是 RAM 核接口信号生成模块文件（interface.v）的 Verilog HDL 代码。

```
    //interface.v
    module interface(
        input [4:0] addra,                    //写数据地址信号
        output reg enb_ram,                   //读数据允许信号
        output reg [4:0] addrb_ram,           //读数据地址信号
        input clkb,                           //读数据时钟
        output reg enb,                       //输出有效数据指示信号
        output reg [4:0] addrb                //输出数据地址信号
        );

        reg [4:0] addra_d=0;
        always @(posedge clkb)
        addra_d <= addra;

        reg [4:0] cn5 = 0;
        //检测到写第 31 个数据时，连续计 32 个数
        always @(posedge clkb)
        begin
            if((addra==31)&(addra_d==30)) begin
                cn5 <= cn5+1;
```

```
                enb_ram <= 1;
                end
            else if((cn5>0)&(cn5<=31)) begin
                cn5 <= cn5 + 1;
                enb_ram <= 1;
                end
            else begin
                cn5 <= 0;
                enb_ram <= 0;
                end
    end

    //根据RAM核接口时序的要求，调整RAM核读数据地址信号，以及转换后的数据地址和数据的
    //有效指示信号
    always @(posedge clkb)
    begin
        addrb_ram <= cn5;
        addrb <= addrb_ram;
        enb <= enb_ram;
    end
endmodule
```

在上述代码中，首先通过50 MHz的读数据时钟clkb将RAM核的写数据地址信号addra延时1个时钟周期，得到addra_d；接着根据addra及addra_d的值来判断RAM核开始写第31个数据的时刻，并以这个时刻为起点，产生持续32个clkb时钟周期的高电平信号enb_ram及计数信号cn5；最后根据RAM核的接口时序要求，对接口信号进行延时处理，得到RAM核的读数据地址信号addrb_ram、输出数据地址信号addrb、输出有效数据指示信号enb。

4．速率转换电路的功能仿真

完成速率转换电路的Verilog HDL程序设计后，可以对顶层文件进行仿真测试，测试激励文件为tst.vt，完善输入信号波形的部分代码如下。

```
initial begin
    clka = 0;           //初始化输入信号状态
    addra = 0;          //初始化输入信号状态
    dina = 0;           //初始化输入信号状态
    clkb = 0;           //初始化输入信号状态
end
//生成周期为10 ns、频率为100 MHz的时钟信号
reg clk=0;
always #5 clk <= !clk;

//对clkb进行分频可得到频率为25 MHz和50 MHz的信号
reg [1:0] cn = 2'd0;
always @(posedge clk)
    begin
```

```
            cn <= cn + 1;
            clka <= cn[1];
            clkb <= cn[0];
        end

    always @(posedge clka)
        begin
            addra <= addra + 1;
            dina <= dina + 1;
        end
```

在测试激励文件中，首先对输入信号进行初始状态的设置，然后采用 always 块语句生成 100 MHz 的时钟信号 clk，在 clk 的控制下，通过分频分别得到 25 MHz 的 RAM 核写时钟信号 clka，以及 50 MHz 的 RAM 核读时钟信号 clkb。在 clka 的驱动下，循环产生 RAM 核写数据地址信号 addra 及数据信号 dina。

运行 ModelSim 仿真，可得到速率转换电路的 ModelSim 仿真波形。图 6-23 为仿真波形的全局图，从图中可以看出转换后的数据输出速率是输入速率的 2 倍，且每隔 32 个时钟周期有 32 个无效数据。

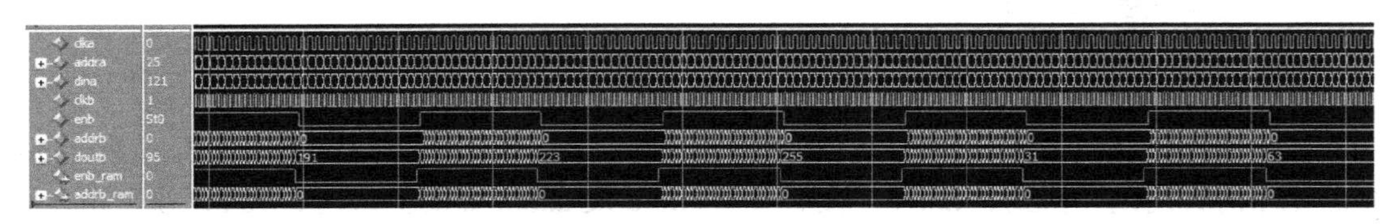

图 6-23　速率转换电路的 ModelSim 仿真波形（全局图）

图 6-24 是仿真波形的局部图（一帧数据的仿真波形），从图中可以看出数据的输出速率为 50 MHz，addra 显示了输出数据的地址信息，enb 为高电平时表示输出数据有效。从仿真波形可以看出，速率转换电路满足设计的要求。

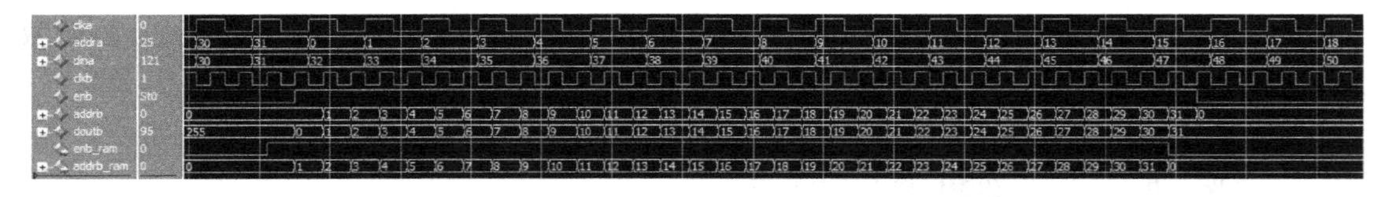

图 6-24　速率转换电路的 ModelSim 仿真波形（局部图）

6.6　数控振荡器 IP 核

6.6.1　数控振荡器工作原理

数字控制振荡器（Numerically Controlled Oscillator，NCO）简称数控振荡器，是数字信号处理、数字通信等电路系统中的重要组成部分，相当于模拟电路中的压控振荡器（Voltage Controlled Oscillator，VCO），可以产生各种频率和相位的正弦波信号。直接数字频率合成器（Direct Digital Synthesizer，DDS）是指采用数字化的方法产生高分辨率正弦波信号的器件。

在 FPGA 设计中，从功能来讲，NCO 与 DDS 均是产生正弦波信号的器件，且均采用全数字化的实现方式。FPGA 一般都提供了用于产生正弦波信号的专用 IP 核，Xilinx 公司的 FPGA 提供的 IP 核名为 DDS，Altera 公司的 FPGA 提供的 IP 核名为 NCO。为便于讨论，本书统一使用 DDS 进行讨论。

描述正弦波信号需要 3 个参数：幅度、频率和相位。如何计算及设计 DDS 的控制灵敏度、频率分辨率等参数是工程师必须掌握的知识。要了解这些知识，需要先理解 DDS 的工作原理。DDS 的作用是产生正弦波信号，最简单的方法是采用 LUT，即事先根据各个正弦波信号的相位计算其对应的正弦波信号值（幅度），并将相位角度作为地址来存储相应的幅度，构成一个幅度-相位转换电路（波形存储器）。在系统时钟的控制下，首先由相位累加器对输入频率字不断累加，得到以该频率字为步进的数字相位；然后通过相位累加器设置初始相位偏移，得到要输出的当前相位；最后当前相位作为采样地址值送入幅度-相位转换电路，通过查表获得正弦波信号。

通过上面的介绍，估计读者仍然难以理解 DDS 的工作原理，接下来以图示进行说明。图 6-25 是三角函数相位字与幅值的对应关系图。

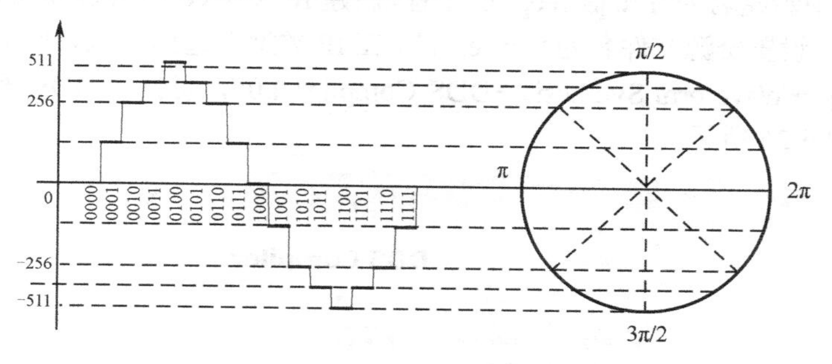

图 6-25　三角函数相位字与幅值的对应关系图

读者可以想象图 6-25 右侧的圆盘以 f_{clk} 的频率逆时针旋转，圆盘中的每个相位值对应一个幅值，幅值向左在纵坐标上投影，横坐标为时间轴，时间轴的单位间隔为 $T_{clk}=1/f_{clk}$。圆盘每旋转一周，在左侧就形成一个周期的正弦波信号。显然，圆盘旋转的速度越快，正弦波信号的频率就越高。下面计算图 6-25 中的正弦波信号的频率。

由图可知，整个圆盘被分成了 16 个相位间隔（每个相位点用 4 bit 表示）。由于圆盘以 f_{clk} 的频率旋转，即每个相位间隔的旋转时间 $T_{clk}=1/f_{clk}$，旋转一周需要的时间为 $16/f_{clk}$，因此正弦波信号的频率 $f=f_{clk}/16$。依次类推，如果相位点用 B_{DDS} bit（通常称为相位累加字位宽）来表示，一个圆周内分成 $2^{B_{DDS}}$ 个相位间隔，则形成的正弦波频率为：

$$f = f_{clk} / 2^{B_{DDS}} \quad \text{Hz} \tag{6-1}$$

由于式（6-1）是顺序读取每个最小相位间隔点产生的信号频率的，即系统所能输出的最小频率。这个频率也称为 DDS 的频率分辨率。假定每次读取最小相位间隔数为 F_{cw}，则形成的正弦波信号频率为：

$$f = F_{cw} \times f_{clk} / 2^{B_{DDS}} \quad \text{Hz} \tag{6-2}$$

当确定 DDS 的驱动时钟信号频率 f_{clk} 及相位字位宽 B_{DDS} 后，输入信号的频率完全由 F_{cw} 决定。因此，通常将 F_{cw} 称为 DDS 的频率控制字。F_{cw} 一定是自然数，且小于或等于 $2^{B_{DDS}}$。实际上，根据奈奎斯特定理，DDS 输出信号的最高频率为 $f_{clk}/2$，此时 $F_{cw}=2^{B_{DDS}-1}$。大家可以想象一下，此时正弦波信号的波形是一个什么形状？每个波形周期只有两个采样点，如果采样点在零相位和 180° 相位处，则采样的信号为全 0。因此，DDS 输出信号最高频率的计算仅具有理论意义，这样的正弦波信号显然无法满足实际工程设计的需要。从式（6-2）可知，系统时钟的频率越高，频率分辨率就越低，F_{cw} 就越小，则产生的信号频率越小，且波形的连续性就越好。

6.6.2 采用 DDS 核设计扫频仪

实例 6-7：采用 DDS 核设计扫频仪

扫频仪的系统时钟信号频率为 50 MHz，信号位宽为 8，输出信号的频率范围为 1～2.75 MHz，间隔为 250 kHz，共 8 种频率循环扫描。

1. DDS 核参数的设置

在 ISE14.7 中新建名为“FreqSweep”的工程，新建 IP 类型（CORE Generator & Architecture Wizard）的资源，设置资源文件名为“sweeper”。在 IP 类型中选择“View by Function→Digital Signal Processing→Waveform Synthesis→DDS Compiler 4.0”，可打开 DDS 核参数设置的第 1 个对话框，如图 6-26 所示。

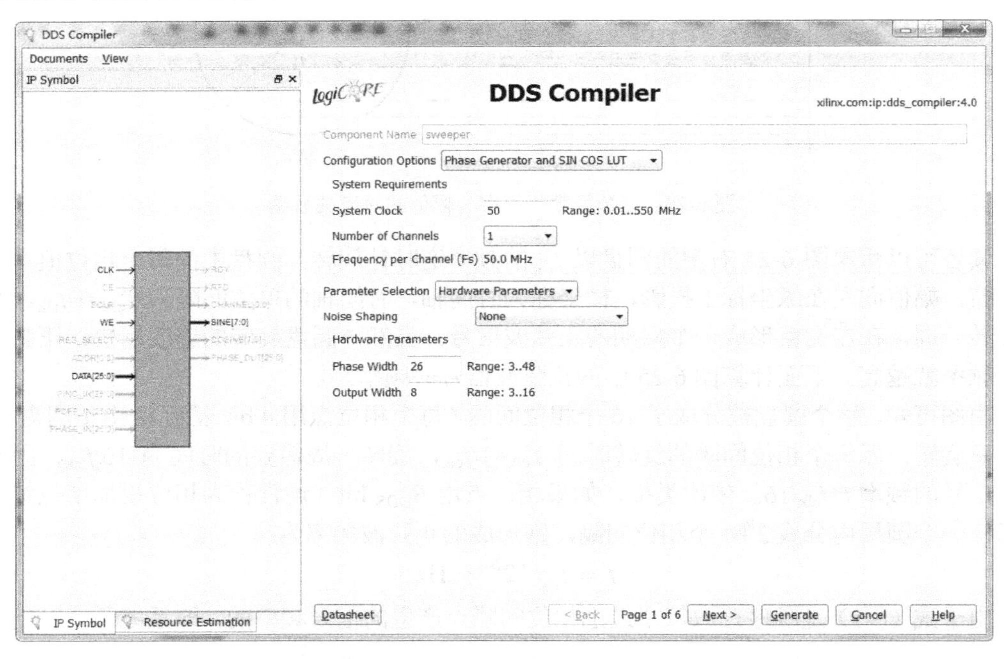

图 6-26 DDS 核参数设置的第 1 个对话框

在“Configuration Options”下拉列表中选择“Phase Generator and SIN COS LUT”。“System Clock”用于设置 DDS 的系统时钟信号频率，根据实例需求设置为“50”。实例仅产生单通道信号输出，因此将“Number of Channels”设置为 1。在“Parameter Selection”下拉列表中选择“Hardware Parameters”。在“Hardware Parameters”中，“Phase Width”用于设置相位累加

字的位宽，“Output Width”用于设置输出数据的位宽。根据实例要求，将“Output Width”设置为“8”。当“Phase Width”设置“26”时，根据式（6-1）可知，输出信号的频率分辨率为 0.7451 Hz。单击“Next”按钮，可进入 DDS 核参数设置的第 2 个对话框，如图 6-27 所示。

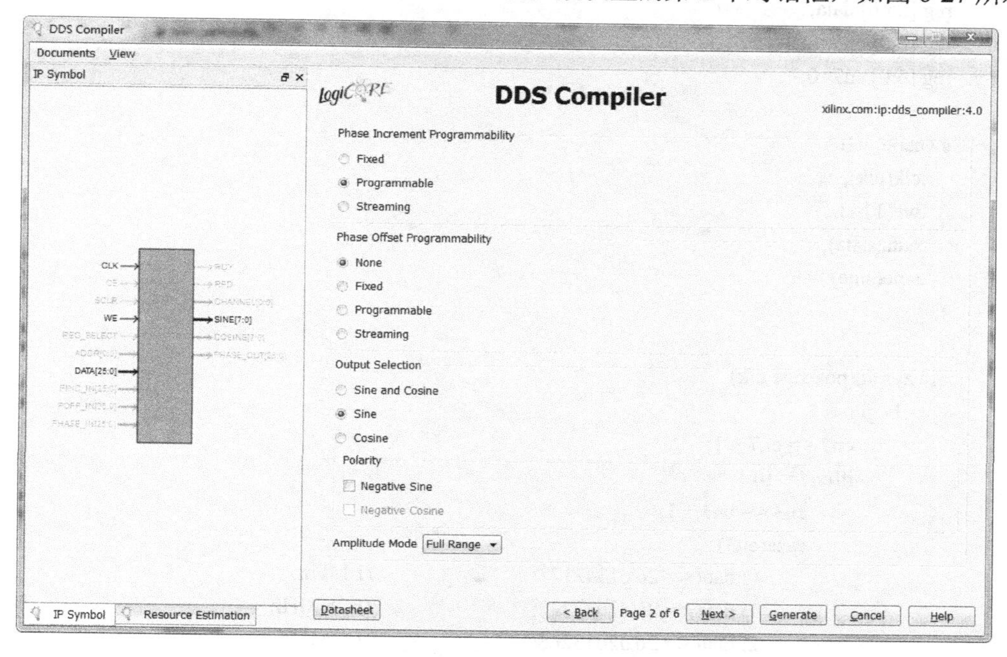

图 6-27　DDS 核参数设置的第 2 个对话框

图 6-27 中，“Phase Increment Programmability”用于设置相位累加字是否可编程，由于实例要求产生扫频信号，输出的信号频率需要在运行过程中进行编程设置，因此选中“Programmable”。“Phase Offset Programmability”用于设置相位偏移量是否可编程，本实例选中“None”。由于实例只产生一路正弦波信号，因此在“Output Selection”中选中“Sine”。其他参数保持默认，连续单击后续对话框中的“Next”按钮，在第 6 个对话框中单击“Generate”按钮，即可完成 DDS 核的参数设置。

2．扫频仪电路 Verilog HDL 程序的设计

从图 6-27 中可以看出 DDS 核的接口信号：CLK 为系统时钟，WE 为相位累加字写允许信号，DATA 为相位累加字，SINE 为输出信号。

实例要求输出范围为 1～2.75 MHz、间隔为 250 kHz 的扫频信号，根据 DDS 的工作原理，由式（6-2）可计算出每个频率对应的相位累加字的值：1 MHz 对应 1342177、1.25 MHz 对应 1677722、1.5 MHz 对应 2013266、1.75 MHz 对应 2348810、2 MHz 对应 2684355、2.25 MHz 对应 3019899、2.5 MHz 对应 3355443、2.75 MHz 对应 3690988。

为了便于理解整个程序的结构，下面先给出扫频仪电路文件（freq_sweep.v）的 Verilog HDL 代码，然后对代码进行说明。

```
//freq_sweep.v
module freq_sweep(
    input clk,                    //系统时钟信号频率：50 MHz
```

```
    output [7:0] sine                   //扫频信号
    );

    reg [25:0] data;
    reg [2:0] cn3=0;
    reg [6:0] cn7=0;

    sweeper u1(
        .clk(clk),
        .we(1'b1),
        .data(data),
        .sine(sine)
    );

    always @(posedge clk)
        begin
            cn7 <= cn7 + 1;
            if(cn7==0)
                cn3 <= cn3 + 1;
                case(cn3)
                    0: data <= 26'd1342177;               //1 MHz
                    1: data <= 26'd1677722;               //1.25 MHz
                    2: data <= 26'd2013266;               //1.5 MHz
                    3: data <= 26'd2348810;               //1.75 MHz
                    4: data <= 26'd2684355;               //2 MHz
                    5: data <= 26'd3019899;               //2.25 MHz
                    6: data <= 26'd3355443;               //2.5 MHz
                    default: data <= 26'd3690988;         //2.75 MHz
                endcase
        end
endmodule
```

在上述代码中，首选调用了 DDS 核 sweeper，设置相位累加字写允许信号 we 为 1，当 data 信号改变时，DDS 核输出的信号频率相应发生改变。接下来在 always 块语句中生成 7 bit 的计数器 cn7，cn7 持续循环计数，计数周期为 256，频率为 50 MHz 的 1/256，即 195.3125 kHz。根据 cn7 的状态，产生八进制的计数器 cn3，再根据 cn3 的 8 个计数状态分别设置相位累加字的值，即可产生输出的扫频信号。

3．扫频仪电路的功能仿真

完成扫频仪电路的 Verilog HDL 设计后，可以对顶层文件进行仿真测试。测试激励文件为 tst.vt，测试激励文件主要生成 50 MHz 的时钟信号 clk，相关代码比较简单，读者可参考本书配套资源查阅完整代码。

运行 ModelSim 仿真，可得到扫描仪电路的 ModelSim 仿真波形，如图 6-28 所示。

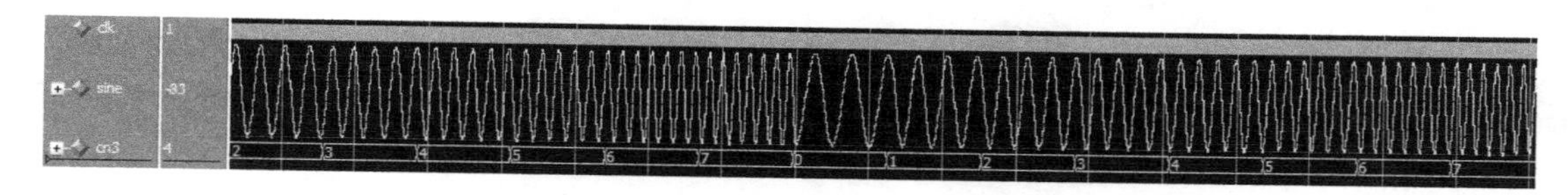

图 6-28　扫频仪电路的 ModelSim 仿真波形

从图 6-28 中可以看出，cn3 计数器的值越小，输出信号的频率就越小，反之就越大。扫描仪电路输出信号 sine 的信号频率随着 cn3 的状态依次变化，实现了输出扫频信号的功能。

6.7　小结

作者在读研究生时期时，一位专业课的老师曾讲过，当你冥思苦想，好不容易得到了一个觉得很不错的设计思路时，不要过于骄傲，因为你的想法有百分之九十九的可能性已被别人实践过了；当你辗转反侧，对某个技术问题仍不知其所以然的时候，不要过于气馁，因为你遇见的问题有百分之九十九的可能性已被别人遇见过了。所以，我们要做的事，不过是查阅资料，找到并理解别人对类似问题的解决方法或思路，经过修改，完美地应用到自己的设计中。

采用 IP 核是 FPGA 设计中十分常用的设计方法。FPGA 设计工具一般都提供了种类繁多、功能齐全、性能稳定的 IP 核。灵活运用这些 IP 核的前提是首先了解已有的 IP 核种类，其次要准确理解 IP 核的功能特点及使用方法。本章的学习要点可归纳为：

（1）IP 核可以分为软 IP 核、硬 IP 核和固 IP 核 3 种，最常用的是软 IP 核和硬 IP 核，软 IP 核是指采用 LUT 等逻辑资源形成的核，硬 IP 核是专用功能的核。

（2）不同 FPGA 提供的免费 IP 核种类是不完全相同的。

（3）全局时钟资源是专用的布线资源，这种布线资源延时小、性能好，但数量有限。

（4）一个 FPGA 的各路时钟信号一般是通过时钟管理 IP 核生成的。

（5）乘法器 IP 核有软 IP 核和硬 IP 核两种结构类型。

（6）FPGA 中的除法运算所需的硬件资源较多，ISE14.7 中提供了除法器 IP 核，除法器 IP 核的延时较长。

（7）ROM 核与 RAM 核均具有软 IP 核和硬 IP 核两种结构类型，掌握 ROM 核和 RAM 核的接口信号是正确使用它们的关键所在。

（8）DDS 核可以产生正/余弦波信号，应理解并掌握 DDS 核的分辨率、相位累加字位宽等参数设置方法。

6.8　思考与练习

6-1　FPGA 中的 IP 核一般分为哪三种类型？说明三这种类型 IP 核的特点。

6-2　说明 FPGA 中全局时钟资源相对于普通布线资源的优势。查阅 Spartan 系列 FPGA 手册，了解不同型号 FPGA 的全局时钟资源数量。

6-3　查阅 XC6SLX16-2FTG256 手册，写出该 FPGA 的所有全局时钟资源的专用输入引脚编号。

6-4　新建 FPGA 工程，生成时钟管理 IP 核，要求输入信号的时钟信号频率为 50 MHz，输出 2 路频率分别为 200 MHz 及 300 MHz 的时钟信号，选中 IP 核参数设置对话框中的所有接口信号，采用 ModelSim 仿真分析各接口信号的工作状态。

6-5　新建实数乘法器 IP 核，设置输入为 18 bit 有符号数，输出数据位宽为 36，采用 LUT 资源结构、2 级流水线级数，查看所占用的逻辑资源；新建 Verilog HDL 程序文件，设计输入为 18 bit 有符号数的 2 输入加法器，输出数据位宽为 19，采用 2 级流水线级数（输入及输出各设置一级触发器），查看加法器 IP 核所占逻辑资源情况。对比分析相同位宽的乘法器 IP 核及加法器 IP 核所占用的逻辑资源。

6-6　新建复数乘法器 IP 核，设置输入为 17 bit 的有符号数，乘法器结构采用“Use Mults”、优化目标分别设置为“Resources”“Performance”，查看所占用的资源情况。将输入位宽设置为 15 和 18 时，其他参数不变，查看所占用的资源情况。

6-7　新建除法器 IP 核，设置“Remainder Type”为“Fractional”，其他参数与实例 6-4 相同，采用 ModelSim 仿真除法器功能，验证除法运算的正确性。

6-8　在实例 6-6 的 FPGA 工程中添加 Verilog HDL 程序代码，利用 RAM 核实现数据速率转换功能，将实例 6-6 的输出数据转换成连续的 25 MHz 数据输出。要求完成 Verilog HDL 程序的设计，并采用 ModelSim 仿真验证程序的正确性。

6-9　采用 DDS 核设计扫频仪电路，系统时钟为 100 MHz，信号输出范围为 200 kHz～1 MHz，间隔为 100 kHz，完成一次扫描的时间为 1 s，输出信号频率精度小于 1 Hz，计算 DDS 核的参数，新建 FPGA 工程完成电路设计及仿真测试。

第7章 FIR滤波器设计

滤波器设计和频谱分析是数字信号处理中最为基础的专业设计。所谓专业，是因为它们涉及信号处理的专业知识；所谓基础，是因为它们具有广泛的应用。有限脉冲响应（Finite Impulse Response，FIR）滤波器具有结构简单、严格的线性相位特性等优势，已成为信号处理中的必备电路之一。

7.1 数字滤波器的理论基础

7.1.1 数字滤波器的概念

滤波器是一种用来减少或消除干扰的器件，其功能是对输入信号进行过滤处理得到所需的信号。滤波器最常见的用法是对特定频率的频点或该频点以外的频率信号进行有效滤除，从而实现消除干扰、获取某特定频率信号的功能。一种更广泛的定义是将具有能力进行信号处理的装置都称为滤波器。在现代电子设备和各类控制系统中，滤波器的应用极为广泛，其性能优劣在很大程度上决定了产品的优劣。

滤波器的分类方法有很多种，从处理的信号形式来讲，可分为模拟滤波器和数字滤波器两大类。模拟滤波器由电阻、电容、电感、运算放大器等组成，可对模拟信号进行滤波处理。数字滤波器则通过软件或数字信号处理器件对离散化的数字信号进行滤波处理。两者各有优缺点及适用范围，且均经历了由简到繁，以及性能逐步提高的发展过程。

随着数字信号处理理论的成熟、实现方法的不断改进，以及数字信号处理器件性能的不断提高，数字滤波器技术的应用也越来越广泛，已成为广大技术人员研究的热点。总体来说，与模拟滤波器相比，数字滤波器主要有以下特点：

（1）数字滤波器是一个离散时间系统。应用数字滤波器处理模拟信号时，首先须对输入模拟信号进行限带、采样和 A/D 转换。数字滤波器输入信号的采样频率应大于被处理信号带宽的 2 倍，其频率响应具有以采样频率为间隔的周期重复特性。为了得到模拟信号，数字滤波器的输出数字信号需要经 D/A 转换和平滑处理。

（2）数字滤波器的工作方式与模拟滤波器完全不同。模拟滤波器完全依靠电阻、电容、晶体管等组成的物理网络实现滤波功能；数字滤波器则通过数字运算器件对输入的数字信号进行运算和处理。

（3）数字滤波器具有比模拟滤波器更高的精度。数字滤波器甚至能够实现模拟滤波器在理论上也无法达到的性能。例如，对于数字滤波器来说，可以很容易做到一个 1000 Hz 的低通滤波器，该滤波器允许 999 Hz 信号通过并且完全阻止 1001 Hz 的信号，模拟滤波器却无法区分如此接近的信号。数字滤波器的两个主要限制条件是其速度和成本。随着集成电路成本的不断降低，数字滤波器变得越来越常见，并且已成为诸如收音机、蜂窝电话、立体声接收机等日常用品的重要组成部分。

（4）数字滤波器比模拟滤波器有更高的信噪比。因为数字滤波器是以数字器件执行运算的，从而避免了模拟电路中噪声信号（如电阻热噪声）的影响。数字滤波器中的主要噪声源是在数字系统之前的模拟电路中引入的电路噪声，以及在数字系统输入端的 A/D 转换过程中产生的量化噪声。这些噪声在数字系统的运算中可能会被放大，因此在设计数字滤波器时需要采用合适的结构，以降低输入噪声对系统性能的影响。

（5）数字滤波器具有模拟滤波器无法比拟的可靠性。组成模拟滤波器部件的电路特性会随着时间、温度、电压的变化而漂移，而数字电路就没有这种问题。只要在数字电路的工作环境下，数字滤波器就能够稳定可靠的工作。

（6）数字滤波器的处理能力会受到系统采样频率的限制。根据奈奎斯特采样定理，数字滤波器的处理能力会受到系统采样频率的限制。如果输入信号的频率分量包含超过滤波器 1/2 倍采样频率的分量时，数字滤波器就会因为频谱的混叠而不能正常工作。如果超出 1/2 采样频率的频率分量不占主要地位，则常用的解决办法是在 A/D 转换电路之前放置一个低通滤波器（即抗混叠滤波器）将超过的高频成分滤除，否则就必须用模拟滤波器实现要求的功能。

（7）数字滤波器与模拟滤波器的使用方式不同。对于电子工程设计人员来讲，使用模拟滤波器时通常直接购买满足性能的滤波器，或给出滤波器的性能指标让厂家定做，使用方便。使用数字滤波器时通常需要自己编写程序代码，或使用可编程逻辑器件搭建所需性能的滤波器，工作量大、调试设计复杂，但换来了设计的灵活性、高可靠性、可扩展性等一系列优势，并可以大大降低硬件电路板的设计及制作成本。

7.1.2 数字滤波器的分类

数字滤波器的种类很多，分类方法也不同，既可以从功能上分类，也可以从实现方法上分类，还可以从设计方法来分类。一种比较通用的分类方法是将数字滤波器分为两大类，即经典滤波器和现代滤波器。

经典滤波器假定输入信号 $x(n)$中的有效信号和噪声（或干扰）信号分布在不同的频带上，当 $x(n)$通过一个线性滤波系统后，可以将噪声信号有效地减少或去除。如果有效信号和噪声信号的频带相互重叠，那么经典滤波器将无能为力。经典滤波器主要有低通滤波器（Low Pass Filter，LPF）、高通滤波器（High Pass Filter，HPF）、带通滤波器（Band Pass Filter，BPF）、带阻滤波器（Band Stop Filter，BSF）和全通滤波器（All Pass Filter，APF）等。图 7-1 是经典滤波器的幅频响应特性示意图。

在图 7-1 中，ω 为数字角频率，$|H(e^{j\omega})|$是归一化的幅频响应值。数字滤波器的幅频响应相对于 π 对称，且以 2π 为周期。如果系统的采样频率为f_s，则 π 对应于采样频率的一半，即$f_s/2$。例如，某个低通滤波器的截止角频率 ω_P=0.5 rad/s，系统采样频率f_s=1 MHz，则滤波器的截止频率 $f_P=\omega_P f_s/(2\pi)=0.5/(2\pi)=79.5775$ kHz。

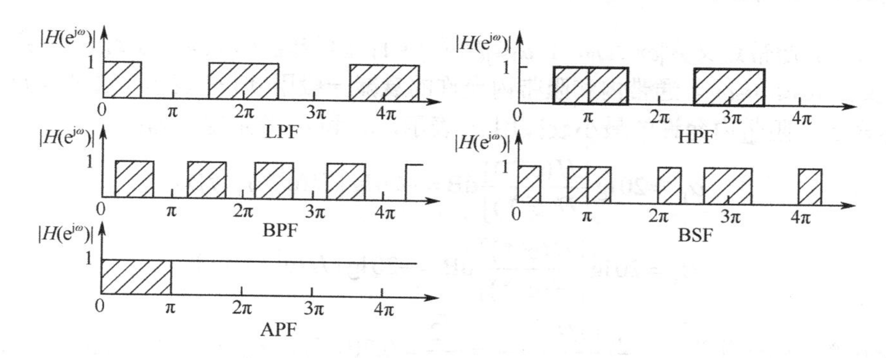

图 7-1　经典滤波器的幅频响应特性示意图

现代滤波理论研究的主要内容是从含有噪声信号的数据记录（又称为时间序列）中估计出信号的某些特征或信号本身。一旦信号被估计出，那么估计出的信号将比原信号有更高的信噪比。现代滤波器把有效信号和噪声信号都视为随机信号，利用它们的统计特征（如自相关函数、功率谱函数等）推导出一套最佳的估值算法，然后用硬件或软件实现。现代滤波器主要有维纳滤波器（Wiener Filter）、卡尔曼滤波器（Kalman Filter）、线性预测器（Liner Predictor）、自适应滤波器（Adaptive Filter）等。一些专著将基于特征分解的频率估计及奇异值分解算法也归入现代滤波器的范畴。

从实现的网络结构或者单位脉冲响应来看，数字滤波器可以分成无限脉冲响应（Infinite Impulse Response，IIR）滤波器和有限脉冲响应（Finite Impulse Response，FIR）滤波器，二者的根本区别在于两者的系统函数结构不同。

本章主要讨论 FIR 滤波器的设计方法，第 8 章将讨论 IIR 滤波器的设计方法。

7.1.3　滤波器的特征参数

对于经典滤波器的设计来说，理想的情况是完全滤除干扰频带的信号，同时有用频带信号不发生任何衰减或畸变。也就是说，滤波器的形状在频域呈矩形，而在频域上呈矩形的滤波器转换到时域后就变成一个非因果系统了，这在物理上是无法实现的。因此，在进行工程设计时只能尽量设计一个可实现的滤波器，并且使设计的滤波器尽可能地逼近理想滤波器性能。图 7-2 所示为低通滤波器的特征参数示意图。

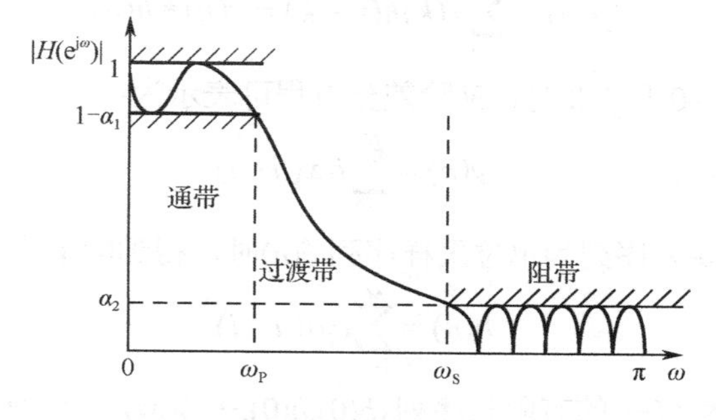

图 7-2　低通滤波器的特征参数示意图

如图 7-2 所示，低通滤波器的通带截止频率为 ω_P，通带容限为 α_1，阻带截止频率为 ω_S，

阻带容限为 α_2。通带定义为$|\omega|\leqslant\omega_P$，$1-\alpha_1\leqslant|H(e^{j\omega})|\leqslant1$；阻带定义为 $\omega_S\leqslant|\omega|\leqslant\pi$，$|H(e^{j\omega})|\leqslant\alpha_2$；过渡带宽定义为 $\omega_P\leqslant\omega\leqslant\omega_S$。通带内和阻带内允许的衰减一般用 dB 来表示，通带内允许的最大衰减用 α_P 表示，阻带内允许的最小衰减用 α_S 表示，α_P 和 α_S 分别定义为：

$$\alpha_P = 20\lg\frac{|H(e^{j\omega_0})|}{|H(e^{j\omega_P})|}dB = -20\lg|H(e^{j\omega_P})|(dB) \tag{7-1}$$

$$\alpha_S = 20\lg\frac{|H(e^{j\omega_0})|}{|H(e^{j\omega_S})|}dB = -20\lg|H(e^{j\omega_S})|(dB) \tag{7-2}$$

式中，$|H(e^{j\omega_0})|$归一化为 1。当$\frac{|H(e^{j\omega_0})|}{|H(e^{j\omega_P})|}=\frac{\sqrt{2}}{2}=0.707$时，$\alpha_P=3$ dB，称此时的 ω_P 为低通滤波器的 3 dB 通带截止频率。

7.2 FIR 滤波器的原理

7.2.1 FIR 滤波器的概念

根据数字信号处理的基本理论，数字滤波器其实是一个时域离散系统，任何一个时域离散系统都可以用一个 N 阶差分方程来表示，即：

$$\sum_{j=0}^{N}a_j y(n-j) = \sum_{i=0}^{M}b_i x(n-i) \quad a_0 = 1 \tag{7-3}$$

式中，$x(n)$和 $y(n)$分别是时域离散系统的输入序列和输出序列；a_j 和 b_i 均为常数；$y(n-j)$和 $x(n-i)$项只有一次幂，没有相互交叉相乘项，故式（7-3）称为线性常系数差分方程。差分方程的阶数是由方程中 $y(n-j)$项 j 的最大值与最小值之差确定的。式（7-3）中，$y(n-j)$项 j 的最大值取 N，最小值取 0，因此称为 N 阶差分方程。

一个时域离散系统的特征可以由单位脉冲响应（也称为单位取样响应或单位采样响应）$h(n)$完全表示，$h(n)$是指输入为单位采样序列 $\delta(n)$时的输出响应。当滤波器（也是一个时域离散系统）的输入序列为 $x(n)$时，滤波器的输出 $y(n)$可表示为输入序列 $x(n)$与单位脉冲响应序列 $h(n)$的线性卷积，即：

$$y(n) = \sum_{k=0}^{N-1}x(k)h(n-k) = x(n)*h(n) \tag{7-4}$$

式（7-3）中，当 $a_j=0$ 且 $j>0$ 时，N 阶差分方程可表示为：

$$y(n) = \sum_{i=0}^{M}b_i x(n-i) \tag{7-5}$$

对于式（7-5），当输入序列为单位采样序列 $\delta(n)$时，得到的单位脉冲响应 $h(n)$为：

$$h(n) = \sum_{i=0}^{M}b_i\delta(n-i) \tag{7-6}$$

此时，$h(n)$是长度为 $M+1$ 的有限长序列$\{b(0),b(0),\cdots,b(M)\}$，且 $h(0)=b(0)$，$h(1)=b(1)$，…，$h(M)=b(M)$，即 $h(n)$就是由 b_i（$0<i\leqslant M$）组成的序列。

我们把式（7-5）表示的时域离散系统称为 FIR 滤波器，即有限脉冲响应滤波器。顾名思义，是指单位脉冲响应的长度是有限的滤波器。具体来讲，FIR 滤波器的突出特点是其单位脉冲响应 $h(n)$是一个 M+1 点的有限长序列（$0 \leqslant n \leqslant M$）。其系统函数为：

$$H(z)=\sum_{n=0}^{M}h(n)z^{-n}=h(0)+h(1)z^{-1}+\cdots+h(M)z^{-(M)} \tag{7-7}$$

从系统函数可以很容易看出，FIR 滤波器只在原点上存在极点，这使得 FIR 系统具有全局稳定性。对于式（7-7）所示的 FIR 滤波器，定义滤波器阶数为 M，滤波器长度为 M+1。

为了进一步了解 FIR 滤波器的输入/输出关系，现以 4 阶 FIR 滤波器为例进行说明。根据式（7-5）可写出滤波器的输入/输出关系，即：

$$y(n)=b_0x(n)+b_1x(n-1)+b_2x(n-2)+b_3x(n-3)+b_4x(n-4) \tag{7-8}$$

由式（7-8）可以清楚地看出，FIR 滤波器是由一个抽头延时线加法器和乘法器构成的，每一个乘法器的操作系数就是一个 FIR 滤波器系数。因此，FIR 滤波器的这种结构也称为抽头延时线结构。

FIR 滤波器的 FPGA 设计需要完成两个基本步骤：

（1）根据系统需求，采用 MATLAB 设计出符合频率响应特性的 FIR 滤波器系数。

（2）根据滤波器系数，采用 FPGA 实现对应的电路。

7.2.2 线性相位系统的物理意义

在设计滤波器或其他数字系统时，经常会要求设计一个具有线性相位的系统，为什么要做这样的规定呢？线性相位系统的物理意义是什么呢？线性相位系统与非线性相位系统到底有什么本质的区别呢？

为了理解线性系统的相位影响，首先考虑一个理想延时系统，也就是说系统仅是对所有的输入序列进行一个延时，借助单位采样序列的定义，可以很容易表示理想延时系统的单位脉冲响应，即：

$$h_{\rm id}(n)=\delta(n-n_{\rm d}) \tag{7-9}$$

系统频率响应为：

$$H_{\rm id}({\rm e}^{{\rm j}\omega})={\rm e}^{-{\rm j}\omega n_{\rm d}} \tag{7-10}$$

或

$$|H_{\rm id}({\rm e}^{{\rm j}\omega})|=1 \tag{7-11}$$

$$\arg[H_{\rm id}({\rm e}^{{\rm j}\omega})]=-\omega n_{\rm d}, \quad |\omega|<\pi \tag{7-12}$$

假设延时为整数，则这个系统具有单位增益，且相位是线性的。

再讨论一个具有线性相位的理想低通滤波器，其频率响应可定义为：

$$H_{\rm lp}=\begin{cases}{\rm e}^{-{\rm j}\omega n_{\rm d}}, & |\omega|\leqslant\omega_{\rm c}\\ 0, & \omega_{\rm c}<|\omega|<\pi\end{cases} \tag{7-13}$$

其单位采样响应为：

$$h_{\rm lp}(n)=\frac{1}{2\pi}\int_{-\omega_{\rm c}}^{\omega_{\rm c}}{\rm e}^{-{\rm j}\omega n_{\rm d}}{\rm e}^{{\rm j}\omega n}{\rm d}\omega=\frac{\sin\omega_{\rm c}(n-n_{\rm d})}{\pi(n-n_{\rm d})}, \quad -\infty<n<\infty \tag{7-14}$$

而我们知道，对于一个零相位的理想低通滤波器来说，其单位脉冲响应为：

$$\frac{\sin\omega_{\rm c}n}{\pi n}, \quad -\infty<n<\infty \tag{7-15}$$

对照式（7-14）和式（7-15）可知，零相位理想低通滤波器与线性相位低通滤波器之间的差别仅是出现延时。在很多应用中，这个延时失真并不重要，因为它的影响只是使输入序列在时间上有一个位移。因此，在近似理想低通滤波器和其他线性时不变系统的设计中，经常用线性相位响应而不用零相位响应作为理想系统。

进一步分析可知，对于非理想的低通滤波器或其他类型的滤波器来讲，由于设计者只关心通带内的频率分量信号，因此，只要通带内满足线性相位的要求即可。

既然、、线性相位系统可以保证所有通带内输入信号（或输入序列）的相位响应是线性的，即保证了输入信号的延时特性。这一特点到底有何作用呢？前面是从延时的角度来阐述的，现在我们从相位的角度进行阐述。对于输入信号来讲，各种频率信号之间的相对相位是固定的，在接收端，只要同步了输入信号中的某个频率的信号（最常见的是载波信号），就相当于同步了所有输入信号的相位，这样才可能正确地进行数据解调。线性相位系统可以保证输入信号在通过系统后，通带内信号的相对相位保持不变。对于非线性相位系统，输入信号通过该系统后，通带内各种频率信号之间的相对相位已经发生了改变，接收端将无法通过只同步某个频率的信号，实现通带内所有信号的相位同步。读到这里，可能读者会再次产生疑问，是不是非线性相位系统（如本书后续将介绍的 IIR 滤波器），就没有任何实用价值了呢？其实，如果一个滤波器只为获取一个频率的信号，这时系统是否具有线性相位就没有什么影响了。例如，仅为了提取载波信号的载波同步系统正是这样的系统。

通常用群延时 $\tau(\omega)$来表征相位的线性，一个系统的群延时 $\tau(\omega)$定义为相位对角频率的导数的负值，即：

$$\tau(\omega)=\mathrm{grd}[H(\mathrm{e}^{\mathrm{j}\omega})]=-\frac{\mathrm{d}}{\mathrm{d}\omega}\left\{\arg[H(\mathrm{e}^{\mathrm{j}\omega})]\right\} \tag{7-16}$$

群延时是系统平均延时的一个度量，当要求滤波器具有线性相位响应特性时，通带内群延时特性应当是常数。延时偏离常数的大小表示相位非线性的程度。

7.2.3 FIR 滤波器的相位特性

FIR 滤波器的一个突出优点是具有严格的线性相位特性。是否所有 FIR 滤波器都均具有这种严格的线性相位特性呢？事实并非如此，只有当 FIR 滤波器的单位脉冲响应满足对称条件时，FIR 滤波器才具有线性相位特性。

本章在介绍 FIR 滤波器的设计时，会采用 MATLAB 进行 FIR 滤波器设计，设计的方法也十分简单，所设计出来的 FIR 滤波器系数，即单位脉冲响应自动具有对称特性。也就是说，对于工程设计来讲，即使不了解 FIR 滤波器单位脉冲响应与线性相位之间的关系，也可以设计出满足要求的 FIR 滤波器。但作为一名优秀的工程师，只知其然而不知其所以然，显然有违技术工作者的工作特性。

对称可分为偶对称和奇对称两种情况，下面先介绍 FIR 滤波器单位脉冲响应具有偶对称的情况。

$$h(n)=h(M-n)\,,\qquad 0\leqslant n\leqslant M \tag{7-17}$$

此时，单位脉冲响应有 $M+1$ 个点不为零，其系统函数为：

$$H(z)=\sum_{n=0}^{M}h(n)z^{-n}=\sum_{n=0}^{M}h(M-n)z^{-n} \tag{7-18}$$

令$k = M - n$，代入式（7-18），可得：

$$H(z) = \sum_{k=0}^{M} h(k) z^{-(M-k)} = z^{-M} \sum_{k=0}^{M} h(k) z^{k} = z^{-M} H(z^{-1}) \tag{7-19}$$

对式（7-19）进行简单的变换，可得：

$$\begin{aligned} H(z) &= \frac{1}{2}[H(z) + z^{-M} H(z^{-1})] = \frac{1}{2}\sum_{n=0}^{M} h(n)[z^{-n} + z^{-M} z^{n}] \\ &= z^{-M/2} \sum_{n=0}^{M} h(n) \left[\frac{z^{-(n-M/2)} + z^{(n-M/2)}}{2} \right] \end{aligned} \tag{7-20}$$

FIR滤波器的频率响应为：

$$\begin{aligned} H(e^{j\omega}) &= H(z)|_{z=e^{j\omega}} = e^{-j\omega M/2} \sum_{n=0}^{M} h(n) \cos\left[\omega\left(\frac{M}{2} - n \right) \right] \\ &= A_e(e^{j\omega}) e^{-j\omega M/2} \end{aligned} \tag{7-21}$$

令

$$H(e^{j\omega}) = |H(e^{j\omega})| e^{j\varphi(\omega)}$$

则

$$|H(e^{j\omega})| = A_e(e^{j\omega}) = \sum_{n=0}^{M} h(n) \cos\left[\omega\left(\frac{M}{2} - n \right) \right] \tag{7-22}$$

显然，$A_e(e^{j\omega})$是实的、偶的，并且是ω的周期函数，其相位特性$\varphi(\omega) = -\frac{M}{2}\omega$，具有严格的线性特性，系统的群延时为：

$$\tau(\omega) = -\frac{d}{d\omega}[\varphi(\omega)] = M/2 \tag{7-23}$$

即系统的群延时等于单位脉冲响应长度的一半。

弄清楚了$h(n)$为偶对称的情况后，再看看$h(n)$为奇对称时又会是怎样的结果。当$h(n)$为奇对称时，有：

$$h(n) = -h(M-n), \quad 0 \leqslant n \leqslant M \tag{7-24}$$

其系统函数为：

$$H(z) = \sum_{n=0}^{M} h(n) z^{-n} = -\sum_{n=0}^{M} h(M-n) z^{-n} \tag{7-25}$$

同样，令$k = M - n$，代入式（7-24），可得：

$$H(z) = -\sum_{k=0}^{M} h(k) z^{-(M-k)} = -z^{-M} \sum_{k=0}^{M} h(k) z^{k} = -z^{-M} H(z^{-1}) \tag{7-26}$$

对式（7-26）进行简单的变换，可得：

$$\begin{aligned} H(z) &= \frac{1}{2}[H(z) - z^{-M} H(z^{-1})] = \frac{1}{2}\sum_{n=0}^{M} h(n)[z^{-n} - z^{-M} z^{n}] \\ &= z^{-M/2} \sum_{n=0}^{M} h(n) \left[\frac{z^{-(n-M/2)} - z^{(n-M/2)}}{2} \right] \end{aligned} \tag{7-27}$$

FIR滤波器的频率响应为：

$$H(\mathrm{e}^{\mathrm{j}\omega}) = H(z)|_{z=\mathrm{e}^{\mathrm{j}\omega}} = -\mathrm{j}\mathrm{e}^{-\mathrm{j}\omega M/2}\sum_{n=0}^{M} h(n)\sin\left[\omega(\frac{M}{2}-n)\right] = A_{\mathrm{e}}(\mathrm{e}^{\mathrm{j}\omega})\mathrm{e}^{-\mathrm{j}(\omega M/2+\pi/2)} \tag{7-28}$$

令

$$H(\mathrm{e}^{\mathrm{j}\omega}) = |H(\mathrm{e}^{\mathrm{j}\omega})|\,\mathrm{e}^{\mathrm{j}\varphi(\omega)} \tag{7-29}$$

则

$$|H(\mathrm{e}^{\mathrm{j}\omega})| = A_{\mathrm{e}}(\mathrm{e}^{\mathrm{j}\omega}) = \sum_{n=0}^{M} h(n)\sin\left[\omega(\frac{M}{2}-n)\right] \tag{7-30}$$

显然，$A_{\mathrm{e}}(\mathrm{e}^{\mathrm{j}\omega})$是实的、奇的，并且是$\omega$的周期函数，其相位特性$\varphi(\omega) = -\frac{M}{2}\omega + \frac{\pi}{2}$，具有严格的线性特性，系统的群延时为：

$$\tau(\omega) = -\frac{\mathrm{d}}{\mathrm{d}\omega}[\varphi(\omega)] = M/2 \tag{7-31}$$

即系统的群延时等于单位脉冲响应长度的一半。

从上述分析可以得知，无论 FIR 滤波器的单位脉冲响应是偶对称的还是奇对称的，FIR 滤波器均具有线性相位特性。再仔细比较两者的相位特性，不难发现，当是奇对称时，FIR 滤波器除了具有 $M/2$ 个群延时，还会产生 90° 的相移。这种在所有频率上都产生 90° 相移的变换称为信号的正交变换，这种网络称为正交变换网络。FIR 滤波器的线性相位特性如图 7-3 所示。

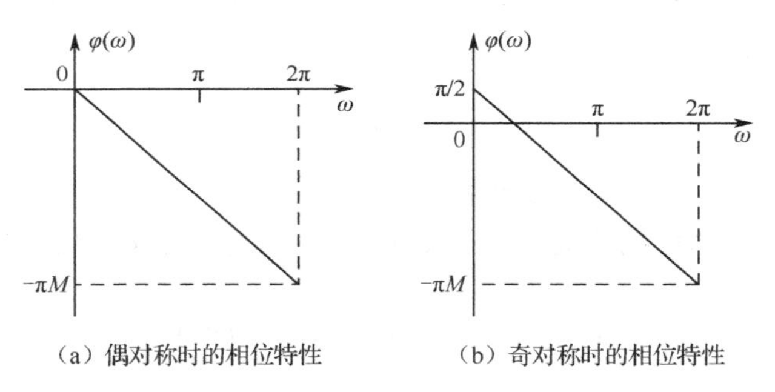

图 7-3　FIR 滤波器的线性相位特性

7.2.4　FIR 滤波器的幅度特性

讨论 FIR 滤波器的幅度特性似乎意义不大，因为 FIR 滤波器的设计目的大多集中在系统的幅频响应上，即设计成低通、高通、带通或带阻滤波器。由于 FIR 滤波器的突出优点是可以保证系统的线性相位特性，因此后续的讨论也均基于具有线性相位特性的 FIR 滤波器。读者在学习完本书后续内容后，可以发现，对于非线性相位的滤波器系统来讲，IIR 滤波器要比 FIR 滤波器优越些，主要表现在占用的硬件资源及滤波性能上。

讨论 FIR 滤波器的幅度特性在于进一步了解不同对称情况的单位脉冲响应结构，分别适合哪种形式的滤波器系统。毫无疑问，使用 MATLAB 设计 FIR 滤波器时，会为工程师自动生成最佳的滤波器结构。了解一下其中的原理，会更有助于提升工程师的设计信心。

在前文介绍 FIR 滤波器的线性相位特性时，将单位脉冲响应分为两种结构，即偶对称和奇对称。在分析幅度特性时，再进一步分为 4 种结构：奇数偶对称、偶数偶对称、奇数奇对称、偶数奇对称，如图 7-4 所示。

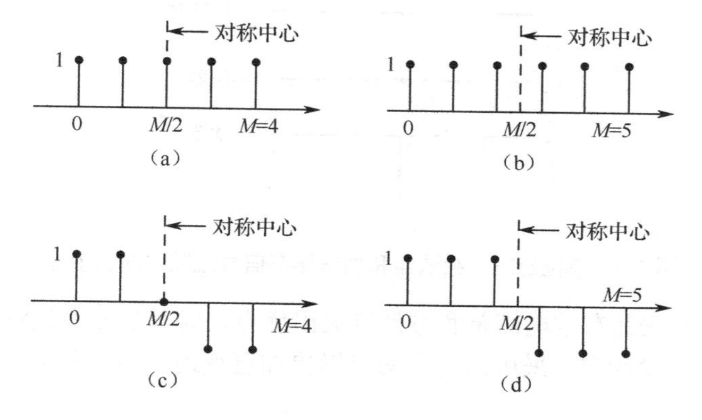

图 7-4　幅度特性的 4 种对称结构

图 7-4 中的每种对称结构，都有相对应性的滤波器种类，如图 7-4（a）所示的奇数偶对称结构，不适合设计成高通和带阻滤波器。详细分析每种对称结构对 FIR 滤波器性能的影响比较烦琐，读者可通过阅读相关文献来了解详细的推导过程。在采用 MATLAB 设计 FIR 滤波器时，MATLAB 会自动根据设计需求形成满足需求的 FIR 滤波器系数，会自动采用最佳的对称结构。

为了便于对比，现将 4 种对称结构的 FIR 滤波器特性以列表形式给出，如表 7-1 所示。

表 7-1　4 种对称结构的 FIR 滤波器特性

单位脉冲响应特征	相 位 特 性	幅 度 特 性	滤波器种类
偶数偶对称	线性相位	在 ω=0、π、2π 处为偶对称	适合各种滤波器
奇数偶对称	线性相位	在 ω=π 处为奇对称，在 ω=0、2π 处为偶对称	不适合高通、带阻滤波器
偶数奇对称	线性相位，附加 90° 相移	在 ω=0、π、2π 处为奇对称	只适合带通滤波器
奇数奇对称	线性相位，附加 90° 相移	在 ω=0、2π 处为奇对称，对 ω=π 处为偶对称	适合高通、带通滤波器

7.3　FIR 滤波器的 FPGA 实现结构

7.3.1　滤波器结构的表示方法

FIR 滤波器有多种基本结构，这些基本结构是进行 FPGA 实现的基础。虽然在具体使用 FPGA 实现某种 FIR 滤波器时，还要根据 FPGA 的特点采用与之相适应的实现结构，但无论采用哪种 FPGA 实现结构，首先需要确定所要实现的 FIR 滤波器的基本结构。

一般来讲，FIR 滤波器的基本结构可分为直接型、级联型、频率采样型、快速卷积型、分布式等结构。其中直接型结构是 FIR 滤波器最常用的结构。本章仅介绍直接型结构和级联型结构，读者可以查阅相关文献了解其他几种结构的工作原理。

在介绍 FIR 滤波器的基本结构之前，先了解一下数字滤波器结构的常用表示方法——信号流图。实现一个数字滤波器一般需要的运算单元有加法器、乘法器和单位延时。这些运算单元的信号流图表示方法如图 7-5 所示。

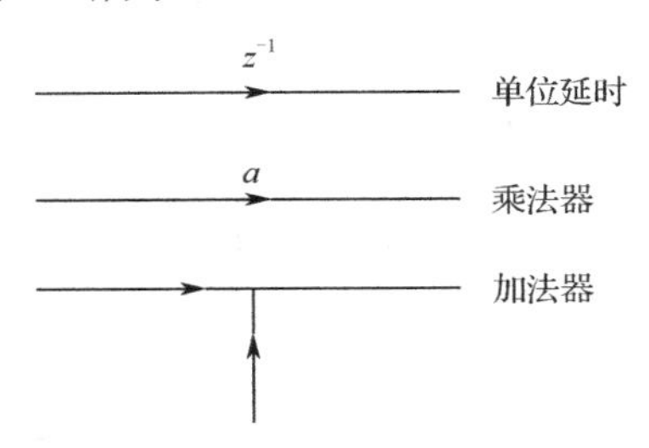

图 7-5　单位延时、乘法器和加法器在信号流图中的表示方法

信号流图表示方法具有结构简单和方便等突出优点，尤其是在对滤波器进行理论分析时比较方便。在 FPGA 设计中，采用结构框图可以更加直观地表示电路的实现结构。

7.3.2　直接型结构的 FIR 滤波器

如前所述，FIR 滤波器的输出 $y(n)$ 可表示为输入序列 $x(n)$ 与单位脉冲响应 $h(n)$ 的线性卷积，根据式（7-7）可以很容易得出直接型结构的 FIR 滤波器信号流图（FIR 滤波器的单位脉冲响应为 M+1 的有限序列），如图 7-6 所示。

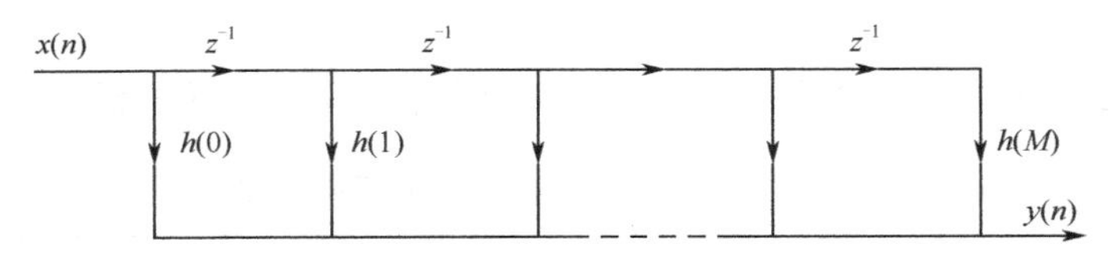

图 7-6　直接型结构的 FIR 滤波器信号流图

根据图 7-6 所示的结构可知，对于 M 阶 FIR 滤波器，需要 M+1 个乘法器、M 个单位延时，以及 1 个 M+1 输入的加法器。在 FPGA 实现过程中，乘法器要比加/减法器占用更多的资源，因此在具体实现时，需要尽量减少乘法器的使用。

根据 FIR 滤波器原理可知，只有单位脉冲响应具有对称特性的 FIR 滤波器才具有线性相位特性，并且在实现 FIR 滤波器时，几乎都会使用到 FIR 滤波器的线性相位特性，即采用具有对称特性的 FIR 滤波器。

前文在讨论 FIR 滤波器的幅度特性时，将 FIR 滤波器分成了 4 种不同的对称结构。不同的结构分别对应了相应的直接型 FIR 滤波器基本结构。对于偶数偶对称的情况，对系统函数进行变换，可得：

$$
\begin{aligned}
y(n) &= \sum_{k=0}^{M} h(k)x(n-k) \\
&= \sum_{k=0}^{M/2-1} h(k)x(n-k) + h(M/2)x(n-M/2) + \sum_{k=M/2+1}^{M} h(k)x(n-k) \\
&= \sum_{k=0}^{M/2-1} h(k)x(n-k) + h(M/2)x(n-M/2) + \sum_{k=0}^{M/2-1} h(M-k)x(n-M+k) \\
&= \sum_{k=0}^{M/2-1} h(k)[x(n-k)+x(n-M+k)] + h(M/2)x(n-M/2)
\end{aligned}
\tag{7-32}
$$

采用同样的方法，可得出其他几种结构的系统输入输出函数。对于奇数偶对称的情况，可将系统函数变换为：

$$y(n)=\sum_{k=0}^{(M-1)/2}h(k)[x(n-k)+x(n-M+k)] \tag{7-33}$$

对于偶数奇对称的情况，可将系统函数变换为：

$$y(n)=\sum_{k=0}^{M/2-1}h(k)[x(n-k)-x(n-M+k)]+h(M/2)x(n-M/2) \tag{7-34}$$

对于奇数奇对称的情况，可将系统函数变换为：

$$y(n)=\sum_{k=0}^{(M-1)/2}h(k)[x(n-k)-x(n-M+k)] \tag{7-35}$$

根据式（7-32）、式（7-33）、式（7-34）和式（7-35），可以分别画出相应的实现结构，图 7-7 是式（7-33）对应直接型结构的 FIR 滤波器的信号流图。

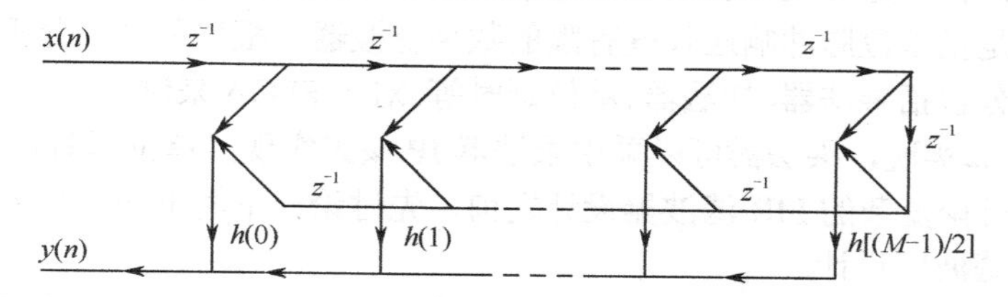

图 7-7 奇数偶对称直接型结构的 FIR 滤波器的信号流图

对比图 7-6 和图 7-7 所示的 FIR 滤波器结构可以明显看出，对于阶数相同的 FIR 滤波器，线性相位的 FIR 滤波器要比非线性相位的 FIR 滤波器减少近一半的乘法运算。当然，即使设计线性相位的 FIR 滤波器，设计者也可以采用图 7-6 所示的结构，只是会明显地耗费资源。

7.3.3 级联型结构的 FIR 滤波器

我们知道，FIR 滤波器的系统函数没有极点，只有零点。因此，可以将 FIR 滤波器的系统函数分解成实系数二阶因子的乘积形式，即：

$$H(z)=\sum_{n=0}^{M}h(n)z^{-n}=\prod_{k=1}^{N_c}(b_{0k}+b_{1k}z^{-1}+b_{2k}z^{-2}) \tag{7-36}$$

式中，N_c=[M/2]是 M/2 的最大整数。级联型结构线性相位 FIR 滤波器的信号流图如图 7-8 所示。

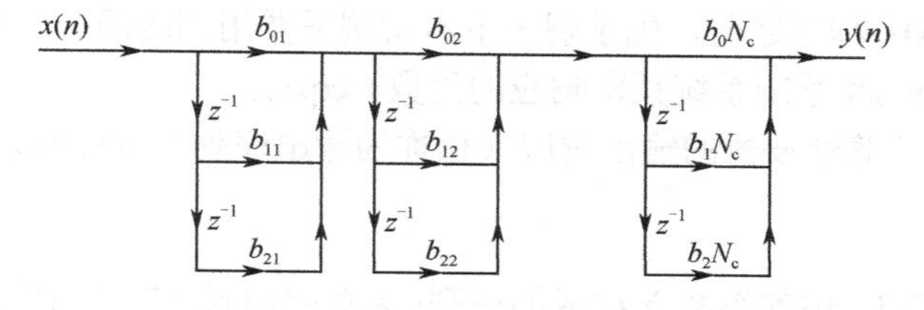

图 7-8 级联型结构线性相位 FIR 滤波器的信号流图

根据式（7-36）及图 7-8 可知，对于 M 阶的 FIR 滤波器，如果采用级联型结构，则大约需要 3M/2 个乘法器，因此在 FPGA 实现时一般不采用级联型结构。

7.4 基于累加器的 FIR 滤波器设计

7.4.1 基于累加器的 FIR 滤波器性能分析

实例 7-1：基于累加器的 FIR 滤波器的 FPGA 设计

以 4 阶 FIR 滤波器为例，采用 MATLAB 仿真分析基于累加器的 FIR 滤波器性能，采用 FPGA 实现 FIR 滤波器，通过 ModelSim 验证 FIR 滤波器的正确性。

根据前面的分析可知，数字滤波器主要用于分离频率信号，使某些频率的信号无损地通过，同时阻止某些频率的信号。对于工程师来讲，一方面需要根据用户的需求设计出性能稳定的数字滤波器，另一方面还需要具备分析给定数字滤波器性能的能力。

FIR 滤波器是指单位脉冲响应长度有限的数字滤波器。根据前文的分析可知，FIR 滤波器的基本组成部分包括乘法器、加法器、单位延时等。对于 FPGA 来讲，加法器可以采用 Verilog HDL 中的加法运算实现，乘法器可以采用乘法器 IP 核来实现，单位延时可以采用 D 触发器来实现。在详细讨论复杂的 FIR 滤波器设计之前，先讨论一下简单的 FIR 滤波器设计，即基于累加器的 FIR 滤波器设计。

以 4 阶（长度为 5）FIR 滤波器为例，对于式（7-8），当 FIR 滤波器的所有系数均为 1 时，滤波器的输出与输入关系为：

$$y(n)=x(n)+x(n-1)+x(n-2)+x(n-3)+x(n-4) \tag{7-37}$$

此时的单位脉冲响应 $h(n)=\{1,1,1,1,1\}$。从式（7-37）可以看出，FIR 滤波器的表达式非常简单，其物理意义也很明确，即对连续输入的 4 个数据进行累加运算，得到 FIR 滤波器的输出结果。这种简单的 FIR 滤波器是如何对信号进行滤波处理的呢？我们先以一个具体的输入信号为例来进行说明。

假设输入的信号是由两个频率（f_1=20 Hz，f_2=2 Hz）信号叠加形成的信号，即：

$$x(t)=\sin(40\pi t)+\sin(4\pi t) \tag{7-38}$$

现以频率 f_s=100 Hz 对输入信号进行采样，即每间隔 0.01 s 采样一个数据，可得到输入序列：

$$x(n)=\sin(2n\pi/5)+\sin(2n\pi/50) \tag{7-39}$$

采用式（7-37）所示的系统对输入序列进行处理，会得到什么样的结果呢？我们通过 MATLAB 来仿真测试一下。

在编写 MATLAB 程序之前，先了解一下本实例需要用到的两个基本函数：计算滤波器输出响应的函数 filter()和绘制系统频率响应的函数 freqz()。

filter()函数用于计算滤波器的输出响应（也称为输出序列），该函数的调用格式为：

```
y=filter(b,a,x)
```

其中，b 对应由式（7-3）中的系数 b_i 组成的序列；a 对应由式（7-3）中的系数 a_j 组成的序列；x 为输入序列；y 为输出序列。对于 FIR 滤波器来讲，a=1。

feqz()函数用于绘制系统的频率响应，该函数的调用格式为：

```
freqz(b,a)
```

其中，b 对应由式（7-3）中的系数 b_i 组成的序列；a 对应由式（7-3）中的系数 a_j 组成的序列。该函数运行后可绘制系统的频率响应曲线，包括幅频响应曲线和相频响应曲线。

下面是用于分析基于累加器的 FIR 滤波性能的 MATLAB 程序代码。

```
%AccumulatorFir.m
f1=20;                              %信号 1 的频率为 20 Hz
f2=2;                               %信号 1 的频率为 2 Hz
fs=100;                             %采样频率为 100 Hz
t=0:1/fs:5;                         %产生 5 s 的时间序列
s=sin(2*pi*f1*t)+sin(2*pi*f2*t);    %产生两个信号的叠加信号

b=[1,1,1,1,1];                      %基于累加器的 FIR 滤波器系数
y=filter(b,1,s);                    %求出 FIR 滤波器的输出序列

%第 1 张图绘制输入/输出信号
figure(1);
subplot(211); plot(t,s);
legend('输入信号波形');
xlabel('时间/s');ylabel('幅度/V');
subplot(212);plot(t,y);
legend('输出信号波形');
xlabel('时间/s');ylabel('幅度/V');

%第 2 张图绘制滤波器频率响应
figure(2);
freqz(b,1);
```

MATLAB 仿真得到的输入/输出信号波形如图 7-9 所示，基于累加器的 4 阶 FIR 频率响应如图 7-10 所示。

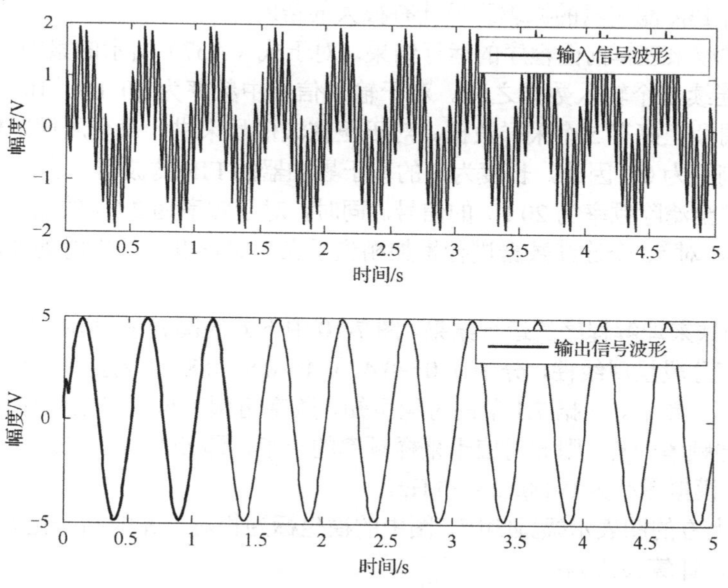

图 7-9　MATLAB 仿真得到的输入/输出信号波形

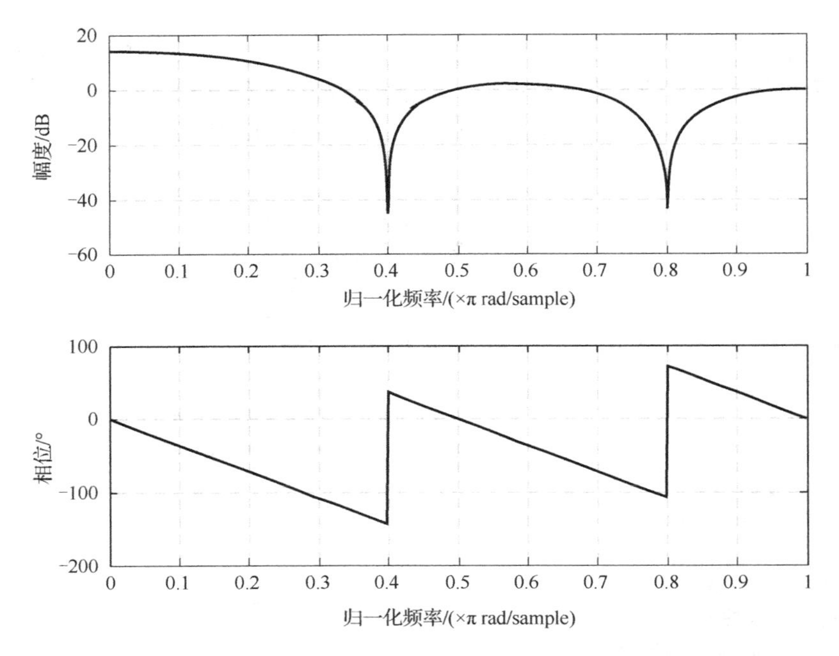

图 7-10　基于累加器的 4 阶 FIR 频率响应

从图 7-9 所示的输入/输出信号波形可以看出，输入信号是两个频率信号的叠加信号，输出信号是频率为 2 Hz 的单频信号。也就是说，基于累加器的 FIR 滤波器将频率为 20 Hz 的信号完全滤除了，只剩下频率为 2 Hz 的信号。

为什么会得到这样的结果呢？为什么长度为 5（阶数为 4）的 FIR 滤皮器（由于 FIR 滤波器系数全部为 1，因此相当于一个累加器）会将频率为 20 Hz 的信号完全滤除，而完全保留频率为 2 Hz 的信号呢？

累加器的结构非常简单，得到这样的运算结果似乎有些令人意外。深刻理解其中的工作过程对我们理解 FIR 滤波器的原理及设计有很大的帮助。

首先，从时域来理解前面程序的运行结果。对于式（7-37）所示的累加器，从时域来看，输出序列等于连续 5 个输入数据之和。对于输入信号中频率为 20 Hz 的信号，采样频率为 100 Hz，每个周期正好有 5 个采样数据。对于正弦波信号来讲，每个周期采样的 5 个数据之和进行累加，刚好为 0。因此，长度为 5 的基于累加器的 FIR 滤波器，当采样频率为 100 Hz 时，刚好可以完全滤除频率为 20 Hz 的信号。同时，对于频率为 2 Hz 的信号来讲，每个周期采样 50 个数据，对 50 个连续数据进行累加相当于在一定程度上的平滑处理，没有明显的滤除效果。

然后，从频域来理解程序的运行结果。图 7-10 中下方的图表示相频响应，从中可以看出，系统的相频响应分段呈现线性，分别在 0～0.4、0.4～0.8、0.8～1 内呈现线性。其中横坐标为相对于 π 的归一化频率。根据 7.1 节的讨论可知，数字角频率与模拟频率有固定的转换关系，如果系统的采样频率为 f_s，则 π 对应于采样频率的一半，即 $f_s/2$。在本实例中，$f_s = 100$ Hz，因此 0.4 对应的模拟频率为 $0.4\times f_s/2 = 20$ Hz。

图 7-10 中上方的图表示幅频响应，图中的横坐标为相对于 π 的归一化频率。纵坐标为幅度，单位为 dB，计算公式为：

$$G = 20 \times \lg A \tag{7-40}$$

式中，A 为放大倍数；G 为对放大倍数平方转换成以 dB 为单位的值。当归一化频率为 0.4（对应的模拟频率为 20 Hz）时，对应的增益约为−45 dB，进行了大幅度的衰减；当归一化频率为 0.04（对应的模拟频率为 2 Hz）时，对应的增益约为 14 dB，提高为原来的 5 倍。从图 7-9 中可以看出，滤波后的 2 Hz 信号的幅度为 5 V，刚好是输入信号幅度（1 V）的 5 倍。

7.4.2　基于累加器的 FIR 滤波器设计

1．基于累加器的 FIR 滤波器 FPGA 实现结构

采用 MATLAB 中的 filter()函数可以直接实现滤波运算，但在 FPGA 中则需要用加法器、乘法器、触发器等来搭建 FIR 滤波器电路，从而实现对输入信号的滤波处理。对于基于累加器的 FIR 滤波器的 FPGA 实现来讲，需要在 FPGA 中实现式（7-37）所示的运算。如前所述，在 FPGA 中实现 FIR 滤波器可以采用直接型、级联型等不同的结构，不同的结构对应不同的设计方法。由于直接型结构简单高效，在工程上的应用十分广泛。

直接型结构的 FIR 滤波器信号流图如图 7-6 所示。对于基于累加器的 FIR 滤波器而言，由于 FIR 滤波器的所有系数均为 1，因此不存在乘法运算。基于累加器的 FIR 滤波器的 FPGA 实现结构如图 7-11 所示。

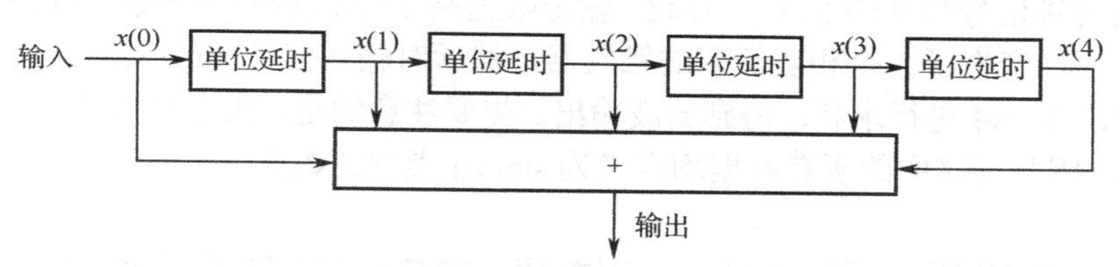

图 7-11　基于累加器的 FIR 滤波器的 FPGA 实现结构

由于没有乘法运算，因此结构十分简单。图中的加法运算可以直接采用 Verilog HDL 中的加法运算符来实现，单位延时相当于一级 D 触发器。

2．基于累加器的 FIR 滤波器 FPGA 实现的 Verilog HDL 设计

在进行 Verilog HDL 设计之前，需要对输入数据和输出数据的位宽进行设计。在进行 MATLAB 仿真时，所有数据都是实数；在进行 FPGA 设计时，所有数据都是二进制数。根据第 5 章的讨论可知，FPGA 中二进制数的小数点位置是由设计者确定的。

为了便于分析，设定输入数据的小数点位置在最低位的右边，即数据为整数。实例 7-1 中的输入信号（输入数据）是 9 bit 的有符号数。根据累加器的原理可知，输入数据为连续 5 个输入数据之和，输出数据的最大值为输入数据最大值的 5 倍。因此，输出数据比输入数据多 3 bit（$2^2<5<2^3$），将输出数据设置为 12 bit 可确保运算结果不会溢出。

在分析了基于累加器的 FIR 滤波器 FPGA 实现结构及相关参数后，可进行 Verilog HDL 设计。在 ISE14.7 中新建名为“AccumulatorFir”的工程，新建“Verilog Module”类型的资源，设置资源文件名为“accumulator_fir.v”。下面直接给出了 accumulator_fir.v 的 Verilog HDL 代码。

```
//accumulator_fir.v
module accumulator_fir(
    input clk,                          //系统时钟信号频率为 100 Hz
```

```
    input signed [8:0] xin,              //输入数据
    output signed [11:0] yout            //滤波输出数据
    );

    //产生 4 级触发器输出信号，相当于 4 级延时后的信号
    reg signed [8:0] x1,x2,x3,x4;
    always @(posedge clk)
    begin
        x1 <= xin;
        x2 <= x1;
        x3 <= x2;
        x4 <= x3;
    end

    //对连续 5 个输入数据进行累加，完成滤波输出
    assign yout =xin + x1 + x2 + x3 + x4;
endmodule
```

基于累加器的 FIR 滤波器 FPGA 实现的 Verilog HDL 程序并不复杂，程序的输入是频率为 100 Hz 的时钟信号和 9 bit 的有符号数，输出数据是 12 bit 的有符号数。在程序中，首先采用 always 块语句产生了 4 个相互级联的触发器，然后对输入信号 xin，以及 4 个触发器输入信号 x1、x2、x3、x4 进行求和，得到滤波输出。需要注意的是，由于输入数据和输出数据均为有符号数，因此程序中的所有数据均定义为 signed 类型的数据。

7.4.3 基于累加器的 FIR 滤波器 FPGA 实现后的仿真

1. 基于累加器的 FIR 滤波器 FPGA 实现的 Verilog HDL 程序运算功能仿真

在完成基于累加器的 FIR 滤波器 FPGA 实现的 Verilog HDL 程序后，还需要测试 Verilog HDL 程序功能的正确性。累加器的功能十分简单，仅完成连续 5 个输入数据的求和运算而已。因此，在验证基于累加器的 FIR 滤波器功能之前，可以先验证累加器的运算功能是否满足设计要求。

测试激励文件为 tst_fir.vt，完善生成输入信号波形的部分代码如下：

```
`timescale 1ms / 1ms                    //设置时间单位为 ms
initial begin
    clk = 0;                            //初始化时钟信号
    xin = 0;                            //初始化输入信号
    end

    //产生 100 Hz 的时钟信号
    always #5 clk <= !clk;

    //产生递增数据，作为输入信号
    always @(posedge clk)
    xin <= xin + 100;
```

由于实例 7-1 中的时钟信号频率为 100 Hz，可以适当调整仿真波形的显示单位，以便于分析波形。在 ISE14.7 中，右键单击“Process”中的“ModelSim Simulator→Simulate Behavioral Model”，可弹出仿真参数设置对话框，如图 7-12 所示。

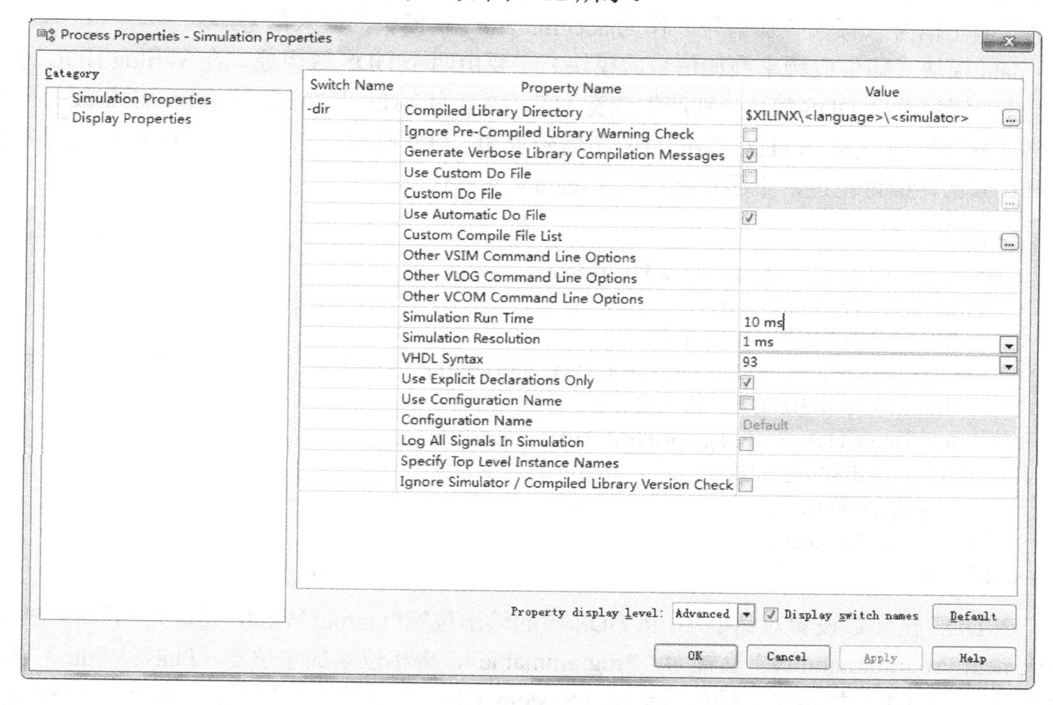

图 7-12　仿真参数设置对话框

在图 7-12 所示的对话框中，将“Simulation Run Time”（仿真运行时间）设置为“10 ms”，将“Simulation Resolution”（仿真波形显示时间单位）设置为“1 ms”。

运行 ModelSim 仿真，在仿真波形界面中添加 x1、x2、x3、x4，可得到如图 7-13 所示的仿真波形。

图 7-13　累加器程序运算功能的仿真波形

从图中可以看出，x1、x2、x3、x4 分别相对于 xin 延时 1～4 个时钟周期，输出结果 yout 的值等于前 5 个数据之和，说明累加器程序的运算功能满足设计的要求。

根据实例 7-1 的要求，最终目的是要完成滤波功能，因此在仿真累加器程序的运算功能后，还需要基于累加器的 FIR 滤波器的滤波功能，即参照 MATLAB 仿真过程，测试 FPGA 程序是否能够完全滤除输入信号中频率为 20 Hz 的信号。

2. 基于累加器的 FIR 滤波器 FPTA 实现的 Verilog HDL 程序滤波功能仿真

在完成基于累加器的 FIR 滤波器 FPGA 实现的 Verilog HDL 程序后，还需要测试 Verilog

HDL 程序功能的正确性。通过编写测试激励文件产生频率叠加信号的方法比较复杂，为了便于测试，可以先编写生成频率叠加信号的 Verilog HDL 文件 data.v，再编写顶层文件 top.v，将 data.v 和 accumulator_fir.v 文件作为功能模块（data 模块和 accumulator_fir 模块），且 data 模块的输出信号（频率叠加信号）作为 accumulator_fir 模块的输入信号。

data 模块（即生成频率叠加信号的模块）主要由两个 DDS 核组成。在 Verilog HDL 程序中，首先调用两个 DDS 核，分别产生位宽为 8、频率为 2 Hz 及 20 Hz 的信号（正弦波信号），系统时钟信号频率为 100 Hz；然后对两路信号求和，得到频率叠加信号。DDS 核的使用方法在第 6 章已详细讨论过，下面直接给出了 data.v 文件代码。

```
//data.v
module data(input clk, output reg signed [8:0] dout);
    wire signed [7:0] sin2,sin20;
    //生成频率为 2 Hz 信号（正弦波信号）
    wave u1(.clk(clk), .we(1'b1), .data(16'd1311), .sine(sin2 ) );
    //生成频率为 20 Hz 信号（正弦波信号）
    wave u2(.clk(clk), .we(1'b1), .data(16'd13107), .sine(sin20 ) );
    //求和，输出频率叠加信号
    always @(posedge clk)
    dout <= sin2 + sin20;
endmodule
```

在 DDS 核参数设置对话框中，将 DDS 核的输出位宽（Output Width）设置为“8”，将“Phase Increment Programmability”设置为“Programmable”，将相位累加字位宽（Phase Width）设置为“16”。在 DDS 核系统时钟信号频率（System Clock）设置对话框中，频率最低只能设置为 0.01 MHz。对于 DDS 核来讲，输出信号的频率只与系统时钟信号频率相关，虽然在 DDS 核的系统设置对话框中设置为 0.01 MHz，但在 FPGA 工作时仍按照实际输入的信号频率进行计算。因此，在 DDS 的系统设置对话框中设置为 0.01 MHz，仿真测试时输入的时钟信号频率为 100 Hz，由于相位累加字位宽为 16，当相位累加字的值为 1311 时产生频率为 2 Hz 的信号，当相位累加字的值为 13107 时产生频率为 20 Hz 的信号。

由于 2 个 8 bit 的二进制数相加，其结果需要用 9 bit 的数来表示，因此频率叠加信号 dout 的位宽为 9。顶层文件 top.v 的代码如下：

```
//top.v
module top(input clk, output [11:0] yout);
    wire signed [8:0] xin;
    //data 模块
    data u1(.clk(clk), .dout(xin));
    //accumulator_fir 模块
    accumulator_fir u2(.clk(clk), .xin(xin), .yout(yout));
endmodule
```

运行 ModelSim 仿真，在仿真波形界面中添加 xin 信号，可得到基于累加器的 FIR 滤波器 FPGA 实现的 Verilog HDL 程序滤波功能仿真波形，如图 7-14 所示。

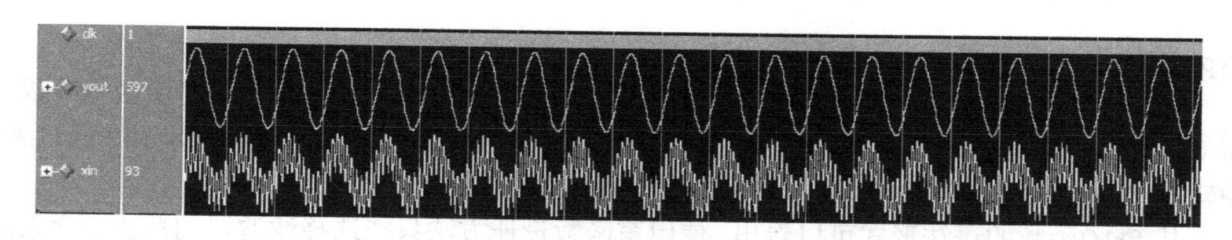

图 7-14 基于累加器的 FIR 滤波器 FPGA 实现的 Verilog HDL 程序滤波功能仿真波形

从图 7-14 可以看出，基于累加器的 FIR 滤波器的输入是 2 路频率叠加信号，其输出是频率为 2 Hz 的单频信号，有效滤除了频率为 20 Hz 的信号，与 MATALB 的仿真结果一致。

7.5 FIR 滤波器的 MATLAB 设计

通过前面对基于累加器的 FIR 滤波器的原理及设计的分析可以看出，FIR 滤波器的 FPGA 实现并不复杂。基于累加器的 FIR 滤波器结构简单、性能受限，仅能满足一些对滤波性能要求不高的场合。但由于这种 FIR 滤波器不需要乘法器，实现效率高，在一些特殊场合中，尤其是多速率信号处理中应用得非常广泛。关于多速率信号处理中的滤波器设计将在《Xilinx FPGA 数字信号处理设计——综合版》一书中详细讨论。

在 7.2.1 节中提到，实现 FIR 滤波器的 FPGA 设计需要两个基本步骤，本节介绍第一个基本步骤。MATLAB 提供了多个用于 FIR 滤波器的函数及工具，本书仅讨论使用最为广泛的 fir1()函数、firpm()函数及 FDATOOL 工具。

7.5.1 基于 fir1()函数的 FIR 滤波器设计

1. fir1()函数功能的简介

在 MATLAB 中，可以使用 fir1()函数设计低通、带通、高通、带阻等多种类型的具有严格线性相位特性的 FIR 滤波器。需要说明的是，基于 fir1()函数的 FIR 滤波器设计实际上是采用了窗函数的设计。fir1()函数的语法主要有以下几种形式：

```
b=fir1(n,wn);
b=fir1(n,wn,'ftype');
b=fir1(n,wn,'ftype',window);
```

其中，各项参数的意义及作用为如下：

（1）b：返回的 FIR 滤波器的单位脉冲响应，单位脉冲响应具有对称性，阶数为 n，长度为 n+1。

（2）n：FIR 滤波器的阶数，需要注意的是，设计出的 FIR 滤波器长度为 n+1。

（3）wn：滤波器截止频率。需要注意的是，wn 的取值范围为 0<wn<1，1 对应信号采样频率的 1/2。如果 wn 是单个数值，且 ftype 参数为 low，则表示设计的是 3 dB 截止频率为 wn 的低通滤波器。如 ftype 参数为 high，则表示设计的是 3 dB 截止频率为 wn 的高通滤波器。如果 wn 是由两个数组成的向量[wn1 wn2]，当 ftype 为 stop 时，则表示设计带阻滤波器；当 ftype 为 bandpass 时，则表示设计带通滤波器。如果 wn 是由多个数组成的向量，则表示根据

ftype 的值设计多个通带或阻带范围的滤波器。

（4）window：指定使用的窗函数，默认为海明窗（Hamming），最常用的窗函数有汉宁窗（Hanning）、海明窗（Hamming）、布拉克曼窗（Blackman）和凯塞窗（Kaiser），在 MATLAB 中输入“help window”命令可以查询各种窗函数的名称。

从 fir1()函数的语法形式可以看出，使用窗函数设计方法只能选择滤波器的截止频率及阶数，而无法选择滤波器通带、阻带衰减、过渡带宽等参数，而这些参数与所选择窗函数的类型密切相关。

2．fir1()函数的使用方法

fir1()函数的使用方法十分简单，例如，要设计一个归一化截止频率为 0.2、阶数为 11、采用海明窗的低通 FIR 滤波器，只需在 MATLAB 中依次输入以下几条命令，即可获得低通 FIR 滤波器的单位脉冲响应及幅频响应。

```
b=fir1(11,0.2);
plot(20*log(abs(fft(b)))/log(10));
```

现在我们来做个试验，验证一下不同对称结构所适合的滤波器种类。例如，表 7-1 中的第二种类型，即滤波器阶数为奇数、单位脉冲响应为偶对称，不适合设计成高通滤波器。在 MATLAB 中输入以下命令，设计截止频率为 0.2、阶数为 11 阶、采用海明窗的高通滤波器，看看会出现什么结果。

```
b=fir1(11,0.2,'high');
```

输入完上述命令后，在窗口出现了一条警告信息：

```
Warning: Odd order symmetric FIR filters must have a gain of zero at the Nyquist frequency. The order is
being increased by one.
```

信息提示，奇数偶对称的 FIR 滤波器在奈奎斯特频率处无增益，FIR 滤波器阶数已增加了一阶，同时输出长度为 13 的脉冲响应序列，即

```
0.0025    0.0000    −0.0145    −0.0543    −0.1162    −0.1750    0.7976    −0.1750    −0.1162    −0.0543
−0.0145 0.0000    0.0025
```

实例 7-2：基于 fir1()函数的 FIR 滤波器设计

采用海明窗，分别设计长度为 41（阶数为 40）的低通（截止频率为 200 Hz）、高通（截止频率为 200 Hz）、带通（通带为 200～400 Hz）、带阻（阻带为 200～400 Hz）FIR 滤波器，采样频率为 2000 Hz，画出其各种 FIR 滤波器的单位脉冲响应及幅频响应曲线。

根据实例 7-2 的要求，使用 fir1()函数很容易设计出所需的 FIR 滤波器，基于 fir1()函数的各种 FIR 滤波器的单位脉冲响应及幅频响应曲线如图 7-15 所示。E7_2_fir1.m 文件的代码如下。

```
%E7_2_fir1.m 文件的代码
N=41;                                    %FIR 滤波器的长度
fs=2000;                                 %采样频率
%各种 FIR 滤波器的特征频率
```

```
fc_lpf=200;
fc_hpf=200;
fp_bandpass=[200 400];
fc_stop=[200 400];

%以采样频率的一半对频率进行归一化处理
wn_lpf=fc_lpf*2/fs;
wn_hpf=fc_hpf*2/fs;
wn_bandpass=fp_bandpass*2/fs;
wn_stop=fc_stop*2/fs;

%采用 fir1()函数设计 FIR 滤波器
b_lpf=fir1(N-1,wn_lpf);
b_hpf=fir1(N-1,wn_hpf,'high');
b_bandpass=fir1(N-1,wn_bandpass,'bandpass');
b_stop=fir1(N-1,wn_stop,'stop');

%求 FIR 滤波器的幅频响应
m_lpf=20*log(abs(fft(b_lpf)))/log(10);
m_hpf=20*log(abs(fft(b_hpf)))/log(10);
m_bandpass=20*log(abs(fft(b_bandpass)))/log(10);
m_stop=20*log(abs(fft(b_stop)))/log(10);

%设置幅频响应的横坐标单位为 Hz
x_f=[0:(fs/length(m_lpf)):fs/2];

%绘制单位脉冲响应
subplot(421);stem(b_lpf);xlabel('n');ylabel('h(n)');
subplot(423);stem(b_hpf);xlabel('n');ylabel('h(n)');
subplot(425);stem(b_bandpass);xlabel('n');ylabel('h(n)');
subplot(427);stem(b_stop);xlabel('n');ylabel('h(n)');

%绘制幅频响应曲线
subplot(422);plot(x_f,m_lpf(1:length(x_f)));
xlabel('频率/Hz','fontsize',8);ylabel('幅度/dB','fontsize',8);
subplot(424);plot(x_f,m_hpf(1:length(x_f)));
xlabel('频率/Hz','fontsize',8);ylabel('幅度/dB','fontsize',8);
subplot(426);plot(x_f,m_bandpass(1:length(x_f)));
xlabel('频率/Hz','fontsize',8);ylabel('幅度/dB','fontsize',8);
subplot(428);plot(x_f,m_stop(1:length(x_f)));
xlabel('频率/Hz','fontsize',8);ylabel('幅度/dB','fontsize',8);
```

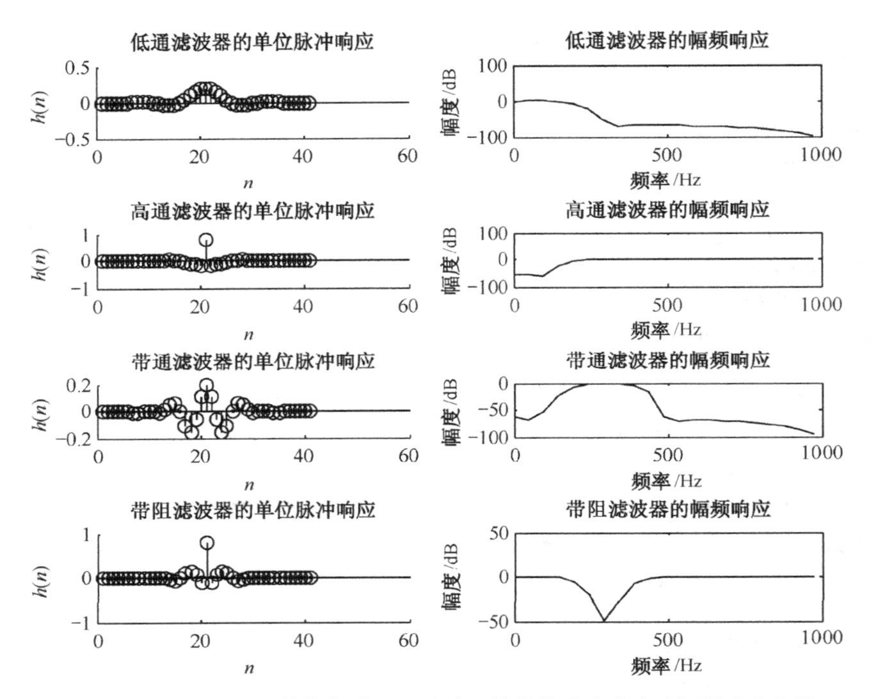

图 7-15　基于 fir1()函数的各种 FIR 滤波器的单位脉冲响应及幅频响应曲线

7.5.2　各种窗函数性能的比较

采用窗函数设计 FIR 滤波器时，FIR 滤波器的性能除了和 FIR 滤波器阶数的有关，还与窗函数的形状有关。对于工程师来说，虽然没有必要详细了解各种窗函数的设计原理，但必须了解各种窗函数的性能。本节先给出几种常用窗函数的函数表达式及各种窗函数的性能对比，然后通过 MATLAB 绘制出各种窗函数的曲线，最后以一个实例来验证在 FIR 滤波器阶数相同的情况下，由不同窗函数设计出来的低通 FIR 滤波器的性能。

矩形窗的表达式及傅里叶变换分别为：

$$R_N(n)=\begin{cases}1, & 0\leqslant n\leqslant N-1\\ 0, & 其他\end{cases} \tag{7-41}$$

$$W_R(e^{j\omega})\approx e^{-j\omega\frac{N-1}{2}}\frac{\sin(N\omega/2)}{\sin(\omega/2)} \tag{7-42}$$

汉宁窗（Hanning）的表达式及傅里叶变换分别为：

$$\omega(n)=\sin^2\left(\frac{\pi n}{N-1}\right)R_N(n)=0.5-0.5\cos\left(\frac{2\pi n}{N-1}\right),\qquad 0\leqslant n\leqslant N-1 \tag{7-43}$$

$$W(e^{j\omega})\approx 0.5W_R(e^{j\omega})+0.25[W_R(\omega-2\pi/N)+W_R(\omega+2\pi/N)] \tag{7-44}$$

海明窗（Hamming）的表达式及傅里叶变换分别为：

$$\omega(n)=0.54-0.46\cos 2\pi n/(N-1),\qquad 0\leqslant n\leqslant N-1 \tag{7-45}$$

$$W(e^{j\omega})\approx 0.54W_R(e^{j\omega})+0.23[W_R(\omega-2\pi/N)+W_R(\omega+2\pi/N)] \tag{7-46}$$

布拉克曼窗（Blackman）的表达式及傅里叶变换分别为：

$$\omega(n)=0.42-0.5\cos 2\pi n/(N-1)+0.08\cos(4\pi n/(N-1)),\qquad 0\leqslant n\leqslant N-1 \tag{7-47}$$

$$W(e^{j\omega}) = 0.42W_R(e^{j\omega}) + 0.25\{W_R[\omega - 2\pi/(N-1)] + W_R[\omega + 2\pi/(N-1)]\} + 0.04\{W_R[\omega - 4\pi/(N-1)]\} + W_R[\omega + 4\pi/(N-1)] \tag{7-48}$$

凯塞窗（Kaiser）的表达式为：

$$\omega(n) = \frac{I_0\{\beta\sqrt{1-[1-2n/(N-1)]^2}\}}{I_0(\beta)}, \quad 0 \leqslant n \leqslant N-1 \tag{7-49}$$

式中，$I_0(x)$ 是第一类变形零阶贝塞尔函数。β 是窗函数的形状参数，可以自由选择。改变 β 值可以调节主瓣宽度和旁瓣电平。β=0 相当于矩形窗，其典型值为 4～9。由于凯塞窗的可调节性，且可根据 FIR 滤波器的过渡带宽、通带纹波等参数估计其阶数，故使用较为广泛。

为了便于比较，表 7-2 列出了常用窗函数的基本参数。通过表 7-2 也可以看出，矩形窗的过渡带宽最窄，但其旁瓣峰值最高，阻带衰减最少。与汉宁窗相比，海明窗的过渡带宽与汉宁窗相同，但其旁瓣峰值更小，且阻带衰减更大，因此性能比汉宁窗更好。当凯塞窗的 β=7.856 时，与布拉克曼窗相比，从过渡带宽、旁瓣峰值、阻带衰减等性能指标看，凯塞窗均表现出更好的性能。

表 7-2　常用窗函数基本参数表

窗　函　数	旁瓣峰值幅度/dB	归一化过渡带宽	阻带最小衰减/dB
矩形窗	−13	4/*N*	−21
汉宁窗	−31	8/*N*	−44
海明窗	−41	8/*N*	−53
布拉克曼窗	−57	12/*N*	−74
凯塞窗（形状参数为 0.7856）	−57	10/*N*	−80

7.5.3　各种窗函数性能的仿真

实例 7-3：通过 MATLAB 仿真由不同窗函数设计的 FIR 滤波器性能

采用表 7-2 中窗函数，利用 MATLAB 分别设计截止频率为 200 Hz、采样频率为 2000 Hz 的低通 FIR 滤波器，滤波器的长度为 81（80 阶），并绘出各 FIR 滤波器的幅频响应曲线。

该实例的 MATLAB 程序 E7_3_windows.m 文件的代码如下：

```
%E7_3_windows.m 文件的代码
N=81;                                  %FIR 滤波器的长度
fs=2000;                               %FIR 滤波器的采样频率
fc=200;                                %低通 FIR 滤波器的截止频率

%生成各种窗函数
w_rect=rectwin(N)';
w_hann=hann(N)';
w_hamm=hamming(N)';
w_blac=blackman(N)';
w_kais=kaiser(N,7.856)';

%采用 fir1()函数设计 FIR 滤波器
```

```
b_rect=fir1(N-1,fc*2/fs,w_rect);
b_hann=fir1(N-1,fc*2/fs,w_hann);
b_hamm=fir1(N-1,fc*2/fs,w_hamm);
b_blac=fir1(N-1,fc*2/fs,w_blac);
b_kais=fir1(N-1,fc*2/fs,w_kais);

%求 FIR 滤波器的的幅频响应
m_rect=20*log(abs(fft(b_rect,512)))/log(10);
m_hann=20*log(abs(fft(b_hann,512)))/log(10);
m_hamm=20*log(abs(fft(b_hamm,512)))/log(10);
m_blac=20*log(abs(fft(b_blac,512)))/log(10);
m_kais=20*log(abs(fft(b_kais,512)))/log(10);

%设置幅频响应的横坐标单位为 Hz
x_f=[0:(fs/length(m_rect)):fs/2];
%只显示正频率部分的幅频响应
m1=m_rect(1:length(x_f));
m2=m_hann(1:length(x_f));
m3=m_hamm(1:length(x_f));
m4=m_blac(1:length(x_f));
m5=m_kais(1:length(x_f));

%绘制幅频响应曲线
plot(x_f,m1,'.',x_f,m2,'*',x_f,m3,'x',x_f,m4,'--',x_f,m5,'-.');
xlabel('频率/Hz)','fontsize',8);ylabel('幅度/dB)','fontsize',8);
legend('矩形窗','汉宁窗','海明窗','布拉克曼窗','凯塞窗');
grid;
```

由不同窗函数设计的各种低通 FIR 滤波器的幅频响应曲线如图 7-16 所示，从图中可以看出，在低通 FIR 滤波器阶数相同的情况下，凯塞窗具有更好的性能。在截止频率 200 Hz 处，幅度衰减约为−6.4 dB，低通 FIR 滤波器的 3 dB 带宽实际约为 184.3 Hz。

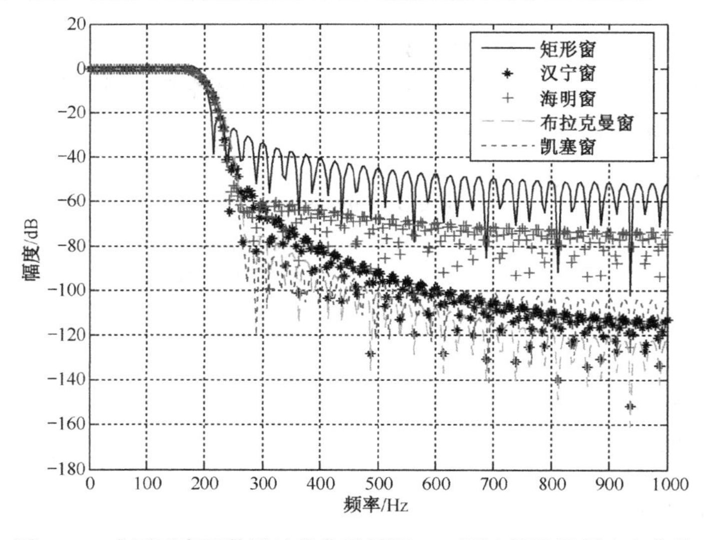

图 7-16　由不同窗函数设计的各种低通 FIR 滤波器的幅频响应曲线

7.5.4 基于 firpm()函数的 FIR 滤波器设计

采用 fir1()函数设计 FIR 滤波器的本质是采用窗函数来设计 FIR 滤波器，这种方法十分简单。但从 FIR 滤波器的幅频响应来看，FIR 滤波器在通带或阻带的衰减特性不是等纹波的，呈现出了逐渐衰减的特性。以图 7-16 的低通 FIR 滤波器为例，对于大多数工程实例来讲，通常仅需要阻带的衰减大于某个值即可，如需要在大于 400 Hz（阻带）的情况下大于 40 dB（衰减）。对于矩形窗来讲，由于 FIR 滤波器在整个阻带呈衰减特性，因此在大于 400 Hz 的范围内，衰减大于 40 dB，如在 700 Hz 时的衰减已达 50 dB。对于 FIR 滤波器来讲，在过渡带宽等参数不变的情况下，阻带衰减越大，则 FIR 滤波器所需的阶数就越大，在采用 FPGA 实现时就需要占用更多的逻辑资源。如果 FIR 滤波器在通带及阻带具有等纹波特性，则对于相同的通带纹波及阻带衰减参数，理论上可以有效减少所需要 FIR 滤波器阶数。因此，从所需逻辑资源及 FIR 滤波器性能这两个指标来看，基于窗函数设计的 FIR 滤波器并不是最优滤波器。

本节介绍一种最大误差最小准则下的最优滤波器设计方法，其对应的 MATLAB 函数为将要介绍的 firpm()。所谓最大误差，是指在通带及阻带频段范围内，设计出的 FIR 滤波器纹波、衰减与指标之间的差的最大值。最大误差最小是指尽量使这个最大值最小化。

对于工程设计来说，所谓最优设计，需要用实际的设计效果来体现。本节首先对 firpm()函数的使用方法进行介绍；然后以实例来讲述该函数的使用方法；最后对基于 firpm()函数与基于窗函数设计的 FIR 滤波器的性能进行比较。firpm()函数的语法主要有以下 5 种形式：

```
b = firpm(n,f,a);
b = firpm(n,f,a,w);
b = firpm(n,f,a,'ftype');
b = firpm(n,f,a,w,'ftype');
[b,delta] = firpm(...);
```

以下是 firpm()函数中各项参数的意义及作用。

（1）n 及 b：FIR 滤波器的阶数，与 fir1()函数类似，返回值 b 为 FIR 滤波器系数，其长度为 n+1。

（2）f 及 a：f 是一个向量，取值为 0～1，对应于 FIR 滤波器的归一化频率；a 是长度与 f 相同的向量，用于设置对应频段范围内的理想幅值。f 及 a 之间的关系用图形表示更为清楚，设置 f=[0 0.3 0.4 0.6 0.7 1]，a=[0 1 0 0 0.5 0.5]，则 f 及 a 所表示的理想幅频响应如图 7-17 所示，由图 7-17 可知，firpm()函数可以设计任意幅频响应的 FIR 滤波器。

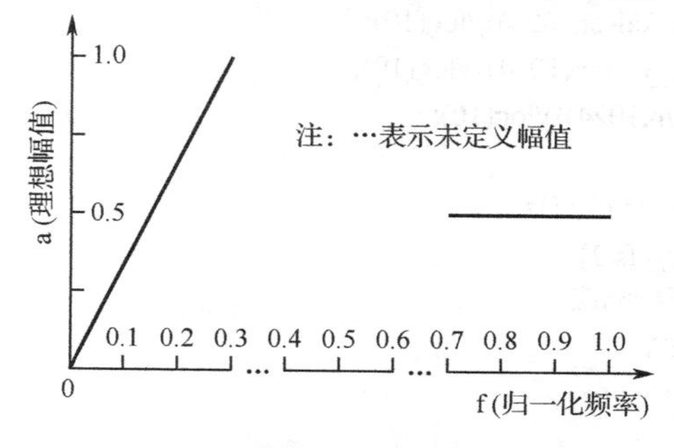

图 7-17 firpm()函数中的 f 及 a 所表示的理想幅频响应

（3）w：w 是长度为 f/2 的向量，表示在设计 FIR 滤波器时对应频段幅度的权值。例如，w0 对应的是 f0～f1 频段，w1 对应的是 f2～f3 频段，以此类推。权值越高，则对应频段的幅度越接近理想状态。

（4）ftype：ftype 用于指定 FIR 滤波器的结构类型，如果没有设置该参数，则表示设计偶对称结构的 FIR 滤波器；如果设置为“hilbert”，则表示设计奇对称结构的 FIR 滤波器，即具有 90° 的相移特性；如设置为“differentiator”，则表示设计奇对称结构的 FIR 滤波器，并且对非零幅度的频带进行了加权处理，使 FIR 滤波器的频带越低，则幅度误差越小。

（5）delta：delta 表示返回的 FIR 滤波器最大纹波值。

通过上面的介绍可知，firpm()函数几乎是“万能”的，既能设计出最优 FIR 滤波器，又能设计出任意幅频响应的 FIR 滤波器，还能设计出具有 90° 相移特性的 FIR 滤波器。

实例 7-4：采用 firpm()函数设计 FIR 滤波器

利用凯塞窗设计一个低通 FIR 滤波器，过渡带宽为 1000～1500 Hz，采样频率为 8000 Hz，通带纹波的最大值为 0.01，阻带纹波的最大值为 0.05。利用海明窗及 firpm()函数设计低通 FIR 滤波器，截止频率为 1500 Hz，FIR 滤波器的阶数为凯塞窗求取的值，绘出三种方法设计的幅频响应曲线。

该实例的 M 程序文件 E7_4_firpm.m 的代码如下：

```
fs=8000;                                    %FIR 滤波器的采样频率
fc=[1000 1500];                             %FIR 滤波器的过渡带宽
mag=[1 0];                                  %窗函数的理想滤波器幅度
dev=[0.01 0.05];                            %纹波

[n,wn,beta,ftype]=kaiserord(fc,mag,dev,fs)  %获取凯塞窗参数
fpm=[0 fc(1)*2/fs fc(2)*2/fs 1];            %firpm()函数的频段向量
magpm=[1 1 0 0];                            %firpm()函数的幅度向量

%基于凯塞窗及海明窗设计 FIR 滤波器
h_kaiser=fir1(n,wn,ftype,kaiser(n+1,beta));
h_hamm=fir1(n,fc(2)*2/fs);
%设计最优 FIR 滤波器
h_pm=firpm(n,fpm,magpm);

%求 FIR 滤波器的幅频响应
m_kaiser=20*log(abs(fft(h_kaiser,1024)))/log(10);
m_hamm=20*log(abs(fft(h_hamm,1024)))/log(10);
m_pm=20*log(abs(fft(h_pm,1024)))/log(10);

%设置幅频响应的横坐标单位为 Hz
x_f=[0:(fs/length(m_kaiser)):fs/2];
%只显示正频率部分的幅频响应
m1=m_kaiser(1:length(x_f));
m2=m_hamm(1:length(x_f));
m3=m_pm(1:length(x_f));
```

```
%绘制 FIR 滤波器的幅频响应曲线
plot(x_f,m1,'-',x_f,m2,'-.',x_f,m3,'--');
xlabel('频率/Hz');ylabel('幅度/dB');
legend('凯塞窗','海明窗','最优滤波器');
grid on;
```

基于凯塞窗、海明窗和firpm()函数设计的低通FIR滤波器幅频响应曲线如图7-18所示，基于firpm()函数设计的低通FIR滤波器是最优滤波器。使用凯塞窗设计的低通FIR滤波器的阶数为36，截止频率为0.3125（归一化频率）。从低通FIR滤波器的幅频响应曲线可以看出，最优滤波器与基于凯塞窗设计的低通FIR滤波器相比，最优滤波器的第一旁瓣电平约低2.5 dB，且阻带衰减相同；而基于凯塞窗设计的低通FIR滤波器阻带衰减却逐渐减小；与基于海明窗设计的低通FIR滤波器相比，最优滤波器不仅旁瓣衰减更大，且过渡带宽更窄。因此，对于阶数相同的低通FIR滤波器，基于firpm()函数设计的低通FIR滤波器的性能最好。

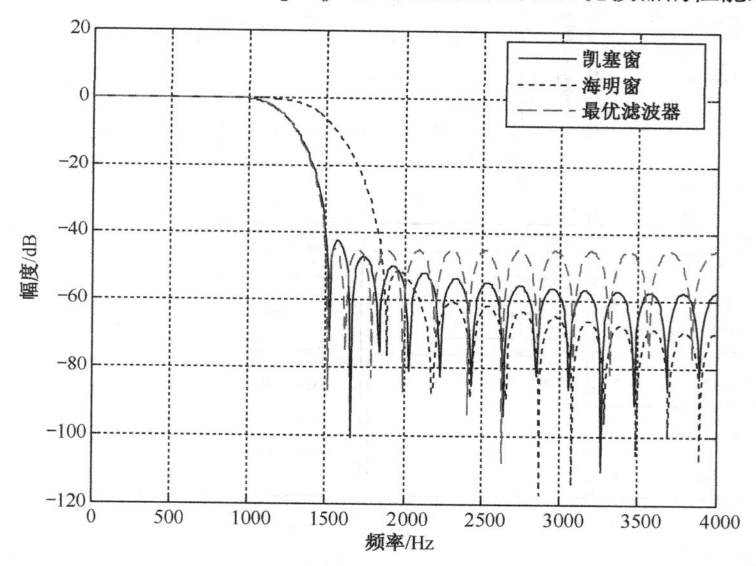

图7-18 基于凯塞窗、海明窗和firpm()函数设计的低通FIR滤波器幅频响应曲线

7.5.5 基于FDATOOL的FIR滤波器设计

MATLAB除了提供常用的FIR滤波器设计函数，还提供了专用设计FIR滤波器的工具FDATOOL。FDATOOL的突出优点是直观、方便，用户只需设置FIR滤波器参数，即可查看FIR滤波器频率响应、零/极点、单位脉冲响应、系数等信息。正如VC的基础是C++语言一样，FDATOOL内部采用的是FIR滤波器的设计函数。与编写M文件相比，使用FDATOOL设计滤波器是一件省心省力的事，但直接编写M文件具有一些独特的优势，如灵活性更强。本书推荐使用函数的方法完成FIR滤波器的设计。

读者在了解本章前面设计FIR滤波器的相关知识后，应用FDATOOL设计FIR滤波器是一件十分简单的事。接下来我们用一个设计实例来介绍使用FDATOOL设计一个带通滤波器的方法。

实例 7-5：使用 FDATOOL 设计带通 FIR 滤波器

使用 FDATOOL 设计一个带通 FIR 滤波器，通带范围为 1000～2000 Hz，低频过渡带宽为 700～1000 Hz，高频过渡带宽为 2000～2300 Hz，采样频率为 8000 Hz 的等阻带纹波滤波器，要求阻带衰减大于 60 dB。

启动 MATLAB 后，在命令行窗口中输入“fdatool”命令后按回车键，即可打开 FDATOOL，其界面如图 7-19 所示。

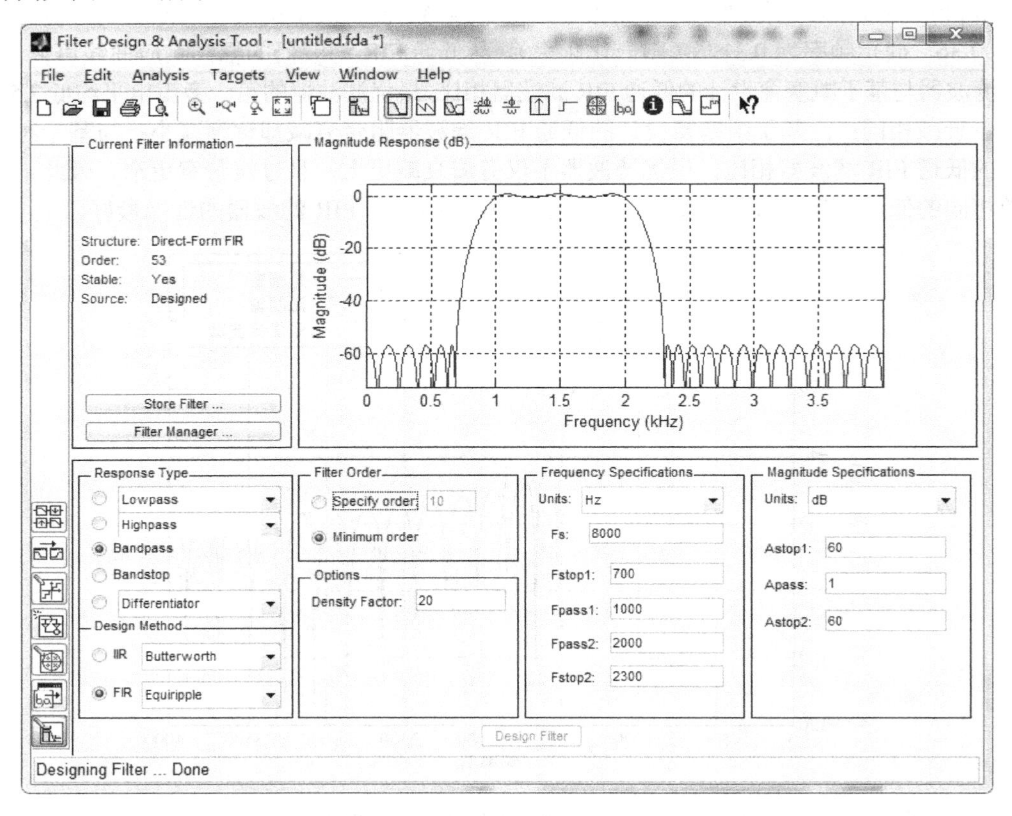

图 7-19 FDATOOL 的界面

第一步：在“Response Type”中选中“Bandpass”（带通滤波器），表示设计的是带通滤波器。

第二步：在“Design Method”中选中“FIR”，在“FIR”的下拉列表中选择“Equiripple”（等纹波）。需要注意的是，常用窗函数的阻带衰减是无法调整的，增加 FIR 滤波器的阶数只能改变 FIR 滤波器的过渡带宽性能。最优滤波器（等纹波滤波器）可通过增加 FIR 滤波器的阶数来改善阻带衰减性能。

第三步：根据设计要求，设置 FIR 滤波器截止频率及阻带衰减

第四步：在“Filter Order”中选中“Minimum order”，表示采用最小阶数来完成设计，单击 FDATOOL 界面下方的“Design Filter”按钮即可开始设计。

第五步：观察 FDATOOL 中的幅频响应曲线，调整 FIR 滤波器的阶数，直到满足设计要求为止。

至此就完成了基于FDATOOL的带通FIR滤波器设计，用户可以通过单击菜单“Analysis→Filter Coefficients”来查看FIR滤波器系数，或通过单击菜单“Targets→XILINX Coefficient（.COE）File”来直接生成FPGA所需的FIR滤波器系数配置文件。

7.6 FIR滤波器系数的量化方法

通过上述实例的分析设计可知，采用MATLAB中的fir1()函数或firpm()函数设计的FIR滤波器的系数是实数。FPGA设计滤波器电路时，所有运算都是采用二进制数进行运算的，因此，采用MATLAB设计出滤波器系数后，需要对系数进行量化处理后才能进行FPGA设计。

定量地分析FIR滤波器系数的量化效应不仅烦琐，而且对工程设计并多大实际效果。最有效的方法依然是通过仿真来确定FIR滤波器系数的字长。

本书在介绍有限字长效应时说过，FPGA处理的是二进制数，二进制数的小数点位置完全是由设计者定义的。当二进制数小数点的位置在最高位右边时，该二进制数表示的范围是绝对值小于1的小数。在对FIR滤波器系数进行量化时，该如何处理这些二进制数呢？对于一组数据，要求其绝对值小于1，是指要求量化后数据的小数点定在最高位右边。稍微转换一下思路，如果要求量化后的数据为整数，则量化过程就要相对简单得多，只需要先将数据进行归一化处理，再乘以一个整数因子，最后进行截位（如四舍五入）处理即可。将经过上述处理后的数据小数点移至最高位的右边，即可成为满足要求的量化后的数据。利用MATLAB的进制转换函数，可以方便地将整数转换成二进制数或十六进制数，供FPGA使用。

实例7-6：利用MATLAB设计低通FIR滤波器并进行系数量化

设计一个15阶（长度为16）、具有线性相位的低通FIR滤波器，采用布拉克曼窗进行设计，3 dB截止频率为500 Hz，采样频率为2000 Hz，仿真测试系数在未量化、8 bit量化、12 bit量化情况下的幅频响应曲线。

该程序的MATLAB文件E7_6_FirQuant.m的代码如下。

```
%E7_6_FirQuant.m
function hn=E4_7_Fir8Serial
N=16;                               %低通 FIR 滤波器的长度
fs=2000;                            %低通 FIR 滤波器的采样频率
fc=200;                             %低通 FIR 滤波器的 3 dB 截止频率

%生成窗函数
window=blackman(N)';

%采用 fir1()函数设计低通 FIR 滤波器的
b=fir1(N-1,fc*2/fs,window);

%对低通 FIR 滤波器的系数进行量化
B=8;                                %8 bit 量化
Q_h=b/max(abs(b));                  %系数归一化处理
Q_h=Q_h*(2^(B-1)-1);                %乘以 B bit 的最大正整数
```

```
Q_h8=round(Q_h);                    %四舍五入

B=12;                               %12 bit 量化
Q_h=b/max(abs(b));                  %系数归一化处理
Q_h=Q_h*(2^(B-1)-1);                %乘以 B bit 的最大正整数
Q_h12=round(Q_h);                   %四舍五入

%求低通 FIR 滤波器的幅频响应
m_b=20*log10(abs(fft(b,1024)));
m_8=20*log10(abs(fft(Q_h8,1024)));
m_12=20*log10(abs(fft(Q_h12,1024)))        %注意此处未加“;”
%对幅频响应进行归一化处理
m_b=m_b-max(m_b);
m_8=m_8-max(m_8);
m_12=m_12-max(m_12);

%设置幅频响应横坐标的单位为 Hz
x_f=[0:(fs/length(m_b)):fs/2];
%只显示正频率部分的幅频响应
mb=m_b(1:length(x_f));
m8=m_8(1:length(x_f));
m12=m_12(1:length(x_f));

%绘制幅频响应曲线
plot(x_f,mb,'-',x_f,m8,'--',x_f,m12,'-.');
xlabel('频率/Hz');ylabel('幅度/dB');
legend('未量化','8 bit 量化','12 bit 量化');
grid on;
```

在未量化、8 bit 量化和 12 bit 量化时低通 FIR 滤波器的幅频响应曲线如图 7-20 所示。从图中可以看出，三条幅频响应曲线的通带频率特性几乎相同。与未量化时的低通 FIR 滤波器相比：8 bit 量化时低通 FIR 滤波器在大于 600 Hz 以外的频率范围内，衰减量约少了 20 dB；12 bit 量化时低通 FIR 滤波器在大于 600 Hz 以外的频率范围内，衰减量约少了 2dB。因此量化位数越小，低通 FIR 滤波器的性能损失就越大。

在实际工程设计中，具体采用多少位数进行量化，需要根据工程的需求来确定。一般来讲，12 bit 量化可以满足绝大多数工程的设计需求。

在上述程序中，对滤波器系数进行 12 bit 量化的语句后面没有加分号“;”。程序运行后，在命令行窗口中显示的量化后系数为：

```
0       -7      -15     46      307     850     1545    2047
2047    1545    850     307     46      -15     -7      0
```

第 1 个系数和最后一个系数均为 0，因此低通 FIR 滤波器的阶数实际为 13（长度为 14）。为了提高 FPGA 程序的适用性，后续仍按 15 阶低通 FIR 滤波器设计。从得到的量化系数来看，低通 FIR 滤波器的系数呈明显的对称结构，因此低通 FIR 滤波器具有严格的线性相位特性。

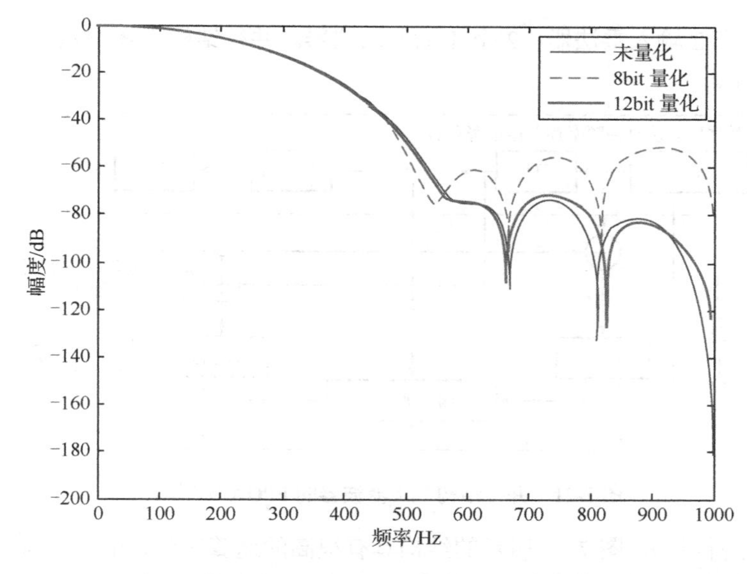

图 7-20　在未量化、8 bit 量化和 12 bit 量化时低通 FIR 滤波器的幅频响应曲线

7.7　并行结构 FIR 滤波器的 FPGA 实现

7.7.1　并行结构 FIR 滤波器的 Verilog HDL 设计

实例 7-7：采用并行结构设计 15 阶 FIR 滤波器

利用 Verilog HDL，采用并行结构实现实例 7-7 要求的通 FIR 滤波器，完成该滤波器的 ModelSim 仿真。低通 FIR 滤波器的输入数据位宽为 8，系统时钟信号频率与数据的输入速率均为 2000 Hz，低通 FIR 滤波器的系数进行 12 bit 量化。

所谓并行结构，即并行实现滤波器的累加运算。具体来讲，就是先并行地将具有对称系数的输入数据相加，再采用多个乘法器并行实现系数与数据的乘法运算，最后将所有乘积结果相加后输出。

根据 FPGA 设计原理以及并行结构的特点，对于 15 阶的 FIR 滤波器的运算，可采用以下步骤实现。

（1）设计移位寄存器实现输入数据的 15 级移位输出。

（2）采用 8 个加法器完成对称输入数据的加法运算。

（3）采用 8 个乘法器并行完成输入数据与 FIR 滤波器系数的乘法运算。

（4）完成 8 输入加法器运算，输出 FIR 滤波器的结果。

由于采用并行结构，每个时钟周期均完成 $n/2$ 次滤波输出，数据输入速率与系统时钟信号频率相同。为了提高系统运算速度，FPGA 一般采用流水线结构实现。具体来讲，第 1 步可采用 1 级流水线，第 2 步可采用 2 级流水线，第 3 步由于完成 8 输入加法操作，可先并行完成 2 次 4 输入操作，再完成 1 次 2 输入加法运算，共采用 2 级流水线操作。因此，整个并行结构的 15 阶 FIR 滤波器需要 5 级流水线操作，同时需要用到 15 阶的移位寄存器、10 个 2

输入加法器、8 个 2 输入乘法器、2 个 4 输入加法器。并行结构 FIR 滤波器的 FPGA 实现结构如图 7-21 所示。

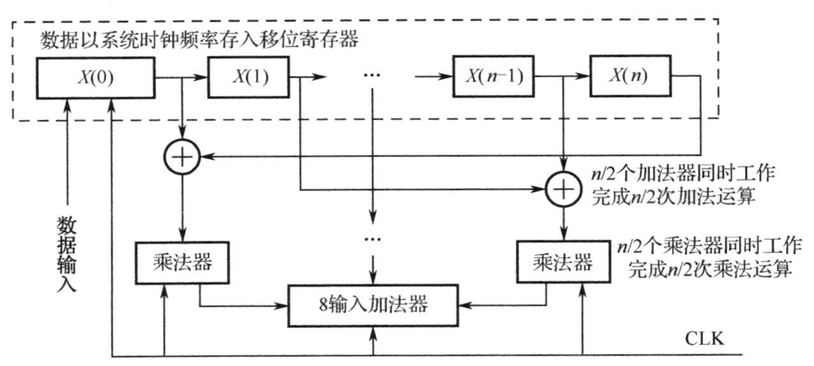

图 7-21　并行结构 FIR 滤波器的 FPGA 实现结构

通过上述分析可知，图 7-21 所示的结构具有很高的运算速度，由于不需要累加运算，因此系数时钟信号频率可以与数据输出频率一致。所谓“鱼与熊掌不可兼得”，与后续讨论的串行结构 FIR 滤波器相比，并行结构 FIR 滤波器虽然可以提高运算速度，但需要使用成倍的硬件资源。

下面先给出并行结构 FIR 滤波器的 Verilog HDL 程序的代码，再结合设计思路对代码进行分析。Fir8Serial.v 文件的程序清单如下：

```
--这是 Fir8Serial.v 文件的程序清单
module FirParallel(
    input clk,                              //系统时钟信号频率为 2000 Hz
    input signed [7:0] Xin,                 //输入数据
    output reg signed [21:0] Yout           //输出数据
    );

    //将数据存入移位寄存器 Xin_Reg 中
    reg signed [7:0] Xin_Reg[15:0];
    always @(posedge clk)
    begin
        Xin_Reg[0] <= Xin;
        Xin_Reg[1] <= Xin_Reg[0];
        Xin_Reg[2] <= Xin_Reg[1];
        Xin_Reg[3] <= Xin_Reg[2];
        Xin_Reg[4] <= Xin_Reg[3];
        Xin_Reg[5] <= Xin_Reg[4];
        Xin_Reg[6] <= Xin_Reg[5];
        Xin_Reg[7] <= Xin_Reg[6];
        Xin_Reg[8] <= Xin_Reg[7];
        Xin_Reg[9] <= Xin_Reg[8];
        Xin_Reg[10] <= Xin_Reg[9];
        Xin_Reg[11] <= Xin_Reg[10];
        Xin_Reg[12] <= Xin_Reg[11];
```

```
            Xin_Reg[13] <= Xin_Reg[12];
            Xin_Reg[14] <= Xin_Reg[13];
            Xin_Reg[15] <= Xin_Reg[14];
        end

    //采用 8 个 2 输入加法器，完成对称系数的相加
    //2 个 8 bit 的数相加，需要用 9 bit 的数来存储
    reg signed [8:0] Xin_Add [7:0];
    always @(posedge clk)
    begin
            Xin_Add[0] = Xin_Reg[0] + Xin_Reg[15];
            Xin_Add[1] = Xin_Reg[1] + Xin_Reg[14];
            Xin_Add[2] = Xin_Reg[2] + Xin_Reg[13];
            Xin_Add[3] = Xin_Reg[3] + Xin_Reg[12];
            Xin_Add[4] = Xin_Reg[4] + Xin_Reg[11];
            Xin_Add[5] = Xin_Reg[5] + Xin_Reg[10];
            Xin_Add[6] = Xin_Reg[6] + Xin_Reg[9];
            Xin_Add[7] = Xin_Reg[7] + Xin_Reg[8];
    end

    //实例化 8 个有符号数乘法器 IP 核 mult
    //2 级流水线延时输出
    wire signed [20:0] Mout [7:0];
    mult u0(.clk(clk),.a(Xin_Add[0]), .b(12'd0), .p(Mout[0]));
    mult u1(.clk(clk), .a(Xin_Add[1]), .b(-12'd7), .p(Mout[1]));
    mult u2(.clk(clk),.a(Xin_Add[2]), .b(-12'd15), .p(Mout[2]));
    mult u3(.clk(clk), .a(Xin_Add[3]), .b(12'd46), .p(Mout[3]));
    mult u4(.clk(clk), .a(Xin_Add[4]), .b(12'd307), .p(Mout[4]));
    mult u5(.clk(clk), .a(Xin_Add[5]), .b(12'd850), .p(Mout[5]));
    mult u6(.clk(clk), .a(Xin_Add[6]), .b(12'd1545), .p(Mout[6]));
    mult u7(.clk(clk), .a(Xin_Add[7]), .b(12'd2047), .p(Mout[7]));

    //采用 2 级流水线完成 8 输入加法运算
    reg signed [20:0] sum1,sum2;
    always @(posedge clk)
    begin
        sum1 <= Mout[0]+Mout[1]+Mout[2]+Mout[3];
        sum2 <= Mout[4]+Mout[5]+Mout[6]+Mout[7];
        Yout <= sum1 + sum2;
    end
endmodule
```

上面的程序（Fir8Serial.v 文件）首先定义了具有 8 个元素的存储器变量 Xin_Reg（即移位寄存器），代码“reg signed [7:0] Xin_Reg[15:0]”表示存储器变量的名称为 Xin_Reg，存储器的元素个数（存储器深度）为 16（[15:0]），每个存储器的位宽为 8（[7:0]）。在 always 块语句中，依次生成 16 级触发器。根据 FPGA 的设计原则，一般要对输入数据先经过一级触

发器处理后再进行后续处理，以提高数据处理的稳定性。因此，在理论上讲，15 级 FIR 滤波器只需要 15 级触发器。Fir8Serial.v 文件设计了 16 级触发器，在计算 FIR 滤波器的输出时使用信号 Xin_Reg[0]～Xin_Reg[15]。需要说明的是，在 Fir8Serial.v 文件中也可以直接定义 16 个位宽为 8 的变量，只是书写比较烦琐，采用存储器变量的方式，代码更为简洁。

根据二进制数的运算规则，2 个 8 bit 的数相加，需要采用 9 bit 的数来存储结果。Fir8Serial.v 文件接下来定义了位宽为 9、深度为 8 的存储器变量 Xin_Add，用于存储对称系数的加法运算结果。采用 always 块语句设计了 8 个加法运算，且 8 个运算同时进行，使用了 8 个加法器。

为了提高运算速度，FIR 滤波器的乘法运算采用专用乘法器 IP 核的方式来实现。由于 FIR 滤波器的系数位宽为 12，因此乘法器 IP 核（mult）的输入数据位宽分别设置为 9 和 12，输出数据位宽设置为 21，采用乘法器 IP 核资源、2 级流水线结构。乘法器运算结果存放在存储器变量 Mout 中，Mout 的位宽为 21，深度为 8。

在 Fir8Serial.v 文件的最后采用 2 级加法运算完成 FIR 滤波器的输出，其中先并行实现 2 个 4 输入加法运算，再完成 1 次 2 输入加法运算。这是因为 4 输入加法运算所能达到的运算速度与一级乘法器运算操作相当，从而能够在尽量减少运算延时的情况下提高运算速度。

这里我们讨论一下 FIR 滤波器输出数据位宽的问题。假设 FIR 滤波器的系数绝对值之和为 D，根据第 5 章的讨论，结合 FIR 滤波器中乘法器和加法器的结构，由于 FIR 滤波器的系数是确定的，因此与输入数据相比，输出数据的最大值最多增加 D 倍。具体到本实例来讲，D 为 9634，由于 $2^{13}<9634<2^{14}$，输出数据相对于输入数据需要增加 14 bit，因此 FIR 滤波器的输出数据为 22 bit。

为了便于与本章后续介绍的串行结构 FIR 滤波器进行比较，在 Verilog HDL 程序编写完成后添加约束文件，系统时钟 clk 的周期约束为 50 MHz（周期为 20 ns），约束语句如下：

```
NET "clk" TNM_NET = clk;
TIMESPEC TS_clk = PERIOD "clk" 20 ns HIGH 50%;
```

在 XC6SLX16-2FTG256 中完成综合实现后，查看报告可知，系统时钟信号频率至少可达 70 MHz，占用了 8 个乘法器资源（DSP48A1s）、229 个 LUT。

7.7.2 并行结构 FIR 滤波器的功能仿真

在完成 FIR 滤波器的 Verilog HDL 程序文件后，还需要测试程序功能的正确性。这里采用 7.4.3 节的测试方法，先编写生成频率叠加信号的 Verilog HDL 文件（data.v），再编写顶层文件 top.v，将 data.v 和 FirParallel.v 文件作为功能模块（data 模块和 FirParallel 模块），且 data 模块的输出信号（频率叠加信号）作为 FirParallel 模块的输入信号。

频率叠加信号模块主要由 2 个 DDS 核组成，在 Verilog HDL 程序中首先调用 2 个 DDS 核，产生位宽为 7，频率分别为 100 Hz 及 500 Hz 的信号（正弦波信号），系统时钟信号频率为 2000 Hz，然后对 2 路信号求和，可得到频率叠加信号。

在 DDS 核参数设置对话框中，将 DDS 核的输出位宽（Output Width）设置为“7”，将“Phase Increment Programmability”设置为“Programmable”，将相位累加字位宽（Phase Width）设置

为“16”。在 DDS 核系统时钟信号频率（System Clock）设置对话框中，频率最低只能设置为 0.01 MHz，仿真测试时输入的时钟信号频率为 2000 Hz，由于相位累加字位宽为 16，当相位累加字的值为 3277 时产生频率为 100 Hz 的信号，当相位累加字的值为 16384 时产生频率为 500 Hz 的信号。由于位宽为 7 的 2 个数相加，需要 8 bit 的数来表示结果，因此频率叠加信号的位宽为 8。

读者可以在本书配套资源中查阅完整的 FPGA 工程文件。运行 ModelSim 仿真，在仿真波形界面中添加 xin 信号，可得到并行结构 FIR 滤波器的仿真波形，如图 7-22 所示。

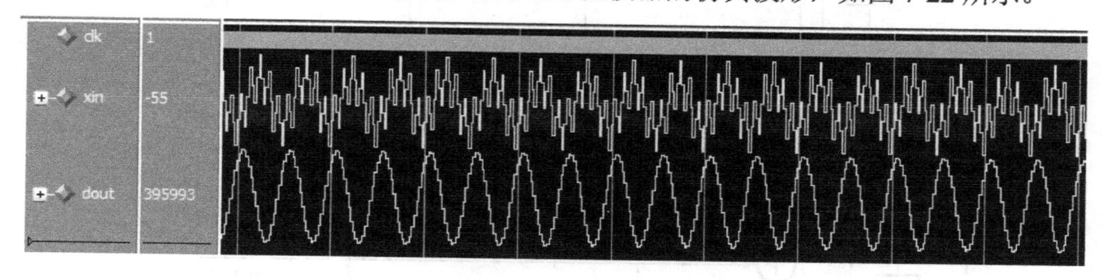

图 7-22 并行结构 FIR 滤波器的仿真波形

从图 7-22 可以看出，并行结构 FIR 滤波器的输入为两个不同频率信号的叠加，输出为频率为 100 Hz 的信号，有效滤除了频率为 500 Hz 信号。

7.8 串行结构 FIR 滤波器的 FPGA 实现

7.8.1 两种串行结构原理

在前文介绍 FIR 滤波器的结构时，介绍了直接型结构和级联型结构。在采用 FPGA 实现 FIR 滤波器时，最常用的是直接型结构。在 FPGA 采用直接型结构实现 FIR 滤波器时，既可以采用串行结构、并行结构、分布式结构等方式，也直接使用 ISE14.7 提供的 FIR 核。这几种方式各有优缺点，下面先分别介绍几种实现方式，再对这几种方式进行简单的比较。

根据直接型结构可知，FIR 滤波器实际上就是一个乘累加运算，且乘累加运算的次数是由 FIR 滤波器的阶数来决定的。由于 FIR 滤波器大多具有线性相位特性，也就是说，FIR 滤波器的系数具有一定的对称性，因此可以采用图 7-7 所示的结构来减少乘累加运算的次数及硬件资源。需要说明的是，本章后续所讨论的 FIR 滤波器均具有线性相位特性。

所谓串行结构，是指根据 FPGA 的速度与面积互换原则，以串行的方式实现 FIR 滤波器的乘累加运算，将每级单位延时与相应 FIR 滤波器系数的乘积结果进行累加后输出，因此整个 FIR 滤波器实际上只需要一个乘法器运算单元。串行结构可分为全串行结构和半串行结构。全串行结构是指对称系数的加法运算由一个加法器串行实现，半串行结构是指用多个加法器同时实现对称系数的加法运算。两种串行结构 FIR 滤波器如图 7-23 和图 7-24 所示（图中的系统时钟信号频率为数据输入速率的 8 倍）。

两种结构的区别在于对称系数加法运算的实现方式。显然，全串行结构 FIR 滤波器占用的加法器资源更少，但需要更长的运算延时。本章仅以全串行结构 FIR 滤波器的设计为例进行讲解，读者在理解设计方法后，可自行完成半串行结构 FIR 滤波器的设计。

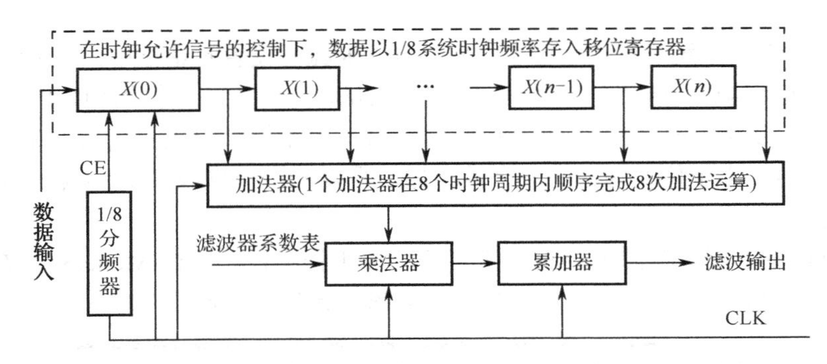

图 7-23　全串行结构 FIR 滤波器

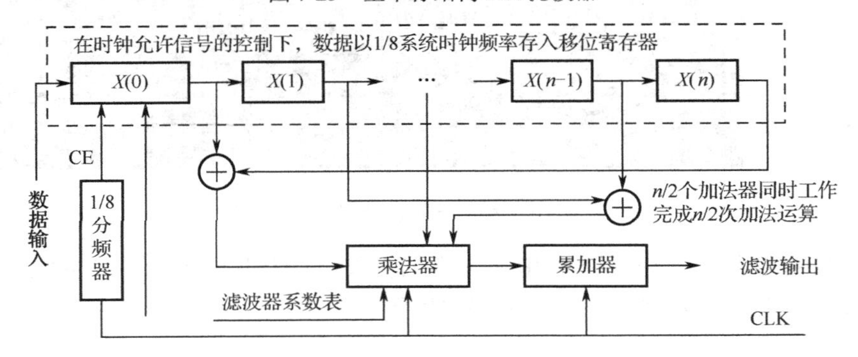

图 7-24　半串行结构 FIR 滤波器

7.8.2　全串行结构 FIR 滤波器的 Verilog HDL 设计

实例 7-8：采用全串行结构设计 15 阶 FIR 滤波器

利用 Verilog HDL，采用全串行结构实现实例 7-7 要求 FIR 滤波器，完成 FIR 滤波器的 ModelSim 仿真。FIR 滤波器输入的数据位宽为 8，数据输入速率为 2000 Hz，系统时钟信号频率为 16 kHz，FIR 滤波器的系数采用 12 bit 量化。

FPGA 设计的一个重要原则是面积与速度互换原则，其基本思想是采用较多的逻辑资源来提高系统的速度，或通过降低系统的速度来达到节约逻辑资源的目的。对于本实例来讲，采用图 7-23 所示的全串行结构，需要 1 个乘法器和 2 个加法器（图 7-23 中的对称系数加法器和累加器）即可完成 15 阶 FIR 滤波器的基本运算，明显少于前面讨论的并行结构 FIR 滤波器所占用的逻辑资源。

由于串行结构 FIR 滤波器采用了大量的资源复用设计，如分时复用 1 个乘法器来完成 8 次乘法运算，因此 Verilog HDL 程序的代码要相对复杂一些。

下面先给出 Verilog HDL 程序的代码，再结合设计思路对代码进行分析。FirFullSerial.v 文件的程序清单如下：

```
--这是 FirFullSerial.v 文件的程序清单
module FirFullSerial(
        input rst,                              //复位信号，高电平有效
        input clk,                              //FPGA 系统时钟，频率为 16 kHz
        input signed [7:0] Xin,                 //数据输入频率为 2 kHz
```

```
output reg signed [21:0] Yout);          //滤波后的输出数据

reg   signed [11:0] coe;                  //滤波器为 12 bit 量化数据
wire signed [8:0] add_s;   //输入为 8 bit 量化数据，两个对称系数相加需要 9 bit 的数存储

//实例化有符号数加法器 IP 核，对输入数据进行 1 位符号位扩展，输出结果为 9 bit 的数
//无流水线延时
reg signed [8:0] add_a;
reg signed [8:0] add_b;
adder u2(.a(add_a), .b(add_b), .s(add_s));

//3 位计数器，计数周期为 8，相当于 1 个数据周期
reg [2:0] count=0;
always @(posedge clk or posedge rst)
if(rst)
     count <= 3'd0;
else
     count <= count + 1;

//将数据存入移位寄存器 Xin_Reg 中
reg [7:0] Xin_Reg[15:0];
reg [3:0] i,j;
always @(posedge clk or posedge rst)
if(rst)
     begin
          //将寄存器的值初始化为 0
          for(i=0; i<15; i=i+1)
          Xin_Reg[i]<=8'd0;
     end
else
     begin
          if(count==7) begin
          for(j=0; j<15; j=j+1)
          Xin_Reg[j+1] <= Xin_Reg[j];
          Xin_Reg[0] <= Xin;
     end

//将对称系数相加，同时将对应的 FIR 滤波器系数送入乘法器
//为了保证加法运算不溢出，输入/输出数据均扩展为 9 bit
//需要注意的是，下面程序只使用了一个加法器
always @(posedge clk or posedge rst)
if(rst)
     begin
          add_a <= 13'd0;
          add_b <= 13'd0;
          coe <= 12'd0;
     end
```

```
else
    begin
        if(count==3'd0) begin
        add_a <= {Xin_Reg[0][7],Xin_Reg[0]};
        add_b <= {Xin_Reg[15][7],Xin_Reg[15]};
        coe <= 12'd0;//c0
    end
else if(count==3'd1)
    begin
        add_a <= {Xin_Reg[1][7],Xin_Reg[1]};
        add_b <= {Xin_Reg[14][7],Xin_Reg[14]};
        coe <= -12'd7; //c1
    end
else if(count==3'd2)
    begin
        add_a <= {Xin_Reg[2][7],Xin_Reg[2]};
        add_b <= {Xin_Reg[13][7],Xin_Reg[13]};
        coe <= -12'd15; //c2
    end
else if(count==3'd3)
    begin
        add_a <= {Xin_Reg[3][7],Xin_Reg[3]};
        add_b <= {Xin_Reg[12][7],Xin_Reg[12]};
        coe <= 12'd46; //c3
    end
else if(count==3'd4)
    begin
        add_a <= {Xin_Reg[4][7],Xin_Reg[4]};
        add_b <= {Xin_Reg[11][7],Xin_Reg[11]};
        coe <= 12'd307; //c4
    end
else if(count==3'd5)
    begin
        add_a <= {Xin_Reg[5][7],Xin_Reg[5]};
        add_b <= {Xin_Reg[10][7],Xin_Reg[10]};
        coe <= 12'd850; //c5
    end
else if(count==3'd6)
    begin
        add_a <= {Xin_Reg[6][7],Xin_Reg[6]};
        add_b <= {Xin_Reg[9][7],Xin_Reg[9]};
        coe <= 12'd1545; //c6
    end
else
    begin
        add_a <= {Xin_Reg[7][7],Xin_Reg[7]};
        add_b <= {Xin_Reg[8][7],Xin_Reg[8]};
```

```
            coe <= 12'd2047; //c7
        end

    //以8倍数据输入速率调用乘法器IP核，由于FIR滤波器的长度为16，FIR滤波器系数具有
    //对称性，可在一个数据周期内完成所有8个FIR滤波器系数与数据的乘法运算
    //实例化有符号数乘法器IP核（mult），1级流水线延时输出
    wire signed [20:0] Mout;
    mult u1(.clk(clk), .a(add_s), .b(coe), .p(Mout));

    //对FIR滤波器系数与输入数据的乘法结果进行累加，并输出滤波后的数据
    //考虑到乘法器及累加器的延时，需要计数器为2时对累加器清零，同时输出滤波器结果数据
    //延时长度可通过精确计算获取，但更好的方法是通过行为仿真来确定
    reg signed [21:0] sum;
    always @(posedge clk or posedge rst)
    if(rst)
        begin
            sum = 22'd0;
            Yout <= 22'd0;
        end
    else
        begin
            if(count==2)
                begin
                    Yout <= sum;
                    sum = 22'd0;
                    sum =sum + Mout;
                end
            else
                sum = sum + Mout;
        end
endmodule
```

在上面的程序（FirFullSerial.v文件）中，首先实例化了1个2输入加法器，且加法器是不带触发器的组合逻辑电路，用于完成FIR滤波器对称系数的加法运算。在16 kHz时钟信号clk的驱动下，生成周期为8的计数器count。由于数据输入速率为2 kHz，因此在一个数据周期内，刚好为一个完整的count周期。将数据存入移位寄存器Xin_Reg中的代码使用了for循环语句，for循环语句在Verilog HDL设计中应用得很少，主要是因为for循环语句容易生成很复杂的逻辑电路。如果设计者能够准确理解for语句，仍然可以通过for循环语句写出简洁实用的代码。除了增加对所有寄存器的复位清零操作，FirFullSerial.v文件中for循环语句实现的功能及综合后的电路，与并行结构FIR滤波器的Verilog HDL程序（Fir8Serial.v文件）的移位寄存器代码完全相同。读者可以自行对比理解这两段代码，以便在工程设计中写出更为简洁实用的Verilog HDL程序。

FirFullSerial.v文件接着根据计数器count的值依次将移位寄存器Xin_Reg中的信号送入加法器adder的输入端add_a和add_b，同时将FIR滤波器的系数coe设置为对应的量化值。由于加法器adder为组合逻辑电路，加法运算结果add_s相对于输入操作数无流水线延时，

因此 add_s 与 coe 会同时送入乘法器 mult 完成乘法运算。也就是说，在计数器 count 的 8 个计数状态（相当于 1 个数据周期）内，仅采用一个乘法器顺序完成 8 次乘法运算。

FirFullSerial.v 文件的最后一段代码用于完成 8 次乘法运算结果的累加运算，输出 FIR 滤波器的数据 Yout。

在 XC6SLX16-2FTG256 进行综合实现后，通过查看报告可知，系统时钟信号频率至少可达 78 MHz，占用 1 个乘法器资源（DSP48A1s）和 116 个 LUT。与并行结构 FIR 滤波器相比，串行结构 FIR 滤波器所占用的逻辑资源明显减少。虽然串行结构 FIR 滤波器的系统时钟信号频率可达 78 MHz，由于数据输入速率为系统时钟信号频率的 1/8，因此所能够处理的数据输入速率仅为 9.75 MHz，远低于并行结构 FIR 滤波器（其数据输入速率为 70 MHz）。

7.8.3 串行结构 FIR 滤波器的功能仿真

在完成 FIR 滤波器的 Verilog HDL 程序后，还需要测试 Verilog HDL 程序功能的正确性。串行结构 FIR 滤波器的测试方法与并行结构 FIR 滤波器类似，均采用 7.4.3 节介绍的测试方法，先编写生成频率叠加信号的 Verilog HDL 文件 data.v，再编写顶层文件 top.v，将 data.v 和 FirFullSerial.v 文件作为功能模块（data 模块和 FirFullSerial 模块），且 data 模块的输出信号（频率叠加信号）作为 FirFullSerial 模块的输入信号。

需要注意的是，FirFullSerial 模块的输入时钟信号频率为数据输入速率的 8 倍，因此 top.v 有 2 种不同频率（2 kHz 及 16 kHz）的时钟信号。top.v 的程序清单如下：

```
//top.v
module top(
    input rst,
    input clk_data,            //2 kHz
    input clk_fir,             //16 kHz
    output [21:0] dout
    );
    wire [7:0] xin;
    data u0(.clk(clk_data), .dout(xin) );
    FirFullSerial u1(.rst(rst), .clk(clk_fir), .Xin(xin), .Yout(dout) );
endmodule
```

新建测试激励文件 tst_top.v，需要生成高电平有效的复位信号 rst，以及 2 个时钟信号 clk_fir、clk_data。激励文件的部分代码如下：

```
reg clk_32k;
initial
    begin
        rst = 1;
        clk_data = 0;
        clk_fir = 0;
        clk_32k = 0;
        #80000;
        rst = 0;
    end
```

```
//产生 32 kHz 的时钟信号
always #31250 clk_32k <= !clk_32k;

reg [3:0] cn=0;
always @(posedge clk_32k)
    begin
        cn <= cn + 1;
        clk_fir <= cn[0];
        clk_data <= cn[3];
    end
```

在上面的程序（tst_top.v 文件）中，首先声明了 reg 变量 clk_32k，并对所有输入信号进行了初始化，其中 rst 在上电复位 80000 ns 后停止复位；然后采用 always 块语句生成了 32 kHz 的时钟信号，设计了 4 bit 的计数器 cn，分别将 clk_32k 的分频信号 cn[0]和 cn[3]作为 clk_fir 及 clk_data 输出。通过采用这样的处理方法，可以保证 clk_fir 和 clk_data 的相位严格对齐，且频率成 8 倍的关系。

读者可以在本书配套资源中查阅完整的 FPGA 工程文件。为了便于观察串行结构 FIR 滤波器中间信号的时序关系，在进行 ModelSim 仿真时，在仿真波形界面中依次添加 Xin、add_a、add_b、add_s 等中间信号，可得到串行结构 FIR 滤波器的仿真波形，如图 7-25 所示。

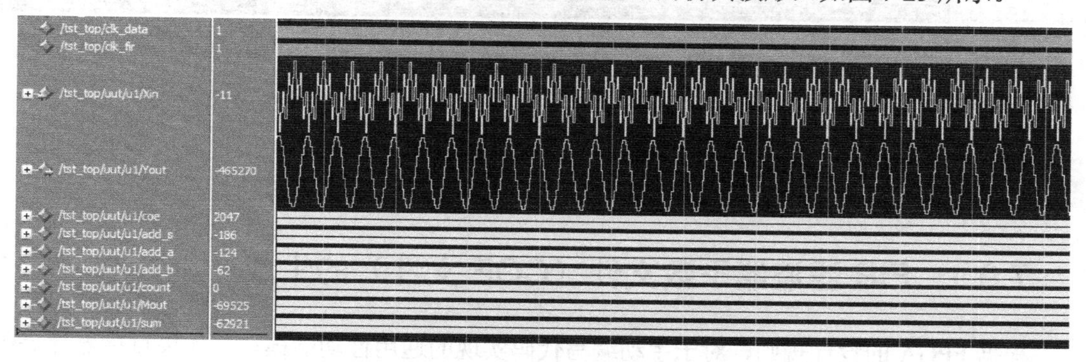

图 7-25 串行结构 FIR 滤波器的仿真波形

从图 7-25 可以看出，FIR 滤波器的输入是两个频率信号的叠加信号，输出是频率为 100 Hz 的信号，有效滤除了频率为 500 Hz 的信号。

为了详细了解串行结构 FIR 滤波器的时序关系，调整波形显示方式，可得到如图 7-26 所示的串行结构 FIR 滤波器的时序波形。接下来详细分析在 1 个数据周期内串行结构 FIR 滤波器的运算过程。

根据程序设计方法，Xin_Reg 存储了 16 个连续输入的数据 Xin，需要在 1 个数据周期内完成 1 次 FIR 滤波器的乘累加运算，得到 1 个 FIR 滤波器的输出数据。clk_fir 的频率为 clk_data 的 8 倍，串行结构 FIR 滤波器中的乘累加运算均在 clk_fir 的驱动下完成。当 count 为 0 时，计算(Xin_Reg[0]+Xin_Reg[15])×0，由于将 Xin_Reg[0]和 Xin_Reg[15]的值分别赋给 add_a 和 add_b，有一个时钟周期延时，因此 add_a 和 add_b 的值在 count 为 1 时分别得到 Xin_Reg[0]和 Xin_Reg[15]的值（−38 和 15）。adder 加法器为组合逻辑电路，可立即得到加法运算结果，即 add_s 为-23；乘法器 IP 核有 1 个时钟周期的运算延时，因此 Mout 在 count 为 2 时得到的乘法结果 0；同样，在 count 为 3 时得到(Xin_Reg[1]+Xin_Reg[14])×(-7)的乘法结果为 840，在 count 为 4 时得到(Xin_Reg[1]+Xin_Reg[14])×(-15)的乘法结果为 1290，直到在 count 重新为 1 时得到(Xin_Reg[7]+Xin_Reg[8])×2047 的乘法结果为 380742。由于累加器 sum 有 1 个时钟周期的运算延时，当 count 为 2 时得到 1 个数据周期内的乘法器输出累加结果为 515833。FIR 滤波器的输出结果相对 sum 有 1 个时钟周期的延时，在 count 为 3 时输出的最终滤波数据为 515833。

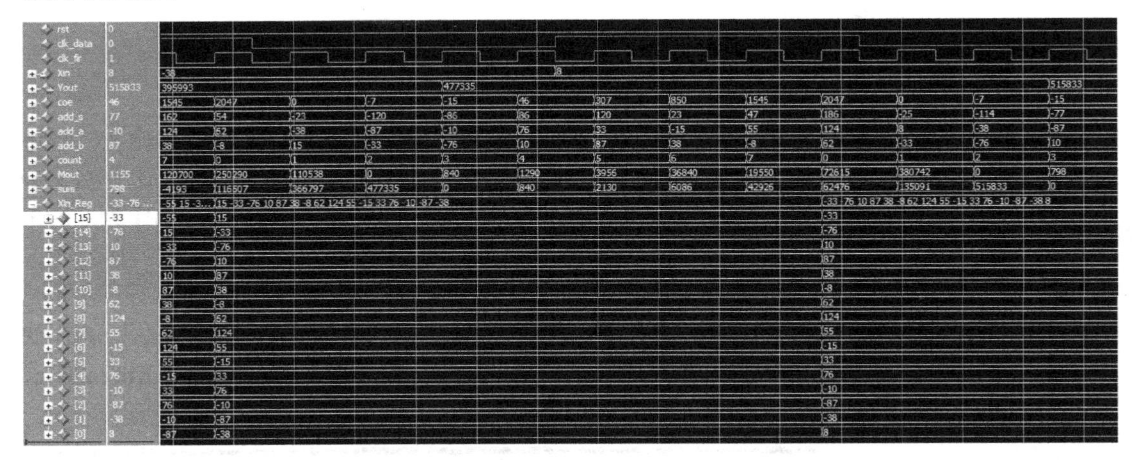

图 7-26　串行结构 FIR 滤波器的时序波形

7.9　基于 FIR 核的 FIR 滤波器设计

7.9.1　FIR 滤波器系数文件（COE 文件）的生成

根据 FPGA 的设计规则，对于手动编写代码实现的通用性功能模块，如果目标器件提供了相应的 IP 核，则一般选用 IP 核进行设计。ISE14.7 为大部分 FPGA 提供了通用的 FIR 核。因此，在工程设计中，大多数情况是直接采用 FIR 核来设计 FIR 滤波器的。既然如此，本章耗费大量篇幅介绍 FIR 滤波器的实现方法岂不是多此一举吗？事实并非如此，掌握了 FIR 滤波器设计的一般方法，一方面可以很容易学会使用 FIR 核设计 FIR 滤波器；另一方面，当目标器件不提供 FIR 核时，就更能体现出掌握这些知识和技能的重要性。

ISE14.7 提供了功能强大的 FIR 核——FIR Compiler v5.0，可适用于 Xilinx 公司的 Virtex-6、Virtex-5、Virtex-4、Spartan-6、Spartan-3/XA、Spartan-3E/XA、Spartan-3A/AN/3A DSP/XA 系列 FPGA。FIR Compiler v5.0 核可根据用户设置生成乘加（Multiply-Accumulate，MAC）结构或分布式（Distributed Arithematic，DA）结构的 FIR 滤波器；最多可同时支持 256 个通路；抽头系数为 2～2048，输入数据及 FIR 滤波器系数最多可达 49 bit；支持动态更新 FIR 滤波器系数；可以完成多相抽取、多相插值、半带插值、希尔伯特变换和插值滤波器。FIR Compiler v5.0 核的数据手册详细描述了其功能及技术说明。

读者在掌握了本章介绍的几种结构 FIR 滤波器的设计方法后，使用 FIR 核来设计 FIR 滤波器应该是一件十分容易的事。下面以一个具体的实例来介绍 FIR Compiler v5.0 核的使用步骤及方法。

实例 7-9：采用 FIR Compiler v5.0 核设计 61 阶低通 FIR 滤波器

低通 FIR 滤波器的 3 dB 截止频率为 1 MHz，数据输入速率为 12.5 MHz，系统时钟信号频率为 50 MHz，输入数据位宽为 8，输出数据位宽为 8。调用 FIR Compiler v5.0 核完成低通 FIR 滤波器的设计，并采用 ModelSim 对低通 FIR 滤波器的性能进行仿真测试。

ISE14.7 提供的 FIR Compiler v5.0 核的功能十分强大，使用非常灵活，可以根据用户的设置选用不同的实现结构，可满足逻辑资源及速度等方面的要求。

该实例要求设计 61 阶低通 FIR 滤波器，采用本章前文介绍的设计方法，仅需要调整乘法器及加法器的个数。但随着低通 FIR 滤波器阶数的增加，代码会变得越来越冗长。本实例采用 FIR Compiler v5.0 核进行设计，读者可以感受一下采用成熟技术进行设计带来的便捷。

在采用 FIR Compiler v5.0 核设计低通 FIR 滤波器之前，除了需要通过 MATLAB 设计低通 FIR 滤波器的系数、进行低通 FIR 滤波器系数量化，还需要生成 FIR Compiler v5.0 核所需的低通 FIR 滤波器系数文件。

从 FIR Compiler v5.0 核手册中查阅 FIR 滤波器系数文件（后缀名为.coe）的格式，如下所示。

```
radix = 10;
coefdata =
……
……;
```

第一行代码“radix=10;”用于指定 COE 文件中数据的进制，10 表示十进制，2 表示二进制，16 表示十六进制；第二行“coefdata=”为 FIR 滤波器系数的数据起始标识，表示后面的数据为 FIR 滤波器系数；其后每一行写 FIR 滤波器的一个系数，最后一行以分号“;”结束。MATLAB 中提供的 fprintf()函数可以很方便地实现 COE 文件格式。

本实例的 MATLAB 程序如下所示，程序采用 fir1()函数设计低通 FIR 滤波器，对低通 FIR 滤波器的系数进行 12 bit 量化，并对生成 COE 文件代码进行了详细的注释。

```
%E7_9_FirIP.m
N=62;                         %低通 FIR 滤波器的长度
fs=12.5*10^6;                 %低通 FIR 滤波器的采样频率
fc=10^6;                      %低通 FIR 滤波器的 3 dB 截止频率

%采用 fir1()函数设计低通 FIR 滤波器
b=fir1(N-1,fc*2/fs);

%对低通 FIR 滤波器的系数进行 12 bit 量化
B=12;                         %量化位数为 12 bit
Q_h=b/max(abs(b));            %对低通 FIR 滤波器的系数进行归一化处理
Q_h=Q_h*(2^(B-1)-1);          %乘以 B bit 的最大正整数
Q_h12=round(Q_h);             %进行四舍五入处理
```

```
%将生成的低通 FIR 滤波器的系数写入 COE 文件
fid=fopen('D:\E7_9_fir.coe','w');          %新建并打开 COE 文件
fprintf(fid,'radix = 10;\r\n');            %设置低通 FIR 滤波器系数的进制
fprintf(fid,'coefdata =\r\n');             %设置低通 FIR 滤波器系数的数据起始标识
fprintf(fid,'%8d\r\n',Q_h12);              %设置低通 FIR 滤波器的系数
fprintf(fid,';');                          %写分号";"
fclose(fid);                               %关闭 COE 文件

m=sum(abs(Q_h12))                          %求低通 FIR 滤波器系数的绝对值之和

%求低通 FIR 滤波器的幅频响应
m_12=20*log10(abs(fft(Q_h12,1024)));
%对低通 FIR 滤波器的幅频响应进行归一化处理
m_12=m_12-max(m_12);

%设置幅频响应的横坐标单位为 MHz
x_f=[0:(fs/length(m_12)):fs/2]/10^6;
%只显示正频率部分的幅频响应
m12=m_12(1:length(x_f));

%绘制幅频响应曲线
plot(x_f,m12);
xlabel('频率/MHz');ylabel('幅度/dB');
legend('12 bit 量化');
grid on;
```

运行上面的程序后，可生成 E7_9_fir.coe 文件，并得到 12 bit 量化后低通 FIR 滤波器的幅频响应曲线，如图 7-27 所示。

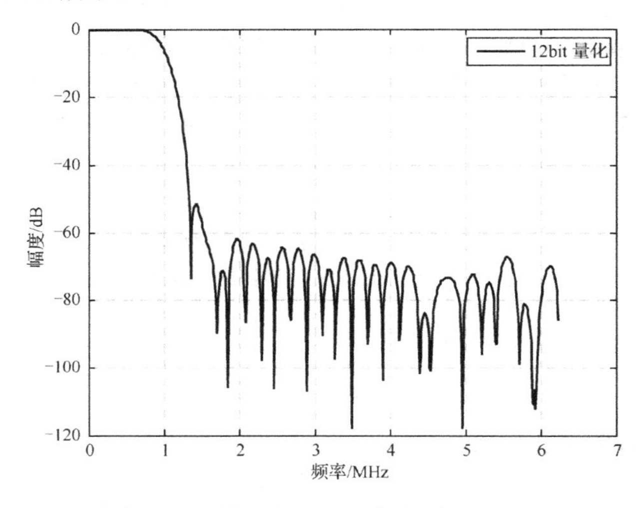

图 7-27　12 bit 量化后低通 FIR 滤波器的幅频响应曲线

从图 7-27 可以看出，滤波器在 1 MHz 处的功率衰减为 6 dB（幅度衰减为 3 dB），1.4 MHz 处的衰减约为 52 dB，大于 2 MHz 的衰减大于 60 dB。

程序运行后得到系数进行 12 bit 量化后的绝对值之和为 19494，根据前面的分析，要实现全精度运算，确保滤波器运算结果不溢出，输出数据需要增加 15 bit，为 23 bit。根据实例需求，输出结果为 8 bit。如何将 23 bit 的输出数据转换为 8 bit 呢？我们在后续进行滤波器的 ModelSim 仿真时再详细讨论。

7.9.2　基于 FIR 核的 FIR 滤波器设计步骤

第一步： 新建名为“FirIPCore”的工程，将目标器件选择为“XC6SLX16-2FTG256C”，将顶层文件设置为 Verilog HDL 类型。

第二步： 新建名为“fir”的 IP 核，在“New Source Wizard”对话框中选择“Digital Signal Processing→Filters→FIR Compiler 5.0”，可进入如图 7-28 所示的 FIR 核参数设置的第 1 个对话框。

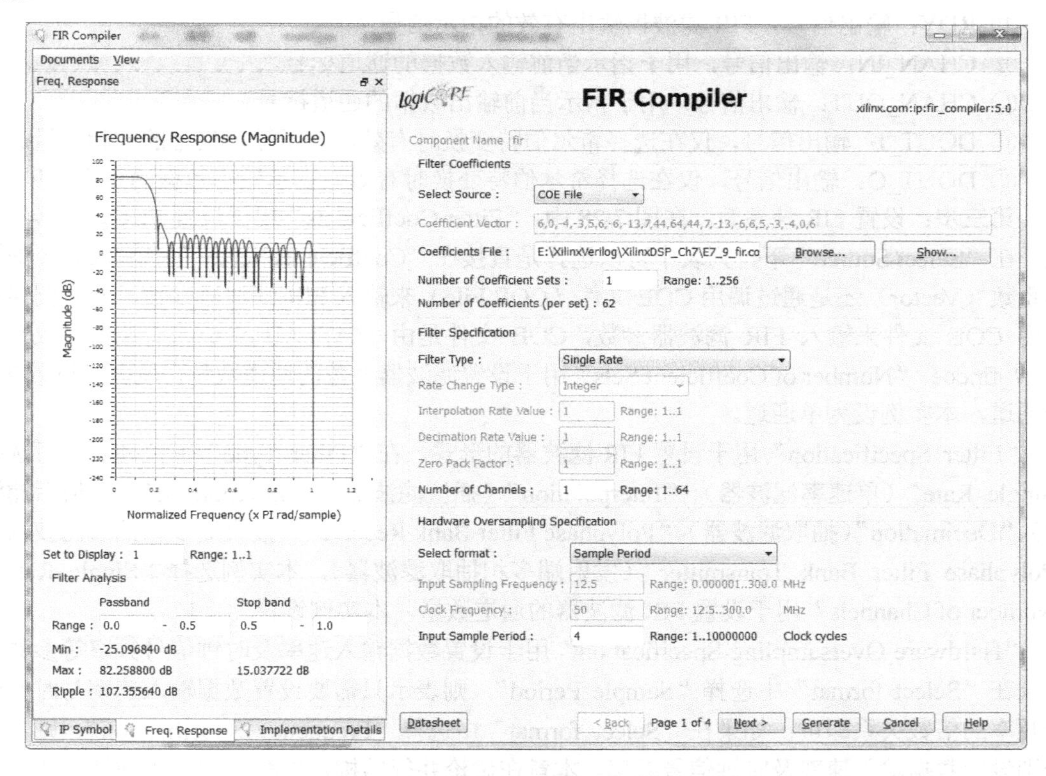

图 7-28　FIR 核参数设置的第 1 个对话框

单击图 7-28 左下方的“IP Symbol”“Freq. Response”“Implementation Details”选项卡可分别打开 IP 核用户接口示意图、FIR 滤波器幅频响应界面、FIR 滤波器所占用硬件资源界面。单击“Datasheet”按钮可以直接打开 PDF 格式的 FIR 核数据手册。FIR 核具有丰富的接口及控制信号，如下所述。

① SLCR：同步复位输入信号，高电平有效，可以重置 FIR 滤波器的内部状态，但并不能清空数据寄存器的内容，为可选资源。

② CLK：系统时钟输入信号。

③ CE：使能输入信号，为可选资源。

④ DIN：FIR 滤波器的输入数据，FIR 核通过分时复用的方式来实现多通道的数据输入。

⑤ ND：新数据有效的指示信号，高电平有效，只有当 ND 信号为高电平时，输入数据 DIN 才会被 FIR 核进行计算。需要注意的是，当输出信号 RFD 为低电平时，将忽略任何输入数据，此时 ND 将无效。

⑥ FILTER_SEL：输入信号，用于多通道 FIR 滤波器的数据通道选择。

⑦ COEF_LD：输入信号，加载 FIR 滤波器系数指示信号，表明开始更换一组新的 FIR 滤波器系数。

⑧ COEF_WE：输入信号，FIR 滤波器系数写有效的指示信号。

⑨ COEF_DIN：输入信号，FIR 滤波器系数的输入通道。

⑩ DOUT：FIR 滤波器的输出信号，其位宽由 FIR 滤波器的精度、抽头数和系数位宽决定，在 FIR 核中通常被设置成全精度，以避免溢出。

⑪ RDY：输出信号，FIR 滤波器输出有效的指示信号。

⑫ CHAN_IN：输出信号，用于指示当前输入数据的通道标号。

⑬ CHAN_OUT：输出信号，用于指示当前输出数据的通道标号。

⑭ DOUT_I：输出信号，仅在选择希尔伯特变换时有效，表示输出信号的同相分量。

⑮ DOUT_Q：输出信号，仅在选择希尔伯特变换时有效，表示输出数据的正交分量。

第三步：设置 FIR 核参数。在图 7-28 中，“Filter Coefficients”用于设置 FIR 滤波器的参数，在“Select Source”下拉列表中可以选择是直接在“Coefficients Vector”中输入 FIR 滤波器系数（Vector）还是通过调用 COE 文件（COE File）来输入 FIR 滤波器参数。本实例通过调用 COE 文件来输入 FIR 滤波器参数，COE 文件是由 MATLAB 生成的滤波器系数文件 E7_9_fir.coe。“Number of Coefficient Sets”用于设置滤波器系数的通道数量，最多可设置 256 个通道，本实例设为单通道。

“Filter Specification”用于设置 FIR 滤波器的形式。在“Filter Type”下拉列表中可选择“Single Rate”（单速率滤波器）、“Interpolation”（插值滤波器）、“Interpolated”（插值后滤波器）、“Decimation”（抽取滤波器）、“Polyphase Filter Bank Receiver”（接收端多相抽取滤波器）、“Polyphase Filter Bank Transmitter”（发射端多相抽取滤波器），本实例选择“Single Rate”。“Number of Channels”用于设置 FIR 滤波器的通道数量，本实例设置为“1”。

“Hardware Oversampling Specification”用于设置数据输入速率及时钟信号频率等参数。如果在“Select format”中选择“Sample Period”，则表示只需要设置数据输入速率与时钟信号频率的倍数关系即可；如果在“Select format”中选择“Frequency Specification”，则需要分别设置数据输入速率及时钟信号频率。本章在讨论并行结构及串行结构 FIR 滤波器的设计方法时，详细地介绍了速度与面积互换原则。对于固定的数据输入速率，如果采用更高的系统时钟信号频率，则可以采用资源复用的方法减少对乘法器及逻辑资源的占用，并且系统时钟信号频率越高，占用的乘法器和逻辑资源就越少。对于本实例，在“Select format”中选择“Sample Period”，由于数据输入速率为 12.5 MHz，时钟信号频率为 50 MHz，因此将“Input Sample Period”设置为“4”。单击图 7-28 左下方的“Implementation Details”选项卡，可打开 FIR 核所占用硬件资源的界面，可以看到，61 阶 FIR 滤波器仅占用了 9 个乘法器（Mult/DSP slice count：9）。如果将“Input Sample Period”设置为“1”和“8”，则占用的乘法器分别是 30 个和 5 个。也就是说，FIR 核会根据系统时钟信号频率和数据输入速率自动调整实现最佳的FIR滤波器结构。

单击“Next”按钮可进入FIR核参数设置的第2个对话框，如图7-29所示。

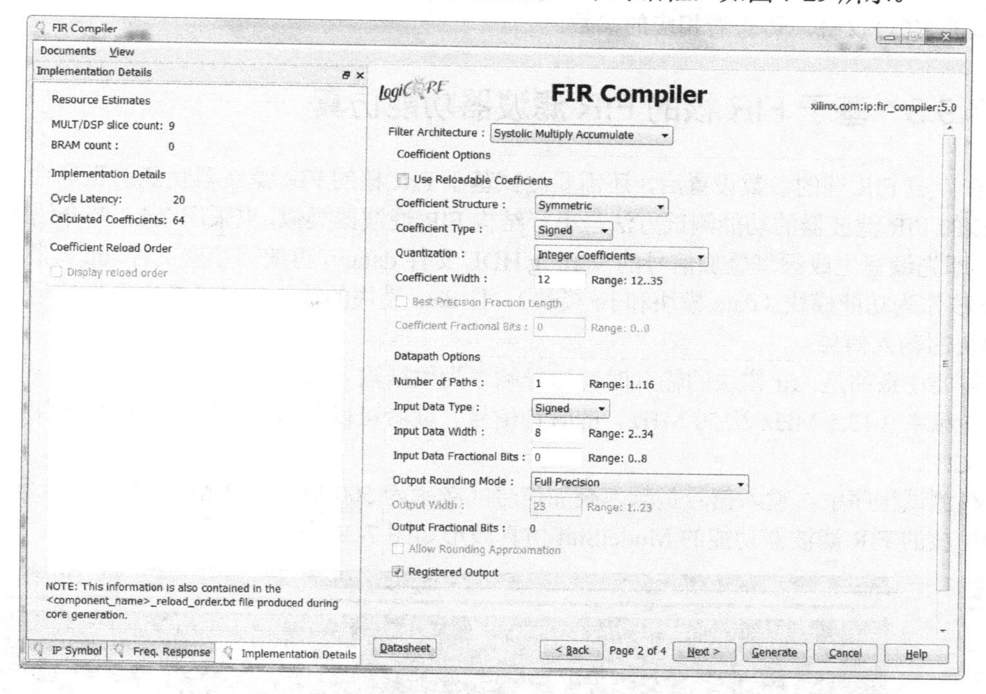

图7-29 FIR核参数设置的第2个对话框

FIR核可通过“Filter Architecture”来选择不同的实现结构，最常用的是“Systolic Multiply Accumulate”（SMAC）和“Distributed Arithmetic”（DA）两种结构。SMAC是一种高效的乘累加结构，类似于典型的直接型FIR滤波器。DA结构又称为分布式算法，是指在完成乘加功能时，通过将各输入数据的每一个对应位产生的运算结果预先进行相加形成相应的部分积，再对各部分积进行累加形成最终的结果。传统算法则是等到所有乘积结果产生之后再进行相加，从而完成整个乘加运算。需要说明的是，分布式算法应用的一个限定条件是每个乘法运算中必须有一个乘数为常数，而这一要求又正好与FIR滤波器的结构相吻合。分布式算法的优势在于不需要采用乘法运算单元即可完成常系数乘加运算，且易于实现流水线操作。读者可参考作者编著的《数字滤波器的MATLAB与FPGA实现——Xilinx/VHDL版》来了解DA算法的原理及FPGA设计方法。

本实例选择“Systolic Multiply Accumulate”。由于设计的FIR滤波器系数呈现对称结构，因此将“Coefficient Structure”设置为“Symmetric”（对称结构），将“Coefficient Width”（FIR滤波器系数量化位数）设置为“12”，将“Coefficient Type”（系数类型）设置为“Signed”（有符号数），将“Input Data Width”（输入数据位宽）设置为“8”，将“Input Data Fractional Bits”（输入数据小数位）设置为“0”，将“Output Rounding Mode”（输出数据截位模式）设置为“Full Precision”（全精度运算），勾选“Registered Output”（表示将FIR滤波器设置为寄存器输出）。此时可以查看到“Output Width”（输出数据位宽）为“23”，与前面分析的结果一致。

单击“Next”按钮可进入FIR核参数设置的第3个对话框，在该对话框中不勾选“ND”，其余保持默认即可。继续单击“Next”按钮可进入FIR核参数设置的第4个对话框，该对话框将给出本次设置的参数列表，如果需要修改参数，可单击“Back”按钮返回上一个对话框进行参数的修改；如果参数确认无误，则可单击“Generate”按钮生成相应的 FIR 核。打开 FIR 核的 XCO 文件，可查看相应的参数。

7.9.3 基于 FIR 核的 FIR 滤波器功能仿真

在完成 FIR 核的参数设置后，还需要测试基于 FIR 核的 FIR 滤波器功能的正确性。基于 FIR 核的 FIR 滤波器的功能测试方法与串行结构 FIR 滤波器类似，也采用 7.4.3 节介绍的测试方法，即先编写生成频率叠加信号的 Verilog HDL 文件 data.v，再编写顶层文件 top.v，将 data.v 和 fir 核作为功能模块（data 模块和 fir 模块），且 data 模块的输出信号（频率叠加信号）作为 fir 模块的输入信号。

需要注意的是，fir 模块的输入时钟信号频率为数据输入速率的 4 倍，因此在 top.v 中有 2 种不同频率（12.5 MHz 及 50 MHz）的时钟信号。读者可以参考本书配套资源来查阅完整的工程文件。

在测试程序中，输入信号是频率叠加信号（频率为 500 kHz 和 2 MHz 的两个信号），基于 FIR 核的 FIR 滤波器功能的 ModelSim 仿真波形如图 7-30 所示。

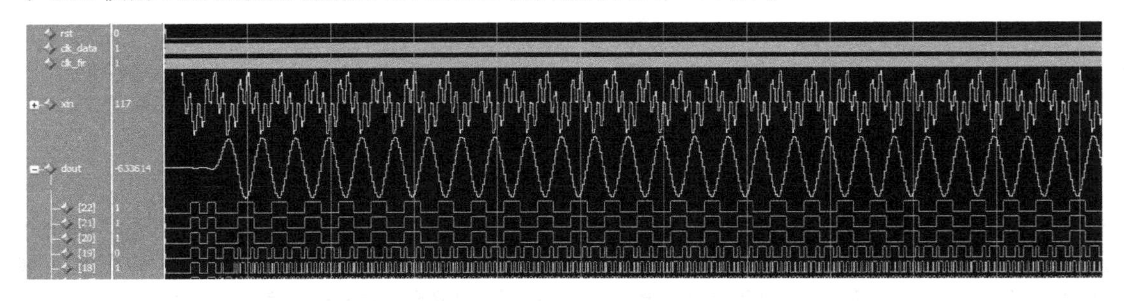

图 7-30　基于 FIR 核的 FIR 滤波器功能的 ModelSim 仿真波形

从图 7-30 可以看出，FIR 滤波器的输入为频率叠加信号，输出是频率为 500 kHz 的信号，有效滤除了频率为 2 MHz 的信号。

根据实例的需求，输出数据位宽为 8，而 FIR 核全精度运算需要 23 bit，因此，需要将 23 bit 的输出转换为 8 bit 的输出。如图 7-30 所示，dout 的高 3 位均为符号位。根据二进制补码与十进制数的转换原理，完全相同的符号位中仅取 1 位即可，其余符号位不携带有效的信息。也就是说，图 7-30 的最高有效位是 dout[20]，有效位宽为 21。因此，对于本实例的仿真结果，直接取 dout[20:13]即可获得最终 8 bit 的输出结果。

在图 7-30 中，仿真的输入包括带内的 500 kHz 信号和带外的 2 MHz 信号，并且频率叠加信号中有用信号（频率为 500 kHz）和干扰信号（频率为 2 MHz）的功率比为 1:1，对于 8 bit 的输入数据来讲，有用信号的有效位宽仅为 7，而不是 8。在这种情况下，dout 的最高有效位为 dout[20]，如果输入数据中无干扰信号，则有用信号的有效位宽为 8，dout 的最高有效位为 dout[21]。因此，最终 8 bit 的输出数据为 dout[21:14]。

7.10 FIR 滤波器的板载测试

7.10.1 硬件接口电路

实例 7-10：FIR 滤波器的 CXD301 板载测试

在实例 7-9 的基础上，完善 Verilog HDL 程序，在 CXD301 上验证低通 FIR 滤波器的滤波性能。

CXD301 配置有 2 路独立的 DA 通道、1 路 AD 通道、2 个独立的晶振。为尽量真实地模拟数字通信中的滤波过程，采用晶振 X2（gclk1）作为驱动时钟信号，产生频率分别为 500 kHz 和 2 MHz 的正弦波叠加信号，经 DA1 通道输出；DA1 通道输出的模拟信号通过 CXD301 的 P2 跳线端子（引脚 2、3 短接）连接至 AD 通道，并送入 FPGA 进行处理；由 FPGA 进行低通滤波后的信号通过 DA2 通道输出；DA2 通道和 AD 通道的驱动时钟信号由 X1（gclk2）提供，即板载测试中的收、发时钟完全独立。程序下载到 CXD301 后，通过示波器同时观察 DA1 通道和 DA2 通道的信号波形，可判断滤波前后信号的变化情况。低通 FIR 滤波器板载测试中的接口信号定义如表 7-3 所示。

表 7-3 低通 FIR 滤波器板载测试中的接口信号

信号名称	引脚定义	传输方向	功能说明
gclk1	C10	→FPGA	生成合成测试信号的驱动时钟信号
gclk2	H3	→FPGA	DA2通道转换的驱动时钟信号
key1	K1	→FPGA	按键信号，按下为高电平，此时 AD 通道输入合成测试信号，否则输入频率为500 kHz 的信号
ad_clk	P6	FPGA→	A/D 采样时钟信号，频率为12.5MHz
ad_din[7:0]	P7、T6、R7、T7、T8、R9、T9、P9	→FPGA	A/D 采样输入信号，8 bit 的数据
da1_clk	P2	FPGA→	DA1通道转换时钟信号，频率为25 MHz
da1_out[7:0]	R2、R1、P1、N3、M3、N1、M2、M1	FPGA→	DA1通道转换信号，模拟测试信号
da2_clk	P15	FPGA→	DA2通道转换时钟信号，频率为12.5 MHz
da2_out[7:0]	L16、M16、M15、N16、P16、R16、R15、T15	FPGA→	DA2通道转换信号，输出滤波后的信号

7.10.2 板载测试程序

根据前面的分析，可以得到低通 FIR 滤波器板载测试的框图，如图 7-31 所示。

图 7-31 中的滤波器模块为目标测试程序，测试信号生成模块用于生成频率分别为 500 kHz 和 2 MHz 的正弦波叠加信号（频率叠加信号）。

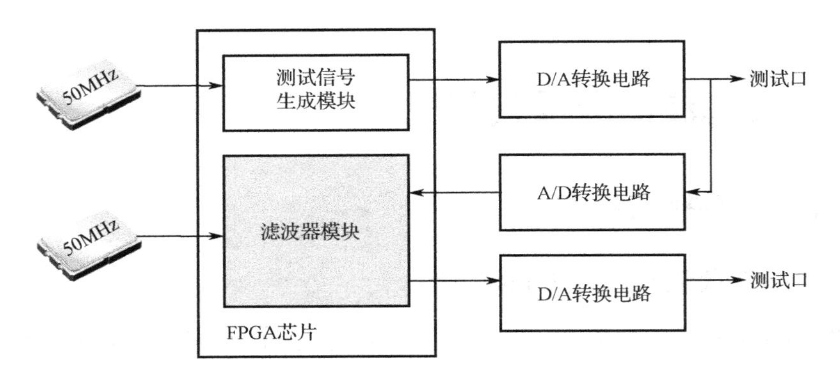

图 7-31　低通 FIR 滤波器板载测试的框图

为了使经 D/A 转换后生成的测试信号波形更为平滑，将 D/A 转换的时钟信号频率设置为 25 MHz。测试信号生成模块的 Verilog HDL 程序代码如下：

```
//data.v
module data(
    input clk,          //系统时钟信号频率为 50 MHz
    input key,          //按下为高电平，输出频率叠加信号；否则为低电平，输出单频信号
    output clk_25m,                 //DA1 通道转换时钟信号频率为 25 MHz
    output reg signed [7:0] dout    //输出频率分别为 500 kHz 和 2 MHz 的频率叠加信号
    );

    wire clk25m;
    wire signed [7:0] sin500k,sin2m;

    assign clk_25m = !clk25m;
    //时钟管理 IP 核，生成频率为 25 MHz 的时钟信号
    clk_produce u0(.CLK_IN1(clk), .CLK_OUT1(), .CLK_OUT2(clk25m), .CLK_OUT3());
    //生成频率为 500 kHz 的信号（正弦波信号）
    wave u1(.clk(clk25m), .we(1'b1), .data(16'd1311), .sine(sin500k ) );
    //生成频率为 2 MHz 的信号（正弦波信号）
    wave u2(.clk(clk25m), .we(1'b1), .data(16'd5243), .sine(sin2m ) );
    //根据 key 输出频率叠加信号或单频信号
    reg signed [8:0] sum;
    always @(posedge clk25m)
    if(!key)
        begin
            dout <= sin500k;
        end
    else
        begin
            sum <= sin500k + sin2m;
            dout <= sum[8:1];
        end
endmodule
```

在测试信号生成模块的 Verilog HDL 程序中，首先调用了时钟管理 IP 核 clk_produce，时钟管理 IP 核的使用方法请参见本书第 6 章的相关内容。在实例 7-10 中，clk_produce 的输入是频率为 50 MHz 的时钟信号，其输出是 3 路时钟信号，即 CLK_OUT1（频率为 50 MHz）、CLK_OUT2（频率为 25 MHz）、CLK_OUT2（频率为 12.5 MHz）。其中，频率为 25 MHz 的信号作为 DDS 核 wave 的驱动时钟信号，同时送至输出接口 clk_25m，作为 DA1 通道的转换时钟。

Verilog HDL 程序然后调用了 DDS 核 wave，DDS 核的使用方法请参见本书第 6 章的相关内容。在实例 7-10 中，wave 的驱动时钟信号频率为 25 MHz。相位累加字是可编程的，其输入数据位宽为 16，输出数据位宽为 8。根据 DDS 核的工作原理，当相位累加字分别为 1311、5234 时，可产生频率分别为 500 kHz 和 2 MHz 信号（正弦波信号）。

Verilog HDL 程序最后根据 key 信号的状态输出单频信号 sin500k 或频率叠加信号。根据二进制数运算规则，2 个 7 bit 的数相加需要用 8 bit 的数来表示，因此取 2 个单频信号的高 7 位相加，可得到 8 bit 的频率叠加信号。

由于实例 7-9 中 FIR 滤波器驱动时钟信号的频率为 50 MHz，而 CXD301 的 A/D 转换的最高采样频率为 32 MHz，因此实例 7-10 的采样频率为 12.5 MHz，因此需要将频率为 50 MHz 的时钟信号经 clk_produce 核生成频率分别为 50 MHz 及 12.5 MHz 时钟信号。重新生成 Verilog HDL 程序（即 fir_lpf.v 文件），程序代码如下：

```
module fir_lpf(
    input clk,                          //50 MHz 的系统时钟
    input signed [7:0] xin,             //A/D 采样数据
    output signed [7:0] yout,           //低通 FIR 滤波器的输出数据
    output clk_12m5                     //A/D 采样时钟及 DA2 通道的转换时钟
    );

    wire clk50m;
    wire clk12m5;
    wire signed [22:0] dout;

    assign clk_12m5 = clk12m5;
    assign yout = dout[21:14];

    //时钟管理 IP 核，生成频率分别为 50 MHz 和 12.5 MHz 的时钟信号
    clk_produce u0(.CLK_IN1(clk), .CLK_OUT1(clk50m), .CLK_OUT2(), .CLK_OUT3(clk12m5));

    fir u1(.clk(clk50m),   //低通 FIR 滤波器处理时钟信号频率为 50 MHz
    .rfd(), .rdy(), .din(xin), .dout(dout));

endmodule
```

fir_lpf.v 文件首先调用了时钟管理 IP 核 clk_produce，该 IP 核输出频率为 50 MHz 的信号，作为 FIR 核的驱动时钟信号；频率为 12.5 MHz 的信号送至输出接口 clk_12m5，作为 DA2 通道和 AD 通道的转换时钟。

完成测试信号模块及 FIR 滤波器模块的设计之后，还需要设计顶层文件 BoardTst.v，将

两个模块组合起来，并根据 CXD301 的硬件原理对 A/D 接口及 D/A 接口信号进行转换处理。顶层文件的 Verilog HDL 程序代码如下：

```
module BoardTst(
    //2 路系统时钟及 1 路复位信号
    input gclk1,
    input gclk2,

    //AD 通道输入信号的控制开关
    //按下时，AD 通道输入频率叠加信号，否则输入频率为 500 kHz 信号
    input key1,

    //2 路 DA 通道
    output da1_clk,              //25 MHz
    output [7:0] da1_out,        //生成的测试信号
    output da2_clk,              //12.5 MHz
    output [7:0] da2_out,        //滤波后输出的信号

     //1 路 AD 通道
    output ad_clk,               //12.5 MHz
    input [7:0] ad_din
    );

    wire clk_da1, clk_da2;
    wire signed [7:0] xin;
    wire signed [7:0] yout;
    reg signed [7:0] din_ad;

    //DA1 通道输出测试信号，将有符号数转换为无符号数
    assign da1_clk = clk_da1;
    assign da1_out =(xin[7])?(xin-128):(xin+128);

    //DA2 通道输出滤波后的数据，将有符号数转换为无符号数
    assign da2_clk = clk_da2;
    assign da2_out =(yout[7])?(yout-128):(yout+128);

    //AD 通道输入，将无符号数转换为有符号数
    assign ad_clk = clk_da2;
    always @(posedge clk_da2)
    din_ad <= ad_din-128;

    //测试信号生成模块
    data u0(.clk(gclk1), .key(key1), .clk_25m(clk_da1), .dout(xin));

    //滤波器模块
    fir_lpf u1(.clk(gclk2), .xin(din_ad), .yout(yout), .clk_12m5(clk_da2));

endmodule
```

顶层模块代码比较简单，由于 CXD301 的 A/D 采样输入信号及 D/A 转换信号均为无符号数，而测试模块及滤波器模块的信号均为有符号数，因此需要进行有符号数与无符号数之间的转换，转换的原理及方法在第 5 章已详细阐述，本节不再赘述。

完成板载测试程序代码的编写后，添加用户约束文件 CXD301.ucf，将程序的接口信号按表 7-1 进行约束，将约束文件添加到 FPGA 工程中，重新对整个工程进行综合、实现，编译生成 bit 文件和 mcs 文件，完成板载测试验证前的所有设计工作。

7.10.3 板载测试验证

设计好板载测试程序并完成 FPGA 实现后，可以将程序下载至 CXD301 进行板载测试。低通 FIR 滤波器板载测试的硬件连接图如图 7-32 所示。

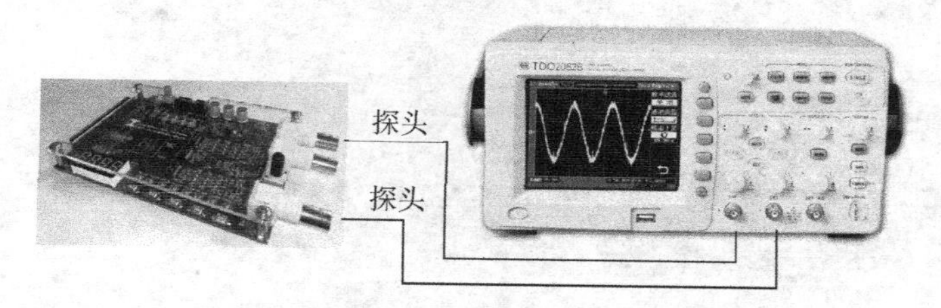

图 7-32 低通 FIR 滤波器板载测试的硬件连接图

板载测试需要采用双通道示波器，将示波器的通道 1 连接 CXD301 的 DA1 通道的输出，观察滤波前的信号；示波器的通道 2 连接 CXD301 的 DA2 通道的输出，观察滤波后的信号。需要注意的是，在进行板载测试前，需要适当调整 CXD301 的电位器 R36，使 P3（AD IN）接口的信号幅度为 0～2 V。

将板载测试程序下载到 CXD301，合理设置示波器参数，可以看到两个通道的波形如图 7-33 所示。从图中可以看出，滤波前后的信号均是频率为 500 kHz 的信号。滤波后幅度略低于滤波前的信号，这是由运算中的有限字长效应，以及低通 FIR 滤波器的输出截位造成的。

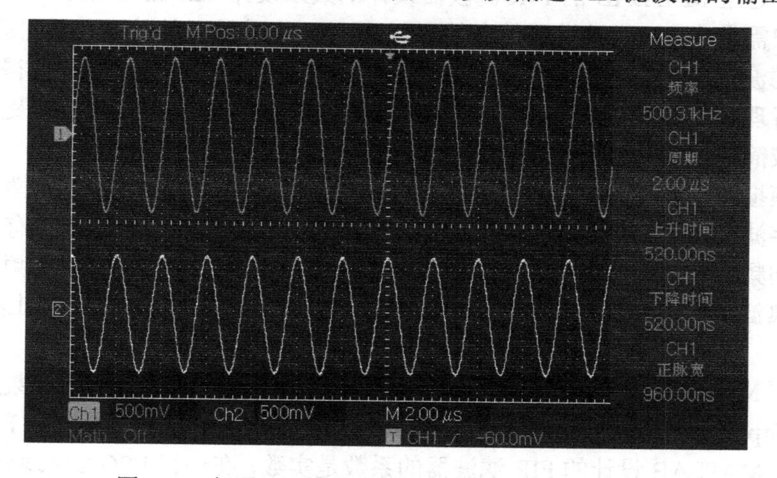

图 7-33 低通 FIR 滤波器板载测试的示波器输出波形

按下 key1 按键，CXD301 的输入信号是频率分别为 500 kHz 和 2 MHz 的频率叠加信号，示波器显示的波形如图 7-34 所示。滤波后仍能得到规则的 500 kHz 单频信号（低通 FIR 滤波器截止频率为 1 MHz），只是其幅度相比输入信号降低了约 1/2。这是由于输入的 8 bit 数据同时包含了频率分别为 500 kHz 和 2 MHz 的频率叠加信号，频率叠加信号的幅度与单频输入信号相同，频率叠加信号中的 500 kHz 信号幅度本身已相比单频输入信号降低了 1/2，滤除频率为 2 MHz 的信号后，仅剩下降低 1/2 幅值的频率为 500 kHz 的信号，这与示波器显示的波形相符。

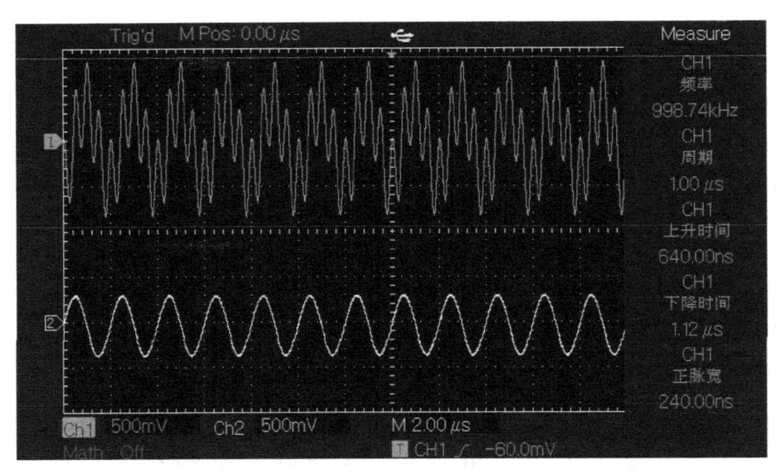

图 7-34　滤波器显示的输入信号波形

7.11　小结

滤波器的设计是数字信号处理中应用最为广泛的技术，FIR 滤波器又是应用最为广泛的滤波器类型。通过 MATLAB 的 FIR 滤波器设计函数来设计 FIR 滤波器时，工程师的主要工作是根据用户需求确定 FIR 滤波器的参数即可。设计 FIR 滤波器的关键在于理解其工作原理，在理解 FIR 滤波器工作原理的基础上，再采用 FPGA 来实现 FIR 滤波器就变得相对容易了。为了便于读者理解 FIR 滤波器设计的原理及步骤，本章给出的设计实例，以及采用的仿真分析方法都比较简单。本章的学习要点可归纳为：

（1）与模拟滤波器相比，数字滤波器具有运算精度高、可靠性高、滤波性能好等优点。

（2）数字滤波器可分为经典滤波器和现代滤波器，经典滤波器仅适用于有用信号与干扰信号处于不同频带的场合，现代滤波器可用于有用信号与干扰信号处于相同频带的场合。

（3）经典滤波器的特征参数主要有通带截止频率、通带衰减、阻带截止频率、阻带衰减等。

（4）采用 MATLAB 中的 fir1()函数设计 FIR 滤波器，其实质是采用窗函数来设计 FIR 滤波器；采用 firpm()函数设计 FIR 滤波器，其实质是基于最佳逼近准则来设计 FIR 滤波器。

（5）通过 MATLAB 设计的 FIR 滤波器的系数是实数，在进行 FPGA 实现前，需要对 FIR 滤波器的系数进行量化，且量化位数越大，滤波性能损失就越小。

（6）FIR 滤波器在本质上是一种乘累加结构，当 FIR 滤波器的所有系数均为 1 时，构成了累加器。基于累加器的 FIR 滤波器的滤波性能呈现低通特性，可完全滤除某些特定频率的信号。

（7）基于 FPGA 实现 FIR 滤波器时，可采用串行结构、并行结构、分布式算法等。根据 FPGA 的面积与速度互换原则，串行结构的 FIR 滤波器占用较少的逻辑资源，但运算速度较慢；并行结构的 FIR 滤波器占用较多的逻辑资源，但运算速度较快；分布式算法是一种不需使用乘法器的高效实现结构。

（8）基于 FPGA 实现 FIR 滤波器时，通常会采用 FIR 核。FIR 核的功能丰富、使用灵活，可通过参数设置来自动采用最佳的实现结构。

7.12　思考与练习

7-1　与模拟滤波器相比，数字滤波器的优势有哪些？

7-2　经典滤波器的种类有哪些？

7-3　经典滤波器的特征参数主要有哪些？

7-4　某滤波器的通带容限 α_1 及阻带容限 α_2 均为 0.01，请换算成通带衰减 α_P 及阻带衰减 α_S。

7-5　某数字信号处理系统的采样频率 f_s=10 MHz，低通滤波器的 3 dB 截止频率 f_c=1 MHz，在采用 fir1()函数设计 FIR 滤波器时，归一化截止频率是多少？

7-6　在采用 fir1()函数设计 FIR 滤波器时，归一化截止频率 ω=0.2 rad/s，已知系统的采样频率 f_s=100 MHz，则实际截止频率 f_c 是多少？如果系统的实际截止频率 f_c=300 kHz，则系统的采样频率 f_s 是多少？

7-7　已知实例 7-1 设计的 FIR 滤波器采用的长度为 5，当采样频率为 100 Hz 时能够完全滤除频率为 20 Hz 的单频信号，请问是否能够滤除频率为 15 Hz 的单频信号？40 Hz 的单频信号呢？请说明理由，并采用 MATLAB 来仿真分析结果。

7-8　采用 MATLAB 仿真长度为 7、基于累加器的 FIR 滤波器的滤波性能，如系统的采样频率为 700 Hz，仿真频率分别为 70 Hz 和 10 Hz 的信号的滤波效果。完成基于累加器的 FIR 滤波器的 FPGA 设计，采用 ModelSim 仿真 FIR 滤波器的工作波形，并与 MATLAB 的仿真结果进行对比。

7-9　采用半串行结构完成实例 7-6 要求的 FIR 滤波器的 FPGA 设计及 ModelSim 仿真，并与全串行结构 FIR 滤波器和并行结构 FIR 滤波器所需的逻辑资源及运算速度进行对比。

7-10　完善实例 7-7 的 Verilog HDL 程序，完成程序在 CXD301 上的板载测试。

第 8 章

IIR 滤波器设计

IIR（Infinite Impulse Response，无限脉冲响应）滤波器中的“无限”两个字，听起来有点高深，其实 IIR 滤波器与 FIR 滤波器的结构没有太大的差别。虽然 IIR 滤波器的应用没有 FIR 滤波器广泛，但有其自身的特点，具有 FIR 滤波器无法比拟的优势。因为 IIR 滤波器具有反馈结构，使得其设计中的数字运算更具有挑战性，也更有趣味性。掌握了 FIR 滤波器和 IIR 滤波器的设计，才能对经典滤波器的设计有比较全面的了解。

8.1 IIR 滤波器的理论基础

8.1.1 IIR 滤波器的原理及特性

根据前面章节的讨论可知，数字滤波器是一个时域离散系统。任何一个时域离散系统都可以用一个 N 阶差分方程来表示，即：

$$\sum_{j=0}^{N} a_j y(n-j) = \sum_{i=0}^{M} b_i x(n-i) \quad a_0 = 1 \tag{8-1}$$

式中，$x(n)$和 $y(n)$分别是系统的输入序列和输出序列；a_j 和 b_i 均为常数；$y(n-j)$和 $x(n-i)$项只有一次幂，没有相互交叉相乘项，故称为线性常系数差分方程。差分方程的阶数是由方程 $y(n-j)$项中 j 的最大值与最小值之差确定的。式（8-1）中，$y(n-j)$项 j 的最大值取 N，最小值取 0，因此称为 N 阶差分方程。

当 $a_j=0$ 且 $j>0$ 时，N 阶差分方程表示的系统为 FIR 滤波器。当 $a_j\neq 0$ 且 $j>0$ 时，N 阶差分方程表示的系统为 IIR（Infinite Impulse Response）滤波器。

IIR 滤波器的单位脉冲响应是无限长的，其系统函数为：

$$H(z) = \frac{\sum_{i=0}^{M} b_i z^{-i}}{1 - \sum_{j=1}^{N} a_i z^{-j}} \tag{8-2}$$

系统的差分方程可以写成：

$$y(n)=\sum_{i=0}^{M}x(n-i)b_i+\sum_{j=1}^{N}y(n-j)a_j \tag{8-3}$$

从系统的差分方程可以很容易看出，IIR 滤波器有以下几个显著特性。

（1）IIR 滤波器同时存在不为零的极点和零点，要保证 IIR 滤波器是稳定的系统，需要使系统的极点在单位圆内。也就是说，系统的稳定性是由系统的极点决定的。

（2）由于线性相位滤波器所有的零点和极点都是关于单位圆对称的，所以只允许极点位于单位圆的原点。由于 IIR 滤波器存在不为零的极点，因此只可能实现近似的线性相位特性。也正是因为 IIR 滤波器的非线性相位特性限制了其应用范围。

（3）在 FPGA 等数字硬件平台上实现 IIR 滤波器时，由于存在反馈结构，因此受限于寄存器的长度，无法通过增加字长来实现全精度的运算，运算过程中的有限字长效应是实现 IIR 滤波器时必须考虑的问题。

8.1.2 IIR 滤波器常用的结构

IIR 滤波器的常用结构有 4 种：直接 I 型、直接 II 型、级联型及并联型。其中级联型结构便于准确实现 IIR 滤波器的零点和极点，而且受参数量化的影响较小，因此使用较为广泛。下面分别对这 4 种结构进行简要介绍。

1. 直接 I 型结构

从式（8-3）的差分方程可以看出，输出信号由两部分组成：第一部分 $\sum_{i=0}^{M}x(n-i)b(i)$ 表示对输入信号进行延时，组成 M 级延时网络，相当于 FIR 滤波器的横向网络，实现系统的零点；第二部分 $\sum_{i=1}^{N}y(n-j)a_j$ 表示对输出信号进行延时，组成 N 级延时网络，在每级延时抽头后与常系数相乘，并将乘法结果相加。由于式（8-3）中的第二部分是对输出信号的延时，故称为反馈结构，用于实现系统的极点。直接根据式（8-3）的差分方程可画出系统的信号流图，如图 8-1 所示。

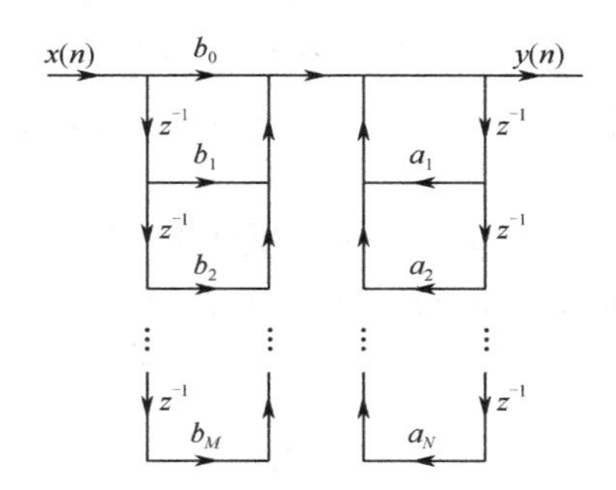

图 8-1　采用直接 I 型结构的 IIR 滤波器的信号流图

2. 直接 II 型结构

式（8-2）可以改写为：

$$H(z)=\sum_{i=0}^{M}b_i z^{-i}\frac{1}{1-\sum_{j=1}^{N}a_j z^{-j}}=\frac{1}{1-\sum_{j=1}^{N}a_j z^{-j}}\sum_{i=0}^{M}b_i z^{-i} \tag{8-4}$$

也就是说，IIR 滤波器的系统函数可以看成两部分网络的级联。对于线性时不变系统，交换级联网络的次序，系统函数是不变的。根据式（8-4）可得到采用直接 I 型结构的 IIR 滤波器信号流图的变型，如图 8-2 所示。

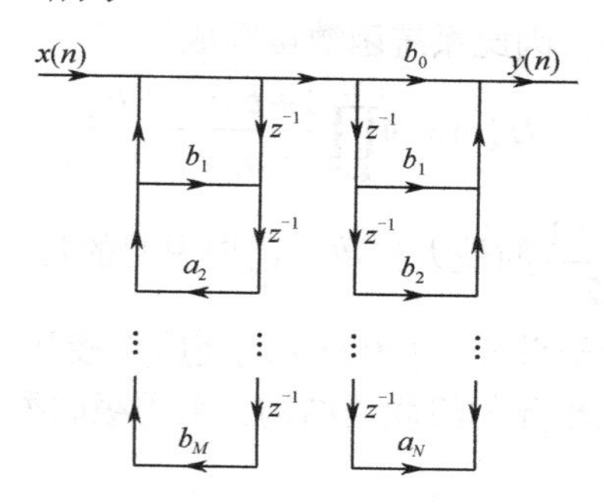

图 8-2　采用直接 I 型结构的 IIR 滤波器信号流图的变型

由于两个串行的延时网络具有相同的输入，因而可以合并，从而得到采用直接 II 型结构的 IIR 滤波器的信号流图，如图 8-3 所示。

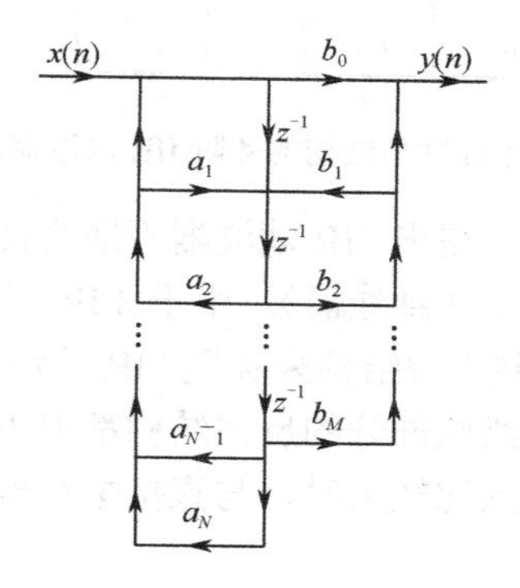

图 8-3　采用直接 II 型结构的 IIR 滤波器的信号流图

对于 N 阶差分方程，采用直接 II 型结构的 IIR 滤波器只需要 N 个单位延时（通常 $N \geq M$），比采用直接 I 型结构的 IIR 滤波器的单位延时少一半。因而在软件实现时可以节省存储单元，在硬件实现时可节省寄存器，相比采用直接 I 型结构的 IIR 滤波器具有明显的优势。

3．级联型结构

采用直接型（直接 I 型和直接 II 型）的 IIR 滤波器结构可以从式（8-2）直接得到。一个 N 阶 IIR 滤波器的系统函数可以用它的零点和极点表示，由于系统函数的系数均为实数，因此零点和极点只有两种可能：实数或者复共轭对。对系统函数的分子多项式和分母多项式进行因式分解，可将系统函数写成：

$$H(z)=A\frac{\prod_{k=1}^{M_1}(1-c_k z^{-1})\prod_{k=1}^{M_2}(1-q_k z^{-1})(1-q_k^* z^{-1})}{\prod_{k=1}^{N_1}(1-d_k z^{-1})\prod_{k=1}^{N_2}(1-p_k z^{-1})(1-p_k^* z^{-1})} \tag{8-5}$$

式中，$M_1+M_2=M$，$N_1+N_2=N$，c_k 和 d_k 分别表示实零点和实极点，q_k 和 q_k^* 分别表示复共轭对零点，p_k 和 p_k^* 表示复共轭对极点。为了进一步简化级联型结构，可以把每一对共轭因子合并起来构成一个实数的二阶因子，因此系统函数可写成：

$$H(z)=A\prod_{k=1}^{N_c}\frac{1+b_{1k}z^{-1}+b_{2k}z^{-2}}{1+a_{1k}z^{-1}+a_{2k}z^{-2}} \tag{8-6}$$

式中，$N_c=\left[\frac{N+1}{2}\right]$ 是接近 $\frac{N+1}{2}$ 的最大整数。需要说明的是，上式已经假设 $N \geqslant M$。由直接Ⅱ型结构可知，如果每个二阶子系统（子网络）均使用直接Ⅱ型结构实现，则一个确定的 IIR 滤波器可以采用具有最少存储单元的级联型结构。采用级联型结构的 4 阶 IIR 滤波器的信号流图如图 8-4 所示。

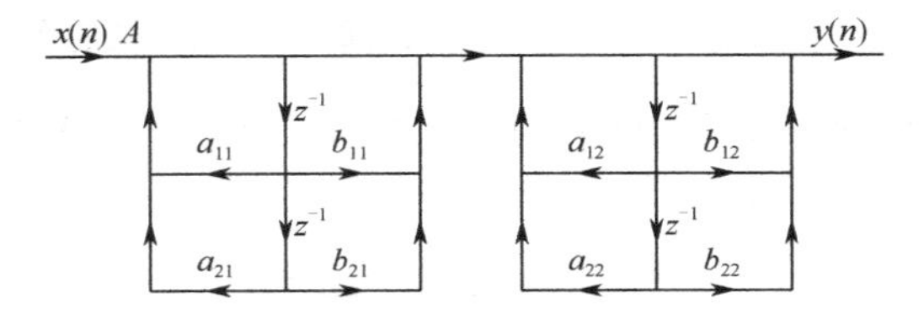

图 8-4　采用级联型结构的 4 阶 IIR 滤波器的信号流图

在讨论 FIR 滤波器的结构时，得出 FIR 滤波器不适合使用级联型结构，其原因是级联型结构需要使用较多的乘法运算单元（乘法器）。由于 FIR 滤波器的阶数一般都比较大，并且没有反馈结构，因此通常采用直接 I 型结构来实现 FIR 滤波器。IIR 滤波器则不同，与直接型结构相比，级联型结构中每一个级联部分的反馈结构都很少，易于控制有限字长效应带来的影响。因此，当 IIR 滤波器的阶数比较大时，与直接型结构相比，级联型结构反而具有更大的优势。

4．并联型结构

作为系统函数的另一种形式，可以将系统函数展开成部分分式形式，即：

$$H(z)=\sum_{k=0}^{N_s}G_k z^{-k}+\sum_{k=1}^{N_1}\frac{A_k}{1-d_k z^{-1}}+\sum_{k=1}^{N_2}\frac{B_k(1-e_k z^{-1})}{(1-p_k z^{-1})(1-p_k^* z^{-1})} \tag{8-7}$$

式中，$N_1+2N_2=N$，如果 $M \geqslant N$，则 $N_s=M-N$，否则应当将式（8-7）的第一项直接去除。由于式（8-7）为一阶子系统和二阶子系统的并联组合，因此可将实极点成对组合，系统函数可写成：

$$H(z)=\sum_{k=0}^{N_s}G_k z^{-k}+\sum_{k=1}^{N_p}\frac{e_{0k}+e_{1k}z^{-1}}{1-a_{1k}z^{-1}-a_{2k}z^{-2}} \tag{8-8}$$

式中，$N_p=\left[\frac{N+1}{2}\right]$ 是 $\frac{N+1}{2}$ 的最大整数，图 8-5 所示为采用并联型结构的 4 阶 IIR 滤波器的信号流图。

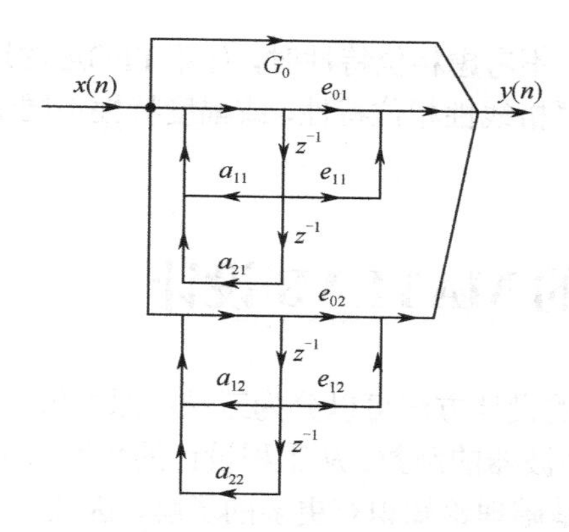

图 8-5 采用并联型结构的 4 阶 IIR 滤波器的信号流图

在图 8-5 中，可以通过改变 a_{1k} 和 a_{2k} 的值来单独调整极点位置，但不能像采用级联型结构 IIR 滤波器那样直接控制系统的零点。正因为如此，并联型结构在 IIR 滤波器中的使用不如级联型结构广泛。但在运算误差方面，由于采用并联型结构的 IIR 滤波器中的各基本节点的误差互不影响，故比采用级联型结构 IIR 滤波器更具优势。

8.1.3 IIR 滤波器与 FIR 滤波器的比较

IIR 滤波器与 FIR 滤波器是最常见的数字滤波器，两者的结构及分析方法相似。为了更好地理解这两种数字滤波器的异同，下面对它们进行简单的比较，以便在具体的工程设计中能够更加合理地选择滤波器的种类，以更少的资源满足所需的性能。本节先直接给出这两种数字滤波器的性能差异及特点，在本章后续介绍 IIR 滤波器的设计方法及其 FPGA 实现时，读者可以进一步加深对 IIR 滤波器的理解。

（1）在满足相同幅频响应设计指标的情况下，FIR 滤波器的阶数通常是 IIR 滤波器的阶数的 5～10 倍。

（2）FIR 滤波器能得到严格的线性相位特性（当 FIR 滤波器系数具有对称结构时）。在相同的阶数情况下，IIR 滤波器具有更好的幅度特性，但相位特性是非线性的。

（3）FIR 滤波器的单位脉冲响应是有限长的，一般采用非递归结构，必定是稳定的系统，即使在有限精度运算时，误差也比较小，受有限字长效应的影响较小。IIR 滤波器必须采用递归结构，只有极点在单位圆内时才是稳定的系统；IIR 滤波器具有反馈结构，由于运算过程中的截位处理，容易引起振荡现象。

（4）FIR 滤波器的运算是一种卷积运算，可以采用快速傅里叶变换和其他快速算法，运算速度快。IIR 滤波器无法采用类似的快速算法。

（5）在设计方法上，IIR 滤波器可以利用模拟滤波器的设计公式、数据和表格等资料。FIR 滤波器不能借助模拟滤波器的设计成果。由于计算机设计软件的发展，在设计 FIR 滤波器和 IIR 滤波器时均可采用现成的函数，因此在工程设计中两者的设计难度均已大幅下降。

（6）IIR 滤波器主要用于设计规格化的、频率特性为分段恒定的标准滤波器，FIR 滤波器要灵活得多，适应性更强。

（7）在 FPGA 设计中，FIR 滤波器可以采用现成的 IP 核进行设计，工作量较小；用于 IIR 滤波器设计的 IP 核很少，一般需要手动编写代码，工作量较大。

（8）当给定幅频响应，而不考虑相位特性时，如果 FPGA 的逻辑资源较少，则可采用 IIR 滤波器；当要求滤波器具有严格线性相位特性，或幅度特性不同于典型模拟滤波器的特性时，通常采用 FIR 滤波器

8.2 IIR 滤波器的 MATLAB 设计

一般来讲，IIR 滤波器的设计方法可以分为三种：原型转换法、直接设计法，以及直接调用 MATLAB 中设计 IIR 滤波器的函数。从工程设计的角度来讲，前两种设计方法都比较烦琐，且需要对 IIR 滤波器的基础理论知识有更多的了解，因此工程中大多直接调用 MATLAB 中设计 IIR 滤波器的函数。

MATLAB 提供了多种用于设计 IIR 滤波器的函数，通常采用的是根据原型转换法实现的 5 种设计 IIR 滤波器的函数：butter()函数（巴特沃斯函数）、cheby1()函数（切比雪夫 I 型函数）、cheby2()函数（切比雪夫 II 型函数）、ellip()函数（椭圆滤波器函数）及 yulewalk()函数。

8.2.1 采用 butter()函数设计 IIR 滤波器

在 MATLAB 中，可以利用 butter()函数直接设计各种形式的数字滤波器（也可设计模拟滤波器），其语法为：

```
[b,a]=butter(n,Wn);
[b,a]=butter(n,Wn,'ftype');
[z,p,k]=butter(n,Wn);
[z,p,k]=butter(n,Wn,'ftype');
[A,B,C,D]=butter(n,Wn);
[A,B,C,D]= butter(n,Wn,'ftype');
```

butter()函数可以设计低通、高通、带通和带阻等各种形式的滤波器。

利用“[b,a]=butter(n,Wn)”可以设计一个阶数为 n、截止频率为 Wn 的低通滤波器，其返回值 a 和 b 为低通滤波器系统函数的分子项系数和分母项系数。Wn 为低通滤波器的归一化截止频率，取值范围为 0～1，其中 1 对应采样频率的 1/2。如果 Wn 是一个含有两个元素的向量[w1 w2]，则返回值 a 和 b 构成的是阶数为 2n 的带通滤波器系统函数的分子项系数和分母项系数，通带范围为 w1～w2。

利用“[b,a]=butter(n,Wn,'ftype')”可以设计高通滤波器和带阻滤波器，其中参数 ftype 的形式确定了滤波器的形式，当 ftype 为 high 时，得到的是阶数为 n、截止频率为 Wn 的高通滤波器；当 ftype 为 stop 时，得到的是阶数为 2n、阻带范围为 w1～w2 的带阻滤波器。

利用“[z,p,k]=butter(n,Wn)”及“[z,p,k]=butter(n,Wn,'ftype')”可以得到滤波器的零点、极点和增益表达式。

利用“[A,B,C,D]=butter(n,Wn)”及“[A,B,C,D]= butter(n,Wn,'ftype')”可以得到滤波器的状态空间表达形式，在实际的设计中很少使用这种语法形式。

例如，要设计采样频率为 1000 Hz、阶数为 9、截止频率为 300 Hz 的高通巴特沃斯数字滤波器，并画出滤波器的频率响应，只需在 MATLAB 中使用下面的命令即可。

```
[b,a]=butter(9,300*2/1000,'high');
freqz(b,a,128,1000);
```

8.2.2 采用 cheby1()函数设计 IIR 滤波器

在 MATLAB 中，可以利用 cheby1()函数直接设计各种形式的数字滤波器（也可设计模拟滤波器），其语法为：

```
[b,a]= cheby1(n,Rp,Wn);
[b,a]= cheby1(n, Rp,Wn,'ftype');
[z,p,k]= cheby1(n, Rp,Wn);
[z,p,k]= cheby1(n, Rp,Wn,'ftype');
[A,B,C,D]= cheby1(n, Rp,Wn);
[A,B,C,D]= cheby1(n, Rp,Wn,'ftype');
```

cheby1 函数先设计出切比雪夫 I 型的模拟原型滤波器，然后用原型变换法得到数字低通、高通、带通或带阻滤波器。切比雪夫 I 型滤波器在通带是等纹波的，在阻带是单调的，可以设计低通、高通、带通和带阻各种形式的滤波器。

利用“[b,a]=cheby1(n,Rp,Wn)”可以得到阶数为 n、截止频率为 Wn、通带纹波最大衰减为 Rp（单位为 dB）的低通滤波器，它的返回值 b、a 分别是阶数为 n+1 的向量，表示低通滤波器系统函数的分子项系数和分母项系数。如果 Wn 是一个含有两个元素的向量[w1 w2]，则返回值 a 和 b 构成的是阶数为 2n 的带通滤波器系统函数的分子项系数和分母项系数，通带范围为 w1～w2。

利用“[b,a]= cheby1(n, Rp,Wn,'ftype')”可以得到高通滤波器和带阻滤波器，其中的参数 ftype 用于确定滤波器的形式，当 ftype 为 high 时得到的是阶数为 n、截止频率为 Wn 的高通滤波器；当 ftype 为 stop 时，得到的是阶数为 2n、阻带范围为 w1～w2 的带阻滤波器。

利用“[z,p,k]= cheby1(n, Rp,Wn)”及“[z,p,k]= cheby1(n, Rp,Wn,'ftype')”可以得到滤波器的零点、极点和增益表达式。

利用“[A,B,C,D]= cheby1(n,Rp,Wn)”及“[A,B,C,D]= cheby1(n,Rp,Wn,'ftype')”可以得到滤波器的状态空间表达形式，在实际的设计中很少使用这种语法形式。

例如，要设计采样频率为 1000 Hz、阶数为 9、截止频率为 300 Hz、通带衰减为 0.5 dB 的低通切比雪夫 I 型数字滤波器，并画出滤波器的频率响应，只需在 MATLAB 中使用以下命令即可。

```
[b,a]=cheby1(9,0.5,300*2/1000);
freqz(b,a,128,1000);
```

8.2.3 采用 cheby2()函数设计 IIR 滤波器

在 MATLAB 中，可以利用 cheby2()函数直接设计各种形式的数字滤波器（也可设计模拟滤波器）。函数的使用方法与 cheby1()完全相同，只是利用 cheby1()函数设计的滤波器在通带是等纹波的，在阻带是单调的；而利用 cheby2()函数设计的滤波器在阻带是等纹波的，在通带是单调的。在此不再做详细讨论，只通过一个例子进行说明。

例如，要设计采样频率为 1000 Hz、阶数为 9、截止频率为 300 Hz、阻带衰减为 60 dB 的低通切比雪夫Ⅱ型数字滤波器，并画出该滤波器的频率响应，只需在 MATLAB 中使用下面的命令语句。

```
[b,a]=cheby2(9,60,300*2/1000);
freqz(b,a,128,1000);
```

8.2.4 采用 ellip()函数设计 IIR 滤波器

在 MATLAB 中，可以利用 ellip()函数直接设计各种形式的数字滤波器（也可设计模拟滤波器），其语法为：

```
[b,a]= ellip(n,Rp,Rs,Wn);
[b,a]= ellip(n, Rp,Rs,Wn,'ftype');
[z,p,k]= ellip(n,Rp,Rs,Wn);
[z,p,k]= ellip(n, Rp,Rs,Wn,'ftype');
[A,B,C,D]= ellip(n,Rp,Rs,Wn);
[A,B,C,D]= ellip(n, Rp,Rs,Wn,'ftype');
```

在利用 ellip()函数设计 IIR 滤波器时，先设计出椭圆滤波器，然后用原型变换法得到数字低通、高通、带通或带阻滤波器。在模拟滤波器的设计中，采用椭圆滤波器的设计是最为复杂的一种设计方法，但它设计出的滤波器的阶数最小，同时它对参数的量化灵敏度最敏感。

利用“[b,a]= ellip(n,Rp,Wn)”可以得到阶数为 n、截止频率为 Wn、通带纹波最大衰减为 Rp（单位为 dB）、阻带纹波最小衰减为 Rs（单位为 dB）的低通滤波器，它的返回值 a 和 b 分别是阶数为 n+1 的向量，表示低通滤波器系统函数的分子项系数和分母项系数。如果 Wn 是一个含有两个元素的向量[w1 w2]，则返回值 a 和 b 构成的是阶数为 2n 的带通滤波器系统函数的分子项系数和分母项系数。

利用“[b,a]= ellip(n, Rp,Rs,Wn,'ftype')”可以得到高通滤波器和带阻滤波器，其中的参数 ftype 用于确定滤波器的形式，当 ftype 为 high 时得到的是阶数为 n 阶、截止频率为 Wn 的高通滤波器；当 ftype 为 stop 时，得到的是阶数为 2n、阻带范围为 w1～w2 的带阻滤波器。

利用“[z,p,k]= ellip(n, Rp, Rs,Wn)”及“[z,p,k]= ellip(n, Rp,Rs,Wn,'ftype')”可以得到滤波器的零点、极点和增益表达式。

利用“[A,B,C,D]= ellip(n, Rp, Rs,Wn)”及“[A,B,C,D]= ellip(n, Rp,Rs, Wn,'ftype')”可以得到滤波器的状态空间表达形式，但在实际的设计中很少使用这种语法形式。

例如，要设计采样频率为 1000 Hz、阶数为 9、截止频率为 300 Hz、通带衰减为 3 dB、阻带衰减为 60 dB 的低通椭圆滤波器，并画出滤波器的频率响应，只需在 MATLAB 中使用以下命令即可。

```
[b,a]=ellip(9,3,60,300*2/1000);
freqz(b,a,128,1000);
```

8.2.5 采用 yulewalk()函数设计 IIR 滤波器

在 MATLAB 中，yulewalk()函数用于设计递归数字滤波器。与前面介绍的几种 IIR 滤波器设计函数不同的是，yulewalk()函数只能设计数字滤波器，不能设计模拟滤波器。yulewalk()实际是一种在频域采用了最小均方法来设计滤波器的函数，其语法形式为：

```
[b,a]=yulewalk(n,f,m);
```

yulewalk()函数中的参数 n 表示滤波器的阶数，f 和 m 用于表征滤波器的幅频响应。其中 f 是一个向量，它的每一个元素都是 0～1 的实数，表示频率，其中 1 表示采样频率的 1/2，且 f 中的元素必须是递增的，第一个元素必须是 0，最后一个元素必须是 1。m 是频率 f 处的幅度响应，它也是一个向量，长度与 f 相同。当确定了理想滤波器的频率响应后，为了避免从通带到阻带的过渡陡峭，应对过渡带宽进行多次仿真试验，以便得到最优的滤波器设计。

例如，要设计一个 9 阶的低通滤波器，滤波器的截止频率为 300 Hz，采样频率为 1000 Hz，采用 yulewalk()函数的设计方法为：

```
f=[0 300*2/1000 300*2/1000 1];
m=[1 1 0 0];
[b,a]=yulewalk(9,f,m);
freqz(b,a,128,1000);
```

8.2.6 几种 IIR 滤波器设计函数的比较

前面介绍了 5 种常用 IIR 滤波器设计函数的使用方法，本节通过一个具体的实例对采用这 5 种 IIR 滤波器设计函数设计的 IIR 滤波器的性能进行对比。

实例 8-1：采用不同 IIR 滤波器设计函数设计 IIR 滤波器并进行性能比较

设计一个低通 IIR 滤波器，要求通带最大衰减为 3 dB、阻带最小衰减为 60 dB、通带截止频率为 1000 Hz、阻带截止频率为 2000 Hz、采样频率为 8000 Hz。利用巴特沃斯滤波器阶数计算公式，计算出满足需求的最小滤波器阶数。分别使用 butter()、cheby1()、cheby2()、ellip()、yulewalk()函数设计相同参数的 IIR 滤波器，画出 IIR 滤波器的幅频响应曲线，并进行简单比较。

下面直接给出了实例程序的代码清单。

```
%E8_1_IIR4Functions.m
fs=8000;                                    %采样频率
fp=1000;                                    %通带截止频率
fc=2000;                                    %阻带截止频率
Rp=3;                                       %通带衰减（单位为 dB）
Rs=60;                                      %阻带衰减（单位为 dB）
N=0;                                        %滤波器阶数清零

%利用巴特沃斯滤波器阶数计算公式
na=sqrt(10^(0.1*Rp)-1);
ea=sqrt(10^(0.1*Rs)-1);
N=ceil(log10(ea/na)/log10(fc/fp))
[Bb,Ba]=butter(N,fp*2/fs);                  %巴特沃斯滤波器
```

```
[Eb,Ea]=ellip(N,Rp,Rs,fp*2/fs);                 %椭圆滤波器
[C1b,C1a]=cheby1(N,Rp,fp*2/fs);                 %切比雪夫 I 型滤波器
[C2b,C2a]=cheby2(N,Rs,fp*2/fs);                 %切比雪夫 II 型滤波器

%yulewalk 滤波器
f=[0 fp*2/fs fc*2/fs 1];
m=[1 1 0 0];
[Yb,Ya]=yulewalk(N,f,m);

%计算 IIR 滤波器的单位脉冲响应
delta=[1,zeros(1,511)];
fB=filter(Bb,Ba,delta);
fE=filter(Eb,Ea,delta);
fC1=filter(C1b,C1a,delta);
fC2=filter(C2b,C2a,delta);
fY=filter(Yb,Ya,delta);

%计算 IIR 滤波器的幅频响应
fB=20*log10(abs(fft(fB)));
fE=20*log10(abs(fft(fE)));
fC1=20*log10(abs(fft(fC1)));
fC2=20*log10(abs(fft(fC2)));
fY=20*log10(abs(fft(fY)));

%设置幅频响应的横坐标单位为 Hz
x_f=[0:(fs/length(delta)):fs-1];
plot(x_f,fB,'-',x_f,fE,'.',x_f,fC1,'-.',x_f,fC2,'+',x_f,fY,'*');
%只显示正频率部分的幅频响应
axis([0 fs/2 -100 5]);
xlabel('频率/Hz');
ylabel('幅度/dB');
legend('butter','ellip','cheby1','cheby2','yulewalk');
grid;
```

程序运行后，计算出满足设计需求的巴特沃斯滤波器最小阶数为 10。采用不同 IIR 滤波器设计函数设计的 IIR 滤波器的幅频响应曲线如图 8-6 所示。从图中可以看出，相同阶数的滤波器，采用 ellip()函数设计的 IIR 滤波器的幅度响应、过渡带宽及阻带衰减性能最好；采用 butter()函数设计的 IIR 滤波器的幅度响应在通带具有最为平坦的特性。

本书在讨论 FIR 滤波器设计时进行过不同设计函数的仿真。一般来讲，设计函数仿真的结果可以直接作为后续选定 IIR 滤波器设计函数的依据。对 IIR 滤波器来说，情况要更为复杂一些。FIR 滤波器没有反馈结构，滤波器系数量化效应及滤波器运算的有限字长效应对系统的性能影响相对较小，而 IIR 滤波器是一种具有反馈结构的形式，有限字长效应在滤波器系统中影响较大，且不同函数设计的滤波器对有限字长效应的影响程度不同。因此，需要通过精确的仿真来确定最终的滤波器系统。

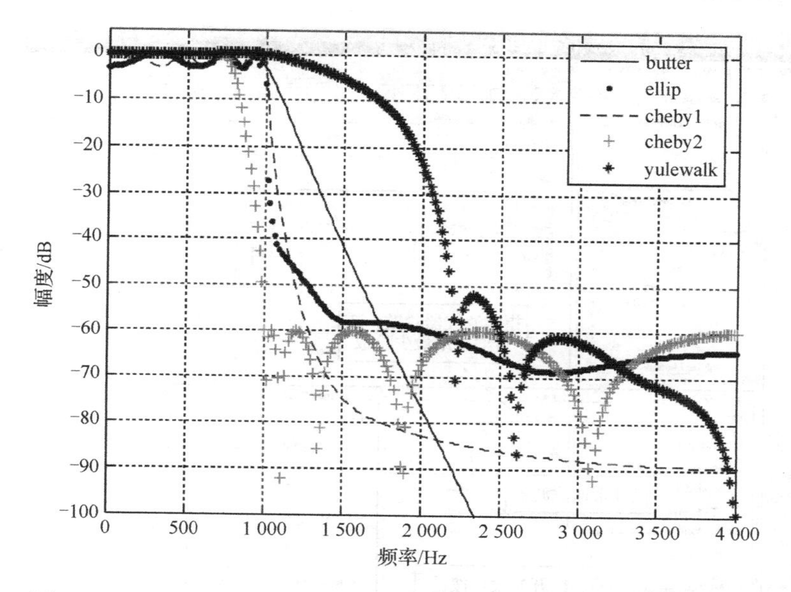

图 8-6 采用不同 IIR 滤波器设计函数设计的 IIR 滤波器的幅频响应曲线

8.2.7 采用 FDATOOL 设计 IIR 滤波器

除了一些常用的滤波器函数，MATLAB 还提供了数字滤波器的专用设计工具 FDATOOL。FDATOOL 的突出优点是直观、方便，用户只需设置几个参数，即可查看 IIR 滤波器频率响应、零点/极点、单位脉冲响应、系数等信息。在 7.5.5 节中，本书是通过一个实例来介绍采用 FDATOOL 设计 FIR 滤波器的步骤的，这里仍然通过一个具体实例来介绍 FDATOOL 设计 IIR 滤波器的步骤。

实例 8-2：采用 FDATOOL 设计带通 IIR 滤波器

采用 FDATOOL 设计一个带通 IIR 滤波器，通带范围为 1000～2000 Hz，低频过渡带宽为 700～1000 Hz，高频过渡带宽为 2000～2300 Hz，采样频率为 8000 Hz 的等阻带纹波滤波器，要求阻带衰减大于 60 dB。

启动 MATLAB 后，在命令行窗口中输入“fdatool”后按下回车键，即可打开 FDATOOL 界面，如图 8-7 所示。

第一步：在“Frequency Specifications”中设置 IIR 滤波器的截止频率。

第二步：在“Response Type”中选中“Bandpass”，表示设计的是带通 IIR 滤波器。

第三步：在“Design Method”中选中“IIR”，在“IIR”的下拉列表中选择“Elliptic”。

第四步：在“Filter Order”中选中“Minimum order”，表示采用最小阶数来完成设计。

第五步：单击 FDATOOL 界面左下方的“ ”按钮（Design Filter，滤波器设计）即可开始 IIR 滤波器的设计。

第六步：根据 FDATOOL 中的幅频响应曲线调整 IIR 滤波器的阶数，直到满足设计要求为止。

至此，我们使用 FDATOOL 完成了带通滤波器的设计，用户可以通过单击菜单“Analysis→Filter Coefficients”来查看 IIR 滤波器的系数。

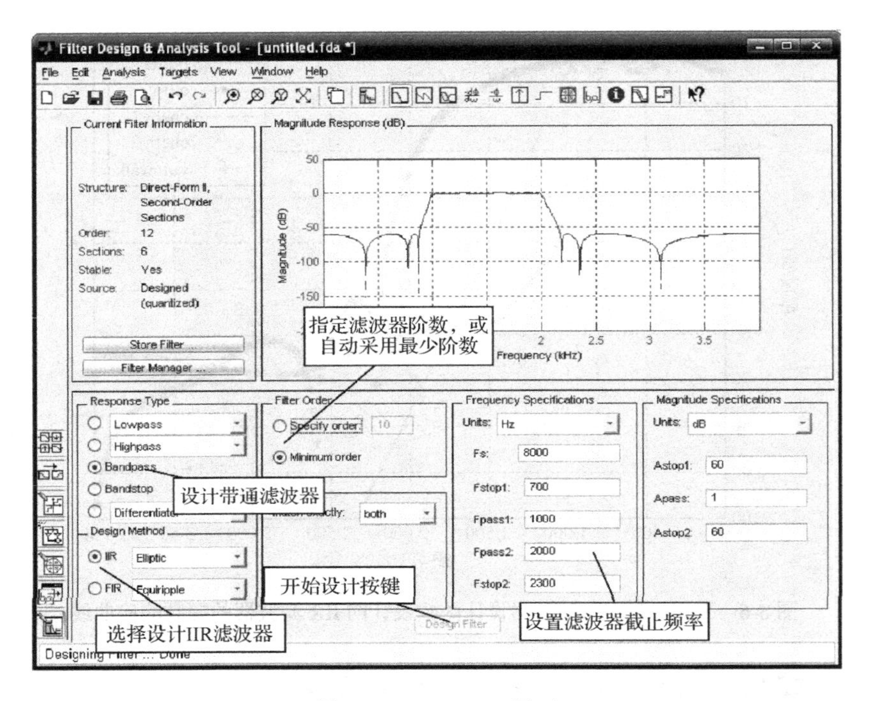

图 8-7 FDATOOL 界面

8.3 直接型结构 IIR 滤波器的 FPGA 实现

8.3.1 直接型结构 IIR 滤波器系数的量化方法

如前所述，在工程中设计 IIR 滤波器时通常采用直接型结构（包括直接 I 型结构、直接 II 型结构）和级联型结构。当 IIR 滤波器阶数较小时，一般采用结构更为简单的直接型结构实现；当 IIR 滤波器阶数较大时，一般采用级联型结构实现。本章讨论直接型结构 IIR 滤波器的设计方法。

在使用 FPGA 实现 IIR 滤波器与 FIR 滤波器的过程中，一个明显的不同在于：FIR 滤波器在运算过程中可以做到全精度运算，只要根据输入数据字长及 FIR 滤波器系数字长设置足够长的寄存器即可，这是因为 FIR 滤波器是一个不存在反馈结构的开环系统；IIR 滤波器在运算过程中无法做到全精度运算，因为 IIR 滤波器是一个存在反馈结构的闭环系统，且中间过程存在除法运算。如果 IIR 滤波器要实现全精度运算，在运算过程中所需的寄存器字长将十分大，因此在进行 FPGA 实现之前，必须通过仿真确定 IIR 滤波器系数的字长及运算过程中的字长，并且不同结构 IIR 滤波器在运算过程中的字长需要通过仿真来确定。接下来先讨论直接型结构 IIR 滤波器系数的量化方法。

采用 MATLAB 中的 IIR 滤波器设计函数可以直接设计各种形式的 IIR 滤波器，通过函数的返回值可直接得到 IIR 滤波器的系数向量 b（分子项系数向量）和 a（分母项系数向量），且向量长度相同。例如，采用 cheby2()函数设计一个阶数为 7（长度为 8）、采样频率为 12.5MHz、截止频率为 3.125MHz、阻带衰减为 60 dB 的低通 IIR 滤波器，可在 MATLAB 的命令行窗口中直接输入下面的命令：

```
[b,a]=cheby2(7,60,0.5);
```

按回车键后，可以直接在命令行窗口中获取低通IIR滤波器的系数向量，即：

```
b=[0.0145  0.0420  0.0818  0.1098  0.1098  0.0818  0.0420  0.0145]
a=[1.0000  −1.8024  2.2735  −1.5846  0.8053  −0.2384  0.0464  −0.0035]
```

在进行FPGA实现时，必须对低通IIR滤波器的系数进行量化处理，如对系数进行12 bit量化，可在MATLAB命令行窗口中直接输入下面的命令：

```
m=max(max(abs(a),abs(b)));      %获取滤低通IIR滤波器系数向量中绝对值最大的数
Qb=round(b/m*(2^(12-1)-1))      %四舍五入截位
Qa=round(a/m*(2^(12-1)-1))      %四舍五入截位
```

按回车键后，可以直接在命令行窗口中获取低通IIR滤波器的系数向量，即：

```
Qb=[13    38    74    99    99    74    38    13]
Qa=[900  −1623  2047  −1427  725  −215  42  −3]
```

根据低通IIR滤波器系统函数，可直接写出其差分方程，即：

$$
\begin{aligned}
900y(n) = &13[x(n)+x(n-7)]+38[x(n-1)+x(n-6)]+\\
&74[x(n-2)+x(n-5)]+99[x(n-3)+x(n-4)]-[-1623y(n-1)+\\
&2047y(n-2)-1427y(n-3)+725y(n-4)-215y(n-5)+\\
&42y(n-6)-3y(n-7)]
\end{aligned}
\tag{8-9}
$$

需要特别注意的是，式（8-9）的左边乘了一个常系数，即量化后的Qa(1)。由于式（8-9）的递归特性，为了正确求解下一个输出值，需要在计算式（8-9）右边后除以900，以获取正确的输出结果。也就是说，在FPGA实现时需要增加一级常数除法运算。

在进行除法运算的FPGA实现时，即使常系数的除法运算，也是十分耗费资源的。但当除数是2的整数幂次方时，可根据二进制数运算的特点，直接采用移位的方法来近似实现除法运算。移位运算不仅占用的硬件资源少，而且运算速度快。因此，在实现式（8-9）所表示的低通IIR滤波器时，一个简单可行的方法是在进行系数量化时，有意将量化后的分母项系数的第一项设置为2的整数幂次方。仍然采用MATLAB来对低通IIR滤波器系数进行量化，其命令为：

```
m=max(max(abs(a),abs(b)));          %获取低通IIR滤波器系数向量中绝对值最大的数
Qm=floor(log2(m/a(1)));             %获取低通IIR滤波器系数中最大值与a(1)的最小公倍数
if Qm<log2(m/a(1))
    Qm=Qm+1;
end
Qm=2^Qm;                            %获取量化基准值
Qb=round(b/Qm*(2^(12-1)-1))         %四舍五入截位
Qa=round(a/Qm*(2^(12-1)-1))         %四舍五入截位
```

按下回车键后，可以直接在命令行窗口获取低通IIR滤波器的系数向量，即：

```
Qb=[7    21    42    56    56    42    21    7]
Qa=[512  −922  1163  −811  412  −122  24  −2]
```

8.3.2 直接型结构 IIR 滤波器的有限字长效应

通过理论方法来分析 IIR 滤波器运算过程及其系数量化过程中的有限字长效应，是非常复杂的。对于工程设计来说，采用 MATLAB 仿真的方法不仅可以直观地看出有限字长效应对 IIR 滤波器性能的影响，也便于确定满足要求的 IIR 滤波器系数及运算字长。为了便于读者更好地理解 IIR 滤波器的有限字长效应，下面以一个具体实例来进行说明。

实例 8-3：仿真测试不同量化字长对滤波器性能的影响

采用 cheby2()函数设计一个阶数为 7、采样频率为 12.5 MHz、截止频率为 1 MHz、阻带衰减为 60 dB 的低通 IIR 滤波器。采用 MATLAB 对 IIR 滤波器系数进行量化，使 IIR 滤波器系统函数分母项第一个系数是 2 的整数幂次方。绘制对 IIR 滤波器系分别在未量化、8 bit 量化和 12 bit 量化情况下的幅频响应曲线。

下面直接给出了实现该实例的 MATLAB 仿真程序清单。

```
%E8_3_DirectArith.m;
fs=12.5*10^6;                         %低通 IIR 滤波器的采样频率
fc=3.125*10^6;                        %阻带截止频率
Rs=60;                                %阻带衰减（单位为 dB）
N=7;                                  %低通 IIR 滤波器的阶数
delta=[1,zeros(1,511)];               %将单位采样信号作为输入信号
[b,a]=cheby2(N,Rs,2*fc/fs);           %设计切比雪夫 II 型低通 IIR 滤波器

%对低通 IIR 滤波器系数进行量化，采用四舍五入方法进行截位
m=max(max(abs(a),abs(b)));            %获取低通 IIR 滤波器系数向量中绝对值最大的数
Qm=floor(log2(m/a(1)));               %取系数中最大值与 a(1)的整数倍
if Qm<log2(m/a(1))
    Qm=Qm+1;
End
%获取量化基准值，使得量化后的 Qa(1)为 2 的整数幂次方
Qm=2^Qm;
Qb8=round(b/Qm*(2^7-1))
Qa8=round(a/Qm*(2^7-1))
Qb12=round(b/Qm*(2^11-1))
Qa12=round(a/Qm*(2^11-1))

%求系统的单位脉冲响应
y=filter(b,a,delta);
y8=filter(Qb8,Qa8,delta);
y12=filter(Qb12,Qa12,delta);

%求单位脉冲响应及幅频响应
Fy=20*log10(abs(fft(y)));
Fy8=20*log10(abs(fft(y8)));
Fy12=20*log10(abs(fft(y12)));
%对幅频响应进行归一化处理
```

```
Fy=Fy-max(Fy);
Fy8=Fy8-max(Fy8);
Fy12=Fy12-max(Fy12);

%设置幅频响应的横坐标单位为 Hz
x_f=[0:(fs/length(delta)):fs-1];
plot(x_f,Fy,'-',x_f,Fy12,'.',x_f,Fy8,'-.');
%只显示正频率部分的幅频响应
axis([0 fs/2 -100 5]);
xlabel('频率/Hz');ylabel('幅度/dB');
legend('未量化','12 bit 量化','8 bit 量化');
grid on;
```

程序运行后输出 12 bit 量化后的滤波器系数，以及幅频响应曲线。进行 12 bit 量化后 IIR 滤波器系数如下：

```
Qb12 = [7      21     42     56     56     42     21     7]
Qa12 = [512   −922   1163   −811   412   −122    24   −2]
```

在 IIR 滤波器系数未进行量化以及进行 8 bit 量化和 12 bit 量化时的幅频响应曲线如图 8-8 所示。需要说明的是，上述仿真程序没有考虑到输入/输出数据的量化位数。从仿真结果来看，IIR 滤波器系数的量化位数会对滤波器的性能产生影响。与未进行系数量化的 IIR 滤波器性能相比，进行 12 bit 量化后的 IIR 滤波器性能在通带内变化不大，在过渡带内基本与理论状态相同，但在阻带内衰减性能恶化了约 10 dB；进行 8 bit 量化后的 IIR 滤波器性能在通带、过渡带有明显的降低，在阻带内衰减性能恶化了约 35 dB，已经与理论状态相差甚远，无法满足工程设计需求。

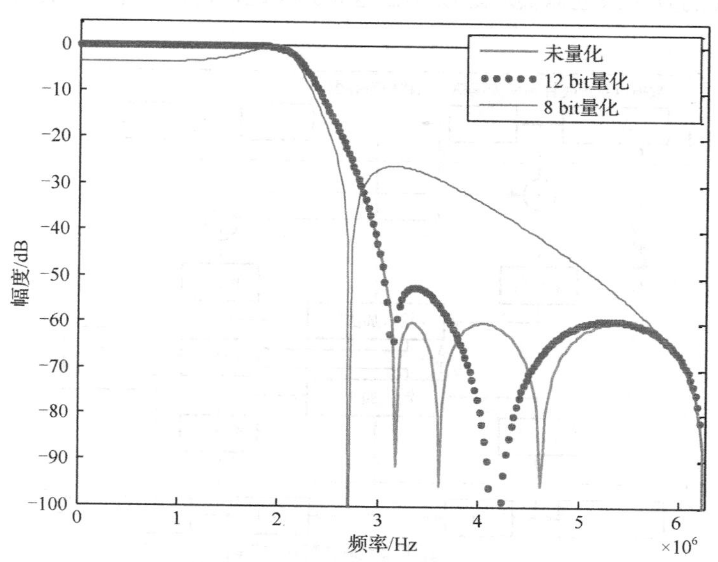

图 8-8　在 IIR 滤波器系数未进行量化以及进行 8 bit 量化和 12 bit 量化时的幅频响应曲线

在第 7 章讨论 FIR 滤波器时，由于 FIR 滤波器是开环系统，对其系数进行量化相当于增加 FIR 滤波器的增益。为了满足全精度运算，使 FIR 滤波器的输出结果不溢出，输出数据的位宽要明显大于输入数据的位宽。对于 IIR 滤波器来讲，从 IIR 滤波器系数的量化过程可以看出，IIR 滤波器系数函数的分子项系数和分母项系数都乘了相同的因子，因此 IIR 滤波器的增益没有改变。由于 MATLAB 设计的 IIR 滤波器增益为 1，因此只要输出数据的位宽与输入数据的位宽保持一致，就可以保证 IIR 滤波器的输出数据不溢出。

8.3.3 直接型结构 IIR 滤波器的 FPGA 实现方法

IIR 滤波器的 FPGA 实现相比 FIR 滤波器的 FPGA 实现要复杂一些，主要原因是 IIR 滤波器存在反馈结构。本节以具体实例的方式来阐述直接型结构 IIR 滤波器的 FPGA 实现过程及测试过程。

实例 8-4：直接型结构 IIR 滤波器的 FPGA 设计

对实例 8-3 所述的 IIR 滤波器进行 Verilog HDL 设计，并仿真测试 FPGA 实现后的 IIR 滤波效果，其中系统时钟信号频率为 12.5 MHz、数据输入速率为 12.5 MHz、输入数据的位宽为 8，对 IIR 滤波器的系数进行 12 bit 量化。

根据实例 8-3 的分析，所要实现的 IIR 滤波器的差分方程为：

$$\begin{aligned}512y(n) = & 7[x(n)+x(n-7)]+21[x(n-1)+x(n-6)]+\\ & 42[x(n-2)+x(n-5)]+56[x(n-3)+x(n-4)]-[-922y(n-1)+\\ & 1163y(n-2)-811y(n-3)+412y(n-4)-122y(n-5)+\\ & 24y(n-6)-2y(n-7)]\end{aligned} \tag{8-10}$$

计算式（8-10）右边后，再除以 512 即可完成一次完整的滤波运算。根据 FPGA 的特点，可采用右移 9 bit 的方法来近似实现除以 512 运算。因此，直接型结构 IIR 滤波器的实现结构如图 8-9 表示。

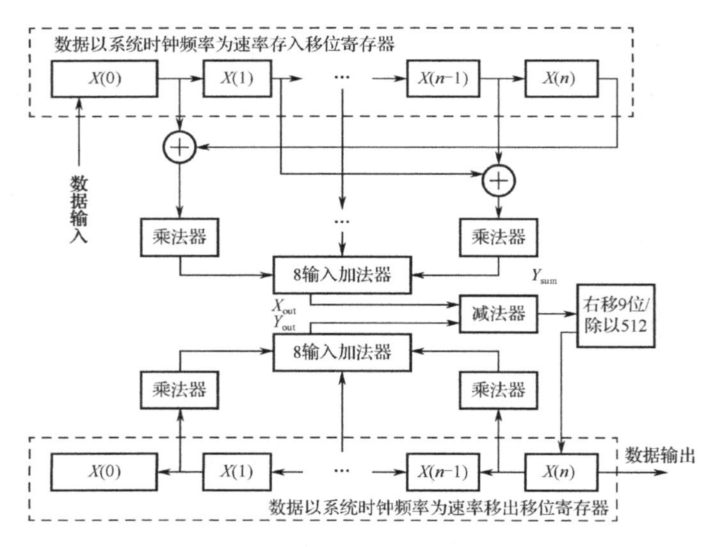

图 8-9　直接型结构 IIR 滤波器的实现结构

从图 8-9 可以看出，对于零点处（零点系数）直接型结构 IIR 滤波器实现结构，其实可完全看成没有反馈结构的 FIR 滤波器，并且可以利用对称系数的特点进一步减少乘法运算。

对于极点处（极点系数）直接型结构 IIR 滤波器的实现结构，即求取 Y_{out} 信号的过程，也可以看成一个没有反馈结构的 FIR 滤波器。整个 IIR 滤波器的闭环过程是在求取 Y_{sum} 的减法器，以及移位算法实现除法运算的过程中完成的。IIR 滤波器在求取 X_{out} 及 Y_{out}、Y_{sum} 信号的过程中均可通过增加寄存器字长来实现全精度运算，出现运算误差的环节是除法运算（以移位算法近似），以及除法运算后的截位输出。当整个 IIR 滤波器处于稳定状态，且截位后的输出数据不出现溢出时，IIR 滤波器的运算误差仅由除法运算产生。

8.3.4　直接型结构 IIR 滤波器的 Verilog HDL 设计

1．零点系数的 Verilog HDL 设计

零点处的 IIR 滤波器可完全看成 FIR 滤波器，因此可采用 FIR 滤波器的 FPGA 实现方法。需要注意的是，由于 IIR 滤波器具有反馈结构，在计算零点系数和极点系数时需要满足严格的时序要求。也就是说，要求在计算零点系数和极点系数时不出现延时，这一结构特点实际上限制了 IIR 滤波器的运算速度。

为了提高系统的运算速度，零点系数的计算采用全并行结构，对于长度为 8 的具有对称系数的并行结构 FIR 滤波器来说，需要 4 个乘法器。对于常系数乘法运算，通常有 3 种实现方法：通用乘法器 IP 核、LUT、移位相加。为更好地介绍不同的实现方法，在本实例零点系数的计算中，采用移位相加的方法。所谓移位相加，就是使用移位运算、加法和减法来实现常系数乘法运算。在二进制数的运算过程中，当常系数是 2 的整数幂次方时，可以采用左移相应位数来实现相应的乘法运算。例如，左移 1 位，相当于乘以 2；左移 2 位，相当于乘以 4。如果能将常系数分解成多个 2 的整数幂次方的数相加的形式，则可以采用移位相加的方法实现常系数乘法运算。下面是几个常系数乘法运算的例子。

$$A\times3=A\times(2+1)=A\text{ 左移 1 位}+A$$

$$A\times9=A\times(8+1)=A\text{ 左移 3 位}+A$$

$$A\times24=A\times(8+16)=A\text{ 左移 3 位}+A\text{ 左移 4 位}$$

由于零点系数绝对值的和为 252，因此输出数据相对于输入数据需增加 8 bit，共 16 bit。

有了前面的基础知识，再编写零点系数的 FPGA 实现代码就相对容易多了。下面直接给出了 Verilog HDL 程序（ZeroParallel.v 文件）的代码清单。

```
//ZeroParallel.v 文件的程序清单
module ZeroParallel(
    input rst,                          //复位信号，高电平有效
    input clk,                          //FPGA 系统时钟，频率为 12.5 MHz
    input signed [7:0] Xin,             //数据输入频率为 12.5 MHz
    output signed [15:0] Xout           //IIR 滤波器的输出数据
);

    //将数据存入移位寄存器 Xin_Reg 中
    reg signed [7:0] Xin_Reg[7:0];
    reg [3:0] iI = 0;
    reg [3:0] j=0;
    always @(posedge clk or posedge rst)
```

```
    if(rst)
        //将寄存器的值初始化为 0
        for(i=0; i<8; i=i+1)
        Xin_Reg[i] <= 8'd0;
    else
        begin
            for(j=0; j<6; j=j+1)
            Xin_Reg[j+1] <= Xin_Reg[j];
            Xin_Reg[0] <= Xin;
        end

    //将对称系数的输入数据相加
    wire signed [8:0] Add_Reg[3:0];
    assign Add_Reg[0]=Xin_Reg[0] + Xin_Reg[7];
    assign Add_Reg[1]=Xin_Reg[1] + Xin_Reg[6];
    assign Add_Reg[2]=Xin_Reg[2] + Xin_Reg[5];
    assign Add_Reg[3]=Xin_Reg[3] + Xin_Reg[4];

    //采用移位相加方法实现乘法运算
    wire signed [15:0] Mult_Reg[3:0];
    assign Mult_Reg[0]={{6{Add_Reg[0][8]}},Add_Reg[0],2'd0}+
            {{7{Add_Reg[0][8]}},Add_Reg[0],1'd0} + {{8{Add_Reg[0][8]}},Add_Reg[0]};        //*7
    assign Mult_Reg[1]={{4{Add_Reg[1][8]}},Add_Reg[1],4'd0} +
            {{6{Add_Reg[1][8]}},Add_Reg[1],2'd0} + {{8{Add_Reg[1][8]}},Add_Reg[1]};        //*21
    assign Mult_Reg[2]={{3{Add_Reg[2][8]}},Add_Reg[2],5'd0} +
            {{5{Add_Reg[2][8]}},Add_Reg[2],3'd0} + {{7{Add_Reg[2][8]}},Add_Reg[2],1'd0};   //*42
    assign Mult_Reg[3]={{3{Add_Reg[3][8]}},Add_Reg[3],5'd0} +
            {{4{Add_Reg[3][8]}},Add_Reg[3],4'd0} + {{5{Add_Reg[3][8]}},Add_Reg[3],3'd0};   //*56
    //对 IIR 滤波器系数与输入数据的相乘结果进行累加，并 IIR 滤波器的输出数据
    assign Xout = Mult_Reg[0] + Mult_Reg[1] + Mult_Reg[2] + Mult_Reg[3];

endmodule
```

根据 Verilog HDL 语法规则，在 Verilog HDL 程序中进行常系数乘法时采用了移位相加方法。为了实现有符号数的运算，操作数均需要进行符号位扩展。例如，乘以常系数 7，需要对 Add_Reg[0]分别在低位端增加 2 位 0 值（乘以 4 倍）、1 位 0 值（乘以 2 倍），并与未移位的数据相加。对于低位端增加 2 位 0 值的数据，位宽变为 10，乘法结果采用 16 bit 的数据来表示，因此需扩展 6 bit 的符号位。同理，对于低位端增加 1 bit 的数据，需要扩展 7 bit 的符号位，因此要对原始数据扩展 8 bit 的符号位。

2. 极点系数的 Verilog HDL 设计

极点处的 IIR 滤波器也可可完全看成一个 FIR 滤波器，因此可采用 FIR 滤波器的 FPGA 实现方法。极点系数涉及反馈结构，应当如何实现呢？分析式（8-10）可知，可以将该式分解成两部分，即：

$$512y(n) = \text{Zero}(n) - \text{Pole}(n) \tag{8-11}$$

式中

$$\begin{aligned}\text{Zero}(n)=7[x(n)+x(n-7)]+21[x(n-1)+x(n-6)]+\\42[x(n-2)+x(n-5)]+56[x(n-3)+x(n-4)]\end{aligned} \tag{8-12}$$

$$\begin{aligned}\text{Pole}(n)=[-922y(n-1)+1163y(n-2)-811y(n-3)+412y(n-4)-\\122y(n-5)+24y(n-6)-2y(n-7)]\end{aligned} \tag{8-13}$$

$$y(n)=[\text{zero}(n)-\text{Pole}(n)]/512 \tag{8-14}$$

因此，可以用式（8-13）来计算极点系数，而计算式（8-13）的过程同样可以看成一个没有反馈结构的FPGA实现。整个IIR系统的反馈结构则体现在计算式（8-14）的过程中。计算式（8-14）的FPGA实现同样是一个典型的乘加运算过程，其中的乘法运算采用乘法器IP核来实现。需要注意的是，为了保证严格的时序特性，乘法器IP核不能使用输入/输出带有寄存器的结构，即将流水线级数设置为0。

由于极点系数绝对值的和为3968（不包括$y(n)$前面的系数512），因此输出数据相对于输入数据需增加12 bit，共20 bit。

极点系数FPGA实现的Verilog HDL程序清单（PoleParallel.v文件）如下：

```
//PoleParallel.v 文件的程序清单
module PoleParallel(
    input rst,                              //复位信号，高电平有效
    input clk,                              //FPGA 系统时钟，频率为 12.5 MHz
    input signed   [7:0]   Yin,             //数据输入频率为 12.5 MHz
    output signed [19:0] Yout               //输出数据
    );

    //将数据存入移位寄存器 Yin_Reg 中
    reg signed [7:0] Yin_Reg[6:0];
    reg [3:0] i=0;
    reg [3:0] j=0;
    always @(posedge clk or posedge rst)
    if(rst)
        //将寄存器的值初始化为 0
        for(i=0; i<7; i=i+1)
        Yin_Reg[i] <= 8'd0;
    else
        begin
            for(j=0; j<6; j=j+1)
            Yin_Reg[j+1] <= Yin_Reg[j];
            Yin_Reg[0] <= Yin;
        end

    //实例化有符号数乘法器 IP 核 mult
    wire signed [11:0] coe[7:0];            //12 bit 量化后数据
    wire signed [19:0] Mult_Reg[6:0];       //乘法器的输出为 20 bit 的数据
    //assign coe[0]=12'd512;
    assign coe[1]=-12'd922;
    assign coe[2]=12'd1163;
```

```
    assign coe[3]=-12'd811;
    assign coe[4]=12'd412;
    assign coe[5]=-12'd122;
    assign coe[6]=12'd24;
    assign coe[7]=-12'd2;

    mult u1(.a(coe[1]), .b(Yin_Reg[0]), .p(Mult_Reg[0]));
    mult u2(.a(coe[2]), .b(Yin_Reg[1]), .p(Mult_Reg[1]));
    mult u3(.a(coe[3]), .b(Yin_Reg[2]), .p(Mult_Reg[2]));
    mult u4(.a(coe[4]), .b(Yin_Reg[3]), .p(Mult_Reg[3]));
    mult u5(.a(coe[5]), .b(Yin_Reg[4]), .p(Mult_Reg[4]));
    mult u6(.a(coe[6]), .b(Yin_Reg[5]), .p(Mult_Reg[5]));
    mult u7(.a(coe[7]), .b(Yin_Reg[6]), .p(Mult_Reg[6]));

    //对 IIR 滤波器系数与输入数据的相乘结果进行累加，并输出滤波后的数据
    assign Yout = Mult_Reg[0] + Mult_Reg[1] + Mult_Reg[2]+ Mult_Reg[3]+
                  Mult_Reg[4] + Mult_Reg[5] + Mult_Reg[6];

endmodule
```

3．顶层文件的设计

实现 IIR 滤波器的零点系数和极点系数计算后，顶层文件的设计也就变得十分简单了，即完成式（8-14）的计算过程。本实例顶层文件 IIRDirect.v 的程序清单如下：

```
--IIRDirect.v 文件的程序清单
module IIRDirect(
    input rst,                          //复位信号，高电平有效
    input clk,                          //FPGA 系统时钟，频率为 12.5 MHz
    input signed    [7:0] din,          //数据输入速率为 12.5 MHz
    output signed [7:0] dout            //滤波后的输出数据
    );

    //实例化零点系数和极点系数的模块
    wire signed [15:0] Xout;
    ZeroParallel u0(.rst(rst), .clk(clk), .Xin(din), .Xout(Xout));

    wire signed [7:0] Yin;
    wire signed [19:0] Yout;
    PoleParallel u1(.rst(rst), .clk(clk), .Yin(Yin), .Yout(Yout));

    wire signed [20:0] Ysum;
    assign Ysum = Xout - Yout;

    //IIR 滤波器系数中 a(1)=512，需要将加法结果除以 512，可采用右移 9 位的方法来实现
    wire signed [20:0] Ydiv;
    assign Ydiv = {{9{Ysum[20]}},Ysum[20:9]};
```

```
    //根据仿真结果可知，IIR滤波器的输出数据范围与输入数据相同，可直接进行截位输出
    assign Yin =(rst) ? 8'd0 : Ydiv[7:0];
    assign dout = Yin;

endmodule;
```

顶层文件首先例化了零点系数运算模块ZeroParallel和极点系数运算模块PoleParallel，然后对两个模块的输出信号进行减法运算。根据式（8-11）可知，IIR滤波器输出数据为Ysum除以512的结果。为了减少运算资源、提高运算速度，可采用右移9位的方法来实现近似除以512的运算。由于IIR滤波器的输出数据的位宽与输入数据的位宽相同，因此直接取Ydiv的低8 bit作为IIR滤波器的最终输出数据。

8.3.5 MATLAB与ISE14.7的数据交互

在讨论FIR滤波器的仿真测试时，采用编写测试信号生成模块的方法来生成所需的测试信号，在顶层文件中，将测试信号作为FIR滤波器的输入信号，从而实现对FIR滤波器性能的仿真。由于调用DDS核或直接编写Verilog HDL文件的方法很难生成复杂的信号，如白噪声信号，因此对数字信号处理系统的仿真测试不够充分。

另外，目前的仿真调试工具，如ModelSim，只能提供仿真测试信号的时域波形，无法显示测试信号的频谱等特性，并且在测试信号进行分析和处理时也不够方便。例如，在设计滤波器时，只在FPGA开发工具中很难直观、准确地判断滤波器的频率响应特性。这些问题给数字信号处理技术的FPGA设计与实现带来了不小的困难。但是，在FPGA开发工具中无法解决的复杂信号生成、处理、分析的问题，在MATLAB中却很容易实现。只要在FPGA开发工具与MATLAB之间搭建可以相互交换数据的通道，就可以有效解决FPGA设计与实现中遇到的难题。

使用MATLAB辅助FPGA设计主要有三种方式：

第一种方式是将通过MATLAB仿真、设计出来的系统参数直接应用在FPGA设计中。例如，在FIR滤波器设计过程中，通过MATLAB设计FIR滤波器的参数，在FPGA设计中直接使用这些参数即可。

第二种方式主要用于仿真测试过程，由MATLAB仿真生成所需的测试信号并存放在测试信号文件中；由ISE14.7等开发工具直接读取测试信号作为输入，将ISE14.7等开发工具仿真出的结果存放在另一文件中；通过MATLAB读取ISE14.7等开发工具的仿真结果，并对结果进行分析，以此判断FPGA的设计是否满足需求。

第三种方式是通过MATLAB设计相应的数字信号处理系统，并在MATLAB中将代码转换成Verilog HDL程序代码，在ISE14.7等开发工具中直接嵌入Verilog HDL程序代码即可。

第一种方式和第二种方式最为常用，也是本书采用的设计方式。第三种方式在近年来应用得也较为广泛，这种方式可以在用户完全不熟悉FPGA编程的情况下完成FPGA的设计，但该方式在一些系统时钟较为复杂或对时序要求较为严格的场合很难满足设计要求。

众所周知，MATLAB对文件数据的处理能力是很强的，关键在于FPGA开发工具中对外部文件读取及存储功能是否能满足要求。在FPGA设计过程中，当需对程序进行仿真测试时，ISE14.7提供了波形测试文件类型Verilog Test Fixture。Verilog Test Fixture是根据所测试的程

序文件自动生成测试激励文件框架，用户在测试激励文件中修改或添加代码，可灵活地产生所需的测试信号，且可方便地将测试信号存入指定的文本文件中，或从指定的外部文件中读取数据作为仿真测试的输入数据。也就是说，MATLAB 与 ISE14.7 等 FPGA 开发工具之间可以通过文本文件进行数据交互。这种数据交互方式可以称为文件 IO 的方式。

接下来以文件 IO 的方式对 IIR 滤波器的滤波性能进行测试，具体步骤为：

（1）编写 MATLAB 程序，生成两种类型的测试信号，即白噪声信号及频率叠加信号，完成测试信号的量化并将其写入输入数据文件中。

（2）编写 Verilog Test Fixture 类型文件，在文件中生成所需的时钟信号及复位信号，读取输入数据文件中测试信号作为 IIR 滤波器的输入信号，将 IIR 滤波器的输出信号存储在输出数据文件中。

（3）运行 ModelSim 进行仿真，查看仿真波形。

（4）编写 MATLAB 程序，读取输出数据文件中的数据（IIR 滤波器的输出信号），完成幅频响应的分析，进而完成 IIR 滤波器滤波性能的仿真测试。

8.3.6 在 MATLAB 中生成测试信号文件

根据仿真需求，MATLAB 程序需要生成两种类型的测试信号，完成测试信号的量化（进行 8 bit 量化）后将测试信号写入指定的文本文件中。生成频率分别为 500 kHz 及 3.125 MHz 的频率叠加信号，将频率叠加信号写入文件 E8_4_Bin_s.txt 中，将白噪声信号写入文件 E8_4_Bin_noise.txt 中。

生成测试信号的 MATLAB 程序（E8_4_data.m 文件）清单如下：

```
%E8_4_data.m
f1=0.5*10^6;                          %信号 1 频率
f2=3.125*10^6;                        %信号 2 频率
Fs=12.5*10^6;                         %采样频率

%生成频率叠加信号
t=0:1/Fs:1999/Fs;
c1=2*pi*f1*t;
c2=2*pi*f2*t;
s=sin(c1)+sin(c2);

%生成随机序列信号
noise=randn(1,length(t));             %生成（高斯）白噪声信号序列

%归一化处理
noise=noise/max(abs(noise));
s=s/max(abs(s));

%8 bit 量化
Q_noise=round(noise*(2^7-1));
Q_s=round(s*(2^7-1));
```

```
%绘制测试信号的时域波形
figure(1)
subplot(211)
plot(t(1:300),Q_s(1:300));
xlabel('时间/s)');ylabel('幅度/V');
legend('频率叠加信号');
grid on;

subplot(212)
plot(t(1:200),Q_noise(1:200));
xlabel('时间/s');ylabel('幅度/V');
legend('白噪声信号');
grid on;

%计算测试信号的幅频响应
f_s=abs(fft(Q_s,1024));
f_s=20*log10(f_s);
f_noise=abs(fft(Q_noise));
f_noise=20*log10(f_noise);
 %幅度归一化处理
f_s=f_s-max(f_s);
f_noise=f_noise-max(f_noise);

%绘制测试信号的幅频响应曲线
figure(2)
subplot(211)
L=length(f_s);
%横坐标的单位设置为MHz
xf=0:L-1;
xf=xf*Fs/L/10^6;
plot(xf(1:L/2),f_s(1:L/2));
xlabel('频率/MHz');ylabel('幅度/dB');
legend('频率叠加信号');
grid on;

subplot(212)
plot(xf(1:L/2),f_noise(1:L/2));
xlabel('频率/MHz');ylabel('幅度/dB');
legend('白噪声信号');
grid on;

%将生成的测试信号以二进制的形式写入文本文件中。
fid=fopen('E:\XilinxVerilog\XilinxDSP_Ch8\E4_7_Bin_noise.txt','w');
for i=1:length(Q_noise)
    B_noise=dec2bin(Q_noise(i)+(Q_noise(i)<0)*2^N,N);
    for j=1:N
        if B_noise(j)=='1'
            tb=1;
```

```
            else
                tb=0;
            end
            fprintf(fid,'%d',tb);
        end
        fprintf(fid,'\r\n');
    end
    fprintf(fid,';');
    fclose(fid);

    fid=fopen('E:\XilinxVerilog\XilinxDSP_Ch8\E4_7_Bin_s.txt','w');
    for i=1:length(Q_s)
        B_s=dec2bin(Q_s(i)+(Q_s(i)<0)*2^N,N);
        for j=1:N
            if B_s(j)=='1'
                tb=1;
            else
                tb=0;
            end
            fprintf(fid,'%d',tb);
        end
        fprintf(fid,'\r\n');
    end
    fprintf(fid,';');
    fclose(fid);
```

运行 E8_4_data.m 文件后，可生成频率叠加信号及白噪声信号，并存储在用户指定目录下的文本文件中，同时还会绘制测试信号的时域波形和幅频响应曲线。测试信号的时域波形如图 8-10 所示。

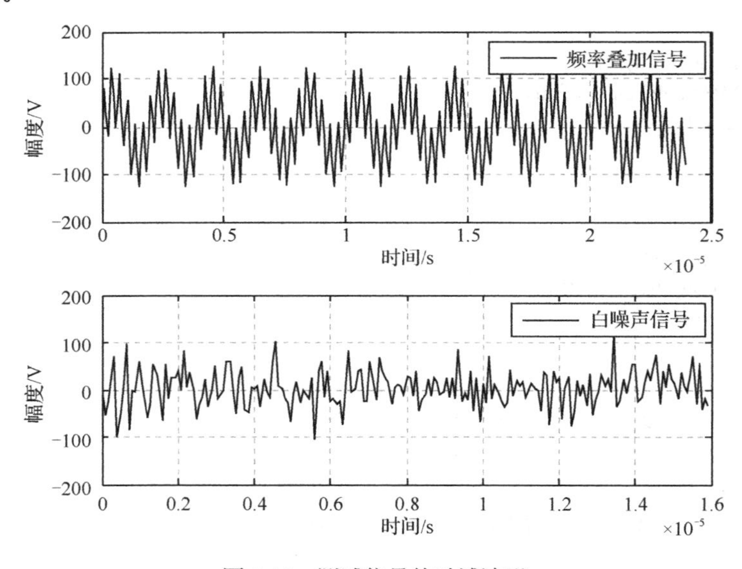

图 8-10　测试信号的时域波形

测试信号的幅频响应曲线如图 8-11 所示，从图 8-11 可以看出，频率叠加信号在 500 kHz 及 3.125 MHz 处分别出现一条谱线峰值，白噪声信号的谱线分布在整个频域，呈现无规则状态。

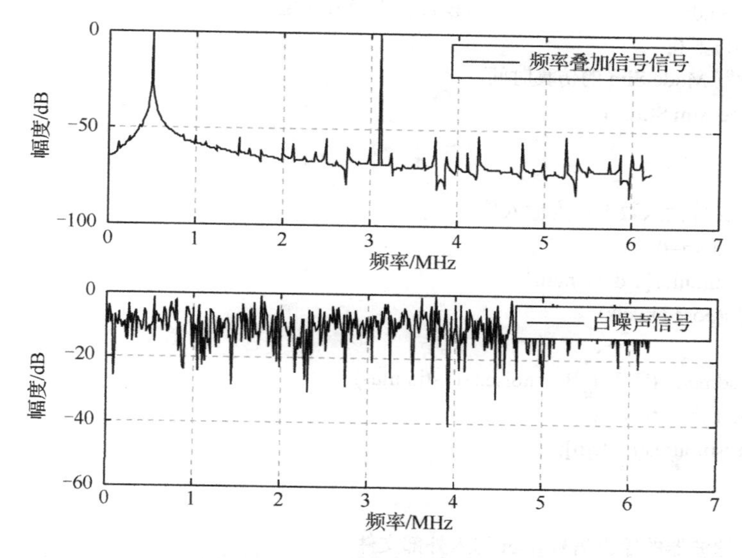

图 8-11 测试信号的幅频响应曲线

8.3.7 测试激励文件中的文件 IO 功能

由于 IIR 滤波器的对外接口十分简单，因此测试激励文件的编写并不复杂，只需要先利用文件 IO 函数从外部文件(E8_4_Bin_s.txt 及 E8_4_Bin_noise.txt)读取数据作为输入信号 din，再将 IIR 滤波器的输出信号 dout 转换成十进制有符号数，写入指定目录下的外部文件（E8_4_sout.txt 及 E8_4_noiseout.txt）中即可。测试激励文件 tst_IIR.v 的程序清单如下：

```
//tst_IIR.v 文件的程序清单
`timescale 1ns / 1ps
module tst_IIR;
reg rst;
reg clk;
reg [7:0] din;
wire [7:0] dout;

IIRDirect uut(.rst(rst), .clk(clk), .din(din), .dout(dout));

//生成频率为 12.5 MHz 的时钟信号
always #40 clk <= !clk;
//仿真信号长度及仿真时间
parameter data_num=1880;
parameter time_sim=data_num*80;

initial
```

```
    begin
        clk=1;                    //设置时钟信号初值
        rst=1;                    //设置复位信号
        din=8'd0;                 //设置输入信号初值
        #100 rst=0;
        //设置 ModelSim 的仿真时间
        #time_sim $finish;
    end

    //从外部文件读入数据作为输入信号
    integer Pattern=0;
    reg [7:0] stimulus[1:data_num];
    always @(posedge clk)
    begin
        $readmemb("E8_4_Bin_noise.txt",stimulus);
        Pattern=Pattern+1;
        din=stimulus[Pattern];
    end

    //将 IIR 滤波器的输出信号 dout 写入外部文件
    integer file_out;
    initial
    begin
        //将测试激励文件存放在工程目录下
        file_out = $fopen("E8_4_noiseout.txt");
        if(!file_out)
            begin
                $display("could not open file!");
                $finish;
            end
    end

    //将 IIR 滤波器的输出信号 dout 写入指定的外部文件
    wire rst_write;
    //将 dout 转换成十进制有符号数
    wire signed [7:0] dout_s;
    assign dout_s = dout;
    //生成时钟信号，在复位状态时不写入数据
    assign rst_write = clk&(!rst);
    always @(posedge rst_write )
    $fdisplay(file_out,"%d",dout_s);

endmodule
```

仿真测试文件的程序中有详细的注释，请读者自行理解测试激励文件完成文件 IO 功能的代码。需要注意的是，需要读取或存入的外部文件必须存放在当前的工程目录下，否则会在仿真过程中出现找不到指定文件的错误信息。

修改 test_IIR.v 中读/写测试信号的代码，分别仿真输入信号为频率叠加信号和白噪声信号时 IIR 滤波器的性能，可得到如图 8-12 和图 8-13 所示的仿真波形。

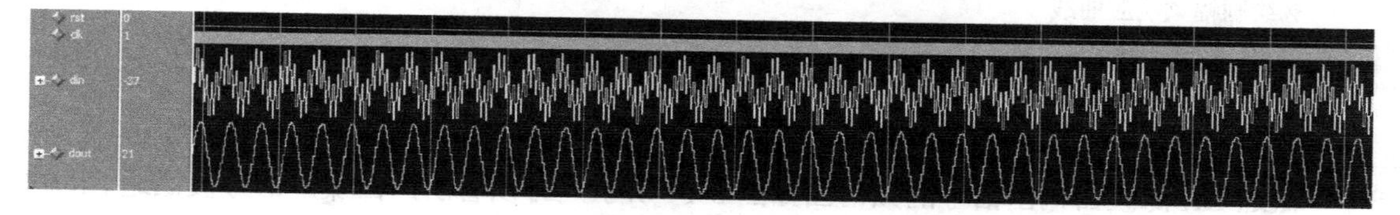

图 8-12　输入信号为频率叠加信号时 IIR 滤波器的性能仿真波形

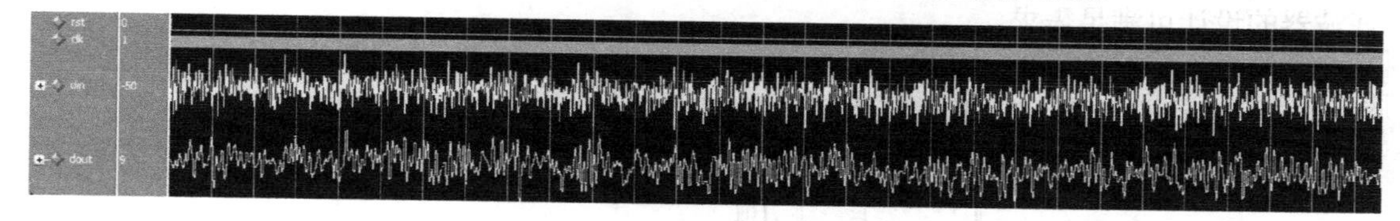

图 8-13　输入信号为白噪声信号时 IIR 滤波器的性能仿真波形

从图 8-12 可以看出，IIR 滤波器的输出信号 dout 中仅保留了 500 kHz 的信号，输入信号中叠加的频率为 2 MHz 的信号被有效滤除了。

图 8-13 中的输入信号 din 为白噪声信号，经 IIR 滤波器滤除后的波形仍然呈现不规则的状态，在 ModelSim 中无法准确判断 IIR 滤波器的滤波性能。由于 ModelSim 仿真过程中已将 IIR 滤波器的输出信号写入外部文件 E8_4_noiseout.txt 中，因此可以编写 MATLAB 程序来分析输出信号的幅频响应曲线，进而分析 IIR 滤波器的性能。

8.3.8　利用 MATLAB 分析输出信号的频谱

对于低通 IIR 滤波器而言，当输入信号为白噪声信号时，虽然在输出信号中滤除了高频信号，但仅从输出信号的时域波形难以分析 IIR 滤波器的性能。此时，可以对输出信号进行频域变换，绘制输出信号的频谱图，通过频谱图来分析 IIR 滤波器的性能。

分析输出信号频谱的 MATLAB 程序（E8_4_Analyse.m 文件）清单如下：

```
%E8_4_Analyse.m
%采样频率为 12.5 MHz
Fs=12.5*10^6;
%从外部文件中读取输出信号
fid=fopen('E:\XilinxVerilog\XilinxDSP_Ch8\IIRDirect\E8_4_noiseout.txt','r');
[dout,count]=fscanf(fid,'%lg',inf);
fclose(fid);

%求输出信号的幅频响应
f_out=20*log10(abs(fft(dout,1024)));
f_out=f_out-max(f_out);

%设置幅频响应的横坐标单位为 MHz
x_f=[0:(Fs/length(f_out)):Fs/2]/10^6;
%只显示正频率部分的幅频响应
```

```
mf_noise=f_out(1:length(x_f));

%绘制幅频响应曲线
plot(x_f,mf_noise);
xlabel('频率/Hz');ylabel('幅度/dB');
grid on;
```

低通 IIR 滤波器输出信号的频谱图如图 8-14 所示，可以看出，白噪声信号被低通 IIR 滤波器有效滤除了，输出信号的频谱与低通 IIR 滤波器的幅频响应曲线十分接近，说明低通 IIR 滤波器的设计可满足需求。

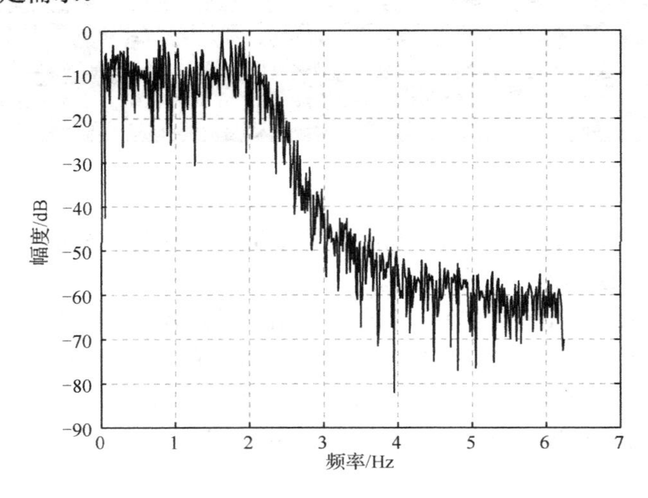

图 8-14　低通 IIR 滤波器输出信号的频谱图

8.4　级联型结构 IIR 滤波器的 FPGA 实现

如前所述，当 IIR 滤波器的阶数较大时，由于 IIR 滤波器包含反馈结构，以及有限字长效应的影响，直接型结构 IIR 滤波器很难保证系统的稳定性，因此，当阶数较大时，在工程上一般采用级联型结构 IIR 滤波器。

实例 8-5：级联型结构 IIR 滤波器的 FPGA 设计

对级联型结构 IIR 滤波器进行 Verilog HDL 设计，并仿真 FPGA 实现后 IIR 滤波器的性能（滤波效果），其中系统时钟信号频率为 12.5 MHz、数据输入速率为 12.5 MHz、输入数据位宽为 8，对 IIR 滤波器系数进行 12 bit 量化。

8.4.1　滤波器系数的转换

实现级联型结构 IIR 滤波器的第一步是将直接型结构 IIR 滤波器的系数转换成级联型结构 IIR 滤波器的系数。在进行系数转换时，可以采用人工计算的方法，但通过 MATLAB 来进行系数转换会轻松得多。下面直接给出了将直接型结构 IIR 滤波器系数转换成级联型结构 IIR

滤波器系数的 MATLAB 程序（E8_5_dir2cas.m 文件）清单。

```
function [b0,B,A]=E8_5_dir2cas(b,a);
%将直接型结构 IIR 滤波器的系数转换成级联型结构 IIR 滤波器的系数
%b0：增益系数
%B：包含因子系数 bk 的 K 行 3 列矩阵
%A：包含因子系数 ak 的 K 行 3 列矩阵
%a：直接型结构 IIR 滤波器系统函数的分母项系数
%b：直接型结构 IIR 滤波器系统函数的分子项系数
%计算增益系数

b0=b(1);b=b/b0;
a0=a(1);a=a/a0; b0=b0/a0;

%将分子项系数、分母项系数的长度补齐后再进行计算
M=length(b);N=length(a);
if N>M
    b=[b zeros(1,N-M)];
elseif M>N
    a=[a zeros(1,M-N)]; N=M;
else
    N=M;
end

%初始化级联型结构 IIR 滤波器的系数矩阵
K=floor(N/2);B=zeros(K,3);A=zeros(K,3);
if K*2==N
    b=[b 0];   a=[a 0];
end
%根据多项式系数利用 roots()函数求出所有的根
%利用 cplxpair()函数按实部从小到大的顺序进行排序
broots=cplxpair(roots(b));
aroots=cplxpair(roots(a));

%将计算复共轭对的根转换成多项式系数
for i=1:2:2*K
    Brow=broots(i:1:i+1,:);
    Brow=real(poly(Brow));
    B(fix(i+1)/2,:)=Brow;
    Arow=aroots(i:1:i+1,:);
    Arow=real(poly(Arow));
    A(fix(i+1)/2,:)=Arow;
end
```

以实例 8-4 所实现的 IIR 滤波器为例，将其转换成级联型结构 IIR 滤波器时，只需要在 MATLAB 的命令行窗口输入以下两条语句：

```
[b,a]=cheby2(7,60,0.5);
[b0,B,A]=E8_5_dir2cas(b,a)
```

由于 IIR 滤波器的截止频率为 3.125 MHz、系统采样频率为 12.5 MHz，因此相对于采样频率一半的归一化截止频率为 3.125/12.5/2=0.5。执行上面两条语句后可获得级联型结构 IIR 滤波器的系数，即：

```
b0 = 0.0145
      1.0000     1.3663     1.0000
      1.0000     0.4825     1.0000
      1.0000     0.0508     1.0000
      1.0000     1.0000          0
A =
      1.0000    -0.3451     0.1034
      1.0000    -0.5365     0.3415
      1.0000    -0.7858     0.7256
      1.0000    -0.1350          0
```

8.4.2 级联型结构 IIR 滤波器的系数量化

由上述可知，7 阶（长度为 8）的 IIR 滤波器可等效为 3 个 2 阶（长度为 3）的 IIR 滤波器和 1 个单阶（长度为 2）的 IIR 滤波器的级联。IIR 滤波器的增益为 0.0145，在理论上可将该增益分配给任意一个级联的 IIR 滤波器。在工程设计中，一般分配给第一级的 IIR 滤波器，这样有利于降低运算过程中的数据字长。与直接型结构 IIR 滤波器相同，在进行级联型结构 IIR 滤波器的 FPGA 实现前必须对其系数进行量化，量化方法与直接型结构 IIR 滤波器系数的量化方法相同，本节不再给出系数量化的 MATLAB 程序清单，读者可在本书配套资源中查阅完整的 MATLAB 程序（E8_5_Qcoe.m 文件），下面直接给出了量化后的系数。

```
B =    30        41        30
     2048       988      2048
     2048       104      2048
     2048      2048         0
A =  2048      -707       212
     2048     -1099       699
     2048     -1609      1486
     2048      -276         0
```

8.4.3 级联型结构 IIR 滤波器的 FPGA 实现

级联型结构 IIR 滤波器相当于将阶数比较多的直接型结构 IIR 滤波器分解成多个阶数小于或等于 2 的 IIR 滤波器，其中的每个滤波器均可以看成独立的组成部门，且前一级滤波器的输出作为后一级滤波器的输入。

本实例的 7 阶 IIR 滤波器可等效为 3 个 2 阶 IIR 滤波器和 1 个单阶 IIR 滤波器的级联。8.4.2 节对级联型结构 IIR 滤波器系数进行了量化，根据级联型结构 IIR 滤波器的原理可以直接写出其差分方程，即：

$$
\begin{aligned}
&2048y_1(n)=30[x(n)+x(n-2)]+41x(n-1)-[-707y_1(n-1)+212y_1(n-2)]\\
&2048y_2(n)=2048[y_1(n)+y_1(n-2)]+988y_1(n-1)-[-1099y_2(n-1)+699y_2(n-2)]\\
&2048y_3(n)=2048[y_2(n)+y_2(n-2)]+104y_2(n-1)-[-1609y_3(n-1)+1486y_3(n-2)]\\
&2048y(n)=2048[y_3(n)+y_3(n-1)]-[-276y(n-1)]
\end{aligned}
\tag{8-15}
$$

根据差分方程可以很容易画出级联型结构 IIR 滤波器的 FPGA 实现结构，如图 8-15 所示。

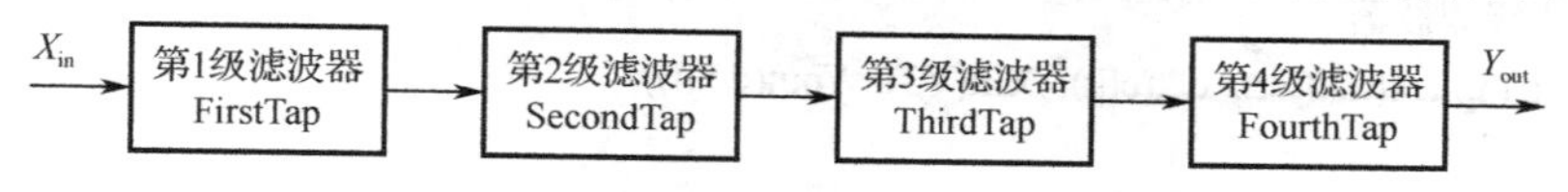

图 8-15　级联型结构 IIR 滤波器的 FPGA 实现结构

由于整个级联型结构 IIR 滤波器由 4 个滤波器级联而成，因此需要分别确定各个滤波器输出数据的范围，进而确定各个滤波器的输入数据和输出数据的位宽。根据 MATLAB 设计的 IIR 滤波器工作原理可知，IIR 滤波器的总增益为 1，因此最后一级滤波器输出数据的位宽与输入数据的位宽相同，均为 8。在对 IIR 滤波器系数进行量化时，使得第一级滤波器的增益最小，因此相对于第 2 至第 4 级滤波器，第 1 级滤波器的有效输出数据位宽最小，第 2 和第 3 级滤波器输出数据的位宽均小于 8。为了简化设计，可将级联型结构 IIR 滤波器中各级滤波器输出数据的位宽均设置为 8。

8.4.4　级联型结构 IIR 滤波器的 Verilog HDL 设计

由于级联型结构 IIR 滤波器中各个滤波器的实现方法与直接型结构 IIR 滤波器的实现方法完全相同，因此在进行级联型结构 IIR 滤波器的 Verilog HDL 设计时，仅需要调整各个滤波器的系数即可。整个级联型结构 IIR 滤波器 Verilog HDL 设计由 5 个文件组成：顶层文件（IIRCas.v）、第 1 级滤波器的实现文件（FirstTap.v）、第 2 级滤波器的实现文件（SecondTap.v）、第 3 级滤波器的实现文件（ThirdTap.v）和第 4 级滤波器的实现文件（FourthTap.v）。顶层文件将 4 个滤波器级联起来，各级滤波器的实现文件完成对应滤波器的功能。由于各级滤波器的阶数较小，因此将零点系数和极点系数的实现代码编写在同一个文件中。

为便于读者理解级联型结构 IIR 滤波器的实现结构，先给出顶层文件的程序清单。

```
//IIRCas.v 文件的程序清单
module IIRCas(
    input rst,                          //复位信号，高电平有效
    input clk,                          //FPGA 系统时钟，频率为 12.5 MHz
    input signed [7:0] din,             //数据输入速率为 12.5 MHz
    output signed [7:0] dout            //滤波后的输出数据
    );

    //第 1 级滤波器
    wire signed [7:0] Y1;
    FirstTap U1(.rst(rst), .clk(clk), .Xin(din), .Yout(Y1));

    //第 2 级滤波器
```

```
    wire signed [7:0] Y2;
    SecondTap U2(.rst(rst), .clk(clk), .Xin(Y1), .Yout(Y2));

    //第 3 级滤波器
    wire signed [7:0] Y3;
    ThirdTap U3(.rst(rst), .clk(clk), .Xin(Y2), .Yout(Y3));

    //第 4 级滤波器
    FourthTap U4(.rst(rst), .clk(clk), .Xin(Y3), .Yout(dout));

endmodule
```

各级滤波器的实现代码十分相似，仅对应的系数不同而已（第 4 级滤波器只有 2 个零点系数和 1 个极点系数，其他级滤波器有 3 个零点系数和 1 个极点系数）。限于篇幅，下面只给出第 4 级滤波器的实现代码。整个实例的 FPGA 实现代码请参见本书配套资源中的“Chapter_8\E8_5_IIRCas”。

```
//第 4 级滤波器程序（FourthTap.v 文件）清单
module FourthTap(
    input rst,                          //复位信号，高电平有效
    input clk,                          //FPGA 系统时钟，频率为 12.5 MHz
    input signed [7:0] Xin,             //数据输入速率为 12.5 MHz
    output signed [7:0] Yout            //滤波后的输出数据
    );

    //零点系数的实现代码
    reg signed[7:0] Xin1;
    always @(posedge clk or posedge rst)
    if(rst)
        //将寄存器的值初始化为 0
        Xin1 <= 8'd0;
    else
        Xin1 <= Xin;

    //采用移位运算及加法运算实现乘法运算
    wire signed [18:0] XMult_zer;
    wire signed [18:0] XMUlt_fir;
    assign XMult_zer = {Xin,11'd0};        //乘以 2048
    assign XMUlt_fir = {Xin1,11'd0};       //乘以 2048
    //对滤波器系数与输入数据乘法结果进行累加
    wire signed [19:0] Xout;
    assign Xout = XMult_zer + XMUlt_fir;

    //极点系数的实现代码
    wire signed[7:0] Yin;
    reg signed[7:0] Yin1;
    always @(posedge clk or posedge rst)
```

```
        if(rst)
            //将寄存器的值初始化为 0
            Yin1 <= 8'd0;
        else
            Yin1 <= Yin;

    //采用移位运算及加法运算实现乘法运算
    wire signed [16:0] YMult1;
    wire signed [20:0] Ysum;
    wire signed [20:0] Ydiv;
    assign YMult1 = {{1{Yin1[7]}},Yin1,8'd0}+{{5{Yin1[7]}},Yin1,4'd0}+
                    {{7{Yin1[7]}},Yin1,2'd0};        //乘以 276
    assign Ysum = Xout + YMult1;
    assign Ydiv = {{11{Ysum[20]}},Ysum[20:11]};

    //第 4 级滤波器的输出数据位宽为 8
    assign Yin =(rst ? 8'd0 : Ydiv[7:0]);
    assign Yout = Yin;

endmodule;
```

8.4.5　级联型结构 IIR 滤波器 FPGA 实现后的仿真

级联型结构 IIR 滤波器的 FPGA 实现后仿真步骤及方法与直接型结构 IIR 类似，也可分为三个步骤进行：①编写 MATLAB 程序，生成二进制的输入测试信号；②编写 Test Bench 文件，用 ModelSim 对级联型 IIR 滤波器的 FPGA 实现进行仿真；③编写 MATLAB 程序，通过 MATLAB 分析仿真结果。

级联型结构 IIR 滤波器 FPGA 实现后的 MATLAB 仿真文件及 Verilog HDL 测试激励文件与直接型结构 IIR 滤波器十分相似，读者可参见本书配套资源“Chapter_8\E8_5_IIRCas”中的详细代码。

级联型结构 IIR 滤波器的 ModelSim 仿真波形如图 8-16 所示，从图中可以看出，当输入信号 din 是频率叠加信号时，第 1 级滤波器的输出信号 Y1 已滤除了部分频率为 3.125 MHz 的信号，第 2 级滤波器的输出信号 Y2 中的高频更少，第 4 级滤波器的输出信号 dout 为整个级联型结构 IIR 滤波器的输出信号，输出信号是 500 kHz 的信号。

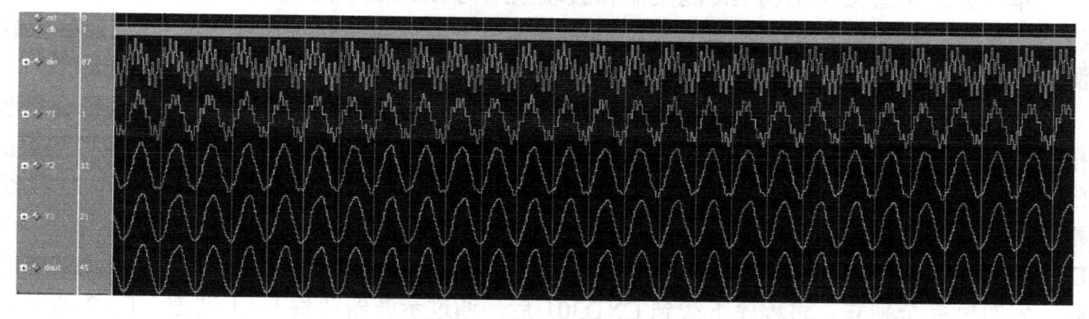

图 8-16　级联型结构 IIR 滤波器的 ModelSim 仿真波形

当输入信号是白噪声信号时，先将 ModelSim 仿真后的输出信号写入外部文件中，再通过 MATLAB 分析输出信号，可得到级联型结构 IIR 滤波器的输出信号频谱，如图 8-17 所示。

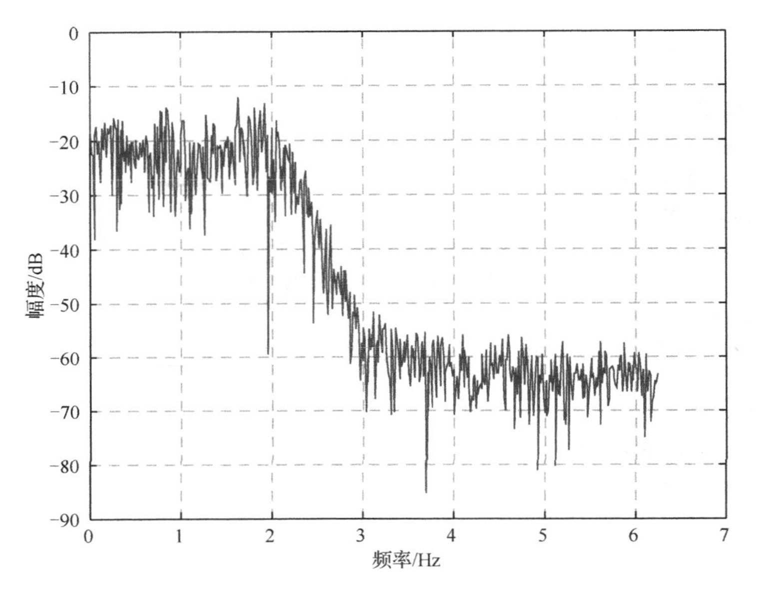

图 8-17　级联型结构 IIR 滤波器的输出信号频谱

图 8-17 所示的频谱和图 8-14 所示的频谱十分相似，说明两种结构（直接型结构和级联型结构）的 IIR 滤波器均能实现相似的滤波效果。

8.5　IIR 滤波器的板载测试

8.5.1　硬件接口电路

实例 8-6：IIR 滤波器的 CXD301 板载测试

在实例 8-4 的基础上，完善 Verilog HDL 程序代码，在 CXD301 上验证测试直接型结构低通 IIR 滤波器的滤波性能。

本章介绍了直接型结构 IIR 滤波器和级联型结构 IIR 滤波器的实现，虽然这两种 IIR 滤波器的实现结构不同，但滤波效果是一样的。本节主要介绍直接型结构 IIR 滤波器的板载测试。

CXD301 配置有 2 路独立的 DA 通道、1 路 AD 通道、2 个独立的晶振。为了尽量真实地模拟滤波过程，采用晶振 X2（gclk1）作为驱动时钟信号，生成频率为 500 kHz 和 3.125 MHz 的正弦波叠加信号，经 DA1 通道输出；DA1 通道输出的模拟信号通过 CXD301 上的 P2 跳线端子（引脚 2、3 短接）连接至 AD 通道，送入 FPGA 进行处理；经过低通滤波后的信号由 DA2 通道输出；DA2 通道和 AD 通道的驱动时钟信号由 X1（gclk2）提供，即板载测试中的收、发时钟完全独立。将程序下载到 CXD301 后，通过示波器观察 DA1 通道、DA2 通道的信号波形，即可判断滤波前后信号的变化情况。低通 IIR 滤波器板载测试中的接口信号定义如表 8-1 所示。

表 8-1　低通 IIR 滤波器板载测试中的接口信号定义

信号名称	引脚定义	传输方向	功能说明
gclk1	C10	→FPGA	生成合成测试信号的驱动时钟信号
gclk2	H3	→FPGA	DA2 通道转换的驱动时钟信号
key1	K1	→FPGA	按键信号，按下按键时为高电平，此时输入 AD 通道的是合成信号，否则输入 AD 通道的是频率为 500 kHz 的信号
ad_clk	P6	FPGA→	A/D 采样时钟信号，频率为 12.5 MHz
ad_din[7:0]	P7、T6、R7、T7、T8、R9、T9、P9	→FPGA	A/D 采样输入信号，8 bit
da1_clk	P2	FPGA→	DA1 通道转换时钟信号，25 MHz
da1_out[7:0]	R2、R1、P1、N3、M3、N1、M2、M1	FPGA→	DA1 通道转换信号，模拟的测试信号
da2_clk	P15	FPGA→	DA2 通道转换时钟信号，12.5 MHz
da2_out[7:0]	L16、M16、M15、N16、P16、R16、R15、T15	FPGA→	DA2 通道转换信号，滤波后输出的信号

8.5.2　板载测试程序

根据前面的分析，可以得到低通 IIR 滤波器板载测试的框图，如图 8-18 所示。

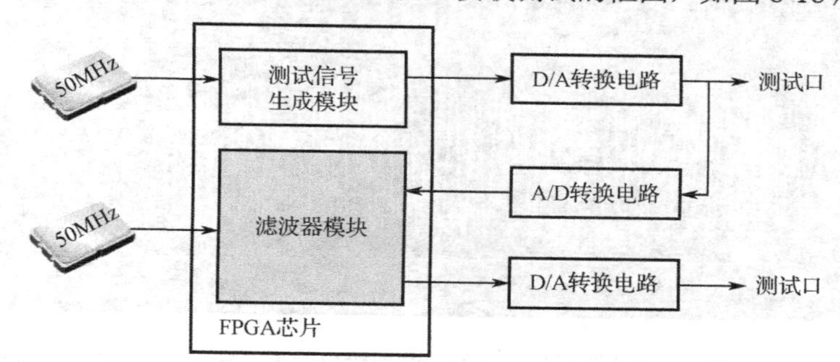

图 8-18　低通 IIR 滤波器板载测试的框图

图 8-18 中的滤波器模块为目标测试程序，测试信号生成模块用于生成频率分别为 500 kHz 和 3.125 MHz 的频率叠加信号。直接型结构 IIR 滤波器的板载测试程序的功能模块与实例 7-10 相似，读者可以在本书配套资源中查阅完整的板载测试工程文件。

8.5.3　板载测试验证

设计好板载测试程序并完成低通 IIR 滤波器的 FPGA 实现后，可以将程序下载至 CXD301 进行板载测试。低通 IIR 滤波器板载测试的硬件连接图如图 8-19 所示。

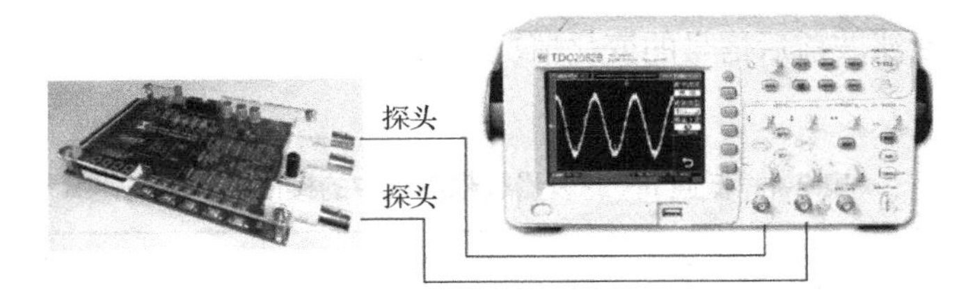

图 8-19　低通 IIR 滤波器板载测试的硬件连接图

板载测试需要采用双通道示波器，将示波器的通道 1 连接到 CXD301 的 DA1 通道，观察滤波前的信号；将示波器的通道 2 连接到 CXD301 的 DA2 通道，观察滤波后的信号。需要注意的是，在进行板载测试之前，需要适当调整 CXD301 的电位器 R36，使 P3（AD IN）接口的信号幅度为 0～2 V。

将板载测试程序下载到 CXD301 上后，合理设置示波器的参数，可以看到示波器两个通道的波形如图 8-20 所示。从图中可以看出，滤波前后的信号均为 500 kHz 的单频信号。滤波后幅度略低于滤波前的信号，这是由运算中的有限字长效应以及低通 IIR 滤波器的输出截位引起的。

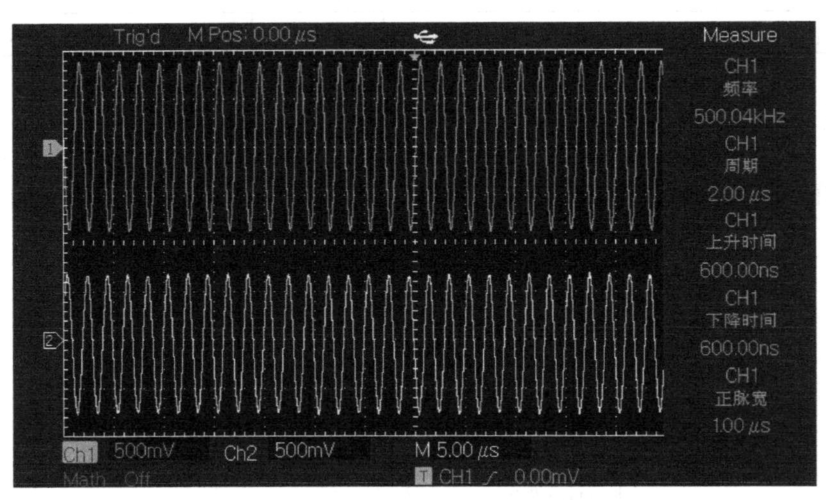

图 8-20　低通 IIR 滤波器板载测试的示波器输出波形（输入信号为单频信号）

按下 key1 按键后，输入信号是频率分别为 500 kHz 和 3.125 MHz 的频率叠加信号，示波器显示的波形如图 8-21 所示。滤波后仍能得到规则的频率为 500 kHz 的信号，只是其幅度相比输入单频信号时又降低了约 1/2。这是由于输入的 8 bit 数据同时包含了频率为 500 kHz 和 3.125 MHz 的信号，频率叠加信号的幅度与单频信号相同，频率叠加信号中 500 kHz 的信号幅度本身已比单频信号降低了 1/2，滤除频率为 3.125 MHz 的信号后，仅剩下降低 1/2 幅值的频率为 500 kHz 的信号，这与示波器的显示波形相符。

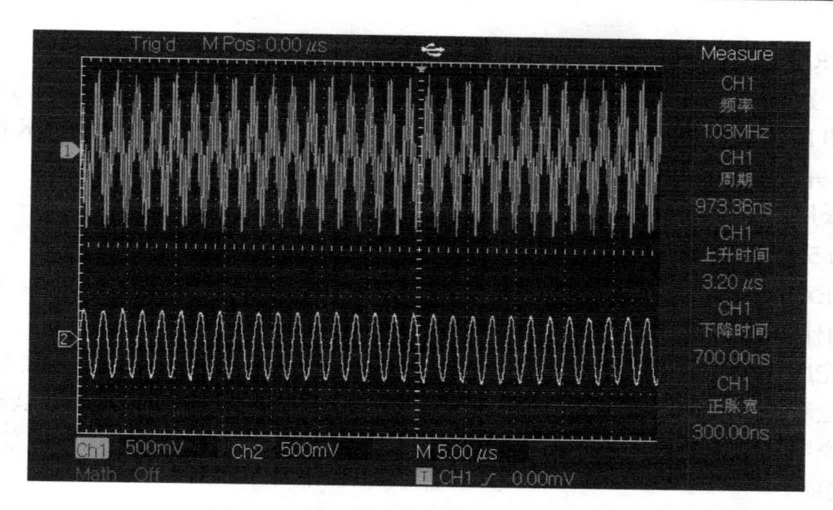

图 8-21 低通 IIR 滤波器板载测试的示波器输出波形（输入信号为频率叠加信号）

8.6 小结

IIR 滤波器的设计要比 FIR 滤波器复杂一些，这主要是因为 IIR 滤波器存在反馈结构，在运算过程中不可避免地存在有限字长效应，而且运算过程中的除法运算会产生较大的运算误差。在设计 IIR 滤波器时，没有现成的 IP 核可以使用，工程师必须通过编写 Verilog HDL 程序来实现 IIR 滤波器的 PFGA 设计。本章的学习要点可归纳为：

（1）IIR 滤波器的结构主要分为直接型和级联型两种，当 IIR 滤波器的阶数较小时一般采用直接型结构，当 IIR 滤波器的阶数较大时一般采用级联型结构。

（2）由于 ModelSim 仿真不便于直观显示信号的频谱特性，一般采用文件 IO 的方式与 MATLAB 进行数据交互。为了准确仿真 FPGA 实现的数字信号处理系统的功能，在工程中通常利用 MATLAB 强大的数据处理能力来生成或分析复杂信号波形的时域特性和频谱特性。

（3）由于利用 MATLAB 设计的 IIR 滤波器的增益为 1，因此 IIR 滤波器的输出数据位宽一般与输入数据位宽相同。

（4）在对 IIR 滤波器的系数进行量化时，一般将分子项的第一个系数量化为 2 的整数幂次方，这样便于在 FPGA 实现时采用移位的方法来近似实现除法运算。采用移位的方法来实现除法运算是近似运算，量化的位数越大，误差就越大。

（5）采用 FPGA 实现 IIR 滤波器时，由于反馈结构及运算数据的时序关系，不便于采用多级流水线的实现结构，因此 IIR 滤波器的运算速度要比 FIR 滤波器的运算速度低。

（6）在设计级联型结构 IIR 滤波器时，为了节约资源，以及避免运算过程中的数据溢出，一般使级联型结构 IIR 滤波器中的前级滤波器的增益小于后级滤波器的增益。

8.7 思考与练习

8-1 FIR 滤波器与 IIR 滤波器的主要区别有哪些？

8-2　IIR 滤波器的常用实现结构有哪两种？

8-3　分别采用 butter()函数和 yulewalk()函数设计阶数为 9、3 dB 截止频率为 6 MHz、采样频率为 50 MHz 的高通 IIR 滤波器，在一张图上绘制采用这两种函数设计的 IIR 滤波器幅频响应曲线，并分析比较其性能。

8-4　采用 FDATOOL 设计阶数为 15、低频截止频率为 3 MHz、高频截止频率为 10 MHz、采样频率为 50 MHz 的带通 IIR 滤波器，并查看 IIR 滤波器的幅频响应曲线。

8-5　在对直接型结构 IIR 滤波器的系数进行量化时，为了便于 FPGA 实现，有什么特殊要求吗？为什么？

8-6　完成思考与练习 8-3 设计的两种 IIR 滤波器的系数量化，量化位数为 10，通过 MATLAB 绘制系数量化后的幅频响应曲线，并与量化前的幅频响应曲线进行比较。

8-7　说明 MATLAB 与 ISE 数据交互的基本方法及步骤，采用文件 IO 的方式仿真 FIR 滤波器的功能。

8-8　在对级联型结构 IIR 滤波器的系数进行量化时，为了便于 FPGA 实现，有什么特殊要求吗？为什么？采用 MATLAB 设计 9 阶 IIR 滤波器，对系数进行 8 bit 系数量化，完成直接型结构 IIR 滤波器到级联型结构 IIR 滤波器的转换，并采用 MATLAB 绘制级联型结构 IIR 滤波器的幅频响应曲线。

8-9　在 CXD301 上完成实例 8-6 的板载测试。

第9章 快速傅里叶变换的设计

频谱分析和滤波器设计是数字信号处理的两大基石。离散傅里叶变换（Discrete Fourier Transform，DFT）的理论很早就非常成熟了，后期出现的快速傅里叶变换（Fast Fourier Transform，FFT）算法才使得这 DFT 理论在工程中得以应用。FFT 算法及其 FPGA 实现结构相当复杂，幸运的是可以使用现成的 IP 核，设计者在理解信号频谱分析原理的基础上，调用 FFT 核即可完成 FFT 的设计。

9.1 FFT 的原理

9.1.1 DFT 的原理

众所周知，时域离散线性时不变系统理论和离散傅里叶变换是数字信号处理的理论基础，数字滤波和数字谱分析是数字信号处理的核心。快速傅里叶变换（Fast Fourier Transform，FFT）并不是一种新的变换理论，而是离散傅里叶变换（Discrete Fourier Transform，DFT）的一种高效算法。

对于工程师来说，详细了解 FFT/IFFT（IFFT 是指快速傅里叶逆变换）的实现结构是一件十分烦琐的事。一般来讲，如果某个 FPGA 工程设计中需要用到 FFT/IFFT 模块，则通常使用的是具有一定逻辑规模的FPGA，而这类FPGA 内大多都有现成的 FFT/IFFT 核可以使用。绕了这么些圈子，想要说明的是，对于需要使用 FFT/IFFT 模块的工程师来说，需要了解的是 DFT 的原理，在使用 FFT/IFFT 模块时需要注意的是加窗函数及栅栏效应等设计问题，以及 FFT/IFFT 核的使用方法，而不是 FFT/IFFT 的具体实现结构。

在讨论 DFT 之前，需要牢固确立数字信号处理中的一个基本概念：如果信号在频域是离散的，则该信号在时域就表现为周期性的时间函数；相反，如果信号在时域是离散的，则该信号在频域必然表现为周期性的频率函数。不难设想，如果时域信号不仅是离散的，而且是周期的，那么由于它在时域离散，其频谱必是周期的；如果在时域是周期的，则相应的频谱必是离散的。换句话说，一个离散周期时间序列，它一定具有既是周期又是离散的频谱。还可以得出一个结论：一个域的离散就必然造成另一个域的周期延拓，这种离散变换，本质上都是周期的。下面对 DFT 进行简单的推导。

一个连续信号经过理想采样后的表达式为：

$$x_a(t)=\sum_{n=-\infty}^{\infty}x_a(nT)\delta(t-nT) \tag{9-1}$$

其频谱函数$X_a(j\Omega)$是式（9-1）的傅里叶变换，容易得出其傅里叶变换为：

$$X_a(j\Omega)=\sum_{n=-\infty}^{\infty}x_a(nT)e^{-j\Omega nT} \tag{9-2}$$

式中，Ω为模拟角频率，单位为rad/s，它与数字角频率ω之间的关系为$\omega=\Omega T$。对于数字信号来说，处理的信号其实是一个数字序列。因此，可用$x(n)$代替$x_a(nT)$，同时用$X(e^{j\omega})$代替$x_a(j\omega/T)$，则可以得到时域离散信号的频谱表达式，即：

$$X(e^{j\omega})=\sum_{n=-\infty}^{\infty}x(n)e^{-j\omega n} \tag{9-3}$$

显然，$X(e^{j\omega})$是以2π为周期的函数。式（9-3）也印证了时域离散信号在频域表现为周期性函数的特性。

对于一个长度为N的有限长序列，在频域表现为周期性的连续谱$X(e^{j\omega})$。如果将有限长序列以N为周期进行延拓，则在频域必将表现为周期性的离散谱$X(e^{j\omega_s})$，且单个周期的频谱形状与有限长序列相同。因此，可以将$X(e^{j\omega_s})$看成在频域对$X(e^{j\omega})$等间隔采样的结果。根据采样理论可知，要想采样后能够不失真地恢复原信号，采样速率必须满足一定的条件。假设时域信号的时间长度为NT，则在频域的一个周期内，采样点数N_0必须大于或等于N。

用离散角频率变量$k\omega_s$代替$X(e^{j\omega_s})$中连续变量ω_s，且取$N_0=N$，则有限长序列的频谱表达式为：

$$X(e^{jk\omega_s})=\sum_{n=0}^{N-1}x(n)e^{-j(2\pi/N)kn} \tag{9-4}$$

令以N为周期的函数$W_N^{kn}=e^{-j(2\pi/N)kn}$，$\tilde{X}(k)=X(e^{jk\omega_s})$，$\tilde{x}(n)$为序列$x(n)$以$N$为周期的延拓，则式（9-4）可以写成：

$$\tilde{X}(k)=\sum_{n=0}^{N-1}\tilde{x}(n)W_N^{kn} \tag{9-5}$$

将式（9-5）的两边同乘以$\sum_{n=0}^{N-1}W_N^{-kn}$，可以得到：

$$\tilde{x}(n)=(1/N)\sum_{n=0}^{N-1}\tilde{X}(K)W_N^{-kn} \tag{9-6}$$

需要注意的是，式（9-5）和式（9-6）中的序列均是周期性的无限长序列。虽然是无限长序列，但只要知道该序列中一个周期的内容，序列的其他内容就知道了，所以这种无限长序列实际上只有N个序列值有信息，因此，周期序列与有限长序列有着本质的联系。

由于式（9-5）和式（9-6）中只涉及$0\leqslant n\leqslant N-1$和$0\leqslant k\leqslant N-1$区间的值。也就是说，只涉及一个周期内的$N$个样本，因此，也可以用有限长序列$x(n)$和$X(k)$，即各取一个周期来表示这些关系式。我们定义有限长序列$x(n)$和$X(k)$之间的关系为DFT，即：

$$\begin{aligned}X(k)&=\tilde{X}(k)R_N(k)=\sum_{n=0}^{N-1}x(n)W_N^{kn},\qquad 0\leqslant k\leqslant N-1\\x(n)&=\tilde{x}(n)R_N(n)=(1/N)\sum_{k=0}^{N-1}X(k)W_N^{-kn},\qquad 0\leqslant n\leqslant N-1\end{aligned} \tag{9-7}$$

时域采样实现了信号的离散化，可以在时域中使用数字技术对信号进行处理。DFT 理论实现了频域离散化，开辟了用数字技术在频域处理信号的新途径，从而使信号的频谱分析技术向更深、更广的领域发展。

9.1.2　DFT 的运算过程

DFT 在数字信号处理中属于重点和难点之一，式（9-7）看起来比较复杂，理解起来有一定的难度。无数事实证明，只有深刻理解数字信号处理的基本理论，才有可能设计出满足需求的 FPGA 信号处理程序。虽然 MATLAB 提供了相应的函数来实现 DFT 运算，但为了更好地理解其运算原理，工程师有必要详细了解式（9-7）的运算过程。

例如，长度为 4 的有限长序列 $x_1(n)$=[1,1,1,1]，其 DFT 运算过程如下：

$$W_4^{kn}=\mathrm{e}^{-\mathrm{j}(2\pi/4)kn}=\mathrm{e}^{-\mathrm{j}(\pi/2)kn}$$

$$X_1(0)=\sum_{n=0}^{3}x_1(n)W_4^{kn}=\sum_{n=0}^{3}W_4^{0}=4$$

$$X_1(1)=\sum_{n=0}^{3}x_1(n)W_4^{n}=\sum_{n=0}^{3}W_4^{n}=1+\mathrm{e}^{-\frac{\pi}{2}\mathrm{j}}+\mathrm{e}^{-\pi\mathrm{j}}+\mathrm{e}^{-\frac{3\pi}{2}\mathrm{j}}=0$$

$$X_1(2)=\sum_{n=0}^{3}x_1(n)W_4^{2n}=\sum_{n=0}^{3}W_4^{2n}=1+\mathrm{e}^{-\pi\mathrm{j}}+\mathrm{e}^{-2\pi\mathrm{j}}+\mathrm{e}^{-3\pi\mathrm{j}}=0$$

$$X_1(3)=\sum_{n=0}^{3}x_1(n)W_4^{3n}=\sum_{n=0}^{3}W_4^{3n}=1+\mathrm{e}^{-\frac{3\pi}{2}\mathrm{j}}+\mathrm{e}^{-3\pi\mathrm{j}}+\mathrm{e}^{-\frac{9\pi}{2}\mathrm{j}}=0$$

由于序列为全 1，相当于对直流信号采样得到的数字信号，则仅存在零频分量（直流信号），不存在其他频率的信号，计算结果与实际情况相符。

例如，长度为 4 的有限长序列 $x_2(n)$=[1,2,3,4]，其 DFT 运算过程如下：

$$W_4^{kn}=\mathrm{e}^{-\mathrm{j}(2\pi/4)kn}=\mathrm{e}^{-\mathrm{j}(\pi/2)kn}$$

$$X_2(0)=\sum_{n=0}^{3}x_2(n)W_4^{kn}=\sum_{n=0}^{3}x_2(n)W_4^{0}=1+2+3+4=10$$

$$X_2(1)=\sum_{n=0}^{3}x_2(n)W_4^{n}=1+2\mathrm{e}^{-\frac{\pi}{2}\mathrm{j}}+3\mathrm{e}^{-\pi\mathrm{j}}+4\mathrm{e}^{-\frac{3\pi}{2}\mathrm{j}}=-2+2\mathrm{i}$$

$$X_2(2)=\sum_{n=0}^{3}x_2(n)W_4^{2n}=1+2\mathrm{e}^{-\pi\mathrm{j}}+3\mathrm{e}^{-2\pi\mathrm{j}}+4\mathrm{e}^{-3\pi\mathrm{j}}=-2+\mathrm{i}$$

$$X_2(3)=\sum_{n=0}^{3}x_2(n)W_4^{3n}=1+2\mathrm{e}^{-\frac{3\pi}{2}\mathrm{j}}+3\mathrm{e}^{-3\pi\mathrm{j}}+4\mathrm{e}^{-\frac{9\pi}{2}\mathrm{j}}=-2-2\mathrm{i}$$

从上述运算过程可以看出，DFT 的运算过程比较繁杂。MATLAB 中的 fft()函数可以实现序列的频域变换。在 MATLAB 的命令行窗口中分别输入命令“fft([1,1,1,1])”“fft([1,2,3,4])”可得到上面两个序列的 DFT 结果。

9.1.3 DFT 运算中的几种常见问题

1．栅栏效应和序列补零

DFT 是分析信号频谱的有力工具，在应用 DFT 分析连续信号的频谱时，会涉及序列补零、混叠失真、频谱泄漏和栅栏效应等问题。下面分别进行简要介绍，以便在进行工程设计时加以注意。

利用 DFT 计算频谱，只能给出频谱在 $\omega_k=2\pi k/N$ 或 $\Omega_k=2\pi k/NT$ 的频率分量，即频谱的采样值，而不可能得到连续的频谱函数。就好像通过栅栏看信号频谱一样，只能在离散点上得到信号频谱，这种现象称为栅栏效应。

在 DFT 计算过程中，如果序列长为 N 个点，则只要计算 N 点 DFT。这意味着对序列 $x(n)$ 的傅里叶变换在（0,2π）区间只计算 N 个点的值，其频率采样间隔为 $2\pi/N$。如果序列长度较小，频率采样间隔 $\omega_s=2\pi/N$ 可能太大，会导致不能直观地说明信号的频谱特性。有一种非常简单的方法能解决这一问题，即对序列的傅里叶变换以足够小的间隔进行采样，令数字频率间隔 $\Delta\omega_k=2\pi/L$，L 表示是 DFT 的点数。显然，要提高数字频率间隔，只需要增加 L 即可。当序列长度 N 较小时，可采用在序列后面增加 $L-N$ 个零值的办法，对 L 点序列进行 DFT，以满足所需的频率采样间隔。这样可以在保持原来频谱形状不变的情况下，使谱线加密，即增加频域采样点数，从而可以看到原来看不到的频谱分量。

需要指出的是，补零可以改变频谱密度，但不能改变窗函数的宽度。也就是说，必须按照序列的有效长度选择窗函数，而不能按补零后的长度来选择窗函数。关于窗函数的概念及设计方法请参考《数字滤波器的 MATLAB 与 FPGA 实现——Xilinx/VHDL 版》中的相关内容。

2．频谱泄漏和混叠失真

对信号进行 DFT 计算，首先必须使其变成时间宽度有限的信号，方法是将序列 $x(n)$ 与时间宽度有限的窗函数 $\omega(n)$ 相乘。例如，选用矩形窗来截断信号，在频域中相当于信号频谱与窗函数频谱的周期卷积。卷积将造成频谱失真，且这种失真主要表现在原频谱的扩展，这种现象称为频谱泄漏。频谱泄漏会导致频谱扩展，会使信号的最高频率可能超过采样频率的一半，从而造成混叠失真。

在进行 DFT 运算时，时域截断是必要的，因而无法避免频谱泄漏。为了尽量减小频谱泄漏的影响，可采用适当形状的窗函数，如海明窗、汉宁窗等。需要注意的是，在进行 DFT 之前，预加窗函数可改善频谱泄漏情况，但必须对数据进行重叠处理以补偿窗函数边缘处的衰减，在工程中通常采用汉明窗并进行 50%重叠的处理。

3．频率分辨率与 DFT 参数的选择

在对信号进行 DFT 分析信号的频谱特征时，通常采用频率分辨率来表征在频率轴上所能得到的最小频率间隔。对于长度为 N 的 DFT，其频率分辨率 $\Delta f=f_s/N$，其中 f_s 为时域信号的采样频率，这里的数据长度 N 必须是数据的有效长度。如果在 $x(n)$ 中有两个频率分别为 f_1 和 f_2 的信号，则在对 $x(n)$ 用矩形窗截断时，要分辨这两个频率，必须满足下面的条件。

$$2f_s/N = |f_1 - f_2| \tag{9-8}$$

DFT 时的补零没有增加序列的有效长度，所以并不能提高分辨率；但补零可以使数据 N 为 2 的整数幂次方，以便于使用接下来要介绍的快速傅里叶变换算法。补零对原 $X(k)$ 起到插值作用，一方面克服栅栏效应，平滑谱的外观；另一方面，由于数据截断引起的频谱泄漏，有可能在频谱中出现一些难以确认的谱峰，补零后有可能消除这种现象。

9.1.4 FFT 算法的基本思想

在介绍 FFT/IFFT 算法的原理之前，我们先讨论一下 DFT 算法的运算量问题，因为算法的运算量直接影响到算法的实时性、所需的硬件资源及运算速度。根据式（9-7）可知，DFT 与 IDFT 的运算量十分相近，因此只讨论 DFT 的运算量问题。通常 $x(n)$、$X(k)$和 W_N^{nk} 都是复数，因此每计算一个 $X(k)$值，必须要进行 N 次复数乘法和 $N-1$ 次复数加法。而 $X(k)$共有 N 个值（$0 \leqslant k \leqslant N-1$），所以要完成全部 DFT 的运算要进行 N^2 次复数乘法和 $N(N-1)$次复数加法。我们知道，乘法运算比加法运算复杂，且运算时间更长，所占用的硬件资源也更多，因此可以用乘法运算量来衡量一个算法的运算量。由于复数乘法运算最终是通过实数乘法运算来完成的，每个复数乘法运算需要 4 个实数乘法运算，因此完成全部 DFT 运算需要进行 $4N^2$ 次实数乘法运算。

在直接进行 DFT 运算时，复数乘法运算次数与 N^2 成正比。随着 N 的增大，复数乘法运算次数会迅速增加。例如，当 N=8 时，需要 64 次复数乘法运算；当 N=1024 时，需要 1048576 次复数乘法运算，即 100 万多次复数乘法运算。如果要求实时进行信号处理，就会对计算速度提出非常高的要求。由于直接进行 DFT 运算的计算量太大，因此极大地限制了 DFT 的应用。

仔细观察 DFT 和 IDFT 运算过程，会发现系数 W_N^{nk} 具有对称性和周期性，即：

$$\begin{aligned}
&(W_N^{nk})^* = W_N^{-nk} \\
&W_N^{n(N+k)} = W_N^{k(N+n)} = W_N^{kn} \\
&W_N^{-nk} = W_N^{b(N-k)} = W_N^{k(N-n)} \\
&W_N^{N/2} = -1，\ 则 W_N^{(k+N/2)} = -W_N^{k}
\end{aligned} \tag{9-9}$$

利用系数 W_N^{nk} 的周期性，在 DFT 运算中可以将某些项合并，从而减少 DFT 的运算量。又由于 DFT 的复数乘法运算次数与 N^2 成正比，因此 N 越小越有利，可以利用对称性和周期性将点数大的 DFT 分解成多个点数小的 DFT。FFT 算法正是基于这样的基本思路发展起来的。为了不断地进行分解，FFT 算法要求 DFT 的点数 $N=2^M$，M 为正整数。这种 N 为 2 的整数幂次方的 FFT 算法称为基-2 FFT 算法。除了基-2 FFT 算法，还有其他基数的 FFT 算法，如 ISE14.7 中的 FFT 核采用的是基-4 FFT 算法。

FFT 算法可分为两大类：按时间抽取（Decimation-In-Time，DIT）和按频率抽取（Decimation-In-Frequency，DIF）。为了提高运算速度，将 DFT 运算逐次分解成点数较小的 DFT 运算。如果 FFT 算法是通过逐次分解时间序列 $x(n)$进行的，则这种算法称为按时间抽取 FFT 算法；如果 FFT 算法是通过逐次分解频域序列 $X(k)$进行的，则这种算法称为按频域抽取 FFT 算法。

FFT 算法是由库利（J. W. Cooly）和图基（J. W. Tukey）等学者于 1965 年提出并完善的，

这种算法极大地简化了 DFT 运算，其运算量约为$(N/2)\log_2 N$次复数乘法运算。当 N 较大时，FFT 算法的速度相比 DFT 算法的速度会有极大的提高。例如，当 N=1024 时，FFT 算法只需 5120 次复数乘法运算，只相当于 DFT 算法运算量的 0.5%左右。限于篇幅，详细的 FFT 算法不再另行介绍，在 MATLAB 中提供了现成的 FFT/IFFT 函数，ISE14.7 中提供了大多数 FPGA 都支持的 FFT/IFFT 核。有兴趣的读者可参考 FPGA 的 IP 核手册以了解 FFT/IFFT 核的实现结构。

9.2 FFT 算法的 MATLAB 仿真

9.2.1 通过 FFT 测量模拟信号的频率

在设计数字信号处理系统时，通常需要先对输入信号（或采集到的信号）进行频谱分析，在了解信号频率成分的基础上，根据信号的频率特性设计相应的数字信号处理系统，从而得到所需的有用信息。

信号的频率特性分为幅频响应特性和相频响应特性两部分。对于大多数工程应用情况来讲，主要关注的是幅频响应特性，即每个频率分量的幅度大小。根据 DFT 的理论可知，实信号的 DFT 为复数，本身已包含了幅度和相位信息。以 9.1.2 节讨论的两个序列的 DFT 为例，对变换后的数据取模，即可得到对应频率成分的幅度大小。

本章后续的实例要求完成对输入信号的频率分析，且限定输入信号为单频信号或多个频率的叠加信号，要求系统能够自动识别并测量出信号的频率成分及幅度。在开始 FPGA 设计之前，有必要先采用 MATLAB 仿真分析不同情况下的信号分析方法。

数字信号处理系统中对模拟信号频率的分析结构框图如图 9-1 所示。

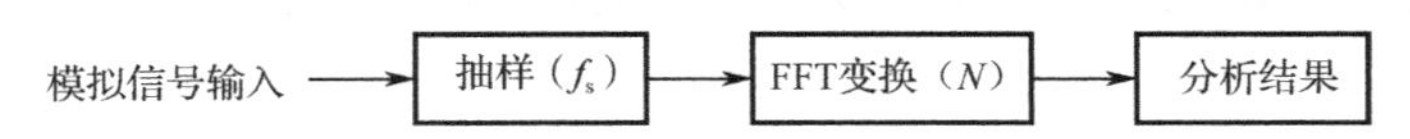

图 9-1　模拟信号频率分析结构框图

模拟信号首先以频率 f_s 采样得到数字信号，截取 N 点数据（相当于加矩形窗）进行 FFT，然后对变换后的数据进行分析，可得到模拟信号的频率信息。根据奈奎斯特定理，采样频率 f_s 必须大于输入信号最高频率的 2 倍，否则会产生频谱混叠，无法得到正确的频率分析结果。

首先讨论 N 点 FFT 的运算结果如何与模拟信号频率对应的问题。读者可以参考数字信号处理教程了解详细的推论过程。N 点 FFT 后得到的序列 $X(0)$，…，$X(N-1)$，则第 n（$0\leq n\leq N-1$）条谱线对应的频率 f_n 为：

$$f_n = \frac{n}{N} f_s \tag{9-10}$$

由于实信号的谱线具有对称性，即 $X(n) = X(N-n)$。因此，在分析实信号的频率特性时，只需分析 FFT 后得到的前一半序列即可。

实例 9-1：利用 FFT 测量单频信号的频率

假定某系统的采样频率为 1 MHz，输入信号频率为 50 kHz，对采样的数据进行 260 点 FFT，得到 260 点 FFT 运算结果，分析 50 kHz 频率的谱线出现的位置。MATLAB 程序

E9_1_sinfft.m 代码如下所示。

```
%E9_1_sinfft.m
clc;
fs=1*10^6;                        %采样频率为 1 MHz
f=50*10^3;                        %信号频率为 50 kHz
N=260;                            %FFT 的点数

%生成长度为 L 的时间序列
L=1000;
t=0:L-1;
t=t/fs;

%生成频率为 f、采样频率为 fs 的正弦波信号
s=sin(2*pi*f*t);

%对采样信号进行 N 点 FFT，并取模
fts=fft(s,N);
fts=abs(fts);

%绘制信号的时域波形
subplot(2,1,1);
plot(t(1:100)*1000,s(1:100));
xlabel('时间/ms');
ylabel('幅度/V');
%绘制信号 FFT 后的频域波形
subplot(2,1,2);
n=0:N-1;
stem(n,fts)
xlabel('FFT 的位置');
ylabel('FFT 的模');
```

50 kHz 信号的时域波形及频域波形（N=260）如图 9-2 所示，频域波形中有 2 条清晰的谱线峰值。根据 FFT 的对称性可知，信号的实际频率为左半部分对应的谱线，位于右半部分的谱线相当于信号的负频率成分，仅在数学上有意义，不代表实际的信号频率。

对于频率 f_n 为 50 kHz 的信号，以 f_s 为 1 MHz 频率进行 N 为 260 的 FFT，根据式（9-10）可知，谱线位置 n 为：

$$n = \frac{N}{f_s} f_n = \frac{260}{1\times10^3}\times 50\times10^3 = 13$$

根据 FFT 的对称性，另一条谱线峰值位置为 $N-n$ = 260−13 = 247。分析的结果与图 9-2 所示完全相同。

信号为单频信号，FFT 后得到单条谱线（仅考虑正频率成分），这似乎是理所当然的。考虑到运算效率，在工程上 FFT 的长度通常是 2 的整数幂次方。修改 E9_1_sinfft.m 的代码，将 FFT 长度 N 由 260 修改为 256，重新运行程序，可得到 50 kHz 信号的时域波形及频域波形（N=256），如图 9-3 所示。

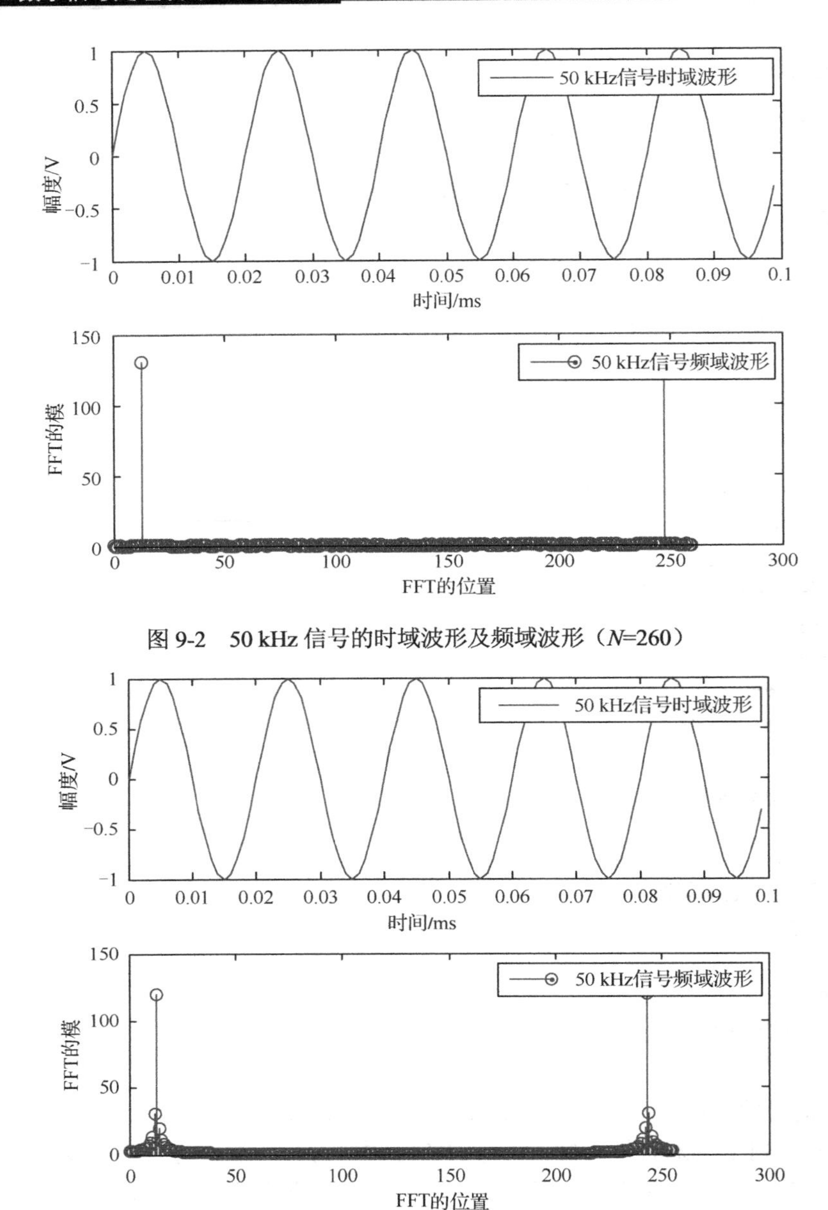

图 9-2　50 kHz 信号的时域波形及频域波形（N=260）

图 9-3　50 kHz 信号的时域及频域波形（N=256）

从图 9-3 可以看出，根据式（9-10），由于此时 N=256，因此幅度最大的谱线（谱线峰值）的位置分别为 13（对 FFT 后的点数四舍五入取整数）和 243，但谱线波峰周围出现了一定范围的起伏，说明显示的频谱不再是单一信号的频谱，而是包含多个频率成分信号的频谱。这是什么原因呢？

对于任何工程设计而言，原理始终是最基础、最重要的。对于数字信号处理系统来讲，理解信号处理的原理尤其重要。根据数字信号处理原理，FFT（FFT 是离散傅里叶的快速算法，两者的物理意义是相同的）包含两层物理意义：其一，离散傅里叶变换（DFT）是序列 $x(n)$的频谱在[0,2π]上的 N 点等间隔采样，也就是对序列频谱的离散化；其二，DFT 是序列

$x(n)$以 N 为周期进行延拓得到的周期序列的离散傅里叶级数。采用第二层物理意义即可完美解释图 9-2 和图 9-3 所示的频谱。

对于图 9-2 来讲，由于采样频率为 1 MHz，信号频率为 50 kHz，进行 260 点的 FFT 时，相当于对长度为 260 的序列进行周期延拓得到的序列的离散傅里叶级数。由于长度为 260 的序列刚好是 13 个 50 kHz 正弦波信号的周期，因此周期延拓后的序列仍然为 50 kHz 的正弦波信号，其离散傅里叶级数表现为单一的频率信号。

对于图 9-3 来讲，进行 256 点的 FFT 时，相当于对长度为 256 的序列进行周期延拓得到的序列的离散傅里叶级数。由于长度为 256 的序列不是 50 kHz 正弦波信号周期的整数倍，因此周期延拓后的序列不再是 50 kHz 的正弦波信号，而是相当于载波为 50 kHz 的调制信号，其离散傅里叶级数表示以 50 kHz 为载波频率的调制信号。

因此，对于单频信号而言，无论 FFT 的点数是否是信号周期的整数倍，通过判断 FFT 后谱线峰值，仍然可以根据式（9-10）计算出模拟信号的实际频率。

9.2.2　通过 FFT 测量模拟信号的幅度

模拟信号除了频率这个参数，还有一个重要的参数，即幅度。根据图 9-1 所示的信号处理流程，幅度为 A_a 的模拟信号经采样处理，再进行 N 点 FFT 后，得到的谱线幅度为 A_d，二者的关系是：

$$A_d = NA_a/2 \tag{9-11}$$

如实例 9-1 所分析的单频信号，MATLAB 生成的单频信号幅度 $A_a = 1$ V，进行 260 点 FFT 后，得到的谱线幅度 $A_d = 130$。需要注意的是，A_d 仅是一个数值，没有具体的单位，这个数值是通过式（9-11）与实际的模拟信号幅度进行转换而得到的。

在实例 9-1 中，将 N 修改为 256，根据式（9-11）可计算出谱线幅度 $A_d = 128$，但查看图 9-3 所示的波形（需在 MATLAB 中放大波形观察）可知，实际谱线幅度 $A_d = 120$，比理论计算值略小。这是由于 N 不为信号周期的整数倍，离散傅里叶级数表示的不是单一频率的信号，而是调制信号。因此，通过 FFT 测量模拟信号的频率时，只有 N 是被测信号周期的整数倍，才能够准确地采用式(9-11)进行计算；当 N 不是被测信号周期的整数倍时，可以采用式(9-11)进行估算，但会出现一定的误差，误差的大小与 N 有关，且 N 越大，误差越小。

为了再次验证上面的结论，接下来通过 FFT 测量 2 路频率叠加信号的幅度。

实例 9-2：利用 FFT 测量 2 路频率叠加信号的幅度

假定某系统的采样频率为 1 MHz，输入信号是频率分别为 50 kHz 和 39.0625 kHz 的频率叠加信号，且频率为 39.0625 kHz 的信号幅度为 2 V，频率为 50 kHz 的信号幅度为 1 V，对输入信号进行 256 点 FFT，分析变换后信号的频率及幅度。MATLAB 程序 E9_2_doublesinfft.m 代码如下：

```
%E9_2_doublesinfft.m
clc;
fs=1*10^6;                          %采样频率为 1 MHz
f1=50*10^3;                         %信号 1（频率为 50 kHz 的信号）
f2=39.0625*10^3;                    %信号 2（频率为 39.0625 kHz 的信号）
```

```
N=256;                                   %FFT 的长度

%生成长度为 L 的时间序列
L=1000;
t=0:L-1;
t=t/fs;

%生成频率为 f、采样频率为 fs 的正弦波信号
s=sin(2*pi*f1*t)+2*sin(2*pi*f2*t);

%对采样信号进行 N 点 FFT，并取模
fts=fft(s,N);
fts=abs(fts);

%绘制信号的时域波形
subplot(2,1,1);
plot(t(1:100)*1000,s(1:100));
xlabel('时间/ms');ylabel('幅度/V');
legend('频率叠加信号时域波形')

%绘制信号 FFT 后的频域波形
subplot(2,1,2);
n=0:N-1;
stem(n,fts)
xlabel('FFT 的位置');ylabel('FFT 的模');
legend('频率叠加信号频域波形');
```

运行上面的程序运行后，可得到频率分别为 50 kHz 和 39.0625 kHz 的频率叠加信号的时域波形及频域波形，如图 9-4 所示，图中仅给出了正频率的部分，在 n=10 和 n=13 处出现谱线的两个峰值，分别代表频率为 39.0625 kHz 和 50 kHz 的信号。根据前面的分析，由于 N 不是频率为 50 kHz 的信号周期的整数倍，因此对应谱线的幅度为 120，小于根据式（9-11）计算的值（128）。由于 N 是频率为 39.0625 kHz 的信号周期的整数倍（10 倍），从理论上来将，对应谱线的幅度应该与式（9-11）计算的值相同，都应该是 256，但对应谱线的幅度为 250。

可以从两个方面来解释图 9-4 的现象。一方面可以根据 FFT 的物理意义来进行解释。对于 50 kHz 信号来讲，由于 N 不是信号周期的整数倍，因此通过 FFT 得到的频谱相当于载波信号频率为 50 kHz 的调制信号，该调制信号的频带包含了频率为 39.0625 kHz 的信号，频率为 39.0625 kHz 的信号形成了干扰，影响了对频率为 50 kHz 的信号幅度的测量。另一方面可以根据 DFT 的物理意义来解释。时域截断会造成频谱泄漏和混叠失真，进行 N 点 FFT，相当于对原始的模拟信号进行矩形窗处理，截断后信号相当于原始模拟信号与矩形窗的卷积，造成了频谱泄漏和混叠失真，从而影响了对频率为 50 kHz 的信号幅度的测量。

频率间隔越大，频谱泄漏造成的影响就越小。修改 E9_2_doublesinfft.m 的代码，将频率为 50 kHz 的信号换成频率为 10 kHz 的信号，重新运行程序，可得到频率分别为 10 kHz 和 39.0625 kHz 的频率叠加信号的时域波形及频域波形，如图 9-5 所示，可见，频率为 39.0625 kHz 的信号幅度为 258，更接近于理论值，即 256。

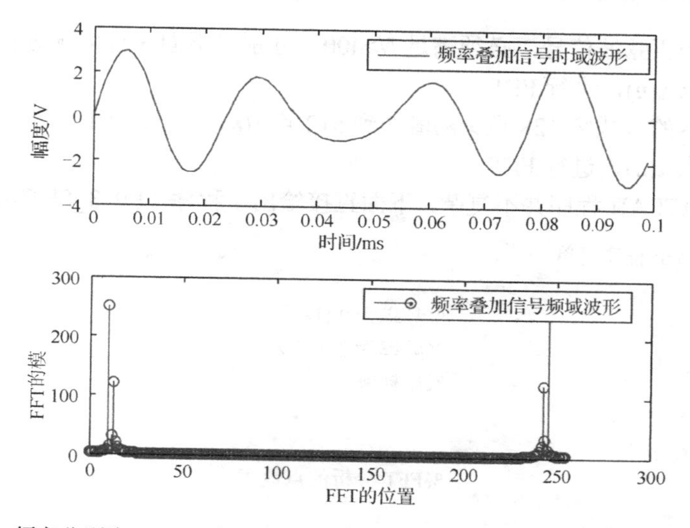

图 9-4　频率分别为 50 kHz 和 39.0625 kHz 的频率叠加信号的时域波形及频域波形

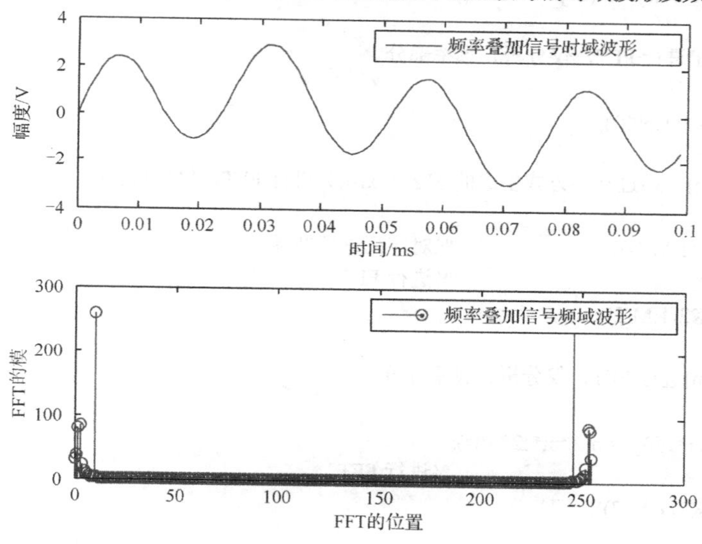

图 9-5　频率分别为 10 kHz 和 39.0625 kHz 的频率叠加信号的时域波形及频域波形

9.2.3　频率分辨率与分辨不同频率的关系

根据 9.1.3 节的讨论可知，在对信号进行 N 点 FFT（由于 FFT 是 DFT 的快速算法，两者的运算结果完全相同，因此后续的叙述统一采用 FFT）时，频率分辨率 $\Delta f=f_s/N$。如果在 $x(n)$ 中有两个频率分别为 f_1 和 f_2 的信号，则在对 $x(n)$进行矩形窗截断时，需要分辨这两个频率，就必须满足式（9-8）的条件，即 $2f_s/N<|f_1-f_2|$。虽然可以通过对序列进行补零的方式来增加谱线密度，但不能改变频率分辨率。接下来采用 MATLAB 来仿真测试上述结论，进一步加深对这些基本理论的理解。

实例 9–3：仿真 FFT 参数对分析信号频谱的影响

生成频率分别为 2 Hz 和 2.05 Hz 的正弦波信号，采样频率 f_s 为 10 Hz。根据式（9-8）可知，要分辨这两个正弦波信号，必须满足 $N>400$。分别对下面 3 种情况进行 FFT：

（1）取 128 点 $x(n)$，进行 FFT。

（2）通过补零的方式将 128 点 $x(n)$增加到 512 点 $x(n)$，进行 FFT。

（3）取 512 点 $x(n)$，进行 FFT。

本实例的 MATLAB 程序并不复杂，下面直接给出了程序（E9_3_FFTSim.m 文件）代码：

```
%E9_3_FFTSim.m 程序清单
clc;
f1=2;                                   %频率为 2 Hz
f2=2.05;                                %频率为 2.05 Hz
fs=10;                                  %采样频率

%生成 128 点 x(n)
N=128;                                  %FFT 分析的点数
n=0:N-1;
xn1=sin(2*pi*f1*n/fs)+sin(2*pi*f2*n/fs);

%对 128 点 x(n)进行 FFT，仅分析正频率部分
XK1=fft(xn1);
MXK1=abs(XK1(1:N/2));

%对 512 点 x(n)（通过补零方式生成的 512 点 x(n)）进行 FFT，仅分析正频率部分
M=512;
xn2=[xn1 zeros(1,M-N)];                 %对序列进行补零
XK2=fft(xn2);                           %进行 FFT
MXK2=abs(XK2(1:M/2));

%对 512 点 x(n)进行 FFT，仅分析正频率部分
n=0:M-1;
xn3=sin(2*pi*f1*n/fs)+sin(2*pi*f2*n/fs);
XK3=fft(xn3);                           %进行 FFT
MXK3=abs(XK3(1:M/2));

%绘图
subplot(321);
x1=0:N-1;
plot(x1,xn1);
xlabel('时间/s）');ylabel('幅度/V');
legend('128 点 x(n)');

subplot(322);
k1=(0:N/2-1)*fs/N;
plot(k1,MXK1);
xlabel('频率/Hz');
ylabel('FFT 的模');
legend('128 点 FFT');

subplot(323);
```

```
x2=0:M-1;
plot(x2,xn2);
xlabel('时间/s');
ylabel('幅度/V');
legend('512 点补零 x(n)');

subplot(324);
k2=(0:M/2-1)*fs/M;
plot(k2,MXK2);
xlabel('频率/Hz');ylabel('FFT 的模');
legend('512 点补零 FFT');

subplot(325);
plot(x2,xn3);
xlabel('时间/s');
ylabel('幅度/V');
legend('512 点 x(n)');

subplot(326);
plot(k2,MXK3);
xlabel('频率/Hz');
ylabel('FFT 的模');
legend('512 点 FFT');
```

运行上面的程序，可得到不同参数 FFT 的时域波形和频域波形，如图 9-6 所示。

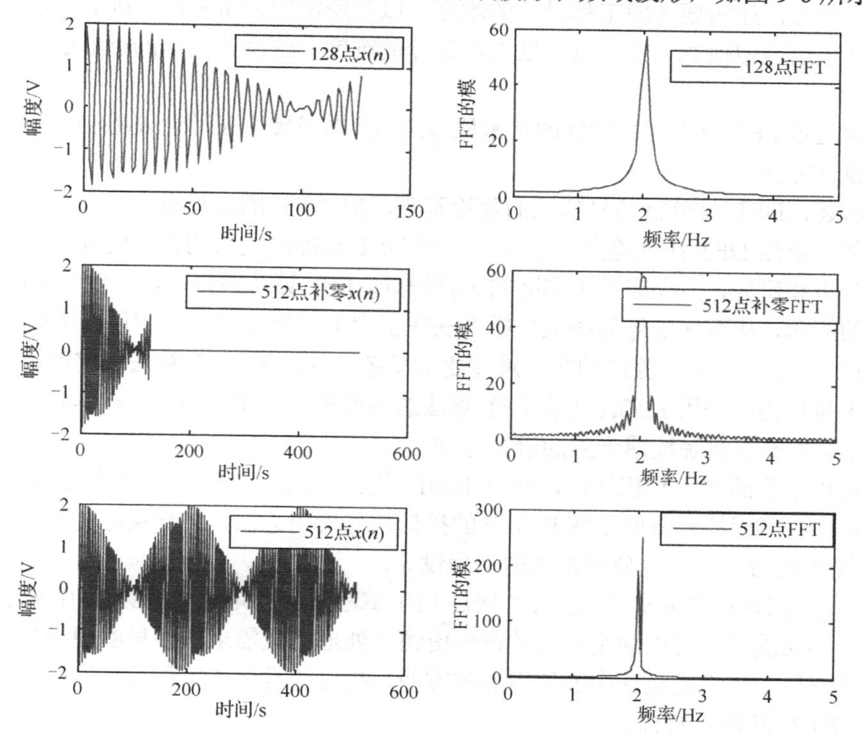

图 9-6 不同参数 FFT 的时域波形和频域波形

从“128 点 $x(n)$”的时域波形和频域波形可以看出，由于采样点数（N）不满足式（9-8）的要求，频域波形（频谱）中只有一条谱线峰值，无法区分两个频率信号；从“512 点补零 $x(n)$”的时域波形和频域波形可以看出，补零方式对分辨率没有影响，只对频谱起到了平滑作用；从“512 点 $x(n)$”的时域波形和频域波形可以看出，由于采样点数（N）满足式（9-8）的要求，频谱中有两条谱线峰值，可以明显地区分两个频率信号。

经过对前面几个实例的分析，可以得出以下几条关于通过 FFT 测量模拟信号频谱和幅度的结论：

（1）对采样得到的数据进行 FFT 后，可以通过式（9-10）得到每条谱线对应模拟信号的频率。

（2）当 N 是模拟信号周期的整数倍时，对应的频率处为单条谱线，否则在对应频率处附近会出现一定的起伏，相当于以模拟信号为载波的调制信号频谱。

（3）当 N 是信号周期的整数倍时，可以通过式（9-11）准确计算模拟信号的幅度。

（4）当 N 不是信号周期的整数倍时，可以通过式（9-11）计算模拟信号的幅度，但与实际的幅度之间存在误差。

（5）通过 FFT 测量频率叠加信号（如两个不同频率的信号）的频率时，必须出现 2 条谱线波峰，且 2 条谱线波峰之间存在较低幅度的谱线。

（6）通过 FFT 测量频率叠加信号（如两个不同频率的信号）的频率时，N 必须满足式（9-8）的要求。

通过 FFT 分析信号的特性（如频率和幅度）时，如果想要得到严格、准确的结果，则需要查阅关于 FFT 理论资料，以获取更严谨的理论计算方法。对于工程设计来讲，不仅需要考虑测量的准确性，还需要考虑工程设计的难度，以及所需的逻辑资源等因素。因此，在工程上通常需要采用近似估算方法，以降低工程设计的难度。这种工程上的近似必须满足用户的需求。

在了解通过 FFT 分析信号特性的基本原理之后，本书接下来讨论采用 FPGA 实现信号特性分析的设计方法。

如前所述，DFT 是分析信号特性的理论基础，但 DFT 的运算量太大，不适合采用硬件电路来实现。虽然 DFT 在理论上非常完美，但 DFT 在提出之后的很长时间内，主要应用于理论上的分析和研究，很少应用于实际的工程设计。FFT 算法的提出，有效地解决了 DFT 运算量过大的问题，从而使信号的频域分析方法在工程上得到了广泛的应用。虽然 FFT 的运算效率比 DFT 高很多，但其算法的实现难度更加复杂，仅理解 FFT 算法的实现过程就会花费工程师的大量精力，采用 FPGA 实现 FFT 算法的难度就更大了。因此，在早期，FFT 算法的 FPGA 设计是很多工科院校博士生的研究方向。

知识是可以不断传承和积累的，经过不断的发展，ISE14.7 提供的免费 FFT 核可应用于实际的工程中。工程师只需要了解 FFT 核的接口信号使用方法，结合实际的需求就可以轻松利用 FFT 核完成与信号特性分析相关的工程设计。

FFT 算法是 DFT 的快速算法，FFT 核是 FFT 算法具体的电路。ISE14.7 中的 FFT 核功能十分强大，不仅提供了可以满足不同的逻辑资源及处理性能需求的多种实现结构，还提供了丰富的接口信号，在工程设计中的使用非常方便。在讨论具体的工程设计实例之前，我们先介绍一下 FFT 核的基本特性。

9.3 FFT 核的使用

9.3.1 FFT 核简介

ISE 14.7 提供的用于进行快速傅里叶变换 IP 核（FFT 核）适合 Xilinx 公司的 Virtex-7、Kintex-7、Virtex-6、Virtex-5、Virtex-4、Spartan-6、Spartan-3/XA、Spartan-3E/XA、Spartan-3A/AN/3A DSP/XA 系列 FPGA 的开发。

在 Core Generator 工具界面选择“View by Function→Digital Signals Processings→Transforms→FFTs→Fast Fourier Transform 7.1”，可生成 FFT 核。FFT 核的参数设置对话框如图 9-7 所示，图中左侧为 FFT 核的对外接口信号，右侧用于设置 FFT 核的参数。

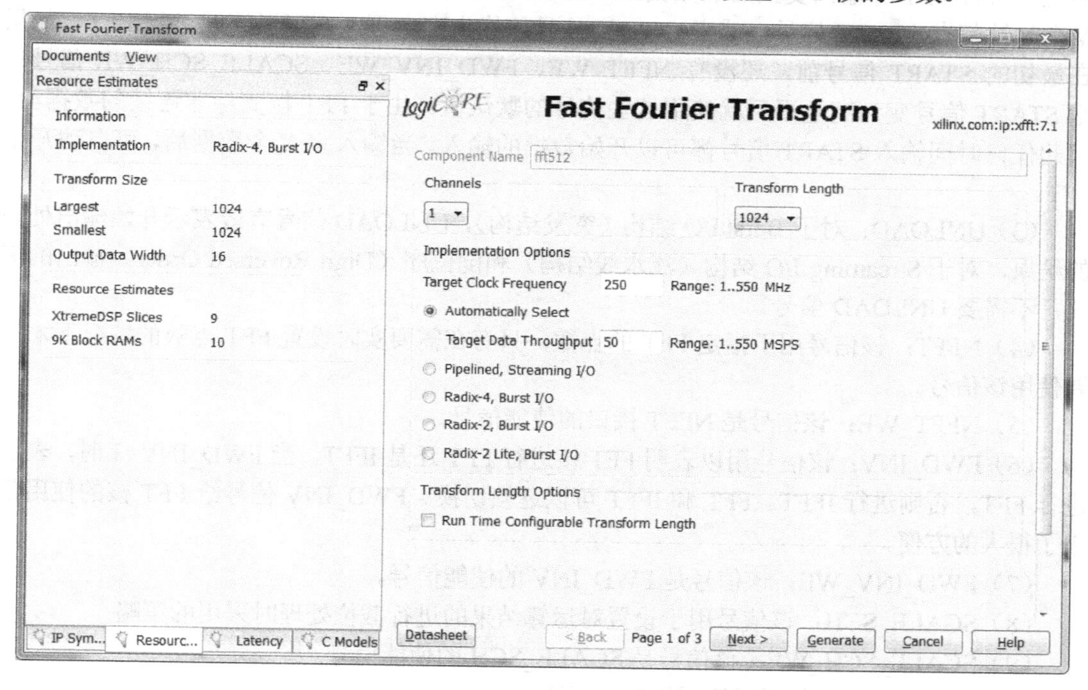

图 9-7　FFT 核的参数设置对话框

Fast Fourier Transform 7.1 核（FFT 核）可以实现点数 $N = 2^m$（m=3～6）的 FFT/IFFT 运算，有效数据位宽为 8～34。值得注意的是，输入数据既可以是定点数，也可以是 32 bit 的浮点数；输出数据可选择全精度输出、截位输出和浮点数。FFT 核中使用到的存储器，既可以选择分布式 RAM，也可以选择采用 Block ROM。FFT/IFFT 运算方式既可以通过接口进行设置，也可以直接在 IP 核的参数设置对话框进行设置。

FFT 核提供了 4 种运算结构，用户根据运算速度及硬件资源情况来选择。按运算速度从高到低（资源占用从多到少）的顺序排列，这 4 种运算结构分别是“Pipelined, Streaming I/O”“Radix-4, Burst I/O”“Radix-2, Burst I/O”“Radix-2 Lite, Burst I/O”。其中，“Pipelined, Streaming I/O”可对连续输入数据进行 FFT/IFFT；“Radix-4, Burst I/O”的数据输入和 FFT/IFFT 不能同

时进行，也就是说，只能先输入数据，再进行 FFT/IFFT，完成 FFT/IFFT 后，再输入下一段数据，这种结构需要较长的时间来进行 FFT/IFFT，但只需要较少的硬件资源；“Radix-2, Burst I/O”与“Radix-4, Burst I/O”类似，由于蝶形运算单元较少，可以在牺牲运算速度的前提下节约硬件资源；“Radix-2 Lite, Burst I/O”采用的蝶形运算单元比“Radix-2, Burst I/O”更少，可通过分时复用的方式进一步节约硬件资源。

9.3.2 FFT 核的接口信号及时序

FFT 核提供了丰富的接口信号，如下所述。

（1）XN_RE、XN_IM：输入数据的实部及虚部，输入数据采用二进制数的补码形式。

（2）START：FFT 开始信号，高电平有效。当该信号为高电平时，开始输入数据，随后直接进行 FFT 并输出变换后的数据。一个 START 信号允许对一帧数据进行 FFT，如果每 N 个时钟都有 START 信号，或者 START 信号始终为高电平，则可以连续进行 FFT。如果在最初的 START 信号前，还没有 NFFT_WE、FWD_INV_WE、SCALE_SCH_WE 信号，则 START 信号变为高电平后就使用这些信号的默认值。由于 FFT 核支持非连续的数据流，因此任何时间输入 START 信号都可以开始数据的输入。当输入完 N 个数据后，可自动开始 FFT。

（3）UNLOAD：对于 Burst I/O 结构（突发结构），UNLOAD 信号有效表示开始输出处理的结果，对于 Streaming I/O 结构（流水线结构）和倒位序（Digit Reversed Order）输出的情况，不需要 UNLOAD 信号。

（4）NFFT：该信号用于指定 FFT 的点数，只有在需要实时设置 FFT 点数的情况下才需要使用该信号。

（5）NFFT_WE：该信号是 NFFT 接口的使能信号。

（6）FWD_INV：该信号用以表明 FFT 核进行 FFT 还是 IFFT。当 FWD_INV=1 时，表示进行 FFT，否则进行 IFFT。FFT 和 IFFT 可以逐帧切换。FWD_INV 信号给 FFT 核的使用带来了很大的方便。

（7）FWD_INV_WE：该信号是 FWD_INV 的使能信号。

（8）SCALE_SCH：该信号用于设置对运算结果的进行截位处理时采用的策略。

（9）SCALE_SCH_WE：该信号是 SCALE_SCH 的使能信号。

（10）SCLR：该信号用于清零接口，可选。

（11）RESET：该信号用于复位接口，高电平时有效，在复位接口时会保留内部的数据帧。

（12）CE：该信号是时钟信号的使能信号，可选。

（13）CLK：时钟信号。

（14）XK_RE、XK_IM：输出数据的实部及虚部，输出数据采用二进制数的补码形式。

（15）XN_INDEX：输入数据的索引。

（16）XK_INDEX：输出数据的索引。

（17）RFD：数据有效信号，高电平时有效，在加载数据时 RFD 信号为高电平。

（18）BUSY：该信号是 FFT 核的工作状态指示信号，在进行 FFT 时该信号为高电平。

（19）DV：数据有效指示信号，当输出接口存在有效数据时该信号变为高电平。

（20）EDONE：高电平有效，在 DONE 信号变高的前一个时钟，EDONE 信号变为高电平。

（21）DONE：高电平有效。在完成 FFT 后该信号变为高电平，且只持续一个时钟周期。在 DONE 信号变为高电平后，FFT 核开始输出数据。

（22）BLX_EXP：当采用突发结构时使用 BLX_EXP 信号；当采用流水线结构时 BLX_EXP 信号无效。

（23）OVFLO：该信号用于表示 FFT 是否溢出。在输出数据时，如果某一数据帧发生溢出，则 OVFLO 信号变为高电平。在每个数据帧的开始时，将会重置 OVFLO 信号。

FFT 核的时序相对其他 IP 核而言比较复杂，不同运算结构的 FFT 核有不同的运算时序，了解 FFT 核的运算时序是正确使用 FFT 核的前提。由于本章后续实例采用的运算结构是“Radix-2, Burst I/O”，因此下面重点对这种运算结构进行介绍，有兴趣的读者可查阅 FFT 核手册来了解其他运算结构的运算时序。

运算结构“Radix-2, Burst I/O”进行基-2 蝶形运算，整个运算包括两个进程（Process）：输入数据和输出数据进程，以及 FFT 运算进程，这两个进程不能同时进行。在启动 FFT 核后，输入数据首先在时钟的控制下同步载入 FFT 核内部的存储器（RAM）内，然后在一帧数据输入完成后开始 FFT，最后将变换后的数据输出到相应的接口。在 FFT 运算进程中不能进行数据的输入或输出，但如果数据以倒位序（Digit Reversed Order）输出时，数据的输入和输出可同时进行而不会相互影响。图 9-8 为运算结构“Radix-2, Burst I/O”的示意图。

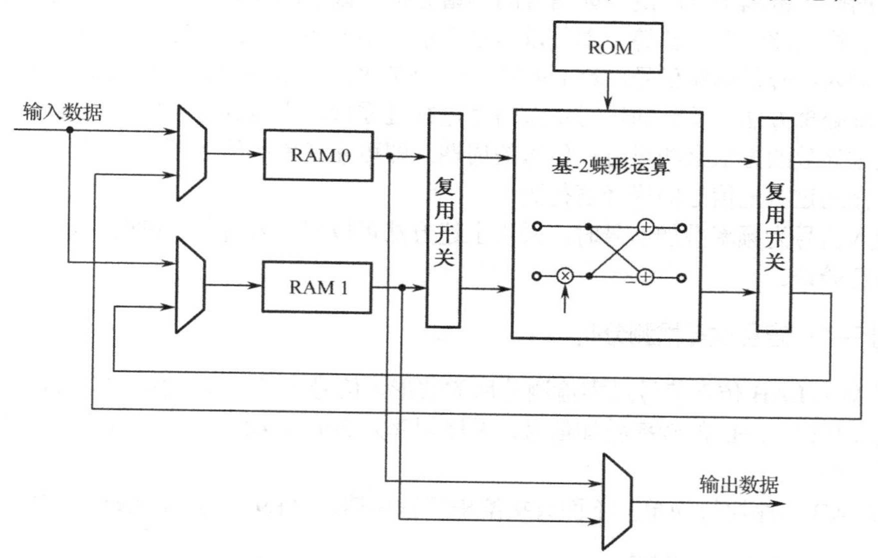

图 9-8　运算结构“Radix-2, Burst I/O”的示意图

图 9-9 为运算结构“Radix-2, Burst I/O”的运算时序，从图中可以清楚地看出，该运算结构中输入的数据是不连续的，且输入数据与 FFT 运算、输出数据是分时进行的。一般来讲，在工程设计中，输入的数据是连续的，因此在进行 FFT 时，需要根据 FFT 的时序对输入数据和输出数据进行调整，以满足运算时序的要求。

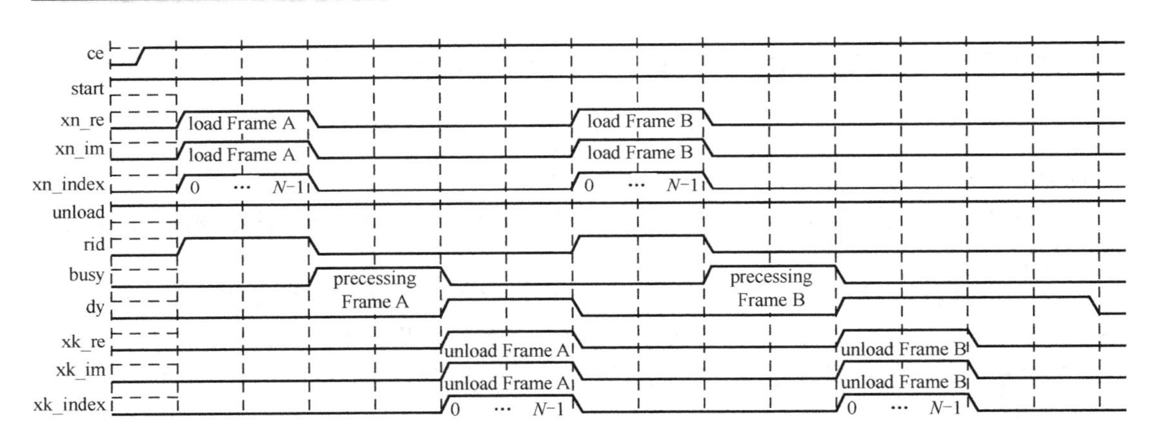

图 9-9　运算结构“Radix-2, Burst I/O”的运算时序

9.4　信号识别电路的 FPGA 设计

9.4.1　频率叠加信号的时域分析

FFT 的应用范围十分广泛，如信号的频谱分析、数字图像处理、语音信号处理、快速滤波算法、变换域滤波器设计等。本节以信号识别电路为例，介绍 FFT 核的用法。

如果输入信号是单频信号，除了可以通过 FFT 来测量信号的频率和幅度，还可以采用更简单的时域处理方法。首先通过对单频信号进行过零检测来得到方波信号，然后采用高速时钟信号通过计数的方法来测量方波信号的周期，即可完成单频信号频率的测量。单频信号的幅度可直接通过测量信号的峰峰值得到。

当输入信号为频率叠加信号时，采用上述方法可以对信号进行识别吗？接下来通过一个实例来进行验证。

实例 9-4：信号过零检测分析

采用 MATLAB 仿真信号过零检测前后的波形，信号 1 是 1 Hz 的单频信号，信号 2 是频率分别为 1 Hz 和 2 Hz 的频率叠加信号，采样频率为 20Hz，绘制两个信号的原始波形及过零检测后的波形。

MATLAB 程序比较简单，下面直接给出了程序清单（E9_4_zerodetect.m 文件）。

```
%E9_4_zerodetect.m 程序清单
clc;
f1=1;                      %1 Hz 单正弦波信号的频率
f2=2;                      %2 Hz 单正弦波信号的频率
fs=20;                     %采样频率为 20 Hz

%生成单频信号及频率叠加信号
t=0:1/fs:6;
x1=sin(2*pi*f1*t);
```

```
x2=sin(2*pi*f2*t)+x1;

%过零检测
for i=1:length(x1)
    if x1(i)>0
        zx1(i)=1;
    else
        zx1(i)=-1;
    end
end

%过零检测
for i=1:length(x2)
    if x2(i)>0
        zx2(i)=1;
    else
        zx2(i)=-1;
    end
end

%绘图
subplot(221);
plot(t,x1);
xlabel('时间/s');
ylabel('幅度/V');
legend('1Hz 信号波形');

subplot(222);
plot(t,zx1);
xlabel('时间/s');
ylabel('幅度/V');
axis([0,6,-1.2,1.2]);
legend('1 Hz 信号过零检测后波形');

subplot(223);
plot(t,x2);
xlabel('时间/s');
ylabel('幅度/V');
legend('频率叠加信号波形');

subplot(224);
plot(t,zx2);
xlabel('时间/s');
ylabel('幅度/V');
axis([0,6,-1.2,1.2]);
legend('频率叠加信号过零检测后波形');
```

运行上面的程序，可得到单频信号和频率叠加信号过零检测前后的波形，如图 9-10 所示。从图中可以看出，当输入信号为频率叠加信号时，由于信号的叠加，在零点处已无法表示任何一个具体信号的信息，因此无法通过过零检测的方法来完成频率叠加信号的测量，同理，也无法从频率叠加信号的幅度中测量每个信号的幅度。

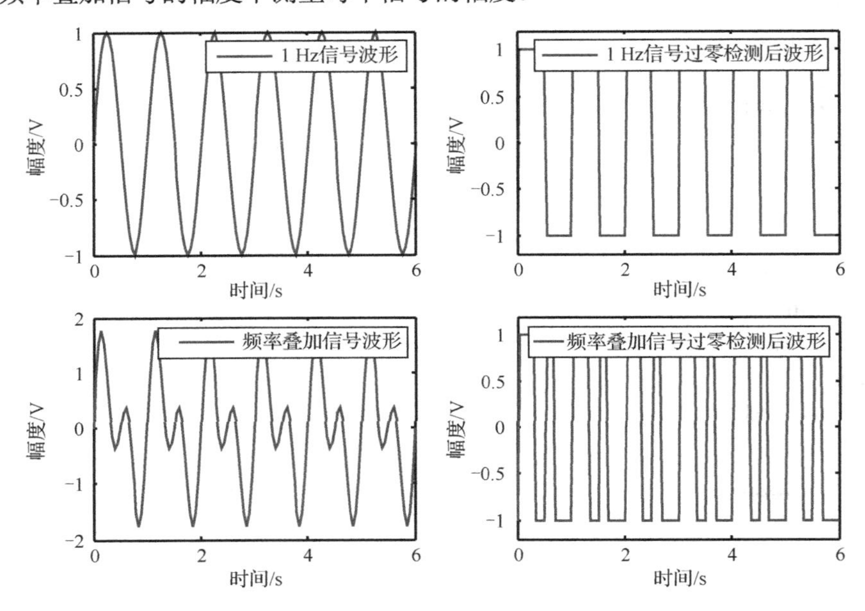

图 9-10　单频信号和频率叠加信号过零检测前后的波形

9.4.2　信号识别电路的设计需求及参数分析

通过前面的分析可知，当输入信号是频率叠加信号时，采用时域分析方法无法识别每个信号的频率和幅度。根据 DFT/FFT 的原理，在时域无法识别的信号，在频域可以根据谱线峰值位置来识别。

实例 9-5：信号识别电路的 FGPA 设计

本实例完成对频率范围为 100 kHz～1 MHz 的输入信号频率和幅度的自动识别，输入信号为单频信号或频率叠加信号。要求能够自动识别单频信号或频率叠加信号，能够区分频率间隔大于 25 kHz 的两个信号，并测量信号的幅度。

根据奈奎斯特采样定理，对于最高频率为 1 MHz 的输入信号，在理论上，实现频率无混叠采样的最低采样频率 f_s 为 2 MHz。在实际工程设计中，采样频率一般要大于信号最高频率的 4 倍。本实例要在 CXD301 上进行验证，考虑到 CXD301 的外部时钟信号频率为 50 MHz，为了便于设计，取 f_s 为 6.25 MHz。

本实例要求能够分辨频率间隔为 10 kHz 的信号，根据式（9-8）可知，N>500，取 2 的整数幂次方，即 N=512。

根据前面的讨论可知，模拟信号的幅度与 N 的关系由式（9-11）确定。FFT 后的数据为复数，在 FPGA 中求取复数的模需要进行开平方运算，运算量表较大，需要占用较多的逻辑资源。为了便于数据运算，FPGA 采用乘加运算的方法来得到实部和虚部的平方和，即谱线

的功率值 P_d。根据 CXD301 的电路原理，A/D 采样数据的满量程为 1 V，数据位宽为 8，采样输入的 8 bit 数据为 127 时对应的模拟信号幅度为 1 V。因此，模拟信号幅度 A_a 与 P_d 的关系为：

$$A_a = \frac{2}{127N}\sqrt{P_d} \tag{9-12}$$

在编写 Verilog HDL 程序之前，还需要明确检测信号的方法。根据前面的讨论可知，在对采样的信号进行 FFT 后，只有当谱线出现波峰（谱线由低到高，再由高到低的过程）时，才能判断出现了频率信号。从 FFT 后的数据流中判断谱线出现波峰的时刻有很多方法，在不考虑干扰及噪声影响的前提下，只需要对连续的 3 个数据进行判断，当中间数据同时大于前一个数据及后一个数据时即可确定中间数据是一个波峰。

9.4.3　信号识别电路的 Verilog HDL 设计

根据前面的分析可以得到信号识别电路的设计框图，如图 9-11 所示。首先对输入信号进行 FFT（采用 FFT 核完成）得到变换后频域信号；然后对变换后的频域信号（实部信号 XK_RE 及虚部号 XK_IM）求平方和运算，得到谱线的功率。由于求谱线功率需要用到乘法器和加法器运算，可以采用流水线技术来提高运算速度，但会产生一定的时钟周期延时，因此接下来需要采用触发器来调整接口信号时序，使得功率信号、谱线波峰位置信号 XK_INDEX，以及数据有效信号 DV 相互对齐。最后判断谱线波峰的位置，输出频率及频率，得到指示信号、频率值、功率值和信号数量。

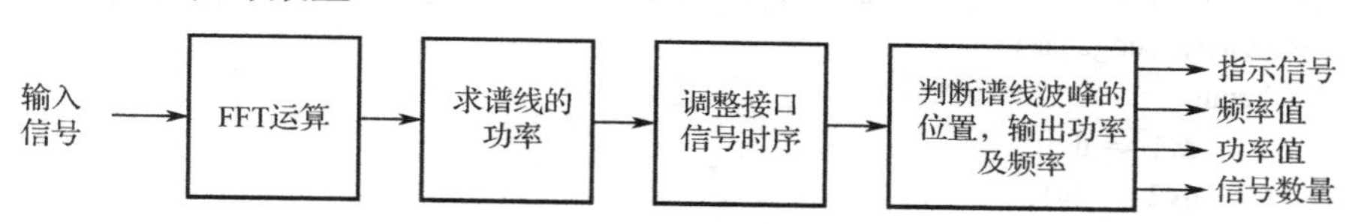

图 9-11　信号识别电路的设计框图

下面是信号识别电路的 Verilog HDL 程序代码。

```
//signal_detect.v 程序清单
module signal_detect(
    input clk,                  //系统时钟频率为 6.25MHz
    input [7:0] xn,             //输入数据
    output [7:0] cn,            //频率叠加信号的个数
    output reg [7:0] freq,      //识别信号的频率
    output reg [35:0] pow,      //识别信号的功率
    output vd,                  //高电平脉冲，用于指示输出的数据状态有效
    output reg ce               //信号有效指示，1 个周期的高电平脉冲
    );

    wire [8:0] xk_index;
    wire [17:0] xk_re,xk_im;
    wire [35:0] xk_rsq,xk_isq,power2;
    reg [35:0] power3,power4;
    reg dv1,dv2,dv3,dv4;
```

```
reg [8:0] xk_index1,xk_index2,xk_index3,xk_index4;
reg [7:0] num=0;
reg [7:0] number=0;
reg [7:0] numbert=0;

//例化 512 点的 FFT 核
fft512 u1(.clk(clk), .start(1'b1),.unload(1'b1), .xn_re(xn), .xn_im(8'd0), .fwd_inv(1'b1),
        .fwd_inv_we(1'b0), .rfd(), .xn_index(), .busy(), .edone(), .done(), .dv(dv),
        .xk_index(xk_index), .xk_re(xk_re), .xk_im(xk_im));

//计算谱线的功率，乘法运算，采用 2 级流水线技术
mult18_18 u2(.clk(clk), .a(xk_re), .b(xk_re), .p(xk_rsq));
mult18_18 u3(.clk(clk), .a(xk_im), .b(xk_im), .p(xk_isq));

assign power2 = xk_rsq + xk_isq;
always @(posedge clk)
    begin
        power3 <= power2;
        power4 <= power3;
    end

//对 dv 及 xk_index 进行 4 个时钟周期延时，得到 3 路信号
//power2/dv2/xk_index2;power3/dv3/xk_index3;power4/dv4/xk_index4;
always @(posedge clk)
    begin
        dv1 <= dv;
        dv2 <= dv1;
        dv3 <= dv2;
        dv4 <= dv3;
        xk_index1 <= xk_index;
        xk_index2 <= xk_index1;
        xk_index3 <= xk_index2;
        xk_index4 <= xk_index3;
    end

always @(posedge clk)
//完成 FFT，只判断正频率部分的谱线
if((dv3) &(xk_index3<9'd256))
    //判断是否出现波峰，且幅度大于 0.03 V 的谱线
    if((power3>power2) &(power3>power4) &(power3>36'd951327))
        begin
            //输出频率信号的功率
            pow <= power3;
            //输出频率信号的频率
            freq <= xk_index3[7:0];
            ce <= 1'b1;
            num <= num + 1;
```

```
            end
        else
            ce <= 1'b0;
    else
        begin
            num <= 0;
            ce <= 1'b0;
            freq <= 0;
            pow <= 0;
        end

    //输出识别出的信号数量
    always @(posedge clk)
    if(xk_index3==9'd256)
        begin
            numbert <= num;
            vd <= 1'b1;
        end
    else
        vd <= 1'b0;

    assign cn = numbert;
    assign number = num;
endmodule
```

上面的程序中使用了 FFT 核和乘法器 IP 核。其中 FFT 核的名称为 fft512，将“Channels”（通道）设置为“1”，将“transform Length”（变换长度）设置为“512”，将“Target Clock Frequency”（目标时钟频率）设置为“6”（在 FFT 核的参数设置对话框中仅能设置整数，本实例为 6.25 MHz），选中“Radix-2, Burst I/O”，将“Data Format”（数据格式）设置为“Fixed Point”（定点数），将“Input Data Width”（输入数据位宽）和“Phase Factor Width”（相位因子位宽）均设置为“8”，选中“Unscaled”（全精度）和“Natural Order”（自然位序），数据和相位因子存储单元均设置为“Blcok RAM”。

乘法器 IP 核的名称为 mult18_18，设置输入数据为 18 bit 的有符号数，将“Multiplier Construction”（乘法器结构）设置为“Use Mults”，将“Pipeline Stages”（流水线级数）设置为“2”。

根据乘法器 IP 核的参数设置，乘法运算采用 2 级流水线操作，乘法结果会比输入数据延时 2 个时钟周期，计算得到的功率信号 power2 相对于 xk_index 延时了 2 个时钟周期。

为了判断谱线功率的峰值状态，需要生成 3 个依次相差一个时钟周期的信号，因此程序采用 2 级触发器级联，生成了分别延时 1 个周期的 power3 和 2 个周期的 power4。

由于 FFT 核的 dv 信号和 xk_index 信号对齐，为了与 power2、power3、power4 对齐，需要同时对 dv 和 xk_index 信号延时 2、3、4 个时钟周期，最终得到 3 组相互相差一个时钟周期的信号，即 power2、dv2、xk_index2，power3、dv3、xk_index3，power4、dv4、xk_index4。

在程序中，只要判断 power3 是否同时大于 power2 和 power4，即可判断是否出现谱线峰值。考虑到 A/D 采样位宽，以及噪声信号的影响，设置幅度大于 0.03 V 的信号才是有用信号，因此需要同时判断谱线功率值的大小。根据式（9-12），当 $A_a = 0.03$ V 时，$P_d = 951327$。

9.4.4 信号识别电路的 ModelSim 仿真

完成信号识别电路的 Verilog HDL 设计之后，还需要采用 ModelSim 进行仿真，以验证信号识别电路功能的正确性。为了便于测试，采用文件 IO 的方式进行仿真，即采用 MATLAB 生成 3 路频率叠加信号，对信号进行 8 bit 量化后写入文本文件（E9_5_data.txt）中，在测试激励文件中读取文本文件中的数据作为输入信号。设置 3 个单频信号的频率分别为 100 kHz、125 kHz 和 1 MHz，幅度均为 0.333 V。

生成测试信号文件的 MATLAB 程序（E9_5_data.m 文件）清单如下：

```
%E9_5_data.m
f1=0.1*10^6;                        %信号 1 的频率
f2=1*10^6;                          %信号 2 的频率
f3=0.125*10^6;                      %信号 3 的频率
Fs=6.25*10^6;                       %采样频率
N=8;                                %量化位数

%生成频率叠加信号
t=0:1/Fs:5000/Fs;
c1=2*pi*f1*t;
c2=2*pi*f2*t;
c3=2*pi*f3*t;
s=sin(c1)+sin(c2)+sin(c3);

%输入数据位宽为 8
s=s/max(abs(s));
Q_s=round(s*(2^(N-1)-1));

%计算测试信号（频率叠加信号）的幅频响应
f_s=abs(fft(Q_s,1024));
f_s=20*log10(f_s);

%对幅度进行归一化处理
f_s=f_s-max(f_s);

%绘制测试信号（频率叠加信号）的时域波形
figure(1)
subplot(211)
plot(t(1:300),s(1:300));
xlabel('时间/s');ylabel('幅度/V');
legend('频率叠加信号时域波形'); grid on;

%绘制测试信号（频率叠加信号）的幅频曲线
subplot(212)
```

```
L=length(f_s);
%横坐标的单位设置为 MHz
xf=0:L-1;
xf=xf*Fs/L/10^6;
plot(xf(1:L/2),f_s(1:L/2));
xlabel('频率/MHz');ylabel('幅度/dB');
legend('频率叠加信号频谱'); grid on;

%将生成的数据以二进制的格式写入文本文件中
fid=fopen('E:\XilinxVerilog\XilinxDSP_Ch9\E9_5_data.txt','w');
for i=1:length(Q_s)
    B_noise=dec2bin(Q_s(i)+(Q_s(i)<0)*2^N,N);
    for j=1:N
        if B_noise(j)=='1'
            tb=1;
        else
            tb=0;
        end
        fprintf(fid,'%d',tb);
    end
    fprintf(fid,'\r\n');
end
fprintf(fid,';'); fclose(fid);
```

运行上面的程序后可生成数据文件 E9_5_data.txt，并得到频率叠加信号的时域波形和频谱，如图 9-12 所示。从图中可以看出，从 3 路频率叠加信号的时域波形中无法区别 3 路信号的频率及幅度；频率叠加信号的频谱中出现了 3 条明显的谱线峰值，分别对应频率为 100 kHz、125 kHz 和 1 MHz 的信号，且可以查看谱线峰值对应的幅度。

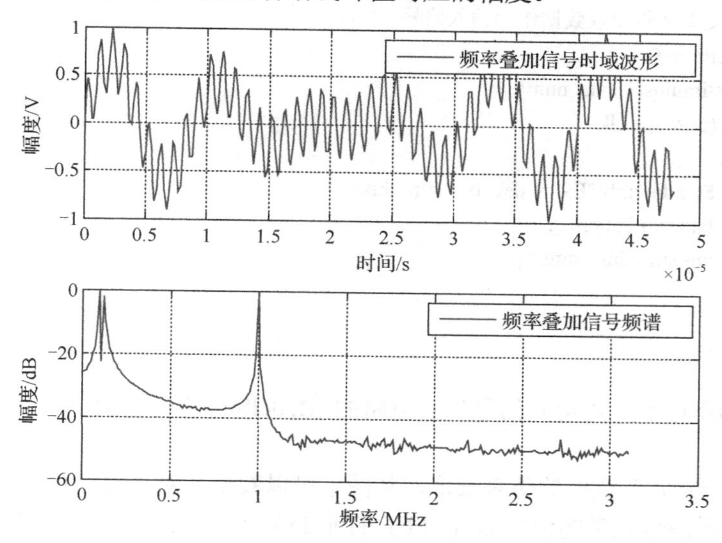

图 9-12　频率叠加信号的时域波形和频谱

将生成的数据文件 E9_5_data.txt 复制到工程目录文件夹下。新建测试激励文件 tst.vt，生成频率为 6.25 MHz 的时钟信号，并在时钟信号的驱动下读取 E9_5_data.txt 中的数据作为输入数据 xn。

下面是测试激励文件（tst.vt）的程序代码。

```
//tst.vt 程序清单
module tst;
reg clk;
reg [7:0] xn;
wire [7:0] cn;
wire [7:0] freq;
wire [35:0] pow;
wire ce;

signal_detect uut(.clk(clk), .xn(xn), .cn(cn), .freq(freq), .pow(pow), .ce(ce));

    initial begin
        clk = 0;
        xn = 0;
        #100;
    end

    //生成频率为 6.25 MHz 的时钟信号
    always #80 clk <= !clk;

    //仿真数据长度及仿真时间
    parameter data_num=5000;
    parameter time_sim=data_num*80;

    //从外部文本文件读取数据作为输入信号
    integer Pattern=0;
    reg [7:0] stimulus[1:data_num];
    always @(posedge clk)
        begin
            $readmemb("E9_5_data.txt",stimulus);
            Pattern=Pattern+1;
            xn=stimulus[Pattern];
        end

endmodule
```

运行上面的程序后，可得到信号识别电路的 ModelSim 仿真波形，如图 9-13 和图 9-14 所示。

图 9-13 为一帧完整数据的仿真波形，从图中可以看出，对 FFT 后的数据进行运算可得到谱线峰值，表示信号数量的信号 cn 在 FFT 的前 256 点运算后结果为 3，表示检测到 3 个单频信号，其中第 3 个信号的频率位置为 82，功率值为 116894762。

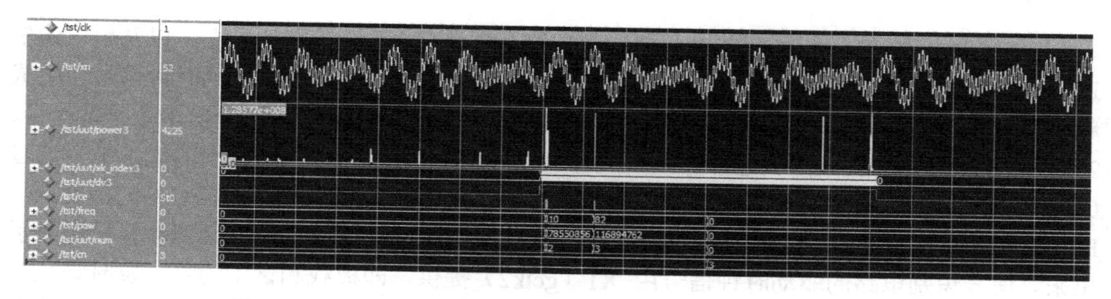

图 9-13　信号识别电路的 ModelSim 仿真波形（一帧完整波形）

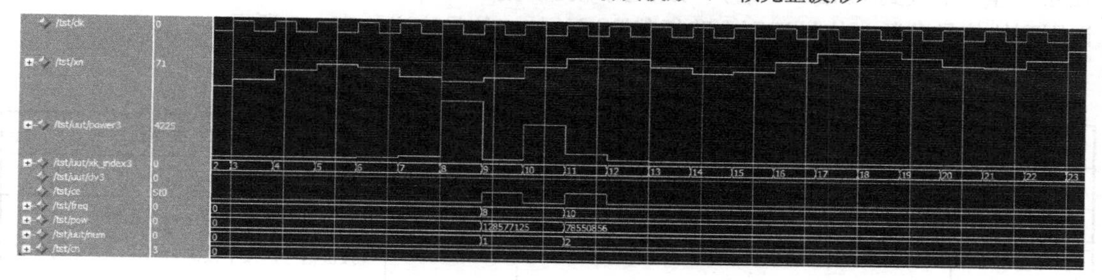

图 9-14　信号识别电路的 ModelSim 仿真波形（局部放大波形）

图 9-14 为局部放大的 ModelSim 仿真波形图，从图中可以看出在频率位置 8、10 处检测到两个频谱功率峰值，其功率值分别为 128577125、78550856。

根据式（9-10）和式（9-12）可分别计算出 3 个信号的频率及幅度，信号识别电路仿真数据的频率及幅度如表 9-1 所示。

表 9-1　信号识别电路仿真数据的频率及幅度

信　号	频 率 信 号	信号频率/kHz	功 率 信 号	信号幅度/V
1	8	97.66	128577125	0.3488
2	10	122.07	78550856	0.2726
3	82	1001	116894762	0.3325

从表 9-1 可以看出，从 ModelSim 仿真波形测量的频率与实际值存在一定误差，这是由 FFT 的分辨率决定的；信号幅度与实际值（均为 0.333 V）存在一定的误差，且频率为 1 MHz 信号的幅度误差较小，100 kHz 及 125 kHz 信号的幅度误差较大，这与本章前面的 MATLAB 仿真结果相符。

9.5　信号识别电路的板载测试

9.5.1　硬件接口电路

实例 9-6：信号识别电路的 CXD301 板载测试

在实例 9-5 的基础上，完善 Verilog HDL 程序代码，在 CXD301 上验证信号识别电路的功能。要求采用串口方式读取识别到的频率信号个数、频率及幅度。

CXD301 配置有 2 个独立的 D/A 接口、1 个 A/D 接口、2 个独立的晶振，以及串口通信通道。为了尽量真实地模拟信号处理过程，采用晶振 X2（gclk1）作为驱动时钟信号，生成频率为 100 kHz、125 kHz 和 1 MHz 的正弦波叠加信号（可通过按键控制输出单个频率信号、2 路频率叠加信号或 3 路频率叠加信号），经 DA1 通道输出；DA1 通道输出的模拟信号通过 CXD301 上的 P2 跳线端子（引脚 2、3 短接）物理连接至 AD 通道，送入 FPGA 进行处理。FPGA 对信号进行自动识别处理后，通过串口将信号数量、频率、幅度发送到计算机中显示出来。信号识别电路的驱动时钟信号由 X1（gclk2）提供，即板载测试中的收、发时钟完全独立。程序下载到 CXD301 后，可通过示波器观察 DA1 通道的信号波形，并通过串口读取识别到的信号参数。信号识别电路板载测试的接口信号定义如表 9-2 所示。

表 9-2 信号识别电路板载测试的接口信号定义

信号名称	引脚定义	传输方向	功能说明
gclk1	C10	→FPGA	生成合成测试信号的驱动时钟信号
gclk2	H3	→FPGA	DA2 通道转换的驱动时钟信号
key1	K1	→FPGA	按键信号，按下按键为高电平。每按一次按键，输入信号在单频信号、2 路频率叠加信号、3 路频率叠加信号之间依次转换
Led[2:0]	L4、L1、K2	FPGA→	指示当前的频率信号状态，1 个灯亮表示单频信号，2 个灯亮表示 2 路频率叠加信号，3 个灯同时亮表示 3 路频率叠加信号
ad_clk	P6	FPGA→	A/D 采样时钟信号，6.25 MHz
ad_din[7:0]	P7、T6、R7、T7、T8、R9、T9、P9	→FPGA	A/D 采样输入信号，8 bit
da1_clk	P2	FPGA→	DA1 通道转换时钟信号，25 MHz
da1_out[7:0]	R2、R1、P1、N3、M3、N1、M2、M1	FPGA→	DA1 通道转换信号，模拟的测试信号
da2_clk	P15	FPGA→	DA2 通道转换时钟信号，12.5 MHz
da2_out[7:0]	L16、M16、M15、N16、P16、R16、R15、T15	FPGA→	DA2 通道转换信号，滤波后输出的信号
rs232_rec	C11	→FPGA	计算机发送至 FPGA 的串口信号
rs232_txd	E1	FPGA→	FPGA 发送至计算机的串口信号

9.5.2 板载测试的方案

根据前面的分析，可以形成信号识别电路板载测试的原理框图，如图 9-15 所示。图中的信号识别电路模块为目标测试程序，测试信号生成模块用于生成 100 kHz、125 kHz 和 1 MHz 的频率叠加信号。Led[2:0]用于指当前的输出信号状态。测试信号生成模块输出的数据经 D/A 转换电路转换成模拟信号输出，在 CXD301 上通过跳线送回到 A/D 转换电路，同时可采用示波器观察 D/A 转换电路的信号波形。A/D 采样后的信号送回到 FPGA，由信号识别电路模块完成信号的识别及参数测量。识别结果经串口通信模块发送到计算机端中进行显示。

完成信号识别电路的板载测试电路后，除了需要设计测试信号生成模块，还需重新设计信号识别电路模块与串口通信模块之间的接口转换电路。串口通信功能的部分代码可以采用本书第 4 章讨论的串口通信实例程序。为了便于理解信号识别电路板载测试程序的设计思路，接下来采用自顶向下的方法介绍板载测试程序的代码。

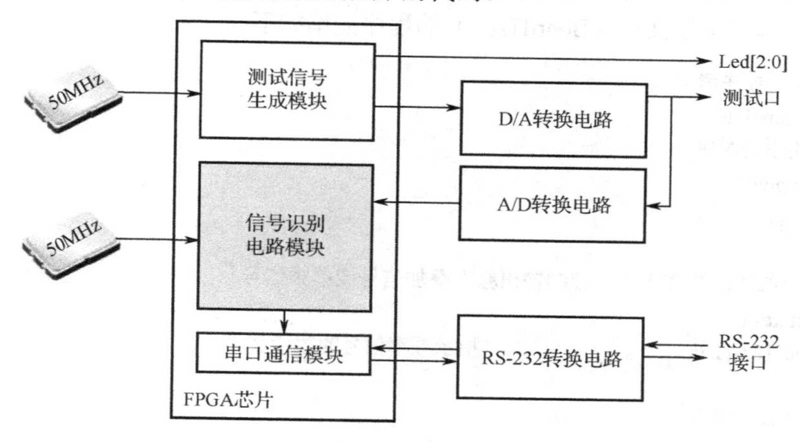

图 9-15　信号识别电路板载测试原理框图

9.5.3　顶层文件的设计

为了便于分析，下面先给出了信号识别电路板载测试程序的文件组织结构，如图 9-16 所示。

图 9-16　信号识别电路板载测试程序的文件组织结构

顶层文件（BoardTst.v）由测试信号生成模块（data 模块）和接收处理模块（receive 模块）组成。其中，data 模块在 gclk1 的驱动下生成单频信号或频率叠加信号，经 DA1 通道送出，形成测试信号；receive 模块完成频率信号的识别功能（由 signal_detect.v 完成），并将识别出的信号经串口送出。

图 9-16 中，keyshape.v 为按键消抖模块，可以采用本书第 4 章讨论的按键消抖程序代码；signal_detect.v 为信号识别电路模块，也是板载测试程序所要验证的目标电路；串口通信模块

（clock.v、send.v、rec.v）均可采用本书第 4 章讨论的串口通信实例程序。

板载测试程序顶层文件（BoardTst.v）的程序清单如下：

```
//BoardTst.v 程序清单
module BoardTst(
    //2 路系统时钟
    input gclk1,
    input gclk2,

    //按键按下时为高电平，控制输出频率叠加信号或单频信号
    input key1,
    output [2:0] led,                    //指示频率信号的数量

    //1 路 DA 通道
    output da1_clk,                      //25 MHz
    output [7:0] da1_out,                //生成的测试信号

    //1 路 AD 通道
    output ad_clk,                       //6.25 MHz
    input [7:0] ad_din,

    //RS-232 串口通信
    input rs232_rec,
    output rs232_txd
    );

    wire clk_25m;
    wire signed [7:0] xdata;
    reg signed [7:0] xn;

    wire clk_6m25;

    //DA1 通道输出测试信号，将有符号数转换为无符号数
    assign da1_clk = clk_25m;
    assign da1_out =(xdata[7])?(xdata-128):(xdata+128);

    //AD 通道输入信号，将无符号数转换为有符号数
    assign ad_clk = !clk_6m25;
    always @(posedge clk_6m25)
        xn <= ad_din-128;

    //发送模块（send.v）
    data u1(.clk(gclk1), .key(key1), .clk_25m(clk_25m), .led(led), .dout(xdata));
    //接收模块（rec.v）
    receive u2(.clk(gclk2), .clk_6m25(clk_6m25), .rs232_rec(rs232_rec), .rs232_txd(rs232_txd), .xn(xn));

endmodule
```

顶层文件的代码比较简单，主要例化了发送模块（send.v）和接收模块（rec.v），完成AD通道的输入信号和DA1通道的输出信号与程序内部信号之间的有符号数和无符号数之间的转换同，同时输出AD通道和DA1通道的转换时钟。A/D采样时钟信号频率设置为6.25 MHz，与信号识别电路模块的处理速率相同。D/A转换的时钟信号频率设置为25 MHz，以便得到更加平滑的模拟信号。

9.5.4 测试信号生成模块的设计

测试信号生成模块主要由3个DDS核组成，在频率为25 MHz的时钟信号驱动下，分别生成频率为100 kHz、125 kHz和1 MHz的信号，程序代码如下：

```
//data.v 程序清单
module data(
    input clk,                          //系统时钟，频率为 50 MHz
    input key,                          //按键按下时为高电平，控制输出频率叠加信号或单频信号
    output clk_25m,                     //DA1 通道转换时钟，频率为 25 MHz
    output reg [2:0] led,               //频率信号数量指示灯，每亮一个灯表示输出一个频率信号
    output reg signed [7:0] dout        //输出频率为 100 kHz、125 kHz、1 MHz 的频率叠加信号
    );

    wire clk25m;
    wire signed [7:0] sin100k,sin125k,sin1m;
    wire shape;

    assign clk_25m = !clk25m;
    //时钟管理 IP 核，生成频率为 25 MHz 的时钟信号
    clk_produce u0(
        .CLK_IN1(clk),
        .CLK_OUT1(),                    //50 MHz
        .CLK_OUT2(clk25m),              //25 MHz
        .CLK_OUT3()                     //6.25 MHz
        );

    //生成频率为 100 kHz 的正弦波信号
    wave u1(.clk(clk25m), .we(1'b1), .data(16'd262), .sine(sin100k));
    //生成频率为 125 kHz 的正弦波信号
    wave u2(.clk(clk25m), .we(1'b1), .data(16'd328), .sine(sin125k));
    //生成频率为 1 MHz 的正弦波信号
    wave u3(.clk(clk25m), .we(1'b1), .data(16'd2621), .sine(sin1m));

   //按键消抖模块
   keyshape u4(.clk(clk25m), .key(key), .shape(shape));

    //根据按键状态输出频率叠加信号或单频信号
    reg signed [9:0] sum;
```

```
    reg [1:0] num=1;
    always @(posedge clk25m)
        begin
            if(shape)
                num <= num+1;
            if(num==0)
                begin
                    led <= 3'b000;
                    dout <= 8'd0;
                end
            else if(num==1)
                begin
                    led <= 3'b001;
                    dout <= sin1m;
                end
            else if(num==2)
                begin
                    led <= 3'b011;
                    sum  = sin100k + sin1m;
                    dout <= sum[8:1];
                end
            else if(num==3)
                begin
                    led <= 3'b111;
                    sum = sin100k + sin125k + sin1m;
                    dout <= sum[9:2];
                end
        end
endmodule
```

上面的程序例化了一个时钟管理 IP 核（clk_produce），该时钟管理 IP 核的输入为 50 MHz 的时钟信号，可生成频率为 50 MHz、25 MHz、6.25 MHz 的时钟信号。频率为 25 MHz 的时钟信号一方面通过 DDS 核（wave）生成了频率分别为 100 kHz、125 kHz、1 MHz 的信号，另一方面作为接口信号 clk_25m 送至 DA1 通道，clk_25m 作为 DA1 通道的转换时钟信号。

在 DDS 的参数设置对话框中（见图 6-27），将“System Clock”（系统时钟信号频率）设置为“25”（表示 25 MHz），将“Output Width”（输出位宽）设置为“8”，将“Phase Width”（相位累加字位宽）设置为“16”，并将“Phase Increment Programmability”设置为“Programmable”。程序中设置相位累加字（频率字）写允许信号（we）始终为高电平，根据式（6-2）设置相位累加字（data）信号为不同的值，即可生成相应的正弦波信号。

按键消抖模块 keyshape 直接采用 4.1.7 节的按键消抖模块的程序，每检测到一次按键被按下，输出一个高电平脉冲信号 shape。程序中设计了周期为 4 的计数器 num，每检测到一次 shape 为高电平，相当于每按一次按键，计数器就加 1。当计数器 num 为 0 时，输出信号为 0；当 num 为 1 时，输出频率为 1 MHz 的单频信号 sin1m；当 num 为 2 时，输出频率为 100 kHz 和 1 MHz 的频率叠加信号；当 num 为 3 时，输出频率为 100 kHz、125 kHz 和 1 MHz 的频率叠加信号。

当输出频率为 1 MHz 的单频信号时，输出 8 bit 的全精度数据，则 DA 通道输出的模拟信号幅度为 1 V。由于在 CXD301 上进行板载测试时，根据 A/D 接口和 D/A 接口的电路原理图可知，为了确保 A/D 采样的模拟信号不饱和，可调整 CXD301 上的电位器，使得输入 A/D 转换电路的信号略小于 1 V，本实例调整为 0.9 V。当输出为 2 路频率叠加信号时，根据程序代码可知，每路信号的幅度为 0.45 V。当输出为 3 路频率叠加信号时，根据程序代码可知，每路信号幅度为 0.225 V。

9.5.5　接收模块的设计

接收模块是板载测试程序的核心模块。根据设计的需求，需要采用串口通信将识别到的信号参数发送出去，因此需要重新设计串口通信电路，根据信号识别电路模块及串口通信模块来完成数据的存储和传输。接收模块的顶层文件代码如下：

```
//receive.v 程序清单
module receive(input clk, output clk_6m25, input rs232_rec, output rs232_txd, input [7:0] xn);
    wire clk50m, clk6m25;

    wire [7:0] cn, number;
    wire [7:0] freq;
    wire [35:0] pow;
    wire vd,ce;

    wire [7:0] fr1,fr2,fr3;
    wire [7:0] num;
    wire [35:0] pw1,pw2,pw3;

    //时钟管理 IP 核，生成时钟信号
    clk_produce u0(
        .CLK_IN1(clk),
        .CLK_OUT1(clk50m),                    //50 MHz
        .CLK_OUT2(),
        .CLK_OUT3(clk6m25)                    //6.25 MHz
        );
    assign clk_6m25 = clk6m25;

    //信号识别电路模块
    signal_detect u1(.clk(clk6m25), .xn(xn), .cn(cn), .number(number), .freq(freq), .pow(pow),
                .vd(vd), .ce(ce));
    //数据整理模块
    detect_data u2(.clk(clk6m25), .cn(cn), .number(number), .freq(freq), .pow(pow), .vd(vd), .ce(ce),
        .fr1(fr1),                    //第 1 个信号的频率
        .fr2(fr2),                    //第 2 个信号的频率
        .fr3(fr3),                    //第 3 个信号的频率
        .pw1(pw1),                    //第 1 个信号的幅度
        .pw2(pw2),                    //第 2 个信号的幅度
```

```
            .pw3(pw3),                  //第3个信号的幅度
            .num(num)                   //信号的数量
            );
        //串口通信模块
        uart u3(.clk(clk50m), .fr1(fr1), .fr2(fr2), .fr3(fr3), .pw1(pw1), .pw2(pw2), .pw3(pw3), .num(num),
                .rs232_rec(rs232_rec), .rs232_txd(rs232_txd));
endmodule
```

接收模板的顶层文件主要由时钟管理 IP 核（clock_produce）、信号识别电路模块（signal_detect 模块）、数据整理模块（detect_data 模块）、串口传输模块（uart 模块）组成。其中 clock_produce 生成频率为 50 MHz 的时钟信号并作为 uart 模块的驱动时钟信号；生成频率为 6.25 MHz 的系统时钟并作为 signal_detect 模块的处理时钟，同时送至 clk_6m25 接口信号作为 A/D 采样时钟。signal_detect 模块完成 signal_detect 模块输出信号参数的串/并转换，将识别出的信号数量（num）、3 个频率（fr1，fr2，fr3，如未检测信号则设置为 0）、3 个信号的幅度（pw1，pw2，pw3，如未检测到则设置为 0）并行输出，以便 uart 模块发送数据。

9.5.6 数据整理模块的设计

根据信号识别电路模块的程序设计及仿真测试，识别出的信号参数通过串行的方式输出。为了便于串口通信，需对信号进行串/并转换，程序代码如下：

```
//detect_data.v 程序清单
module detect_data(
    input clk,
    input [7:0] cn,
    input [7:0] number,
    input [7:0] freq,
    input [35:0] pow,
    input vd,
    input ce,
    output reg [7:0] fr1,fr2,fr3,
    output reg [35:0] pw1,pw2,pw3,
    output reg [7:0] num
    );

    reg [7:0] f1,f2,f3;
    reg [35:0] p1,p2,p3;

    always @(posedge clk)
        begin
            if(ce)
                case(number)
                    8'd1: begin f1<=freq; p1<=pow; f2<=0; f3<=0; p2<=0; p3<=0; end
                    8'd2: begin f2<=freq; p2<=pow; f3<=0; pw3<=0; end
```

```
                8'd3: begin f3<=freq; p3<= pow; end
            endcase
        //并行输出 3 个信号的频率、幅度，以及信号数量
        if(vd)
            begin
                if(cn>0)
                    begin
                        fr1 <= f1;
                        fr2 <= f2;
                        fr3 <= f3;
                        pw1 <= p1;
                        pw2 <= p2;
                        pw3 <= p3;
                        num <= cn;
                    end
                else
                    begin
                        fr1 <= 0;
                        fr2 <= 0;
                        fr3 <= 0;
                        pw1 <= 0;
                        pw2 <= 0;
                        pw3 <= 0;
                        num <= 0;
                    end
            end
    end
endmodule
```

程序设计中充分利用信号识别电路模块提供的接口信号完成串/并转换。当检测到 ce 时，表示当前的信号有效，则根据当前的信号数量 num，将 3 路信号分别存储在对应的寄存器变量中。在完成长度为 512 的 FFT 之后，根据变量 vd 同时输出信号数量、频率、幅度，并行输出识别出的信号参数。

9.5.7 串口通信模块的设计

本书 4.2 节讨论的串口通信，可以实现串口数据的收、发功能。在本实例中，需要重新设计一个接口控制模块，根据接收到的命令，依次发送信号参数即可。根据信号识别电路模块接口信号，每次需要传输 19 字节的数据：1 字节的信号数量（num）、3 字节的信号频率（fr1、fr2、fr3）、15 字节的信号幅度（每个信号的幅度为 36 bit，用 5 字节的数据传输，共 3 个信号的幅度）。串口通信模块的功能是：当 CXD301 接收到计算机发来的数据“AA”时，依次发送 19 字节的数据（信号数量和参数）。

串口传输模块的顶层文件程序代码如下：

```
//uart.v 程序清单
module uart(
    input clk,              //系统时钟，频率为 50 MHz

    input [7:0] fr1, fr2, fr3,
    input [35:0] pw1, pw2, pw3,
    input [7:0] num,

    input rs232_rec,   //串口接收信号：9600bps、1 位起始位、8 位数据位、1 位停止位、无校验位
    output rs232_txd); //串口发送信号：9600bps、1 位起始位、8 位数据位、1 位停止位、无校验位

    wire clk_rec;
    wire rec_vd;
    wire [7:0] rec_data;
    wire clk_send;
    wire send_start;
    wire [7:0] send_data;

    //时钟管理模块，生成串口的收、发时钟信号
    clock u1(.clk50m(clk), .clk_txd(clk_send), .clk_rxd(clk_rec));

    //发送模块，将数据按串口通信协议发送，在检测到 start 为高电平时发送 1 帧数据
    send u2(.clk_send(clk_send), .start(send_start), .data(send_data), .txd(rs232_txd));

    //接收模块，接收串口的数据，并转换成 8 bit 的 data 信号
    rec u3(.clk_rec(clk_rec), .rxd(rs232_rec), .vd(rec_vd), .data(rec_data));

    //RS-232 串口通信参数，接口转换模块
    uart_ctr u4(.clk_send(clk_send), .clk_rec(clk_rec), .rec_vd(rec_vd), .rec_data(rec_data),
                .fr1(fr1), .fr2(fr2), .fr3(fr3), .pw1(pw1), .pw2(pw2), .pw3(pw3), .num(num),
                .data(send_data), .start(send_start));

endmodule
```

程序中的 clock、send、rec 模块直接采用 4.2 节中的串口通信程序模块。根据模块功能，接口转换模块 uart_ctr 接收并判断 rec 模块发送的 rec_data 数据，当数据为“AA”时，依次将 19 字节的数据（信号数量和参数）按串口通信协议发送出去即可。接口转换模块的程序代码如下：

```
//uart_ctr.v 程序代码
module uart_ctr(
    input clk_send,
    input clk_rec,
    input rec_vd,
    input [7:0] rec_data,
    input [7:0] fr1,fr2,fr3,
    input [35:0] pw1,pw2,pw3,
```

```
    input [7:0] num,
    output reg [7:0] data,
    output reg start
    );

    reg [7:0] frq1,frq2,frq3;
    reg [35:0] pow1,pow2,pow3;
    reg [7:0] number;

    reg send_start = 1'b0;
    reg [1:0] cn2=0;
    //检测到数据“AA”，生成 3 个时钟周期的高电平读标志信号 send_start
    //同时存储信号识别电路模块输出的信号数量和参数
    always @(posedge clk_rec)
        if((rec_vd) &(rec_data==8'haa))
            begin
                send_start <= 1'b1;
                cn2 <= cn2 + 1;
                frq1 <= fr1;
                frq2 <= fr2;
                frq3 <= fr3;
                pow1 <= pw1;
                pow2 <= pw2;
                pow3 <= pw3;
                number <= num;
            end
        else if((cn2>0) &(cn2<3))
            begin
                cn2 <= cn2 + 1;
                send_start <= 1'b1;
            end
        else if(cn2==3)
            begin
                cn2 <= 0;
                send_start <= 1'b0;
            end

    //检测到 send_start 后，连续传输 19 字节的数据（信号数量和参数）
    //number,frq1,frq2,frq3
    //pow1[35:32],pow1[31:24],pow1[23:16],pow1[15:8],pow1[7:0]
    //pow2[35:32],pow2[31:24],pow2[23:16],pow2[15:8],pow2[7:0]
    //pow3[35:32],pow3[31:24],pow3[23:16],pow3[15:8],pow3[7:0]
    //每个字节考虑 2 个时钟周期的裕量，每个字节占用 12 个时钟周期
    reg [7:0] cn_send=0;
    always @(posedge clk_send)
        if(send_start)
            cn_send <= cn_send + 1;
```

```
        else if((cn_send>0) &(cn_send <227))
            cn_send <= cn_send + 1;
        else if(cn_send == 227)
            cn_send <= 0;

    always @(posedge clk_send)
        case(cn_send)
            8'd1 :    begin start <= 1'b1; data <= number; end
            8'd13:    begin start <= 1'b1; data <= frq1; end
            8'd25:    begin start <= 1'b1; data <= frq2; end
            8'd37:    begin start <= 1'b1; data <= frq3; end
            8'd49:    begin start <= 1'b1; data <= {4'd0,pow1[35:32]}; end
            8'd61:    begin start <= 1'b1; data <= pow1[31:24]; end
            8'd73:    begin start <= 1'b1; data <= pow1[23:16]; end
            8'd85:    begin start <= 1'b1; data <= pow1[15:8]; end
            8'd97:    begin start <= 1'b1; data <= pow1[7:0]; end
            8'd109:   begin start <= 1'b1; data <= {4'd0,pow2[35:32]}; end
            8'd121:   begin start <= 1'b1; data <= pow2[31:24]; end
            8'd133:   begin start <= 1'b1; data <= pow2[23:16]; end
            8'd145:   begin start <= 1'b1; data <= pow2[15:8]; end
            8'd157:   begin start <= 1'b1; data <= pow2[7:0]; end
            8'd169:   begin start <= 1'b1; data <= {4'd0,pow3[35:32]}; end
            8'd181:   begin start <= 1'b1; data <= pow3[31:24]; end
            8'd193:   begin start <= 1'b1; data <= pow3[23:16]; end
            8'd205:   begin start <= 1'b1; data <= pow3[15:8]; end
            8'd217:   begin start <= 1'b1; data <= pow3[7:0]; end
            default: begin start <= 1'b0; end
        endcase
endmodule
```

上面的程序采用 2 倍波特率的 clk_rec 时钟信号检测 rec_data 的数据值，当检测到数据“AA”时生成 3 个时钟周期的高电平脉冲 send_start，确保后续的波特率时钟信号 clk_send 能够检测到这个信号，同时将信号的所有参数锁存到本地寄存器变量中（number、frq1、frq2、frq3、pow1、pow2、pow3）。采用 clk_send 时钟信号检测 send_start，当检测到 send_start 为高电平时，连续计数 cn_send 至 227。根据串口通信协议，每帧数据包括 1 位起始位、8 位数据位、1 位停止位，共 10 位数据，考虑到传输的可靠性，每隔 12 个时钟周期传输一帧数据。程序最后根据 cn_send 依次设计传输启动信号 start 及传输的数据 data，最终完成信号参数的传输。

9.5.8 板载测试验证

设计好板载测试程序并完成 FPGA 实现后，可以将程序下载至 CXD301 进行板载测试。信号识别电路板载测试的硬件连接图如图 9-17 所示。

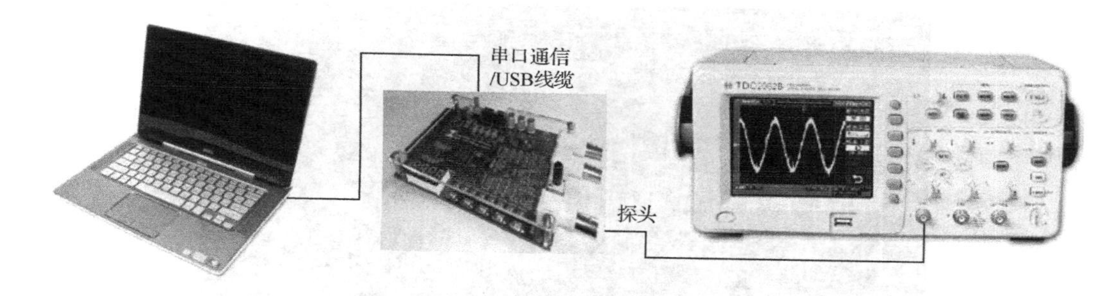

图 9-17　信号识别电路板载测试的硬件连接图

板载测试需要采用示波器测试信号的波形，同时通过 USB 线缆与计算机连接（CXD301 的供电和串口通信共用一根 USB 线缆），在计算机上安装串口驱动程序及串口调试助手，串口调试助手用于向 CXD301 发送数据“AA”，并显示信号识别电路模块的输出信号。

将示波器的通道 1 连接到 CXD301 的 DA1 通道，观察 DA1 通道输出的频率叠加信号。需要注意的是，在测试之前，需要适当调整 CXD301 的电位器 R36，使进入 AD 通道的信号幅值略小于 1 V，本实例中调整为 0.9 V。

将板载测试程序下载到 CXD301 上后，CXD301 上只有 1 个 LED 点亮，合理设置示波器参数，可以看到示波器显示频率为 1 MHz 的单频信号波形，如图 9-18 所示。

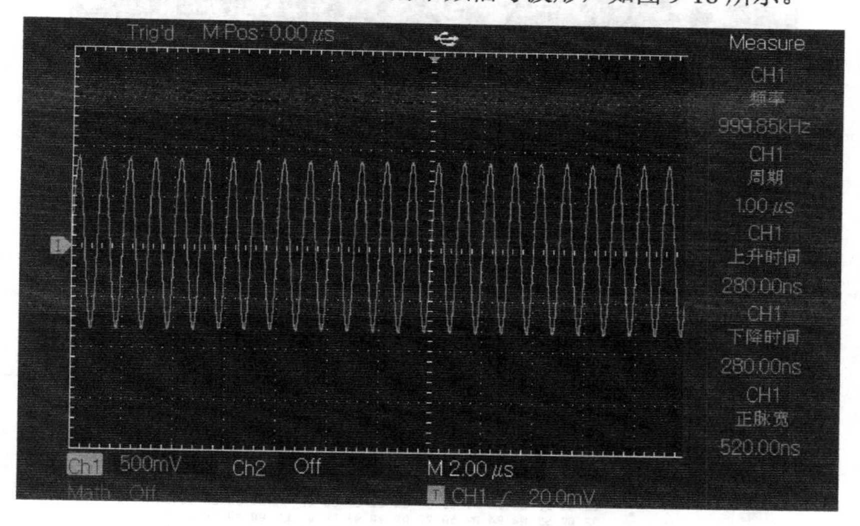

图 9-18　频率为 1 MHz 的单频信号波形

连续按下 CXD301 上的 KEY1 按键，CXD301 依次点亮 2 个 LED、3 个 LED 和 0 个 LED，同时可在示波器上观察到 2 路频率叠加信号的波形（见图 9-19）和 3 路频率叠加信号的波形（见图 9-20）。

在计算机中打开串口调试助手，在 CXD301 分别输出单频信号、2 路频率叠加信号、3 路频率叠加信号的情况下，发送数据“AA”，可以从串口调试助手的界面中读取识别出的信号数量和参数，如图 9-21 所示。

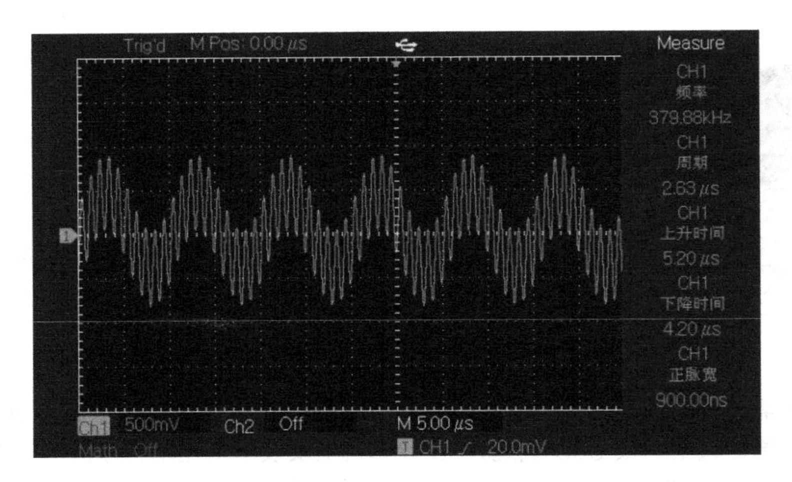

图 9-19　2 路频率叠加信号（1 MHz 和 100 kHz）的波形

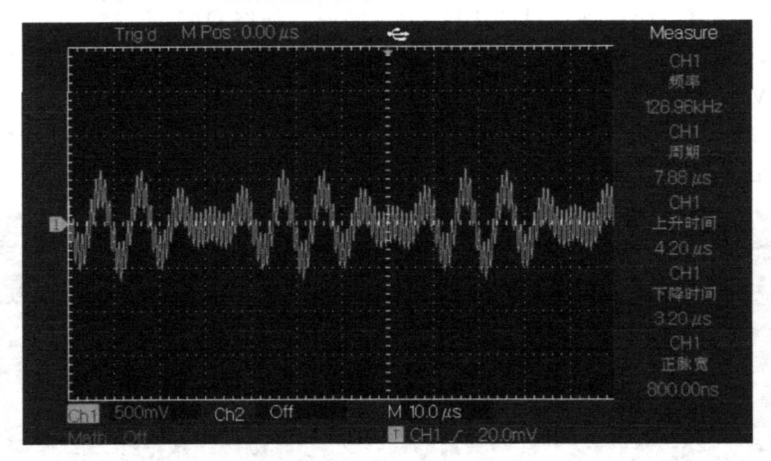

图 9-20　3 路频率叠加信号（1 MHz、125 kHz 和 100 kHz）的波形

友善串口调试助手

文件(F)　编辑(E)　视图(V)　工具(T)　帮助(H)

串口设置
串　口 Silicon...(COM3
波特率 9600
数据位 8
校验位 None
停止位 1
流　控 None

```
00 00 00 00 00 00 00 00 00 00 00 00 00 00 00 00 00 00 00
01 52 00 00 00 25 D6 0D 59 00 00 00 00 00 00 00 00 00 00
01 52 00 00 00 2A A1 65 F1 00 00 00 00 00 00 00 00 00 00
01 52 00 00 00 2E 5B 7C AA 00 00 00 00 00 00 00 00 00 00
02 08 52 00 00 09 43 85 6A 00 09 86 3D 44 00 00 00 00 00
02 08 52 00 00 09 6A 99 A8 00 09 CB 67 E2 00 00 00 00 00
02 08 52 00 00 09 8C 58 08 00 0B A4 DD 82 00 00 00 00 00
03 08 0A 52 00 02 9F 7C 7D 00 01 FA 50 6D 00 02 72 42 41
03 08 0A 52 00 02 BC 13 AA 00 01 A8 94 71 00 02 C5 47 88
03 08 0A 52 00 01 EC 92 48 00 02 8E DE 74 00 02 B0 39 82
```

接收设置
ASCII　Hex
自动换行
显示发送
显示时间

aa

发送设置
ASCII　Hex
重复发送 1000 ms

发送

AA

COM3 OPENED, 9600, 8, NONE, 1, OFF　Rx: 190 Bytes　Tx: 10 Bytes

图 9-21　从串口调试助手的界面中读取识别出的信号数量和参数

从图 9-21 中可以看出，当 CXD301 的输出信号是单频信号时，每次显示（第 2～4 行）信号数量均为 1（0x01），频率为 82（0x52），幅度有一定的波动；当 CXD301 的输出信号是 2 路频率叠加信号时，每次显示（第 5～7 行）的信号数量均为 2（0x02），频率分别为 8（0x08）和 82（0x52），信号幅度有一定波动；当 CXD301 的输出信号是 3 路频率叠加信号时，每次显示（第 8～10 行）的信号数量均为 3（0x03），频率分别为 8（0x08）、10（0x0A）和 82（0x52），信号幅度有一定波动。因此，信号识别电路模块能够准确识别信号的数量和参数。幅度（相当于功率）的波动是由于信号的频率、FFT 的长度等原因引起的，与理论分析的结果和 MATLAB 的仿真结果相符。为了便于分析，将图 9-21 中的板载测试信号进行列表对比，如表 9-3 所示。

表 9-3　信号识别电路板载测试信号

信号状态	信号数量		信号频率		信号幅度	
	理论值	测试值	理论值	测试值	理论值	测试值
单频信号	1	0x01/1	f1(1M) f2(0) f3(0)	f1(0x52/82/1.001M) f2(0x00/0/0) f3(0x00/0/0)	f1(0.9v) f2(0v) f3(0v)	f1(0x25D60D59/0.775v) f2(0x0/0v) f3(0x0/0v)
	1	0x01/1	f1(1M) f2(0) f3(0)	f1(0x52/82/1.001M) f2(0x00/0/0) f3(0x00/0/0)	f1(0.9v) f2(0v) f3(0v)	f1(0x2AA165F1/0.82v) f2(0x0/0v) f3(0x0/0v)
	1	0x01/1	f1(1M) f2(0) f3(0)	f1(0x52/82/1.001M) f2(0x00/0/0) f3(0x00/0/0)	f1(0.9v) f2(0v) f3(0v)	f1(0x2E5B7CAA/0.86) f2(0x0/0v) f3(0x0/0v)
2 个频率叠加信号	2	0x02/2	f1(100k) f2(1M) f3(0)	f1(0x08/8/97.7k) f2(0x52/82/1.001M) f3(0x00/0/0)	f1(0.45v) f2(0.45v) f3(0v)	f1(0x0943856A/0.38) f2(0x09863D44/0.39v) f3(0x0/0v)
	2	0x02/2	f1(100k) f2(1M) f3(0)	f1(0x08/8/97.7k) f2(0x52/82/1.001M) f3(0x00/0/0)	f1(0.45v) f2(0.45v) f3(0v)	f1(0x096A99A80.39v/) f2(0x09CB67E2/0.39v) f3(0x0/0v)
	2	0x02/2	f1(100k) f2(1M) f3(0)	f1(0x08/8/97.7k) f2(0x52/82/1.001M) f3(0x00/0/0)	f1(0.9v) f2(0v) f3(0v)	f1(0x098C5808/0.39) f2(0x0BA4DD82/0.43v) f3(0x0/0v)
3 个频率叠加信号	3	0x03/3	f1(100k) f2(125k) f3(1M)	f1(0x08/8/97.7k) f2(0x0A/82/122k) f3(0x52/82/1.001M)	f1(0.225v) f2(0.225v) f3(0.225v)	f1(0x029F7C7D/0.20v) f2(0x01FA506D/018v) f3(0x02724241/0.20v)
	3	0x03/3	f1(100k) f2(125k) f3(1M)	f1(0x08/8/97.7k) f2(0x0A/82/122k) f3(0x52/82/1.001M)	f1(0.225v) f2(0.225v) f3(0.225v)	f1(0x02BC13AA/0.21v) f2(0x01A89471/0.16v) f3(0x02C54788/021v)
	3	0x03/3	f1(100k) f2(125k) f3(1M)	f1(0x08/8/97.7k) f2(0x0A/82/122k) f3(0x52/82/1.001M)	f1(0.225v) f2(0.225v) f3(0.225v)	f1(0x01EC9248/0.17v) f2(0x028EDE74/0.20v) f3(0x02B03982/0.21v)

从表 9-3 可以看出，信号识别电路能够准确地识别出信号的数量，以及每个信号的频率（FFT 的频率分辨率会影响理论值与测试值之间的误差）。每个信号的幅度与理论值的误差较大，误差的大小主要由 FFT 的长度与信号频率决定。

9.6 小结

本章的学习要点可归纳为：

（1）DFT 是分析信号频域特性的理论依据，但运算量太大，不适合需要实时处理的工程应用。

（2）FFT 是 DFT 的快速算法，由于采用蝶形运算等特殊结构，极大地降低了 DFT 的运算量，且提高了 DFT 的运算速度。正是由于 FFT 的出现，DFT 分析信号频域特性的方法才在工程中得以广泛应用。

（3）DFT 运算存在栅栏效应和频谱泄漏现象。增加 FFT 长度或采用加窗的方法可以减弱这两种现象对频域分析准确性的影响。

（4）当长度为 N 的 FFT（N 点 FFT）的频率分辨率为 Δf 时，如果要在频域上区分间隔为 Δf 的两个单频信号，则 FFT 的长度至少为 $2N$。

（5）理解 FFT 测量模拟信号频率和幅度的原理，以及参数换算关系。采用 FFT 测量模拟信号的幅度时，根据 FFT 原理可知，FFT 的长度（N）与信号频率关系对测量的结果有明显的影响。为了准确测量信号的幅度，可尽量使 N 为被测信号周期的整数倍。

（6）理解 FFT 核的不同运算结构，以及不同运算结构对接口时序的要求，可在工程设计时根据需要合理选择不同的运算结构。

（7）理解信号识别电路板载测试程序的设计思路，理解测试结果与理论值之间存在误差的原因。

9.7 思考与练习

9-1　计算序列 x_n=[1, 2, 3, 4]的 4 点 DFT。

9-2　计算 x_n=[0, 1, 0, −1]的 4 点 DFT，并对运算结果进行分析说明。

9-3　简述 FFT 与 DFT 的主要区别，以及 FFT 算法的主要思想。

9-4　采用 MATLAB 分析频率为 1 kHz 和 3 kHz 的正弦波信号相乘后变换结果，采样频率为 1 MHz，绘制频率为 1 kHz 和 3 kHz 信号，以及这两个信号相乘后的时域波形和频域波形，并对波形进行分析。

9-5　已知某数据采集板的 A/D 采样位宽为 12，满量程信号幅度为 5 V，对采样后的信号进行 1024 点 FFT，采样频率为 32 MHz，当输入信号的频率为 1 MHz、幅度为 2 V 时，计算 FFT 后的频率位置，以及谱线峰值。

9-6　在 CXD301 上完成实例 9-6 的板载测试。

参考文献

[1] 李素芝，万建伟. 时域离散信号处理[M]. 长沙：国防科技大学出版社，1998.

[2] Uwe Meyer-Baese. 数字信号处理的 FPGA 实现[M]. 4 版. 陈青华，张龙杰，张诚成，译. 北京：清华大学出版社，2017.

[3] 维纳·K·英格尔，约翰·G·普罗克斯. 数字信号处理（MATLAB 版）[M]. 3 版. 刘树棠，陈志刚，译. 西安：西安交通大学出版社，2013.

[4] 高西全，丁玉美. 数字信号处理[M]. 4 版. 西安：西安电子科技大学出版社，2018.

[5] 夏宇闻，韩彬. Verilog HDL 数字系统设计教程[M]. 4 版. 北京：北京航空航天大学出版社，2017

[6] 杜勇. FPGA/VHDL 设计入门与进阶[M]. 北京：机械工业出版社，2011.

[7] 杜勇. 数字滤波器的 MATLAB 与 FPGA 实现——Altera/Verilog 版[M]. 2 版. 北京：电子工业出版社，2019.

[8] 吴厚航. 勇敢的芯伴你玩转 Xilinx FPGA[M]. 北京：清华大学出版社，2017.

[9] 杜勇，韩方剑，韩方景，等. 多输入浮点加法器算法研究[J]. 计算机工程与科学，2006，28(10)：87-88，97.

[10] 施琴红，赵明镜. 基于 MATLAB/FDATOOL 工具箱的 IIR 数字滤波器的设计与仿真[J]. 科技广场，2010(7)：56-58.

[11] 李旰，王红胜，张阳，等. 基于 FPGA 的移位减法除法器优化设计与实现[J]. 国防技术基础，2010(8)：37-40.

[12] Spartan-6 Family Overview[EB/OL]. [2020-9-25]. https://china.xilinx.com/support/documentation/ data_sheets/ds160.pdf.

[13] LogiCORE IP Clocking Wizard v3.1[EB/OL]. [2020-9-28]. https://china.xilinx.com/support/documentation/ip_documentation/clk_wiz/v3_1/clk_wiz_ds709.pdf.

[14] Spartan-6 FPGA Clocking Resources[EB/OL]. [2020-9-28]. https://china.xilinx.com/support/documentation/user_guides/ug382.pdf.

[15] Block Memory Generator v7.3[EB/OL]. [2020-9-30]. https://china.xilinx.com/support/documentation/ip_documentation/blk_mem_gen/v7_3/pg058-blk-mem-gen.pdf.

[16] CIC Compiler v3.0[EB/OL]. [2020-9-30]. https://china.xilinx.com/support/documentation/ip_documentation/cic_compiler/v3_0/ds845_cic_compiler.pdf.

[17] FIR Compiler v5.0[EB/OL]. [2020-10-2]. https://china.xilinx.com/support/documentation/ip_documentation/fir_compiler_ds534.pdf.

[18] Fast Fourier Transform v7.1[EB/OL]. [2020-10-2]. https://china.xilinx.com/support/documentation/ip_documentation/xfft_ds260.pdf.

[19] DDS Compiler v4.0[EB/OL]. [2020-10-5]. https://china.xilinx.com/support/documentation/ip_documentation/dds_ds558.pdf.